"十四五"国家重点出版物出版规划项目

国家出版基金项目
NATIONAL PUBLICATION FOUNDATION

陈薇　朱联辉　主编

Risk Control and
System Construction
of Biosecurity

生物安全风险防控及体系建设研究

浙江教育出版社·杭州

图书在版编目（CIP）数据

生物安全风险防控及体系建设研究 / 陈薇，朱联辉
主编. -- 杭州：浙江教育出版社，2022.12
　　ISBN 978-7-5722-5116-0

　　Ⅰ．①生… Ⅱ．①陈… ②朱… Ⅲ．①生物工程－风
险管理－管理体系－研究－中国 Ⅳ．①Q81

　　中国版本图书馆CIP数据核字(2022)第257291号

生物安全风险防控及体系建设研究

SHENGWU ANQUAN FENGXIAN FANGKONG JI TIXI JIANSHE YANJIU

陈薇　朱联辉　主编

出版发行	浙江教育出版社
	（杭州市天目山路40号　邮编：310013）
责任编辑	傅　越　李　剑
文字编辑	傅美贤
美术编辑	韩　波
责任校对	何　奕　操婷婷　戴正泉
责任印务	陈　沁
整体设计	顾　页
排　　版	杭州兴邦电子印务有限公司
印　　刷	浙江海虹彩色印务有限公司
开　　本	710mm×1000mm　1/16
印　　张	34.75
插　　页	5
字　　数	550000
版　　次	2022年12月第1版
印　　次	2022年12月第1次印刷
标准书号	ISBN　978-7-5722-5116-0
定　　价	88.00元

如发现印、装质量问题，请与本社市场营销部联系调换。电话:0571-88909719

编 委 会

主　编：陈　薇　朱联辉

编　委：（按姓氏笔画为序）

王友亮　王中一　王　磊　田德桥

刘　术　孙　强　杨志新　迟象阳

陆　兵　蒋大鹏　魏晓青

目录

下篇　安全治理

当今世界战略格局深刻演变，国家安全威胁日趋复杂多元，传统安全与非传统安全日益紧密交织，生物安全已成为严重影响人类生活、国家安全和经济发展的重要问题。随着经济全球化进程的加速推进和生物技术的迅猛发展，生物安全的战略意义日益凸显，逐渐成为国家安全的新疆域、大国博弈的新高地、军事斗争的新阵地，关系到国家政权稳定、社会安定、公众健康、经济发展和国防安全，关系到国家核心利益和战略全局。

2013年11月，党的十八届三中全会通过了《中共中央关于全面深化改革若干重大问题的决定》，决定设立中央国家安全委员会，负责制定和实施国家安全战略，推进国家安全法治建设。2014年4月，习近平总书记在中央国家安全委员会第一次全体会议上首次提出"总体国家安全观"，强调要构建集政治安全、国土安全、军事安全、经济安全、文化安全、社会安全、科技安全、信息安全、生态安全、资源安全、核安全等于一体的国家安全体系，走出一条中国特色国家安全道路。首次从国家顶层明确了我国安全科学的发展方向和近期发展重点，对于我国安全科学发展具有重要而又及时的指导作用。2015年11月，中央国家安全委员会举行第二次全体会议，生物安全被正式纳入国家安全领域范畴，与深海、太空、极地一同成为四大新兴安全领域。会议要求将生物安全纳入"四个全面"的总体战略布局和军民融合、创新驱动发展的战略部署，有效整合多方面力量，全面提升我国应对生物安全威胁的能力。2016年5月，习近平总书记在全国科技创新大会、两院院士大会暨中国科协第九次全国代表大会上指出，能源安全、粮食安全、网络安全、生态安全、生物安全、国防安全等风险压力增加，需要依靠更多更好的科技创新保障国家安全。2019 年 7 月，国务院新闻办公室发布《新时代的中国国防》白皮书，将"生物安全"与"大规模杀伤性武器""极端主义、恐怖主义""网络安全""海盗活动"等非传统安全威胁并列，作为我国国家安全面临的风险挑战。

生物威胁具有隐蔽性和扩散性等特点，防护难度高，不仅会危害人类生命健康，处置不当还会给民众带来恐慌，影响国家稳定和经济社会发展。尤其是 2020 年暴发的新冠肺炎疫情，可以认为是一次严重威胁国家安全与发展的突发公共卫生事件，是对我国生物安全防御能力尤其是应急应战能力的一次重大考验。2020 年 2 月，习近平总书记在主持召开中央全面深化改革委员会第十二次会议时指出，要把生物安全纳入国家安全体系，系统规划国家生物安全风险防控和治理体系建设，全面提高国家生物安全治理能力。在生物安全体系建设过程中，必须在总体国家安全观指导下，对生物安全内涵、外延进行正确认识，才能科学建构全面、系统、高效的生物安全风险防控和治理体系。2020 年 3 月，习近平总书记在北京考察新冠肺炎防控科研攻关工作时强调，人类同疾病较量最有力的武器就是科学技术，人类战胜大灾大疫离不开科学发展和技术创新。要把新冠肺炎科研攻关作为一项重大而紧迫任务，综合多学科力量，统一领导、协同推进，在坚持科学性、确保安全性的基础上加快研发进度，尽快攻克疫情防控的重点难点问题，为打赢疫情防控人民战争、总体战、阻击战提供强大科技支撑。2021 年 9 月，习近平总书记在主持中共中央政治局第三十三次集体学习时强调，生物安全关乎人民生命健康，关乎国家长治久安，关乎中华民族永续发展，是国家总体安全的重要组成部分，也是影响乃至重塑世界格局的重要力量。要深刻认识新形势下加强生物安全建设的重要性和紧迫性，贯彻总体国家安全观，贯彻落实生物安全法，统筹发展和安全，按照以人为本、风险预防、分类管理、协同配合的原则，加强国家生物安全风险防控和治理体系建设，提高国家生物安全治理能力，切实筑牢国家生物安全屏障。

陈薇院士长期从事生物防御新型疫苗和生物新药研究，作为"生物危害防控"国家重点领域创新团队和军队高水平科技创新团队的学术带头人，坚持以国家和军队需求为己任，在生物防御应急疫苗核心关键技术突破、研发体系建设和重大品种创制及转化应用等方面作出引领性贡献。成功研发我军首个病毒防治新药、我国首个国家战略储备重组疫苗和全球首个新基因型埃博拉疫苗。研发的新冠病毒疫苗（腺病毒载体）在国际上首先进入临床研究，有力提高了我国在应急疫苗领域的国际学术地位和话语权。

习近平总书记多次明确提出，要树立中国特色的生物安全观，构建高效统一的协同关系，提高自主可控的防御能力，牢牢掌握生物安全主动权。新冠肺炎疫情的暴发表明，探索生物安全的未来发展路径，建立健全国家生物安全治理体系，提升治理能力与水平等已十分迫切。在新一轮科技革命和世界政治经济秩序转型背景下，重大传染病、实验室生物安全、生物入侵等传统生物安全问题，与生物科技的两用性、网络生物安全等非传统生物安全问题交织，与经济安全、科技安全、生态安全、军事安全等方面的问题融合，带来诸多国家安全挑战，将深刻影响国家发展和国际格局。以总体国家安全观为指引，全力践行人类命运共同体理念和人类卫生健康共同体倡议，加快探索构建有中国特色的生物安全体系，加强风险防控与安全治理，实现生物安全从被动应急到主动防御的转变，已成为重要战略议题。

令人欣喜的是，《中华人民共和国生物安全法》于 2020 年 10 月 17 日通过，2021 年 4 月 15 日正式实施，这是我国生物安全管理中的大事。当前我国正值经济发展转型期和社会矛盾凸显期，更需从国家安全的战略高度深刻认识国内外生物安全形势，实施生物安全国家战略，从国家层面进行战略筹划研究，强化组织领导，统筹资源，强力部署推进，积极构建新型生物安全防控体系。本书立足国家生物安全保障重大需求，系统地介绍了我国生物安全的战略意义以及国内外生物安全发展现状，从战略管理、法律法规、协同创新、安全治理、能力建设等方面对生物安全相关体系进行梳理，对生物安全涉及的相关领域展开具体分析，并提出风险防控的对策建议，具有十分重要的理论和现实意义。

编　者

2022 年 11 月

上篇
战 略 规 划

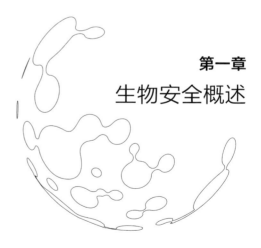

第一章

生物安全概述

2021年4月15日，《中华人民共和国生物安全法》正式施行。我国生物安全进入依法治理新阶段。生物安全法聚焦生物安全领域主要风险，完善风险防控体制机制，全面规范生物安全相关活动，对保障人民生命健康、维护国家安全、提升国家生物安全治理能力、完善生物安全法律体系具有重要意义。

第一节
生物安全概念及内涵

生物安全问题是伴随着现代生物技术作为非常规育种方法的出现而产生的。1973年美国斯坦福大学的斯坦利·诺曼·科恩（Stanley Norman Cohen）和加利福尼亚大学的赫伯特·博耶（Herbert Boyer）首次进行并获得成功的基因重组实验开创了人类科技史的新纪元。现代生物技术的出现打破了物种杂交的界限，比如，科学家发现土壤中的苏云金芽孢杆菌（*Bacillus thuringiensis*，Bt）能产生芽孢和伴孢晶体，而伴孢晶体具有很强的毒性，能杀死大田中的害虫，于是科学家把Bt基因分离出来，插入棉花、玉米等作物的基因中，培育出了转基因抗虫棉花和抗虫玉米。这种转基因活生物体的出现对生态环境和人体健康可能产生不利影响，从而引发人们对于生物安全问题的关注，"生物安全"这一术语也由此逐渐在刊物和其他场合中出现。

一、概念

美国、英国等英语国家在介绍有关生物安全的内容时，经常使用两个词，即"Biosafety"和"Biosecurity"。这两个词虽然在内容上有许多交叉之处，但在使用上有所区别。就目前国际上的普遍认识而言，对"Biosafety"与"Biosecurity"的区分主要体现在意图上。一般涉及防止实验室感染事故或防止向环境中无意排放生物危险物质时使用"Biosafety"，涉及防止有意的滥用或偷窃则使用"Biosecurity"。现在普遍使用"Biosecurity"，而把"Biosafety"归属于"Biosecurity"。

为了更准确地阐述"生物安全"概念，下面对生物安全领域容易混淆的相关概念作简要介绍。

1. 病原体：可造成宿主（人、动物或植物）感染疾病的微生物或其他媒介，包括细菌、病毒、立克次体、寄生虫、真菌等。自然界微生物种类繁多，但能感染人并致病的微生物只有几百种，烈性致病微生物则相对更少。

2. 生物剂：对普通生物具有伤害或致死作用的生物或生物产物及制品。生物剂可以是病原体或生物产生的生物毒素，也可以是经过人为加工的病原体或生物毒素的制品。

3. 生物战剂：自然存在且被用于战争目的的各种对人类有害的微生物或毒素，微生物包括病毒、立克次体、细菌、真菌、螺旋体。使用生物战剂的一方试图通过在敌方目标人群中引起大规模疾病和死亡，实现自己的战争目的。

4. 生物武器：生物战剂及其装载释放装置的总称，一般由生物战剂、弹体、施放装置、推进装置、定时装置和爆破装置等组成。

5. 生物战：应用生物武器完成军事目的的行动。

6. 生物威胁：由生物及其相关因素导致的生物危害。主要包括：新发突发传染病、动植物疫情、微生物耐药等（自然发生），外来生物入侵导致的生物多样性破坏、技术误用导致的生物危害等（意外发生），以及生物战争、生物恐怖、技术谬用等（人为蓄意引发）。

7. 生物恐怖：故意使用致病性微生物、生物毒素等实施袭击，损害人类或动植物健康，引起社会恐慌，企图达到特定政治目的的行为。

8. 生物犯罪：利用生物手段实施的犯罪行为。

9. 生物防御：为了保护军人和民众免遭生物威胁而采取的策略和行动的总称。通常是指应对生物战争、生物恐怖袭击和重大疫情等所采取的措施。生物防御是生物安全的重要组成部分，也是生物安全的核心内容。

根据十三届全国人大常委会第二十二次会议审议通过的《中华人民共和国生物安全法》中的定义，生物安全是指国家有效防范和应对危险生物因子及相关因素威胁，生物技术能够稳定健康发展，人民生命健康和生态系统相对处于没有危险和不受威胁的状态，生物领域具备维护国家安全和持续发展的能力。

二、内涵及范畴

根据《中华人民共和国生物安全法》的内容，生物安全相关活动主要包括以下8种：

（一）重大新发突发传染病、动植物疫情防控

防控重大新发突发传染病、动植物疫情是生物安全的重要内容。传染病包括人类、动物、植物传染病，其中人类传染病是最重要的生物安全问题。正如世界卫生组织（WHO）在1996年的世界卫生报告中指出的："人类正处于一场传染病全球危机的边缘，没有一个国家可以躲避这场危机。"世界卫生组织于1997年提出"全球警惕，采取行动，防范新出现的传染病"的口号，并作出行动部署。目前，传染病仍是世界范围内引起人类死亡的首要原因：一方面，已有病原体不断发生

变异或死灰复燃，重新发生流行；另一方面，新病原体的出现造成新发传染病的流行。其中，许多新发传染病的危害性和传播能力已广为人知，如埃博拉出血热的高致死率，西尼罗脑炎在北美的迅速蔓延，莱姆病在五大洲数十个国家的暴发。另外，气象条件变化、人类行为方式不当、国际交流增多等因素也会加快、加剧传染病的发生和蔓延。近十年来相继出现了甲型 H1N1 流感、高致病性 H5N1 禽流感、高致病性 H7N9 禽流感、发热伴血小板减少综合征、中东呼吸综合征（MERS）、登革热、埃博拉出血热、寨卡病毒病、新冠肺炎等重大新发突发传染病疫情。2009—2022 年，世界卫生组织共宣布 7 次"国际关注的突发公共卫生事件"：2009 年甲型 H1N1 流感疫情、2014 年野生型脊髓灰质炎疫情、2014 年西非埃博拉疫情、2016 年巴西寨卡病毒疫情、2018—2020 年刚果（金）埃博拉疫情、2020 年新型冠状病毒肺炎疫情以及 2022 年猴痘疫情。大多数的新发和烈性传染病为人畜共患疾病，具有传染性强、传播速度快、传播范围广的特点。在全球化背景下，疫情传播更快、更广。寨卡病毒自 2015 年开始，不到 1 年时间，就从巴西传播至全球，感染了 40 个国家约 50 万人。新冠肺炎疫情的暴发给全球带来了巨大影响，联合国秘书长安东尼奥·古特雷斯对新冠肺炎疫情的暴发作出这样的评价："我们现在面临的是联合国 75 年历史中前所未有的全球性危机，这场危机正在扩散痛苦，威胁全球经济，并严重干扰人们的生活。可以肯定的是，全球经济会衰退并可能达到创纪录的规模。"截至 2022 年 11 月 9 日，新冠肺炎已导致全球 225 个国家和地区的确诊病例近 6.38 亿例，超过 658 万人死亡。中国（含港澳台）累计确诊病例 866 万余例，其中境外输入 2.6 万余例，死亡病例 2.9 万余例。2016 年世界卫生组织提出了严重威胁人类健康的 8 种病毒性传染病，涉及的病毒包括埃博拉病毒、马尔堡病毒、SARS 冠状病毒、MERS 冠状病毒、尼帕病毒、拉沙热病毒、裂谷热病毒、克里米亚－刚果出血热病毒，2018 年又提出了未来将会有多种源头的大流行"X 疾病"。

（二）生物技术研究、开发与应用

人类在追求科学技术发展并享受其带来的便利时，有时也会给自身造成威胁和损害。例如，核技术的发展一方面为人类提供了大量的能源，另一方面带来了可能毁灭地球的核武器。生物技术是一把双刃剑，会带来一些负面效应，如各类转基因生物、遗传修饰生物释放对生态环境的影响，基因编辑、基因治疗等对社会伦理道德的影响，以及生物技术的误用和谬用等给国家安全带来的危害。特别是随着生物技术的发展，人类面临的潜在威胁日益加剧。生物技术的门槛日趋降低，在50年前只被少数实验室掌握的生物技术，目前已广泛地被研究机构、教学机构和生物技术公司所掌握。今天，对生物体基因进行改造与重组，几乎是任何生物学实验室都能完成的常规工作。不仅政府所属实验室可进行此类操作，非政府组织甚至恐怖分子控制的实验室也具备进行此类研究的能力。当前许多国家大力发展的生物技术产业化产品，如基因工程药物与疫苗、转基因食品以及基因治疗产品，在给人类带来益处的同时，也存在着风险。可以说，随着生物技术的发展，人类面临着前所未有的生物安全难题。

（三）病原微生物实验室生物安全管理

根据世界卫生组织发布的《实验室生物安全手册》和美国国立卫生研究院（NIH）发布的《微生物学和生物医学实验室的生物安全》中提出的分类要求，国际上普遍把病原微生物和实验室活动分为四级，一级为危险最小，四级为危险最大。而实验活动所需要的生物安全防护要求分为一级（BSL-1）到四级（BSL-4），其中BSL-3和BSL-4实验室又统称为高等级生物安全实验室，主要开展高致病性病原微生物相关的实验活动。从事有关致病微生物研究、医疗、教学的单位以及生物产业相关机构在实验、生产环节发生的致病微生物泄漏等意外事故，不仅会导致实验室工作人员的感染，还会造成环境污染和大面积人群感染。1971 年，苏联沃兹罗日杰尼耶岛生物武器试验场的野外实验发生爆炸，导致天花病毒泄露，致使 10 人感染，3 人死亡，约 50000 人紧急接种天花疫苗。1979 年 4 月 3 日，苏联斯维尔德洛夫斯克市西南部生化武器基地炭疽芽孢杆菌意外泄露，造成下风向人群炭疽病暴发流行，死亡 1000 余人。2001 年美国"炭疽邮件事件"中出现的炭疽芽孢粉末，专业人员根据其纯度、粒径及在空中飘浮分散的特点分析，判断其应该来自专业实验室。生物实验室管理愈不规范，防护条件愈差，发生意外事故的可能性就愈大。例如，2003 年 9 月，新加坡的专业实验室发生 SARS 冠状病毒的实验室感染事故。我国目前从事传染病研究的机构、实验室有数百个，它们大多保存有不同数量、不同种类的病原微生物菌毒种，其中部分实验室设施条件有限、管理不到位、防护措施不完善，存在实验室感染和意外事故发生的隐患。[1]近年来，世界各国实验室获得性感染事故频发，病原微生物泄漏情况屡见不鲜，管制生物剂恶意使用事件时有发生。美国国防部犹他州达格威试验场某实验室曾发生炭疽杆菌活体样本泄漏事件，这给全球各地从事管制生物剂研究和管理的人员敲响了警钟。美国审计署（GAO）更是在 2017—2018 年连续出台问责报告，督促美国国防部针对相关生物安全设施和计划进行整改。

（四）人类遗传资源与生物资源安全管理

人类遗传资源对于研究生命规律、开展医学科学研究、控制重大疾病、推动新药创新、提升人民健康水平具有重要意义。人类遗传资源和生物资源的流失会给国家造成巨大危害。民族遗传资源的保护事关民族安危和国家重大利益，必须引起高度重视，防止某些国家以合作研究的名义窃取我国国民遗传资源。20 世纪 90 年代，一些西方国家的机构以基因研究的名义，在我国各地大规模采集人体基因样本。人

---

① 关武祥，陈新文. 新发和烈性传染病的防控与生物安全［J］. 中国科学院院刊，2016，31（4）：423-431.

类遗传资源流失和剽窃现象持续存在，引起了国家对人类遗传资源的重视，并出台了相关管理规定。人类遗传资源是国家战略资源，具有巨大的战略意义和经济利益。围绕人类遗传资源的获取和使用，国际上存在各种"明取暗夺"现象。据俄罗斯媒体报道，美国曾系统搜集苏联地区传染病、菌株库以及俄罗斯公民的生物样本，美国空军曾试图搜集俄罗斯公民的滑膜组织和 RNA 样本。法国《世界报》报道，对 2014—2016 年非洲埃博拉疫情期间患者检测血液样品的流向情况的调查结果表明，西方国家在这一领域的"血液外交"、生物剽窃行为大量存在。实际上，联合国《名古屋遗传资源议定书》虽然定义了"与生物资源交换相关的获取和惠益分享义务"，但要落实打击生物剽窃的宗旨，还需要相关国家立法推进。我国是世界上生物资源最丰富的国家之一，为了更好地保藏和利用自身的生物资源，我国应进一步加强生物资源安全管理。

（五）防范外来物种入侵与保护生物多样性

从生物安全的角度分析，外来物种的威胁主要来自四个方面。一是它们会破坏生态环境。外来物种的侵入使原有生态系统结构及其服务功能遭到破坏，引起生态系统结构失衡和功能退化，破坏原有生态系统食物链的结构，造成本土物种数量减少乃至灭绝，导致生态系统结构缺损、组分改变，甚至造成不可逆转的破坏。如原产于澳大利亚的桉树，其适应环境能力强、生长速度快，常常从土壤中吸收大量养分和水资源，让草本植物很难生存，导致土地沙化，水土流失严重。紫茎泽兰、水葫芦、薇甘菊等外来物种对我国部分地区的生态系统造成了巨大损害。据不完全统计，我国每年用于打捞水葫芦的费用超过 10 亿元。20 世纪 30 年代末作为马草引入我国的喜旱莲子草，到 20 世纪 80 年代后期逸为野生，成为恶性杂草，在我国 18 个省（自治区、直辖市）都有分布，每年对我国造成数亿元的经济损失。二是外来物种会危害人类健康。外来入侵物种不仅会给生态环境和国民经济带来巨大损失，而且会直接威胁人类健康。外来物种携带的病原微生物会对其他生物的生存甚至对人类健康构成直接威胁。外来物种入侵后，可能还会释放对人类健康有害的化学物质。分布于我国15个省（自治区、直辖市）的北美豚草所产生的花粉是引起变态反应性疾病的主要病原物，可导致花粉过敏症。三是外来物种会影响生物资源多样性。外来物种对生态环境的破坏已经成为生物多样性丧失的主要原因之一。一方面，如果环境缺乏能制约外来物种繁殖的自然天敌及其他制约因素，外来物种就会迅速蔓延、大量扩张，形成优势种群。另一方面，外来入侵物种与当地物种竞争有限的食物资源和空间资源，可导致当地物种的退化，甚至灭绝。例如，水葫芦造成云南滇池16种水生植物消失，68种原生鱼种中的38种面临灭绝。外来的天牛几乎毁掉了整个三北防护林，仅宁夏平原因天牛危害而被砍掉的树木就多达1亿棵，几十万公顷的农田保护林消失。四是各类遗传修饰生物体向环境中释放，会给当地生物多样性带来危害，如转基因活生物体的环境释放可能造成生物链断裂和生物多样性破坏。随着全球贸易的发展和国际交往的深入，此类危害会更严重。

（六）应对微生物耐药

微生物耐药是指微生物对抗生素药物产生抗性，导致抗生素不能有效控制微生物感染的现象。微生物耐药问题是当代医学面临的一个全球性健康威胁，也是21世纪重要的公共卫生议题之一。随着越来越多的具有多重耐药性的病原微生物的出现，微生物耐药问题日益严重。滥用抗生素是超级病原菌产生的根本原因。药物的滥用，使病原菌迅速适应了抗生素的环境，这为各种超级病原菌的产生创造了条件。根据世界卫生组织于2017年2月公布的清单，典型耐药菌有耐碳青霉烯类鲍曼不动杆菌、耐碳青霉烯类绿脓杆菌、耐氨苄青霉素流感嗜血杆菌、耐氟喹诺酮类志贺氏菌、耐甲氧西林金黄色葡萄球菌、耐青霉素肺炎链球菌、耐万古霉素金黄色葡萄球菌、耐万古霉素肠球菌等。根据美国疾病控制与预防中心（CDC）的研究报告，美国每年有超过200万人感染耐药菌，其中至少23000人死亡。研究估计，因为耐药菌问题，美国每年在直接健康医疗支出外，增加了200亿美元的支出。微生物耐药问题已成为全球卫生健康面临的重大挑战。全球范围内，有80%的抗生素被投喂给了畜禽，最终通过粪肥－谷物途径和肉制品进入人体。另外，医生给患者开的抗生素类药品中，至少有50%是非必需的，这些因素极大增加了细菌产生耐药特征的风险。

我国是畜禽生产和消费大国，受多种因素影响，抗生素滥用问题一直比较突出，耐药菌威胁形势严峻。细菌耐药不仅会使抗菌药物失效问题严重，而且可能导致无药可治的多重耐药菌出现。2016年，国家卫生和计划生育委员会（现国家卫生健康委员会）联合14个部门印发了《遏制细菌耐药国家行动计划（2016—2020年）》，使遏制细菌耐药上升到国家战略层面。从以往数据看，每发现一种新的抗生素，5—10年后就会有相应耐受细菌出现，这导致抗生素研发动力严重不足。截至2020年，已有近30年没有新抗生素出现。

（七）防范生物恐怖袭击与防御生物武器威胁

生物武器的管制和生物战的预防一直是国际生物军控的重点关注内容。长期以来，国际社会为禁止生物武器进行了不懈的努力，也取得了一些进展。然而，近年来，国际社会普遍认为生物武器的潜在威胁却大大增加了，其主要原因：一是国际上禁止生物武器研制和减少生物战剂威胁的《禁止生物武器公约》，因为少数国家拒绝接受其履约核查议定书草案，使该公约的执行和监督困难重重，使得生物武器缺乏有效监管；二是一些国家和地区可能仍拥有生物武器研究计划，仍在研究生物武器；三是生物技术的迅速发展大大增强了生物武器的潜在威胁。

生物恐怖的问题由来已久，历史上曾发生多起生物恐怖事件，但并未引起人们的足够重视，直到2001年美国"9·11"恐怖袭击事件后，在美国境内发生了恐怖分子利用邮件夹带炭疽孢子进行传播的事件，生物恐怖问题才引起国际社会的广泛关注。"炭疽邮件事件"表明，生物恐怖已成为严重影响人类生活、经济发展和国家安全稳定的现实威胁。这次恐怖袭击事件使得各国对生物恐怖袭击的认识有了极大提高，许多国家开始采取多种措施增强其应对生物恐怖袭击的能力。

传统与新型生物威胁叠加，使全球生物军控治理困难重重，联合国《禁止生物武器公约》第8次审议大会进展甚微，生物袭击发生的可能性非但不能排除，反而有所增加。此外，新型生物恐怖投送方式不断出现，追踪溯源面临严峻挑战，防范生物恐怖袭击难度大增。

（八）其他与生物安全相关的活动

与生物安全相关的活动还包括新的农业生产和食品加工技术的应用、粮食和农产品贸易人员的出行和流动、一些国家对粮食进口的高度依赖等。

三、生物安全的主要特点[1][2]

在系统性上，生物安全风险发生、演变直至发展为事件，往往是由于初始条件的微小变化，通过系列传导放大机制，带来整个系统的连锁反应。无论是以微生物病原体感染为特征的新发突发传染病事件、实验室生物安全事件，还是生物恐怖事件、生物入侵事件等，除了通过生物体作用产生直接影响外，还会扩展到整个经济、社会甚至政治层面，形成长久、持续和破坏性的影响，具有明显的系统性特征。

在性质上，生物安全兼有传统安全与非传统安全的特征。传统安全着重于政治安全与军事安全，其核心是维护国家主权和领土完整，其目标主要是御敌于国门之外。在生物安全领域，防御传统生物武器

---

① 李明.国家生物安全应急体系和能力现代化路径研究 [J].行政管理改革，2020（4）：22-28.
② 郑涛.生物安全学 [M].北京：科学出版社，2014.

攻击、防范重大烈性传染病是传统安全的重要内容，也是生物安全的核心内容。生物技术滥用、特殊人类遗传资源和生物资源流失、细菌耐药等则属于非传统安全范畴内的问题，是生物安全领域的新型威胁。

在状态上，生物安全具有常态化的特征。生物科技在造福人类的同时，也会给人类带来新的危害，因此生物风险威胁与防范防御始终存在，具有较强的时空特点，这要求我们时刻警惕不断变化的生物风险与威胁。

在能力上，生物安全具有持续发展的特征。生物安全能力主要包括监测、检测、预警、鉴别、溯源、处置、恢复以及全过程风险管理能力。随着国际格局以及生物科技、人居环境的发展变化，生物威胁日趋复杂。因此，我国不可能采取一劳永逸式的能力建设策略，必须打战略性的持久战。

在主次上，国家生物安全能力建设存在通用能力与特种能力之分，也存在应对目标之分。传染病防控属于国家生物安全的通用能力范畴，代表着国家生物安全总体发展水平；防御生物武器攻击和生物恐怖则属于特种能力，在国家生物安全体系中居于核心地位，具有支撑性、枢纽性、辐射性和示范性等作用。通用能力与特种能力之间有交集但不等同，国家生物安全能力体系发展水平越高，则两种能力互相之间的交集越多。

第二节
生物安全的发展历程

生物安全最初起源于人们对传染病和生物武器的关注，伴随着生物技术的发展，生物恐怖袭击、生物武器威胁更加明显，生物技术谬用和误用程度加剧，重大新发突发传染病和动植物疫情的暴发等给国际社会带来了恐慌甚至灾难。生物安全问题已成为当前我国面临的重要挑战。

一、生物安全问题的起源

生物安全最初起源于人们对传染病和生物武器的关注。人类社会在长期的发展过程中，一直在与传染病进行博弈。早在三国时期，曹操被孙刘联军大败于赤壁，很重要的一个原因就是军中当时流行着瘟疫。1812 年，拿破仑率领数倍于对手的大军东征俄国大败，斑疹伤寒是重要原因。进入俄国后，拿破仑的军队开始大批发病，8 万人病死或病重，主力部队损失 20%，疾病减员数达 20 万人。最终拿破仑战败，仅 3 万法军回到巴黎。

生物武器在军事上的应用被称为生物战。生物战古已有之，最早可以追溯到公元前 5 世纪。这一时期的生物战比较简单，就是军队利用一些毒物开展攻击。公元前 404 年，菲洛克忒忒斯（Philoctetes）在特洛伊战争中用毒箭杀死了特洛伊王子帕里斯（Paris）。公元前 190 年，迦太基统帅汉尼拔（Hannibal）把装有毒蛇的瓦罐投掷到罗马人的船上，赢得了海战。后来生物战的方式又有了一些改进，主要是直接投放致病菌，施放方式较为简单，一般是投放感染了病原体的动物尸体或其他毒物，污染敌方的水源、食物等。1346年，鞑靼人猛投感染了鼠疫的尸体攻击意大利热那亚人建造的海港卡法城，造成城内鼠疫大流行，迫使热那亚人放弃该城，乘船逃回意大利，并在逃亡的过程中将鼠疫带到意大利和整个欧洲，使鼠疫一度横行欧洲。再如1763年，驻北美的英军派人将天花病人用过的毛毯和手帕送给印第安人，随后天花在俄亥俄州猖狂流行，致使100多万人死于天花。[①]第二次世界大战中，日本侵略者在我国进行了惨无人道的生物战，犯下了累累罪行。据档案记载，侵华日军曾在中国20多个省市发动细菌战。据不完全统计，在1938—1944年期间，日军用细菌武器杀害中国人民20万人左右。在中国从事细菌武器研究和使用的日本陆军总人数超过2万人，侵华日军中共有18个师团建立了细菌部队。朝鲜战争期间，美国在中国东北及朝鲜北部进行了细菌战。1952年初，美国飞机多次入侵我国东北地区，对沿铁路及公路的70个县进行生物武器袭击，投下多种生物弹和容器，如四格弹、空爆弹、带降落伞的纸筒等，媒介物有蝇类、蚊类、蚤类等，使用的致病菌有炭疽杆菌、鼠疫杆菌、霍乱弧菌、伤寒沙门氏菌等。以英国李约瑟教授为首的国际科学委员会曾作出如下结论：朝鲜人民及中国东北人民，确已成为细菌武器攻击的目标；美国军队以许多不同的方法使用了细菌武器，其中有一些方法看起来是将日军在第二次世界大战期间进行细菌战所使用的方法加以改进而成的。然而美国始终不承认这些。另外，针对农业的生物战是许多国家生物战计划的有机组成部分：第一次世界大战期间，德国间谍为切断盟军的运输补给线而使用炭疽和鼻疽病原体攻击美国、阿根廷、罗马尼亚、法国等国军队的军马和食用动物；第二次世界大战

---

① Frischknecht F. The history of biological warfare［J］. EMBO Reports, 2003, 4（suppl）: s47-52.

中，日本企图用真菌、细菌和线虫破坏中国东北和西伯利亚的植物；美军在越南战争期间投放一种高效的落叶剂——"橙剂"，"橙剂"中含有的二噁英可通过土壤等进入食物链，具有很强的致癌性。1925年签署的《日内瓦议定书》和1975年生效的《禁止生物武器公约》，对生物武器的发展、生产、使用和扩散起到一定限制作用，然而它们仍有漏洞，以致生物武器禁而不止，呈扩散之势。2001年，美国拒绝接受经过多年多方磋商而形成的《禁止生物武器公约》履约核查议定书草案。2001年4月，联合国提出将58种病原微生物和毒素列入监控和核查清单，其中人类病原体及毒素37种，动物病原体6种，植物病原体8种。生物武器是打破大国间战略平衡的撒手锏，美国、俄罗斯、日本、印度等20多个国家和地区都拥有生物武器研发能力。

二、生物安全问题日益突显

生物安全问题的发生由来已久，但是直到美国"炭疽邮件事件"及SARS疫情后，世界各国才真正把生物安全问题作为影响国家安全的重要问题来对待。以生物恐怖为例，历史上曾经发生多起生物恐怖事件，例如1984年，罗杰尼希教（Rajneeshees）教徒在美国俄勒冈州的一家餐馆制造了鼠伤寒沙门氏菌污染色拉事件，导致751人发病；1984年，恐怖组织用肉毒毒素污染罐装橘汁，导致美军两艘潜水艇和班戈弹道导弹核潜艇基地上的67人中毒、50人死亡。2001年9月，世界卫生组织发出警告，认为现代生物技术的快速发展，已使恐怖分子有能力利用某种病原体或毒性物质发动大规模恐怖袭击。生物恐怖问题已成为当前各国国家安全与公共卫生领域的焦点。

"炭疽邮件事件"是美国2001年"9·11"恐怖袭击事件后发生的一次生物恐怖袭击事件。2001年9月4日，美国博卡莱顿市《太阳报》编辑部史蒂文斯等人收到一封内有"滑腻的白色粉末"的奇怪信件。9月18日，美国国家广播公司、美国邮政管理局等多家机构也收到同样的可疑邮件，信封上发信地址不详，内含白色粉末。9月30日，史蒂文斯突然感到身体不适并到医院就诊，10月4日被确诊为肺炭疽，第二天即病逝。10月4日，佛罗里达州卫生局局长让·马莱基（Jean Malecki）接到美国极为罕见的炭疽，而且是肺炭疽的病例报告。10月9日，国会议员汤姆达斯切尔和帕特立克海收到类似信件。10月14日，美国卫生与公众服务部（HHS）部长汤普森在华盛顿接受福克斯新闻台采访时，将此事件称为"生物恐怖"。"炭疽邮件事件"不仅使美国陷入谈粉末色变、人人自危的恐慌之中，还波及全世界数十个国家。事件发生后，美国政府启动了应对生物恐怖处置系统，采取了一系列处置举措，直至2002年上半年，事件才得以平息。这次事件共造成22人发病，5人死亡，其引起的社会动荡和资源消耗更是远超一次中等灾害。该事件让美国政府深刻认识到恐怖威胁的严重性和提升应对能力的迫切性，把防范和应对恐怖袭击确定为国家安全的首要任务，并且在分析评估多种潜在恐怖威胁的基础上，把核辐射、化学和生物恐怖作为需要防范的最主要恐怖威胁，其中防范生物恐怖成为重中之重。美国显著加强了以反生物恐怖为主的反恐工作，促成了全世界对生物安全问题的高度重视。世界各国纷纷开始加强生物安全能力建设，生物安全建设进入了加速发展期。

我国加强生物安全能力建设与SARS疫情的发生有密切联系。2002年末，我国广东省突然暴发SARS疫情，短短几个月内就迅速传播蔓延至我国26个省（自治区、直辖市）以及19个国家和地区。世界卫生组织将中国16个省（自治区、直辖市）列入疫区名单，向全球发出了旅行警告。疫情暴发后，举国上下为之惊骇，人人自危，严重影响了交通、旅游等行业，给我国国民经济发展造成了不可估量的损失。从发生阶段来看，第一阶段从2002年11月16日发现第一个病例一直到2003年4月中旬，这期间患者病因不明，致病病原体不清，医务工作者大多只能在混乱状态中查找病因，对患者进行对症治疗。这一时期广东的呼吸疾病专家制订的研究治疗方案较有成效，总结出SARS的临床诊断标准和推荐治疗方案、预防措施、消毒隔离措施，使得广东疫情在2003年3月开始有所缓和。但是当时北京及国内其他地方对于疫情的严重性并没有足够的认识，应对措施也不得力；广大群众依靠传闻获取信息，没有及时得到有效的防治教育。所以这一阶段，尽管疫情在广东开始有所缓和，但在北京等地区却迅速蔓延开来。第二阶段是2003年4月20日至疫情结束，其间有关SARS的病原、病因已明确，诊断试剂研制成功。同时，国家正式成立全国防治"非典"指挥部，通过加强组织领导形成统一的指挥体系；坚决切断传染源，控制疫情的扩散和蔓延；集中优势力量，开展联合科技攻关；建立健全SARS监测报告系统等一系列措施，彻底扭转了第一阶段的混乱被动局面，从而在短短几个月内便在全国范围内有效地控制住了这次疫情。

SARS疫情前后仅几个月，全世界临床诊断病例超过8000人，我国临床诊断5327人，死亡349人，对社会安全和经济发展造成巨大影响。SARS疫情给我国造成了深远的影响，推动了我国政府官员在处置重大事件上担责制度的建立健全，推动了疫情信息公开制度的建立，让各级政府和应急机构得到了应对处置突发公共卫生事件的锻炼，促使国家投入巨资建设疫情报告系统，推动了我国传染病防治、处置等方面的研究与能力建设，同时也推动了我国生物安全研究进入快速发展时期。

三、生物技术滥用和谬用加剧了生物安全问题

生物技术是当今世界发展最快的技术领域之一，是21世纪的朝阳技术，其正在迅速发展并融入其他学科领域。生物技术的快速发展推动了科学进步、经济发展、人民生活的改变，影响着人类社会的发展进程。进入21世纪，人类社会发展面临着健康问题、粮食短缺、能源问题、环境污染等一系列重大挑战，生物技术为应对这些重大挑战提供了重要手段。然而生物技术是典型的两用性技术，如果失控谬用或

滥用，可能会产生严重的安全隐患。新兴技术的开发和应用过程中，不确定性是其重要特征，主要体现在人们无法确切地了解和掌握技术的内在机理，掌握的信息不全面，导致结果（应用）的偶然性和不可预知性。一些新兴技术在其开发和应用过程中具有不确定性，有可能导致生物安全风险。[①]

1953 年，詹姆斯·沃森（James Watson）和弗朗西斯·克里克（Francis Crick）阐明了 DNA 双螺旋结构，这奠定了分子生物学的基础，生物技术和生命科学开始突飞猛进地发展。1960 年，雅各布（Jacob）和梅塞尔森（Meselson）发现了 mRNA（信使 RNA），并证明了 mRNA 指导蛋白质合成；1961 年，马歇尔·尼伦伯格（Marshall Nirenberg）等破译了遗传密码，解开了 DNA 编码的遗传信息传递到蛋白质的秘密；1967 年，多个实验室发现了 DNA 连接酶；1970 年，维尔纳·阿伯（Werner Arber）等人分离出第一个限制性内切酶；1971 年，汉密尔顿·史密斯（Hamilton Smith）用限制性内切酶酶切产生 DNA 片段，并用 DNA 连接酶获得了第一个重组 DNA；1972 年，保罗·伯格（Paul Berg）等首次成功构建 DNA 重组体；1973 年，赫伯特·博耶等建立了 DNA 重组技术；1977 年，弗雷德里克·桑格（Frederick Sanger）等人建立了 DNA 测序技术；同年，赫伯特·博耶首次用化学方法合成了人生长激素抑制因子的基因，并构建出表达该基因产物的工程菌；1983 年，凯文·厄尔默（Kevin Ulmer）提出了蛋白质工程概念；1988 年，PCR（Polymerase Chain Reaction，聚合酶链式反应）技术诞生；1994 年，马克·威尔金斯（Marc Wilkins）和基思·威廉姆斯（Keith Williams）提出了蛋白质组概念；1996 年，第一只克隆羊多利诞生；1997 年，维克多·维库列斯库（Victor Velculescu）等人提出转录组概念；1999 年，RNA 组学概念被提出。

随着测序技术的进步，一系列基因组计划也被陆续提出和实施。

① 刘晓，王小理，阮梅花，等.新兴技术对未来生物安全的影响［J］.中国科学院院刊，2016，31（4）：439-443.

1990年，人类基因组计划正式启动；2003年，人类基因组序列图绘制成功；2002年，人类基因组单体型图谱计划启动，目的是寻找人类个体间的基因差异；2007年，美国国立卫生研究院发起了人类微生物基因组计划，主要用于分析微生物与人类健康和疾病之间的关系；2008年，国际千人基因组计划启动，意图通过测序获取来自全球27个族群的2500人的基因组信息；2012年，国际千人基因组计划完成，英国10万人基因组测序计划启动；2015年，韩国万人基因组测序计划启动，美国百万人基因组测序计划启动；2016年，10万亚洲人测序计划启动……这些海量数据有助于开发新的疫苗和药品，但是也可能被滥用或谬用，如增强微生物的致病性或发展针对特定人群的生物剂。

合成生物学是当前各国热点研究领域，发展速度很快。2002年，美国纽约州立大学石溪分校的埃卡德·威默（Eckard Wimmer）等不依靠病毒天然模板从头合成了脊髓灰质炎病毒基因组；2003年，美国克雷格文特尔研究所完成了长度为5386 bp的phi-X 174噬菌体基因组组装；2004年和2007年，甲型流感病毒和埃博拉病毒基因组分别被人工合成出来；2005年，美国陆军病理学研究所的杰弗里·陶本伯格（Jeffrey Taubenberger）重构了1918流感病毒[①]；2007年，人类实现从丝状支原体到山羊支原体之间的基因组移植与取代；2008年，成功合成、组装、克隆长度为582 kb的生殖支原体基因组；2008年，蝙蝠SARS样冠状病毒合成成功；2010年，美国文特尔研究所将化学合成的人工丝状支原体基因组导入山羊支原体，获得能自我复制的人工细菌；2015年，研究者利用反向遗传学系统合成具有高致病性的嵌合病毒，该病毒具有感染人的呼吸道细胞的能力，体外研究证明可引起小鼠疾病；2017年，加拿大研究人员合成了马痘病毒。合成生物学目前仍处于快速发展期，其主要风险在于该技术可被用于合成自然界已经消灭的病原体或难以获得的病原体，甚至制造出自然界不存在，但是

---

① Tumpey T M. Characterization of the reconstructed 1918 Spanish influenza pandemic virus [J]. Science, 2005, 310 (5745): 77-80.

危害更大的病原体，从而给各国生物安全带来巨大挑战。

基因编辑技术自 2012 年问世以来，受到了极大的关注。2012 年 6 月，美国加州大学伯克利分校的结构生物学家珍妮弗·道德纳（Jennifer Doudna）和瑞典于默奥大学埃玛纽埃勒·沙尔庞捷（Emmanuelle Charpentier）联合小组成功对 CRISPR/Cas9 系统进行了改造，率先开发出了 CRISPR/Cas9 基因编辑工具。2013 年 2 月，张锋、乔治·丘奇（George Church）团队和温德尔·利姆（Wendell Lim）团队分别报道利用 CRISPR/Cas9 系统实现了哺乳动物细胞的基因组定点编辑。2015 年 10 月，张锋团队报道了一种不同于 Cas9 的新型 2 类 CRISPR 效应因子 Cpf1。Cpf1 是一种不依赖 tracrRNA，由单个 RNA 介导的核酸内切酶。2016 年 1 月，张锋团队开发出高保真基因编辑工具 CRISPR / eSpCas9。2016 年 4 月，美国哈佛大学刘如谦（David R. Liu）研究组报道了一种单碱基编辑的新方法。2016 年 6 月，美国国立卫生研究院为宾夕法尼亚大学的临床研究项目开了绿灯。该次临床试验主要针对多发性骨髓瘤、滑膜肉瘤与黏液样脂肪肉瘤、黑色素瘤患者，而这也成为美国首次使用 CRISPR 治疗癌症的尝试。2017 年 8 月，哈佛大学杨璐菡团队成功利用 CRISPR/Cas9 基因编辑手段使猪基因组中的多拷贝的内源性逆转录病毒（porcine endogenous retroviruses，PERVs）序列全部失活，这有助于异种器官移植的推广。2018 年 1 月，中科院上海神经科学研究所在世界范围内首次突破体细胞克隆猴技术；2019 年 1 月，5 只生物钟紊乱体细胞克隆猴登上中国综合英文期刊《国家科学评论》封面。

基因驱动是指特定基因有偏向性地遗传给下一代的一种自然现象。借助 CRISPR 基因编辑技术，科学家已在酵母、果蝇、蚊子乃至哺乳动物中实现基因驱动。基因驱动系统使变异基因的遗传概率从 50% 提高到 99.5%，可用于清除特定生物物种。随着基因编辑和基因驱动技术的发展，基因武器应用风险越来越高。2016 年美国情报界年度全球威胁评估报告将基因编辑列为潜在的大规模杀伤性武器之一。该报告称，这种有双向用途的技术分布广泛、成本较低、发展迅速，任何蓄意或无意的误用，都可能引发国家安全问题或严重的经济问题。[①]2019年，我国国家卫生健康委员会起草的《生物医学新技术临床应用管理条例（征求意见稿）》，将基因编辑技术列为高风险生物医学新技术。[②]与发达国家相比，发展中国家对生物科技负面作用的管控体系和能力存在短板，同时生物科技在许多战略方向存在"卡脖子"现象。随着经济社会发展和国际政治经济格局的深刻演变，经过由外到内和由内到外的层层传导、相互作用，发展中国家面临的生物安全形势将更加严峻。

四、国际安全发展形势促进了生物安全发展

生物安全的发展与国际安全形势密切相关。生物安全与科技、军事、国防建设相互影响，并同政治、经济、文化等多方面因素相互交织，已成为有关国家主体、非国家行为体博弈的新兴领域。认识和处理生物安全问题，维护国家核心利益，须有更为广阔的视野和全局运筹谋略。

一是大国战略目标。[③]生物安全以及相关的生物科技，作为新科技革命的一部分，是国际政治经济秩序调整期西方大国竞争博弈的重要筹码和战略领域。同时，围绕先进生物技术的国家间地缘经济竞争，增加了建立可在全球范围内实施的国际准则的难度。2018年以来，许多西方发达国家将生物安全提升到战略高度，制定战略发展目标，出台国家生物安全战略，走在生物安全立法和治理建设的前列，持续

① James C. Statement for the Record: Worldwide threat assessment of the US intelligence community, senate armed services committee ［EB/OL］．（2016-03-20）．https: //www. armed-services. senate. gov/imo/media/doc/Clapper_02-09-16. pdf.

② 张鑫，王莹，刘静，等.典型两用性生物技术的潜在生物安全风险分析［J］.中国新药杂志，2020，29（13）：1495-1499.

③ 王小理，周冬生.面向2035年的国际生物安全形势［N］.科学时报，2019-12-20.

加强建设生物安全法规体系和治理体系，同时深入研判生物科技对国家安全利益、经济利益、地缘政治的潜在影响，争夺国际生物安全话语权。近年来，美国的国家情报委员会、国防部净评估办公室、国防科学委员会、国防大学技术与国家安全政策中心、空军大学非传统武器研究中心、兰德公司等战略安全智库，纷纷加大生物科技与国家战略安全研究力度，致力于预测未来生物科技领域进步和技术扩散对战争形态、国际安全格局的影响。美国国家科学院、国家生物安全科学顾问委员会、生物防御蓝带研究小组等科技政策智库，围绕新兴生物技术、两用性技术研究与技术扩散、管理与研发体系改革路线图、科技开发与管控战略、相关法律法规修改等议题频频发声，谋划推动政策与技术的融合。我国军事科学院、国防大学、中国科学院、中国工程院等研究单位关于制生权、生物国防等的战略研究亮点纷呈，对于推进生物安全国家治理体系和治理能力现代化具有重要意义。

二是科技发展因素。生产拯救生命的疫苗的研究室和能够生产病毒的实验室之间的区别往往缘于一些人的一念之差，生物技术的滥用和谬用问题始终未能得到妥善解决。美国国家生物安全科学顾问委员会（National Science Advisory Board for Biosecurity，NSABB）在 2012 年提出了生命科学两用性研究的概念：生命科学研究所提供的知识、信息、产品或技术可能被误用于对公众健康和安全、农作物和其他植物、动物、环境、材料或国家安全构成重大威胁或产生广泛的潜在危害的研究。它界定的两用性研究的范围为增强病毒毒力或者赋予无毒微生物毒力、使病原体对抗生素和抗病毒药物产生抗性、使疫苗无效、增强病原体的传播能力、改变病原体的宿主范围、使病原体逃避诊断和检测、使病原体和毒素武器化相关的研究。[1]《禁止生物武器公约》历次专家组会上，也多次提及可用于有悖于公约规定用途的科技

---

[1] NSABB. United States government policy for oversight of life science dual use research of concern［EB/OL］.（2013-01-11）. http://oba. od. nih. gov/oba/biosecurity/PDF/United States，Government Policy for Oversight of DURC FINAL version 032812. pdf.

新发展。当前人们普遍关注的是，在新技术发展形势下，人类面临着怎样的生物武器威胁。如果处置失当，生物技术也可能使人类面临更大的威胁，给公约履约和生物安全工作带来新的挑战。当前生物科技的发展步伐加快，对其跟踪和评估的难度增大，导致难以确定需要密切监控的领域；生物学与化学、工程、数学、信息等多学科的交叉融合日益深入，导致武器作用机制无法区分来源学科，使得公约监管出现漏洞；随着科学技术水平的迅速提高，国家间的科技开放合作日益频繁，信息收集、处理、扩散和获取方式改变，商业服务途径增多，生物战或生物恐怖有了更加便捷的实施途径。在科学技术领域，几乎每一次理论上的突破都优先应用于军事领域。随着新型病原体种类增多和性能的增强，生物防护难度增加；生物技术门槛大大降低，防扩散难度增加；而生物安全监控实施困难，履约监控难度增加，人们面临的生物安全风险大大增加。

当前以基因组学为代表的多组学技术，以代谢调控网络为代表的作用靶点技术，以基因重组为代表的基因编辑技术、遗传修饰技术，以及以合成生物学为代表的人工生物技术等的快速发展，为生物武器研制提供了越来越多的先进技术支撑，同时也使生物战剂的种类越来越多。因此，《禁止生物武器公约》面临越来越多的新情况和新问题。由于生物袭击方式越来越复杂多样，其引发的后果也会越来越严重，严重威胁国家的安全与稳定。

三是自然生态因素。新发突发传染病层出不穷，严重影响了国家的安全稳定。2018 年，世界卫生组织提出了"X 疾病"的概念。"X 疾病"可从多种源头形成，包括人类制造的全新病毒、存在于特定生态环境的古老病原体、因人畜频繁接触而出现的新病原体等。"X 疾病"未来有可能因宿主、环境等因素改变而出现大流行。例如，全球变暖正让更多的永久冻土融化，可能会释放出古老的病菌和病毒。无论是新发的还是再发的传染病病原体，无论是蓄意制造和释放的还是实验室研制和逃逸的生物剂，如果失去控制，就可能造成全球性生物风险，从而导致严重的损失及人员死亡，给国家经济社会稳定及全球安全带来持续性破坏。2018年，世界卫生组织警告新一波大流行疾病随时可能发生，有可能在200天内导致3300万人死亡。近年来，暴发了中东呼吸综合征、巴西寨卡疫情、非洲埃博拉疫情等较大规模的疫情，好在都得到了较好的控制。2020年暴发的新冠肺炎疫情是1918年大流感疫情以来全球最严重的传染病大流行，同时也是第二次世界大战结束以来后果最严重的全球公共卫生突发事件，深刻影响了世界政治经济格局。新冠肺炎疫情，对国际政治经济形势和生物安全形势产生了深远影响。可以预见，"X疾病"疫情将是影响国际生物安全形势的重大变量之一。

第三节
国家安全背景下的生物安全

当前我国正处于实现中华民族伟大复兴的关键时期，面临着各种各样的生物安全风险，更需从国家安全的战略角度出发，审视国内外的生物安全形势，统筹规划，顺应"被动防御"转向"主动保障"的新趋势，积极构建生物安全风险防控和治理体系，满足人民群众对生物安全更好保障的新期待。同时也要看到，加强生物安全建设是一项长期而艰巨的任务，需要持续用力，扎实推进。我们应切实把生物安全建设重点任务抓实、抓好、抓出成效，牢牢把握国家生物安全主动权。

一、生物安全关乎民族复兴，亟须提升至国家安全体系的核心位置

生物安全包括防控新发突发传染病疫情、防范生物恐怖袭击、防御生物武器攻击、防止生物技术谬用、防控外来入侵生物威胁、保障实验室生物安全、保护战略性生物资源安全等多个方面，关系到种族延续、民众健康、社会稳定、经济发展、生态稳固、国防安全等，涉及卫生、农业、工业、环境、资源、科技、军事等领域。历史证明，生物安全问题会阻滞人类社会发展的进程，尤以人为导致的生物安全事件甚至生物战造成的危害最为巨大。2020年新冠肺炎疫情暴露出我

国在生物威胁预警、早期判别、协调指挥等方面的漏洞，一旦敌对势力利用这些漏洞发动攻击，将危及国家安全。生物安全是国家核心利益的重要保障，亟须提升至国家安全体系的核心位置。

二、生物安全威胁错综复杂，亟须提升多元化科技能力

随着生物技术的不断发展，传统生物武器已发展为经典基因武器、种族基因武器。其中，智能动物、遗传改造媒介、自杀式昆虫等成为全新投递载体，行为干预、意识干扰等成为全新袭击方式。生物袭击对象不仅局限于人类个体和群体，还扩展至种族、动植物界、生态系统等。从危害程度看，除典型的病理损伤外，生物武器还可造成攻击对象生理机能失调、意识行为失常、情感认知紊乱；从危害时效看，基因武器可作用于遗传水平，造成危害跨代传递，导致物种质量持续衰退。因此，提高国家生物安全治理能力，必须提升感知和甄别、防护和处置、威慑和反制等多元化科技能力，兼顾个体和群体、单效和全效、长期和短期、特异和广谱、瞬时和终生，实现强力应对和慑止。

三、生物安全具有极高技术属性，亟须集智协同攻关

生命组学、生物信息学、合成生物学等领域中的"使能性"前沿生物技术层出不穷，已从量变积累过渡到质变跃升。生物技术与纳米、精密电子、光电工程、微制造、虚拟仿真、大数据智能分析等技术交叉融合，从而更具有颠覆性、革命性、引领性，但也可能带来更多新型生物袭击方式的威胁。而相应的生物防御对高新技术发展具有极强的依赖性，亟须一体化设计、全链条部署，我们唯有采取大科

学、大团队、大协同、大转化的攻关方式，才能从理论指导、组织指挥、重大设施、技术产品、人才队伍等方面满足相关技术发展的需求。

四、生物安全具有全球性，需加强国际协作以维护国家生物安全

非传统生物安全问题具有典型的跨国性，不仅会在一国范围内传播，而且还会快速蔓延到世界各个地区，发展成地区性、全球性的问题。同时，非传统生物安全问题往往会引发不同领域的连锁反应，如某个领域的问题不能及时得到控制，很可能向其他领域扩散，发展成综合性的地区危机。在全球化背景下，生物安全威胁的跨国性与不确定性更加凸显。国与国之间的依存度不断增强，威胁人类生存的各种因素往往跨越国界，单靠一国之力难以解决全球性的环境、气候、资源、公共卫生等问题。随着生物技术的快速发展，以"改造"生命和技术交叉为特征的新一轮生物技术革命，正广泛影响国家安全形势并逐步渗透到其他相关领域。这一超越地域范围的非传统安全问题以科技手段触及当代社会，进而使得世界各国都面临生物问题的深层次危机与挑战。面对变幻莫测的生物安全形势，各国政府均积极加强国际合作以提高生物风险治理能力，保护本国生物安全。生物安全已经成为各国战略竞争的关键变量之一，也是各国在相互学习与借鉴基础上有效合作的重要领域。唯有以人类命运共同体理念为指导，谋划生物安全，才能真正维护国家安全，实现人类的共同安全。

五、我国生物安全研究迎来新机遇

2013年11月，党的十八届三中全会通过了《中共中央关于全面深化改革若干重大问题的决定》，决定设立中央国家安全委员会，负责制定和实施国家安全战略，推进国家安全法治建设。2014年4月，习近

平总书记在中央国家安全委员会第一次全体会议上首次提出"总体国家安全观",明确了我国安全科学的发展方向和发展重点。[①]2015年7月实施的《中华人民共和国国家安全法》增列4个新兴安全领域,包括极地安全、深海安全、太空安全和生物安全,形成"11+4"框架。2019年7月,国务院发布《新时代的中国国防》白皮书,将"生物安全"与"大规模杀伤性武器""极端主义、恐怖主义""网络安全""海盗活动"等非传统安全威胁并列,作为我国国家安全面临的风险挑战。2020年新冠肺炎疫情的暴发,更是将生物安全推到国家安全的最新高度。2020年2月,习近平总书记指出,把生物安全纳入国家安全体系,系统规划国家生物安全风险防控和治理体系建设,全面提高国家生物安全治理能力。同年3月,习近平总书记在北京考察新冠肺炎防控科研攻关工作时强调,要把生物安全作为国家总体安全的重要组成部分,把疫病防控和公共卫生应急体系作为国家战略体系的重要组成部分。可以说,维护国家生物安全是复杂的系统工程,是总体国家安全观的重要组成部分,是国家生命工程。[②]

新冠肺炎疫情的暴发表明,建立健全国家生物安全治理体系,提升治理能力与水平已十分迫切。在新一轮科技革命和世界政治经济秩序转型背景下,生物安全问题与经济安全、科技安全、生态安全等领域的问题交织,使我国面临的生物安全形势更加严峻。如何加快探索构建有中国特色的生物安全体系,实现生物安全从被动应急向主动防御转变,已经成为重要战略议题。[③]

---

① 郭秀清.总体国家安全观指导下的生物安全治理 [J].社科纵横,2020,35(7):7-12.
② 协同推进新冠肺炎防控科研攻关 为打赢疫情防控阻击战提供科技支撑 [N].人民日报,2020-03-03.
③ 王小理,田德桥,李劲松.加快探索完善国家生物安全体系 [N].学习时报,2020-08-19.

第二章

我国面临的生物安全风险分析

党的十八大以来，党中央把加强生物安全建设纳入国家安全战略，颁布《中华人民共和国生物安全法》，出台国家生物安全政策，制定国家生物安全战略，积极应对生物安全重大风险，使我国生物安全建设取得历史性成就。但目前传统生物安全问题和新型生物安全风险叠加，境外生物威胁和内部生物风险交织，生物安全风险呈现出许多新特点，我国生物安全风险防控和治理体系还存在短板弱项。因此，必须科学分析我国生物安全形势，把握面临的风险挑战，进一步明确加强生物安全建设的思路和举措。

第一节
国际生物安全发展现状

生物安全风险已成为全世界、全人类面临的重大生存和发展威胁。从国际生物安全发展现状来看，各国对于生物安全风险的防控和治理侧重于以下几个方面：一是认识到位并将生物安全发展纳入国家安全战略；二是健全生物安全法律法规体系；三是完善国家生物安全管理体制；四是通过科技支撑等方式提高防范能力。这些经验对我国加强生物安全风险管控有借鉴和启示意义，同时了解这些经验也有利于我国同国际社会携手合作，共同应对日益严峻的生物安全挑战。

一、纳入国家安全战略，强化立法建设

（一）纳入国家安全战略

美国率先将生物安全纳入国家安全战略。2002 年以来，美国政府公布了一系列关于生物安全的国家战略，包括《打击大规模杀伤性武器的国家战略》《21 世纪生物防御》《应对生物威胁的国家战略》《生物监测国家战略》《国家生物防御战略》《打击大规模杀伤性武器恐怖主义国家战略》《国家生物防御战略与实施计划》等，从国家战略层面对有效防备和消除生物安全威胁、应对突发公共卫生事件作出周密部署。

2010 年以来，美国先后发布《美国生物经济蓝图》《加强实验室生物安全和生物安保下一步举措》《实现生物技术产品监管体系现代化》《美国政府生命科学两用性研究监管政策》《美国政府生命科学两用性研究机构监管政策》《关于潜在大流行病原体管理和监督审查机制的发展政策指南建议》《国家生物技术和生物制造计划》，确保生物技术研发处于良性轨道，提升公众信心。

俄罗斯一直以来重视国家生物安全建设，将生物安全作为国家安全的重要战略考虑，同时非常重视生物技术水平的提升。2019 年 12 月，俄罗斯联邦政府向国家杜马提交《生物安全法》草案，内容包括草案说明、财政经济论证、相关法律清单等。该草案严格遵守《禁止生物武器公约》，制定了一系列预防生物恐怖、建立和开发生物风险监测系统的措施，旨在保护人类和环境免受危险生物因素影响，为维护俄罗斯联邦的生物安全奠定了法律基础。

英国、法国、澳大利亚等国家结合各自特点，也制定了应对生物战、生物恐怖、传染病疫情、实验室生物安全、生物技术谬用等生物安全问题的各项战略措施。另外，中东、北非等地区的一些国家也已出台或正在制定应对生物威胁的战略。

（二）加强生物安全相关立法

针对生物安全问题，许多国家和组织制定、发布和实施了一些法规、条例和规章，并建立了符合自身国情的管理体制和机制。新西兰于1993年颁布了全球首部《生物安全法》，巴西国家生物安全技术委员会于1995年颁布了第8974号法律（旧版《生物安全法》），旨在规范涉及转基因生物及其副产品的研发活动，以应对转基因生物及其副产品开发有关的生物安全问题，同时于2005年颁布了第11105号法律（新版《生物安全法》）。[①]日本针对生物入侵、转基因等生物安全问题，颁布了《外来入侵物种法》《生物多样性基本法》等法律法规。美国从20世纪70年代就开始关注生物安全问题，在有关法规的修正案中加入了生物安全相关内容。加拿大环境署在1985年制定了生物技术产品环境释放的管理法规。欧盟于1984年成立了生物技术指导委员会，在1990年制定了转基因生物研究、环境释放和商品化生产管理的三项指令。澳大利亚于2015年通过《生物安全法》，开始构筑以《生物安全法》为中心的国家生物安全体系。同时在地方立法层面，澳大利亚各州（领地）政府根据《生物安全法》的基本精神制定本地区的生物安全规定，形成了一套生物安全立法体系。[②]

二、完善生物安全管理体系，加强防御能力建设

（一）完善国家生物安全防御机构

面对日益严峻的生物安全形势，发达国家相继组建了国家分级管理的生物防御体系和机构。美国联邦政府参与国家生物防御的机构有

---

① 郑颖，陈方.巴西生物安全法和监管体系建设及对我国的启示［J］.世界科技研究与发展，2020，42（3）：298-307.

② 翟欢.澳大利亚生物安全体系及其启示［J］.世界农业，2020（10）：27-35.

多个，不断根据形势变化作出调整。特别是2001年"9·11"恐怖袭击事件及随后发生的"炭疽邮件事件"之后，美国政府对其包括反生物恐怖在内的反恐怖指挥管理机构建设进行了深入反思，采取了一系列重大改革措施，并且目前仍在不断评估和完善之中。美国的生物防御工作几乎与所有政府机构有关，核心是国防部（DOD）、国土安全部（DHS）、卫生与公众服务部和能源部（DOE）。国防部主要负责生物武器防御，而国土安全部和卫生与公众服务部主要负责反生物恐怖和应对重大疫情。它们之间长期有合作交流，特别是2001年"炭疽邮件事件"发生以来，这些机构之间在项目合作、人员交流、信息共享和设施共用等方面的联系日益密切。2002年后，美国成立了国家生物防御与对策研究中心、高级生物医学研究与发展署等新机构。总之，在生物武器防御以及重大生物恐怖袭击事件和重大疫情现场处置方面，美国国防部发挥主导和核心作用，而在日常生物恐怖防范和疫情监测方面，国土安全部和卫生与公众服务部发挥主导作用。

英国、德国、法国、意大利、日本、韩国等国家也相继组建了国家分级管理的生物安全监管框架和生物防御体系，采取了一系列措施提升本国的生物防御能力，使生物安全防御与国家安全建设得到统筹规划、协调发展。

（二）注重应急反应网络和队伍建设

美国建立了发达的公共卫生事件和反生物恐怖的实验室应对网络，涵盖了联邦、各州与地区、军队等各级实验室以及食品、环境、畜牧等各领域实验室，其成员实验室分布在美国及国外的重要战略位置。该网络目标包括扩大生物检测的范围，特别是人畜共患病的诊断、食品和水源的检测等，并吸引更多的私人和商业实验室参与。

实验室应对网络。美国大力推行信息化在国家生物安全保障中的应用。特别是在反生物恐怖和应对重大疫情方面，为了快速鉴别危险性病原体，美国于1999年8月建立实验室应对网络（Laboratory

Response Network，LRN）。它由美国疾病控制与预防中心负责，主要合作者包括美国联邦调查局（FBI）和美国公共卫生实验室协会（APHL）。实验室应对网络建立之初的目标是提升美国公共卫生实验室的基础设施水平及检测能力以应对生物恐怖的威胁，随后其功能不断扩增，在 2003 年增加了检测化学恐怖物质的内容。现在实验室应对网络的任务包括应对生物恐怖、化学恐怖和其他公共卫生事件。

国家灾难应对系统。美国建有国家灾难应对系统，该系统作为联邦政府处置国家灾难事件的主要医疗应对系统，负责应对自然灾害、特大交通事故、大规模杀伤性武器恐怖袭击等，补充和整合国家医疗应对能力，帮助州与地方处置和平时期的灾难事件以及在战争中为军队提供医疗救助。该系统在美国国家应急反应框架（The National Response Framework，NRF）下提供预防医学、环境健康、心理健康等服务，其中尤以灾难医疗救援队、国家兽医反应队和国家大规模杀伤性武器反应队最为关键。

反生物恐怖相关信息系统。美国应对生物恐怖活动的信息系统建立在美国公共卫生突发事件应急机制的基础上，经过长期部署、长期建设、长期积累和不断完善，围绕国家生物恐怖防御能力整体需要，在"9·11"恐怖袭击事件和"炭疽邮件事件"之后，形成了由各相关部门相互配合防范和应对处置生物恐怖的信息系统。该信息系统包括环境空气微生物监测报警系统和检测信息系统、疾病信息监测报告系统、诊断和临床管理信息系统、通信和报告信息系统等，其处置能力在多次演习中得到了检验。

（三）强化应急处置协调管理

美国于 2008 年发布国家应急反应框架，旨在使所有应对力量在应对灾害和紧急事件中形成一个整体。其明确了灾害和紧急事件应对的主要原则和任务，描述了地方、州与联邦政府以及私人团体、非政府组织如何形成有效合力。美国国家应急反应框架包括 15 项紧急事态支持功能单元（Emergency Support Function，ESF），涉及交通运输、通信、公共事业与工程、消防、紧急事态管理、住房与人文服务、后勤管理与资源支持、公共卫生与医疗服务、紧急救援、农业和自然资源、公共安全等领域。同时，美国国家应急反应框架还明确了不同事件（如生物事件、灾难事件、食品和农业事件、核与放射性事件等）的应对方法。在应对生物事件方面，该框架涉及自然发生的疾病和生物恐怖袭击事件。该框架明确由卫生与公众服务部负责协调，农业部、商务部、国防部、能源部、国土安全部、内政部、司法部、劳工部、国务院、运输部、退役军人事务部、环境保护总局等各部门合作支援。联邦政府应对生物恐怖或自然发生的感染性疾病的方法是：通过疾病监测和环境监测进行侦查，确定和保护处于危险中的人群，判断生物恐怖或感染性疾病的来源，进行公共卫生评估和执法，控制可能的疾病流行，并对州和地方公共卫生机构提供指导，提供公共卫生和医疗服务，对污染范围进行评估。

许多国家根据本国立法需要，加强了生物安全防御管理，尤其是在出入境管理和检疫上，加强针对生物两用品的监管。美国和韩国加强了对外国旅客及其携带物品的出入境检查，以切断生化制剂进入本国的途径。美国、俄罗斯建立了对可疑邮件进行消毒处置的制度。法国强调对饮用水消毒过程的控制。日本制定了《发生大规模恐怖袭击时政府的对策》和《可能产生炭疽杆菌等污染时的对策》，提出具体应对措施和行动预案。英国颁布了《应对核生化袭击的国家战略指南》，对相关单位的职责作了详细规定。法国则制定了名为"BIOTOX"的生物危机应对计划，规定政府在应对生物恐怖袭击不同阶段应采取的策略。澳大利亚将生物安全管理工作转变为一种基于风险分析的管理路径，即不是消灭风险，而是将风险降到合理可控水平。

三、加大生物防御投入，完善科技支撑体系

（一）提高生物防御研发投入

世界各国，特别是西方发达国家在生物武器防御和反生物恐怖方面的研究部署不断加强。如美国已明确将生物威胁列为现阶段对其最大的战略威胁，2001年"9·11"恐怖袭击事件和"炭疽邮件事件"发生后，美国政府在生物防御方面的投入持续大幅度增长。以美国"三防"[①]和新发传染病防治经费预算为例，2011—2019财年，生物防御经费投入为161.69亿美元，新发传染病防治经费投入为109.47亿美元，多种威胁综合防治经费投入为691.39亿美元。反生物恐怖大部分经费资助给了3个部门：卫生与公众服务部、国防部和国土安全部。美国生物防御经费资助的目标是：应对生物战及生物恐怖，全面增强公共卫生准备和应对能力。具体资助方向包括生物武器防护、药品器材的采购和储备、增强医学监测及生物剂的环境检测能力以及加强州、地方及医院各级的应急准备工作等。在美国的生物安全研究规划中，相关药物和疫苗的研发是重点。

从政府公共财政预算对生物科技研发投入的体量来看，世界主要国家大致分为四个层级：第一层级，美国一枝独秀，年投资额为100亿美元以上；第二层级，以德国、英国、日本等国为代表，年投资额为20亿至30亿美元，中国近年来对生物科技的研发投入虽有大幅增长，但总体上属于第二层级；第三层级，以印度、俄罗斯、巴西和南非为代表，年投资额为10亿美元及以下；其他国家为第四层级，有一定资金投入但未达到前三层级水准。

---

① "三防"指的是对核武器、化学武器、生物武器的防护。

（二）加强高等级生物安全实验室建设

近年来，全球高等级生物防护实验室扩张趋势明显。全球BSL-4级生物安全实验室数量已经从2002年的10余个增加到40余个，这些实验室主要集中在欧美发达国家，更多的BSL-3级生物安全实验室正在建设之中。

截至2022年底，欧洲已有BSL-4级生物安全实验室共25个，分布于德国、英国、捷克、法国、俄罗斯、瑞典、意大利、白俄罗斯、瑞士、匈牙利等国。

自从"9·11"恐怖袭击事件发生以来，美国BSL-4级生物安全实验室数量快速增加，目前已增加至12个，BSL-3级生物安全实验室已超过1300个，从地方到军队，从州到联邦，组成了微生物检验体系和实验室网络。另外，美国拥有覆盖全国各地医疗机构的初级实验室，在重要城市和各州共设有80余个中心实验室，美国疾病控制与预防中心和美陆军传染病研究所（均拥有BSL-4实验室）可以完成系统的菌毒种收集、检测鉴定和研究工作。

（三）积极推进生物防御研究计划

为了应对潜在生物恐怖病原体的威胁，2003年，美国政府推出了"生物盾牌计划"，次年夏天美国国会通过了《生物盾牌计划法案》。2004年，美国国会通过另一项法案，进一步投入55.93亿美元用于2004—2013年度的"生物盾牌计划"。此外，还拨款约23亿美元用于相关医疗对策研究。美国国会还通过法案在卫生与公众服务部建立了先进生物医学研究和发展管理局（BARDA），监督和推动"生物盾牌计划"项目的执行。在"生物盾牌计划"的推动下，美国政府于2007年设立了一个为期13年的研发计划，即"美国卫生与公众服务部/先进生物医学研究和发展管理局生物恐怖应对执行计划（2007—2020）"。该项法案旨在通过增加对生物恐怖相关病原研究的资金投入，为新研发的应对方案提供市场保证（如进行国家储备），为尚未获得美国食品药品监督管理局等相关机构许可的新型医疗方案提供特殊应急许可，并开展相关生物防御研究。该计划采用"三步走"的策略，推动以疫苗、中和抗体和广谱治疗药物研发为主的病原体防治研究。2019年，美国国会采取行动加强落实"生物盾牌计划"，增加相关经费预算，同时建立公私合作机制，注重利用全球资源，从而保障其产品实现产业化应用，生物安全科技支撑能力得到大幅度提升。

美国目前已经形成从基础研究到国家采购的系统配套、衔接紧密的生物安全药物研发、生产和储备体系，无论在研究深度、广度，还是在技术水平方面均处于全球领先地位。美国政府制定的"生物盾牌计划"、"美国生物恐怖应对执行计划"等多项计划中，重视分期分批大量采购生物安全相关产品作为美国国家战略储备。同时，美国陆军医学研究与发展部资助了一系列病原体的防治研究。其中，研发（广谱）疫苗、广谱抗生素、中和抗体、广谱抗病毒药物、快速诊断试剂以及生物剂侦检装备，是美国等发达国家生物医学防护研究的战略重点。

四、纳入国家安全教育，完善风险评估系统

（一）加强生物安全教育，开展防范演习

不少发达国家把生物安全教育纳入国防教育和民众普及教育，以及公共卫生、医疗专业人员在校和继续教育，形成多部门组织、多种媒体配合、多层次人群参与的生物安全教育培训体系。同时，设立生物损伤咨询、技术指导和心理疏导热线，开展咨询、指导。为进一步提高生物恐怖应对处置能力，一些发达国家还投入大量资金，组织民众进行近乎实战的演习。2003年，英国、欧盟等多个国家和地区组织了针对反生物恐怖袭击的演习。美国举办了代号为"高管""黑暗冬季"的一系列演习，以提高生物恐怖应对处置能力。

（二）加强生物安全问题的公众交流

一些发达国家十分重视生物安全管理过程中的科学性和透明度，采取多种形式方便公众参与。特别是针对转基因生物安全管理，有的国家甚至在其全过程都有社会公众参与。

日本针对消费者对转基因产品的认识、信赖等问题，开展广泛的社会调查：农林水产省设立了消费者接待室，用图、文、实物展示转基因生物技术的原理和过程，以消除消费者的疑虑；厚生省则由专家、生产者和消费者代表组成常任机构对转基因生物的安全评价结果进行审议。美国各联邦机构制定有关转基因生物安全管理的法规时，均要在联邦注册公告中发布，在固定时间内寻求公众评议；召开对公众开放的转基因生物安全技术问题研讨会；不定期举行听证会，寻求公众对转基因生物安全问题的态度；联邦咨询委员会每年定期举办面向公众的关于农业生物技术的研讨会议。

（三）完善风险评估手段

风险评估是基于实际情况对生物恐怖的潜在威胁进行评价，对将来可能发生的生物安全事件特别是灾难性重大事件进行预测的一种必要手段。根据现有信息，对最有可能发生的生物安全事件进行综合研究，分析可能使用的生物剂、攻击目标、攻击手段、各种情景下所形成的危害面积、感染人数、流行趋势等，从而达到有效应对的目的。目前，美国及欧洲国家常用的模拟流行病在真实城市传播的大型仿真系统 EpiSimS，美国 Los Alamos 国家实验室建立的对人群个体进行流行病学建模、研究城市大规模暴发疾病后的传播途径和干预措施的 TRANSIMS 模拟系统，以及美国国防部、联邦应急管理局等研制的针对自然突发事件（如飓风）、人为突发事件（如恐怖袭击）等的基于地理信息系统（GIS）模拟结果的 CATS 系统，可以为应急处置人员在了解灾难可能带来的人员伤亡、合理分配应急力量等方面提供决策支持。

第二节
我国生物安全发展现状

面对日趋严峻的生物安全形势，中国政府高度重视生物安全防御能力建设，制订系统的生物防御计划，加大经费和人力投入，持续强化科学研究和体系部署，不断完善法律法规体系，提高生物防御能力，维护国家生物安全。

一、纳入国家安全战略，统筹规划生物安全

在国家安全总体战略布局和中央国家安全委员会部署指导下，由国家卫生健康委、军委后勤保障部等牵头，全面筹划部署国家生物安全战略和政策论证制定，有序推进各项建设，取得系列进展。2016年3月，国家生物安全工作协调机制正式建立，主要统筹协调涉及国家生物安全的重大事项和重要工作，分析研判本领域安全形势，建立健全风险监测制度，组织推动有关立法工作，督促检查各责任部门落实维护国家生物安全工作任务。2016年6月，中共中央办公厅正式印发《国家生物安全政策》，界定了国家生物安全的内涵和外延，明确了生物安全的地位作用，分析了我国生物安全的风险及发展趋势，明确了国家生物安全建设的目标和重点任务。《国家生物安全战略》于2017年9月经中央国家安全委员会全体会议审议通过，对国家生物安全工作作出了纲领性指导，发挥了指南针的作用。

二、完善法律法规体系，加强安全风险管理

近年来，我国先后制定和发布了一系列生物安全方面的法律法规，涉及疾病防控、两用物项和技术管控、人类遗传资源管理、转基因技术、生物多样性等。这些法律法规对加强我国生物安全防御能力建设具有十分重要的意义。

在疾病防控方面，我国颁布了《中华人民共和国传染病防治法》《中华人民共和国突发事件应对法》《突发公共卫生事件应急条例》《重大动物疫情应急条例》，以及《国家突发公共卫生事件应急预案》《国家突发公共事件医疗卫生救援应急预案》等相关法律和各级各类应急预案，形成了从中央到地方，覆盖法律法规、行业规章、规范标准和管理操作多个层面，囊括各类突发公共卫生事件应对和其他突发事件紧急医学救援的预案和法制体系。

在两用物项和技术方面。作为具有两用设备和技术出口能力的国家，我国高度重视两用物项和技术的进出口管制工作。在积极加入相关国际公约或体系的同时，相继颁布了一系列有关进出口管制的法规，完善了两用物项和技术进出口管制法规体系和管理制度。2002 年发布了《生物两用品及相关设备和技术出口管制清单》，之后进行了多次修订，对病原体、毒素、遗传物质、开发和生产技术以及生物两用设备的出口管制作了全面规定。

在人类遗传资源管理方面。人类遗传资源是研究生命规律、开展医学科学研究、控制重大疾病、推动新药研制、提升人民健康水平的重要资源。1998 年 6 月，国务院办公厅转发了由科技部和卫生部制定的《人类遗传资源管理暂行办法》。该暂行办法对于保护我国生物资源和促进生物技术及其产业发展具有重要意义。2019 年 5 月，国务院正式发布新修订的《中华人民共和国人类遗传资源管理条例》，以加强对我国人类遗传资源的保护，开展人类遗传资源调查；同时制定了《人

类遗传资源采集、收集、买卖、出口、出境审批行政许可事项服务指南》，为有效保护和合理利用我国人类遗传资源，维护公众健康、国家安全和社会公共利益提供了法律依据。

在保护生物多样性方面。为了控制生物多样性锐减的趋势，我国制定和颁布了多部法律法规，如《中华人民共和国环境保护法》《中华人民共和国海洋环境保护法》《中华人民共和国野生动物保护法》《中华人民共和国渔业法》《中华人民共和国森林法》《中华人民共和国草原法》等，以及《中华人民共和国自然保护区条例》《中华人民共和国野生植物保护条例》《中华人民共和国进出境动植物检疫法》《中华人民共和国植物检疫条例》《中华人民共和国动物防疫法》等。1992年6月，我国在巴西召开的联合国环境与发展大会上签署了《生物多样性公约》，并积极参加了该公约的后续谈判。2003年1月，国家环保总局下发了《关于加强外来入侵物种防治工作的通知》，要求充分认识外来入侵物种危害的严重性，加强科学研究，提高科学管理水平。

在病原微生物生物安全高等级实验室风险管理方面。《病原微生物实验室生物安全管理条例》于2004年11月颁布，并分别于2016年2月和2018年3月进行了修订。2006年发布并施行的《人间传染的高致病性病原微生物实验室和实验活动生物安全审批管理办法》规定了病原微生物的分类和管理、实验室的设立与管理、实验室感染控制等事项。其中，国务院卫生主管部门和兽医主管部门会同有关部门组织病原学、免疫学、检验医学、流行病学、预防兽医学、环境保护和实验室管理等方面的专家，组成国家病原微生物实验室生物安全专家委员会，对高致病性病原微生物相关实验活动的实验室设立与运行进行生物安全评估和技术咨询、论证。

在生物技术研究开发活动风险管理方面。国家相继颁布《基因工程安全管理办法》《农业转基因生物安全管理条例》《农业转基因生物安全评价管理办法》等。2017年，科技部发布《生物技术研究开发安全管理办法》，旨在规范生物技术研发活动，促进和保障生物技术健康有序发展。该办法要求按照风险等级对相关研发活动进行逐级分类管理，在公开、转让、推广或产业化、商业化应用研发成果时，应当进行充分评估，以避免出现直接或间接的生物安全危害，并对从事研发活动的法人、自然人和其他组织的安全责任意识进行了规定。2018年9月，《中华人民共和国生物安全法》正式列入《十三届全国人大常委会立法规划》，但因立法条件尚不完全具备，需要继续研究论证。2019年10月，《中华人民共和国生物安全法（草案）》首次提请全国人大常委会会议审议。2020年2月，习近平总书记在中央全面深化改革委员会第十二次会议上指出，"要把生物安全纳入国家安全体系""加快构建国家生物安全法律法规体系、制度保障体系"。2020年4月，草案二审稿提请全国人大常委会审议，随后在人大网上面向全国征求意见。2020年10月，《中华人民共和国生物安全法》经十三届全国人大常委会第二十二次会议审议通过，于2021年4月15日正式施行。

2021年3月，为规范生物技术研究开发安全管理，促进和保障我国生物技术研究开发活动有序开展，维护国家生物安全，由科技部和司法部起草的《生物技术研究开发安全管理条例（草案）》面向社会征求意见。该条例经国务院常务会议审议通过后，科技部将按职责组织编制其配套实施细则，制定生物技术研究开发活动风险分类标准及名录，依法加强对生物技术研究开发活动的安全管理。

三、加强科学技术研究，构建科技支撑体系

加强生物安全领域关键核心技术产品研发。党中央、国务院高度重视生物安全领域科技活动，国家先后启动了"艾滋病和病毒性肝炎等重大传染病防治""重大新药创制"2个重大专项，2016年又立项启动"生物安全关键技术研发"国家重点研发计划，针对国家生物安全体系建设的重大需求，围绕基础研究、关键共性技术与重大产品研发、典型应用示范三大任务，共设立26个重点方向。一是基础研究，

包括重要新发突发病原体宿主适应与损伤机制研究，重要新发突发病原体发生与散播机制研究，以及重要疫源微生物组学研究等。二是关键共性技术与重大产品研发，包括突发急性和烈性传染病临床救治关键技术研究，生物战剂和恐怖剂追踪溯源技术体系研究，以及重要新发突发病原体防治、处置技术与产品研发等。三是典型应用示范，包括人类遗传资源库建设、国产化高等级病原微生物模式实验室建设等。目前上述研究已取得一系列成果，对于降低生物安全风险、提高我国生物安全防御能力起到了重要的科技支撑作用。

整合完善生物防控科技支撑平台，推进高等级病原微生物实验室建设审查。我国近年来生物安全实验室建设步伐加快，计划到2025年底建成5—7个生物安全四级实验室，根据《高等级病原微生物实验室建设审查办法》及配套文件，推进高等级病原微生物实验室建设。目前，武汉、哈尔滨生物安全四级实验室已经正式投入使用，昆明生物安全四级实验室已通过中国合格评定国家认可委员会（CNAS）组织的第二阶段关键防护设备安装和试运行评审。我国以生物安全四级实验室为核心，生物安全三级实验室为主体，已经初步形成覆盖全国的生物安全四级和三级实验室体系。

四、纳入国家安全教育，加强宣传教育和国际交流合作

为了提高生物安全管理的透明度，国家通过多个主流媒体，采取多种宣传形式，科学、权威地发布生物安全相关信息，使公众充分了解生物安全对人类健康、环境、社会经济生活的影响情况，不断提高公众的生物安全意识，提高其对生物安全危害的辨别能力，形成全社会共同保障生物安全的局面。

对科技人员加强生物安全相关教育，增强他们的生物安全责任感和自律意识，防范事故风险。组织论证建立生物安全教学体系，编写

规范教材，并首先在若干重点大学开设生物安全课程。

积极倡导并参与国际规则的制定及履行。高度重视并以建设性姿态倡议国际社会积极履行《禁止生物武器公约》《生物多样性公约》《卡塔赫纳生物安全议定书》《国际卫生条例》等生物安全领域的国际规则，推动实现防扩散和风险管理的目标，增强缔约国全面认真履约的政治意愿，促进各方沟通合作，参与有关国际规则的双边及多边讨论，增加规则制定的话语权。我国代表团多次在《禁止生物武器公约》专家组会和缔约国会上，在尊重国家主权与利益的基础上，本着平等、互利、公正、合理的精神，就不断发展的生物安全问题展开广泛、实质性的对话和沟通，进一步加强和扩大生物安全领域的国际交流与合作。2021年，由中国天津大学、美国约翰斯·霍普金斯大学牵头，多国科学家共同研讨达成《科学家生物安全行为准则天津指南》。该指南既源于中国倡议，又经过广泛讨论，体现了国际共识。

第三节
新时期生物安全重大风险点

我国作为发展中大国，面临严峻的生物安全威胁。近年来，我国城镇化速度明显加快，未来大城市群的快速发展将导致城市群人口聚集性和流动性进一步提高。航空、铁路、公路、水路等交通网络空前发达，人口大规模快速流动成为常态。而与此同时，国家和城市的生物安全和公共卫生风险预防和应急管理能力建设滞后，跟不上形势发展的需求。一旦发生新发突发传染病疫情，将给公众健康、人民生活和社会经济发展带来巨大损失。生物恐怖所用生物剂的易获取性以及手段的易实施性，更是加大了生物恐怖对国家安全的威胁。同时，对于生物技术的负面效应，尚缺乏行之有效的控制措施。另外，转基因生物对环境、人类的影响仍需进一步研究，各种生物医学实验室仍存在安全隐患，凡此种种，消除各种生物安全隐患的任务更加迫切。

一、新发突发传染病疫情频发

随着全球生态环境变化加剧和国际交往日益频繁，新发突发传染病发生的次数越来越多，传播的速度也越来越快。1981年艾滋病第一次在美国被发现，之后，几乎每年都有新的传染病疫情，其中超过80%影响到我国。2003年至今，我国经受了传染性非典型肺炎、猪链球菌病、高致病性H5N1禽流感、甲型H1N1流感、高致病性H7N9禽流

感、新冠肺炎等传染病的威胁和冲击，面对的传染病防治形势十分
严峻。

我们要尤其重视疫情对特大城市的影响。特大城市是指城区人口
大于500万的城市，人口多且居住密集。以北京市为例，根据2019年
数据，常住人口有2100多万，有90多所高校和众多中小学，如防控不
到位，极易发生大规模的聚集性疫情。同时，特大城市一般是区域性
乃至全国性的政治、经济、文化中心，交通四通八达，人员往来频
繁，传染病输入风险较其他城市更高，防控难度更大。如2003年我国
广东省暴发SARS，疫情在短短几个月内就蔓延到北京、香港等多个地
区，我国先后报告病例5327例，死亡349例。另外，特大城市与世界
各国的人员往来频繁，国外传染病输入风险很高，从疫情输出到输入
往往就是一个航班的距离，防控难度更大。2009年4月，墨西哥确诊
世界上首例H1N1流感病例，2周后我国就发现了首例输入性流感病
例。2014年以来，西非埃博拉疫情肆虐，虽未直接影响到我国，却严
重影响到我驻非维和部队和工作人员的安全。2015年5月我国曾出现
中东呼吸综合征输入病例。2016年北京曾发生输入性黄热病病例及寨
卡病毒病病例。2020年，北京新发地批发市场发生的新型冠状病毒肺
炎的传播虽没有明确的传播来源，但专家都认为这是一次输入性疫情。

虽然我国经过SARS疫情后加强公共卫生能力建设，应对大规模传
染病暴发的能力有了提高，但在应对处置大规模疫情暴发时还是捉襟
见肘。2020年初武汉暴发新冠肺炎疫情时，当地的传染病救治能力面
临巨大挑战：需要将大量普通病房改造成传染病病房，需要建立大型
方舱医院，需要大量外地医护人员支援。即使是特大城市，面对新发
突发传染病暴发、出现大量病例，在医疗资源、物资储备等方面同样
存在能力不足的情况。

二、生物恐怖和生物战威胁有增无减

1. 生物恐怖

生物恐怖是指故意使用致病性微生物、生物毒素实施袭击，损害人类或动植物健康，引起社会恐慌，企图达到特定政治目的的行为，具有隐蔽性、欺骗性和恐怖性等特点。2001年美国"炭疽邮件事件"是国际上影响较大的生物恐怖袭击事件，虽然最终22人患病，其中5人死亡，看似致死人数不多，但引起的社会动荡和资源消耗却远超一次中等灾害。这一事件表明，生物恐怖已成为现实的威胁。当今城市化和全球经济一体化，使得传染病的传播更为迅猛，这大大增加了生物恐怖袭击风险。

可能被恐怖分子用于发动生物恐怖袭击的生物剂种类有很多。随着生物技术的发展，恐怖分子不仅可以使用天然病原体，还可通过生物学诱导、基因改构、基因合成等技术增加生物剂的产量和纯度，或改变其结构，增强致病性、抵抗力，从而生成新的病原体，制造所谓的"基因武器"。目前，必须重点防范的可用于恐怖袭击的生物剂有30余种。生物恐怖袭击在时间、地点、手段等方面的不确定性，增大了对它的防范难度，防护及救援行动变得更为复杂。

当今世界正处于百年未有之大变局，国际局势错综复杂，恐怖主义威胁将长期存在。在各种因素影响下，我国周边地区的安全形势不容乐观。从地理位置上来看，我国正处于世界恐怖活动高发地带的交汇点——中亚地区附近，恐怖、分裂、极端主义活动比较频繁。不排除国际恐怖组织对我国发动袭击的可能性，也不排除民族分裂分子在西方敌对势力支持下铤而走险，利用生物恐怖手段制造动乱。这些势力已对我国安定团结的政治局面和国家安全利益构成现实威胁。此外，部分不法分子为了发泄对社会的不满，一些邪教组织为了达到其政治目的，也可能会实施带有生物恐怖色彩的犯罪活动。

从国情来看，我国特大城市众多，而特大城市由于其自身特点，更易遭受生物恐怖袭击。一是由于特大城市的定位，其发生生物恐怖袭击易引起更大的关注，影响面广，尤其是特大城市的敏感区域往往会成为恐怖分子袭击的重点。如北京作为首都，是国家政治、文化中心，极可能成为恐怖分子的攻击目标。2013年北京天安门金水桥发生恐怖袭击事件，该袭击者选择这个袭击地点就是为了引起更大的关注，达到扰乱社会秩序、威胁社会安定的目的。二是特大城市具有四通八达的轨道交通网络和大型的交通枢纽。地铁车厢等密闭性很强的空间，更是生物恐怖袭击的重点目标。三是特大城市中大型活动场所更多，举办的大型活动较多。2001年上海APEC会议期间，我国曾成功处置"白色粉末邮件"事件；2008年北京奥运会前夕，我国就遏制了一起"疆独"分子企图利用"毒肉"、"毒气"发动恐怖袭击的事件；2017年，新疆"7·5"事件后，发生了具有明显生物恐怖性质的"针刺"事件，一度造成社会恐慌。但目前我国尚缺乏有效应对生物恐怖袭击的综合能力，难以进行快速准确的预警和风险评估，应急处置与医学救援能力有待提升。

2. 生物武器

目前发生传统生物武器袭击的风险降低，但生物科技的快速发展，使生物武器研发更为隐蔽，新发传染病疫情有时和生物恐怖袭击难以区分，因此，我们应当持续警惕某些发达国家利用生物技术研制可实施精准隐匿攻击的新型生物武器及其形成的对我国的生物威慑。生物武器是以生物战剂杀伤敌方有生力量、毁坏动植物的各种武器和器材的总称。随着基因技术的发展，生物武器更新换代速度加快，正在由传统生物武器向针对不同人种、民族、年龄人群基因特性的基因武器发展，针对特定人种的"人种炸弹"呼之欲出。生物武器使用方式更加灵活多样，后果极其严重，致死性生物战剂会造成人和动物大量死亡，非致死性生物战剂可以使大量人员丧失劳动或战斗能力，并产生极大的心理创伤和社会恐慌，这些是其他常规武器和化学武器所不及的。目前，我国尚未保存多种生物战剂清单中明确的病原体菌毒种，且尚未对其进行深入研究，对国外生物武器研发进展缺乏有效追踪，不具备系统应对生物武器威胁的有力手段。

3. 生物攻击

生物攻击可能成为某些西方国家遏制我国发展的新手段。当前，大国博弈日益激烈，生物安全领域的攻防战可能成为新的角力点。从历史上看，使用生物武器或生物战剂的例子并不鲜见。日本在第二次世界大战中，美国在朝鲜战争、越南战争中均使用过生物武器，给当地人民带来深重灾难。在全球范围内，利用细菌、病毒等病原微生物研制生物战剂，并暗中投放或公开攻击的风险并未消除。近年来，生物战剂逐步向多样化、小型化、高技术化、隐蔽化方向发展，已远远超出《禁止生物武器公约》的限制范畴。生物攻击也有可能从"明战"走向"暗战"，发起国利用高科技将恶意攻击伪装成自然灾害，使受害国难以追踪攻击源头。疫病流行期间产生的大量临床样本在生物安全监管措施缺失的状况下，存在流失风险，可能会为生物武器的研发创造条件。此外，人类遗传资源的窃取和恶意使用、实验室管理不当等会成为新的生物威胁来源。我国需高度警惕国外敌对势力采用极端生物手段扼制我国发展的图谋。

三、病原微生物实验室泄漏危害巨大

病原微生物实验室泄漏主要有两大类型：一类是实验室物理环境遭到损坏导致处于封闭环境中的病原体外泄；另一类是实验操作过程中病原体被意外释放出来。实验室感染事件不仅损害实验室人员的身体健康，而且可能造成实验室周边地区疾病的流行，危及民众的健康和生命安全。

国际上曾多次发生重大实验室泄漏事故。1979年，苏联秘密生物设施曾发生炭疽泄漏重大事故，造成近2000人死亡，使苏联政府饱受指责，导致其内政和外交的长期被动。2007年，英国动物卫生研究所因排污系统受损造成病毒泄漏，导致附近农场暴发口蹄疫疫情。2009年，美国芝加哥大学医学中心发生鼠疫菌感染事件，造成一名研究人员死亡。近年来，美国疾病控制与预防中心和军方实验室也曾多次发生炭疽菌未充分灭活事故。

我国拥有较多的科研创新基地和产业化基地，其中的高等级生物安全实验室和其他相关生产设施是应对生物威胁的重要基础设施，若相关人员操作不慎，也会发生事故。2010年，位于哈尔滨市的东北农业大学动物医学学院实验室采用未经检疫的山羊进行羊活体解剖实验，造成5个班级共28人感染布鲁氏菌病。2019年，位于兰州市的中牧兰州生物药厂因生产车间灭菌不彻底，导致排放的废气中带有布鲁氏菌，造成下风向的中国农业科学院兰州兽医研究所发生布鲁氏菌抗体阳性事件。

随着近年来我国对生物安全问题的重视程度不断提高，高等级生物安全实验室建设步伐加快，一些大型生物医药企业开始建设负压生产车间，如国药集团中国生物北京生物制品研究所目前建有全球最大的新型冠状病毒灭活疫苗生产设施，由此带来的生物安全风险不容忽视。比利时和荷兰的实验室曾分别在2014年和2017年发生脊髓灰质炎病毒泄漏，因相关人员工作不慎将病毒原液排放到水环境中，造成了严重的公共卫生污染。实验室泄漏除了因硬件条件和人为疏忽引发的生物安全事故外，也包括人为蓄意导致的生物安保事件，如由恐怖分子或实验室内部人员蓄意破坏导致病原体泄露或人员感染，因而需要制定和执行严格的实验室生物安全管控措施。

四、生物技术双刃剑效应凸显

生物技术是典型的两用性技术，其既可以造福于社会，也可能产生灾难性的后果。生命科学和生物技术研发活动具有结果不确定性，良好的研发意愿也可能产生负面结果。2001 年，澳大利亚科学家在鼠痘避孕疫苗研发中发现了强致死性的鼠痘病毒，此类研究也可能应用于天花病毒而产生灾难性的后果。合成生物学的发展已经使科学家可以人工合成几乎所有病毒，基因编辑技术可被用于人类基因改造，这带来了巨大的伦理问题和生物安全风险。生物技术被蓄意利用会带来严重威胁，生物技术研发成果也可能会被恶意利用。2005 年美国科学家重构了 1918 流感病毒，2012 年科学家使 H5N1 禽流感病毒获得了在哺乳动物间传播的能力。这些研究具有科学价值，但也可能被恶意利用。蓄意利用生物技术造成危害的，可能是国家实体，也可能是非国家实体，甚至有可能是"生物黑客"。

我国拥有众多研究生命科学和开发生物技术的科研机构及生物医药企业，政府的特殊实验室及非政府控制的实验室都可开展相关研究，生物技术安全管控面临挑战。从政府监管角度看，过于严格的管控会阻碍科学技术的发展，而不加限制又可能导致严重后果。此外，前沿技术发展迅速，管控难度大。目前国家正在对生物技术研发活动进行分级，并对其加强管理。

五、生物资源与人类遗传资源流失严重

生物资源是自然资源的有机组成部分，是指生物圈中对人类具有一定经济价值的动物、植物、微生物有机体以及由它们所组成的生物群落。人类遗传资源包括人类遗传资源材料和信息。人类遗传资源材料是指含有人体基因组、基因等遗传物质的器官、组织、细胞等遗传材料。人类遗传资源信息是指利用人类遗传资源材料产生的数据等信息资料。我国是人口大国，56 个民族特点鲜明，地区发展各有特色，创造了多样化的遗传资源。生物资源安全和人类遗传资源安全是生物安全的重要组成部分，随着科技的进步，遗传资源更为多样化，不仅包括实物资源，而且包括重要的信息资源，生物和人类遗传资源保护

愈发重要。生物资源丧失可能破坏生物多样性和生态环境，而人类遗传资源与国家生物安全密切相关。俄罗斯非常重视限制西方国家获取其国民生物样品，美国严格管理其首脑出访期间的生物样本。

我国大城市拥有较多科研单位，科技发展迅速，与国外机构合作密切，需高度重视遗传资源安全问题。一些大的基因组测序公司，尤需高度重视国民基因组数据等信息的安全问题。要重视对国外合作机构的审查，同时要加强生物安全教育，提高科研机构相关人员的生物安全意识。

六、外来生物入侵危害加剧

1. 全球生物入侵危害日益严重

生物入侵是指生物由原生地经自然的或人为的途径侵入另一个新环境，对入侵地的生物多样性、农林牧渔业生产以及人类健康造成损害，导致入侵地生态系统紊乱的生态现象。全球经济一体化使得国际贸易往来越来越频繁，生物入侵的概率也随之大大增加。生物入侵包括自然发生的以及人为因素导致的生物入侵，如非洲蝗灾蔓延到亚洲一些国家，养殖或圈养的动物逃逸也可能导致生物入侵。

2. 我国生物入侵形势不容乐观

我国生物入侵形势严峻，2019 年《中国生态环境状况公报》①显示，全国已发现 660 多种外来入侵物种，其中 71 种对自然生态系统已造成或具有潜在威胁的外来物种被列入《中国外来入侵物种名单》。67个国家级自然保护区的外来入侵物种调查结果表明，215 种外来物种已入侵国家级自然保护区，其中 48 种外来入侵物种被列入《中国外来入侵物种名单》。据了解，在中国已知的外来有害植物中，超过一半是人为引种的结果，物种引进成为生物入侵的"主渠道"之一。像中国沿

---

① 由于 2020 年和 2021 年发布的《中国生态环境状况公报》中未提及外来入侵物种相关内容，故以 2019 年发布的《中国生态环境状况公报》中的数据为准。

海为防风固堤引进的大米草，如今在福建等地已形成危害。草地贪夜蛾已经入侵我国西南和华南地区，对农业生产造成威胁。而原产北美的三裂叶豚草也已经侵入北京郊区。

第四节
新冠肺炎疫情影响下的
生物安全挑战

当前全球生物安全形势依然严峻。传统生物安全问题和新型生物威胁、域外生物威胁和国内风险并存。随着我国综合实力和国际影响力的不断提升，一些西方国家对我国的围堵和遏制愈发变本加厉，政治、经济等方面的冲突日益白热化。2020 年，新冠肺炎疫情席卷全球，国际生物安全形势跌宕起伏，生物安全风险交织叠加，形成全球性危机。同时，这次疫情凸显了生物安全具有与其他安全领域不同的特点。①

一、生物安全是全新而特殊的国家安全领域

生物安全不同于陆海空天等"物理域"安全和网电等"信息域"安全，是一种全新的"生命域"安全。生物安全是来自微观领域的国家安全挑战，看不见的"小病毒"能造成灾难性的"大破坏"，使国家安全具有新的内涵和外延。生物安全是泛在的非传统国家安全领域，地球生命圈中任何一点细微变化都可能引发蝴蝶效应。我国国家安全内外因素空前复杂，国家战略利益拓展到哪里，生物安全的利益边界

---

① 丛晓男，景春梅.高度重视国家生物安全防御体系建设——新型冠状病毒肺炎疫情引发的思考［J］.科技中国，2020，3：28-30.

就必须延伸到哪里。

二、生物安全事件具有全球联动效应

新冠肺炎疫情是1918年大流感以来全球最严重的传染病大流行，也是第二次世界大战结束以来影响最严重的全球公共卫生突发事件，深刻影响了世界政治经济格局。疫情无国界，生物安全不受地缘界限阻隔。经济一体化的今天，任何一处疫情的"星星之火"，都可能迅速演变为"燎原之势"。在生物威胁面前，世界休戚与共，没有地区是安全孤岛，没有国家能独善其身，人类命运共同体首先应是人类卫生健康共同体。

三、生物安全体系建设是复杂的系统工程

新形势下的生物安全，是一种全谱性"大生物安全"，涉及军事国防、卫生健康、环境资源等多个领域，传统与非传统威胁交织，国际与国内风险并存，形势错综复杂、变幻莫测。生物安全体系建设不能寄希望于一战而胜、一劳永逸，必须军民融合、一体联动、体系应对、久久为功，通过不断提升整体能力织就捍卫国家生物安全的天罗地网。

第三章

生物安全战略体系

构建国家生物安全战略体系是贯彻落实总体国家安全观的重要举措，是健全生物安全风险防控体系的指导方针，也是整体部署生物安全各领域能力建设的基本保障，体现了国家层面在生物安全领域的前瞻性布局和全局性谋划。构建国家生物安全战略体系，要求我们系统分析不同国家生物安全战略特点，针对我国防范生物安全问题的短板，进一步完善生物安全风险防控和治理体系，有效应对各类生物安全风险和挑战。

第一节
美英等国生物安全战略研究

他山之石可以攻玉。美英等国较早地将生物安全列为国家安全的重要组成部分，并出台了多项国家战略，在完善多级防御体系、设立统筹管理机构、完善领导协调机制、加强科技融合创新、提升应急响应能力等方面积累了一定的经验。本节将对美国、英国和俄罗斯三国的生物安全战略进行梳理和分析，归纳出可借鉴的经验和做法。

一、美国重要生物安全战略政策

美国在 2001 年发生"炭疽邮件事件"后，进一步加强了防控生物安全风险的战略部署，布什政府、奥巴马政府和特朗普政府均在任期内出台了生物安全相关战略政策，以不断增强对生物威胁的全谱系防御，大力推进生物科技发展和生物安全治理。

1. 《抗击大规模杀伤性武器的国家战略》（*National Strategy to Combat Weapons of Mass Destruction*）

2002 年 12 月，布什政府发布《打击大规模杀伤性武器的国家战略》，旨在强化反扩散措施，制止核生化武器的使用；落实不扩散制度，制止核生化武器的扩散；采取后果处理措施，增强应对核生化武器袭击的能力。战略还提出了四项措施：加强有关核生化武器及其相关技术的情报搜集与分析；提升科研实力，以提高应对威胁的能力；加强双边与多边合作；对恐怖主义分子采取针对性策略。[①]

2. 《21 世纪生物防御》（*Biodefense for the 21st Century*）

2004 年 4 月，布什政府签署《21 世纪生物防御》总统令，涵盖了生物防御计划的四大支柱："威胁感知""预防和保护""监测和侦察""应急响应和重建"。这是美国首个针对生物安全的国家防御计划，为全面提升美国生物防御能力奠定了基础。

3. 《应对流感大流行国家战略》（*National Strategy for Pandemic Influenza*）

2005 年 11 月，布什政府发布《应对流感大流行国家战略》，一年后再度发布《应对流感大流行国家战略实施计划》，针对可能暴发的禽流感疫情制定了 300 多项应对措施，涉及政府应对预案、国际交流与合作方式、交通运输与边境管制办法等方面，为联邦政府、州和地方政府以及企业、学校、社区和非政府组织采取响应措施提供指导，以确保政府能够以协调一致的方式应对流感大流行。

4. 《应对生物威胁的国家战略》（*The National Strategy for Countering Biological Threats*）

2009 年 12 月，奥巴马总统签署《应对生物威胁的国家战略》，将"生物防御"上升到"生物安全"的高度，针对生物武器、生物恐怖主义和生物技术滥用等问题建立了一整套预防和监管机制。

---

① 辛本健. 美国提出抗击大规模杀伤性武器的国家战略 [J]. 现代军事，2003（3）：52-54.

5.《生物监测国家战略》（*National Strategy for Biosurveillance*）

2012年7月，奥巴马政府发布《生物监测国家战略》，加强对生物威胁的监测。该战略具有四项核心功能。一是洞悉威胁：高度关注影响健康和安全的各种因素，并筛选评估。二是确认威胁：对相关因素进行特征分析并确认威胁，跟踪威胁的发展。三是威胁预警：为决策者提供威胁预警信息。四是预测影响：对突发事件的发展轨迹、持续时间和强度大小进行预测。[①]

6.《国家安全战略》（*National Security Strategy of the United States of America*）

2017年12月，特朗普政府发布《国家安全战略》，将"抵御大规模杀伤性武器"和"对抗生物武器与流行病"作为国家安全战略的重要部分。该战略强调了生物安全挑战，将包括生物武器在内的大规模杀伤性武器列为首要威胁，将生物安全问题的重要性提升到了前所未有的高度；兼顾传统与非传统生物安全问题，强调包括传统生物武器和突发疫情、两用性生物技术在内的非传统生物威胁会对国家安全造成严重威胁；构建应对全谱生物威胁综合体系，从遏制多种生物威胁到激发生物医药技术创新，再到提高应急响应能力，全方位发展整体应对生物威胁的能力。

7.《国家生物防御战略》（*National Biodefense Strategy*）

2018年9月，特朗普政府发布《国家生物防御战略》，这是美国首个全面应对各类生物威胁的系统性国家层级战略。该战略明确了生物防御的五个目标：增强生物防御风险意识，促进生物防御团体决策；确保有能力防范各类生物威胁事件；做好应对生物威胁事件的准备；迅速响应生物威胁事件；促进事后恢复。该战略有三个主要特点：强调防御全谱生物威胁，重视情报在决策中的地位，弱化《禁止生物武器公约》的作用。根据这一战略，美国成立了由卫生与公众服务部部

[①] 刘术，舒东，刘胡波.美国《生物监测国家战略》简述及分析［J］.人民军医，2013，56（5）：525-526.

长任主席的内阁级别生物防御指导委员会，负责各部门的协调和指挥工作。

8.《国家卫生安全战略（2019—2022）》（*National Health Security Strategy 2019—2022*）

2019年1月，美国卫生与公众服务部更新了《国家卫生安全战略（2019—2022）》，提出了加强应对21世纪卫生安全威胁的愿景。战略目标为：协调联邦政府各部门联合响应突发公共卫生事件，保护国家免受流行性传染病和化学、生物、放射与核威胁的影响，加强调动私营部门的能力。[①]

9.《全球卫生安全战略》（*Global Health Security Strategy*）

2019年5月，特朗普政府发布《全球卫生安全战略》，该战略结合美国《国家安全战略》《国家生物防御战略》以及关于"推进全球卫生议程以实现世界安全和免受传染病威胁"的行政命令，提出了三大目标：帮助美国的海外合作伙伴提升卫生安全保障能力；支持全球卫生安全能力建设；确保美国已做好应对全球卫生安全威胁的准备。

10.《2020—2030年国家流感疫苗现代化战略》（*National Influenza Vaccine Modernization Strategy 2020—2030*）

2020年6月，美国卫生与公众服务部发布《2020—2030年国家流感疫苗现代化战略》，概述了2020—2030年美国流感疫苗领域的发展愿景，旨在建构具有较强响应能力、高灵活性和可扩展性的现代化流感疫苗体系，更有效地协调公共卫生应急响应，更快速地研发制备疫苗，降低季节性和大流行性流感导致的不良影响。该战略提出三个总体目标：一是加强流感疫苗的研发、制造和供应链建设，实现多元化；二是创新方式方法，推广应用新技术应对流感；三是提升流感疫苗在所有人群中的可及性，增加流感疫苗的覆盖率。美国已成立国家流感疫苗现代化特别工作组，每年对该战略实施情况进行监测和评

---

① 丁陈君，陈方，张志强.美国生物安全战略与计划体系及其启示与建议［J］.世界科技研究与发展，2020，42（3）：253-264.

估，协调相关机构工作，发展现代化流感疫苗体系。

11.《国家生物防御战略和实施计划》（*National Biodefense Strategy and Implementation Plan*）

2022年10月，美国白宫发布《国家生物防御战略和实施计划》。该项计划是对美国政府2018年提出的《国家生物防御战略》所作的更新，明确了一系列关于有效应对各种生物威胁的目标。该计划提出，美国政府和国际社会评估、防范、应对生物事件的能力迫切需要持续提升和变革性改善，以应对一系列生物威胁，如影响人类、动物、植物和环境的新出现和再次出现的传染病，先进生物技术滥用风险，生物制剂意外释放的风险，以及寻求使用生物武器的恐怖组织或个人构成的威胁。

二、英国重要生物安全战略政策

英国十分重视生物安全风险管理，将流行病、新发传染病等影响人类健康的威胁列为可能影响国家安全的一级风险，近年来制定了多项关于生物安全的国家政策，不断完善国家生物安全战略体系。

1.《全球卫生战略（2014—2019）》（*Global Health Security 2014—2019*）

2014年9月，英格兰公共卫生部（Public Health England，PHE）发布《全球卫生战略（2014—2019）》，概述了公共卫生部门2014—2019年的卫生战略优先事项：一是改善全球卫生安全并履行《国际卫生条例》规定的责任，重点关注抗生素耐药性、生物恐怖主义、新发传染病、跨境生物威胁等；二是积极应对国际关注的突发疫情，帮助其他国家应对公共卫生事件；三是帮助中低收入国家加强公共卫生能力建设；四是进一步增加对非传染性疾病等卫生健康问题的关注和参与；五是加强英国与其他国家在全球卫生活动中的合作。2019年，英格兰公共卫生部发布了2020—2025年的发展战略，概述了其在公共卫生系统中的作用，明确了5年内的卫生战略优先事项，包括进一步提升重大公共卫生事件响应能力，减少抗生素耐药性风险，提升数据采集和监测能力等。①

2.《2020年国家反扩散战略》（*National Counter-Proliferation Strategy to 2020*）

2016年3月，英国政府颁布《2020年国家反扩散战略》，旨在防止可能威胁英国利益或地区稳定的生物技术的扩散和进一步发展②，并将行动聚焦在三个方面：鼓励所有国家遵守特定武器的持有和使用准则，通过告诫违反准则的后果来减少威胁；限制获得材料和信息的途径来防范敌对国家或恐怖组织可能采取的生物攻击；识别逃避管制的非法企图。

3.《英国生物安全战略》（*UK Biological Security Strategy*）

2018年7月，英国政府颁布《英国生物安全战略》，首次将政府各部门的生物安全相关工作进行协调整合，以保护本国免受重大生物风险破坏。英国的生物安全应对举措建立在四大支柱之上：一是了解感知，即深入了解英国正在面临的、将来可能面临的生物风险，相关举措包括信息搜集、信息评估、行动评估等，未来的工作方向是开展更广泛的信息搜集、更有效的评估协调，采用更有效的信息共享方式。二是预防，即预防生物风险发生或阻止其威胁本国利益，相关举措包括国际合作、边境检查、国内防控等。未来将加强国际合作、加大海外发展援助、完善边境检疫、强化教育培训。三是检测，即在发生生物风险时，及时检测、表征和报告生物风险，相关举措包括症状实时监测、抗生素耐药性监测、动植物监测、地方性疾病监测、食品检测、媒介监测等。未来将在政府相关部门开展生物检测工作，建设国

① 吴晓燕，陈方.英国国家生物安全体系建设分析与思考［J］.世界科技研究与发展，2020，42（3）：265-275.

② National Counter Proliferation Strategy to 2020［DB/OL］.（2016-03-24）［2019-10-18］. https://assets.publishing.service.gov.uk/government/uploads/system/uploads/attachment_data/file/510716/National_Counter_Proliferation_Strategy_to_2020_-_updated_24_March.pdf.

际哨点网络，培训专业人员，完善疾病症状监测工具，开发流行病学建模系统，探索广域监测方案等。四是响应，即对已危及本国利益的生物风险迅速响应，减小其影响。战略宣称，英国建立了世界领先的人类、动物和植物健康卫生系统，能够应对范围广泛的各类生物安全危机，未来将继续有效规划响应措施，制订应对重大疾病和动植物病虫害威胁的响应计划，优先保证一线应急响应人员的装备和训练，加强对药物疫苗研发的资助等。

三、俄罗斯重要生物安全战略政策

俄罗斯一直以来重视国家生物安全建设以及生物技术能力等方面的提升，将生物安全作为国家安全的重要战略考虑。《俄罗斯生物安全法》草案的提交，标志着该国对生物安全建设的重视程度进一步提升。俄罗斯在生物安全领域体系化布局的探索与实践对我国具有重要的借鉴意义。

1.《关于生物和化学安全领域各联邦政府机构的权力划分》

2005 年 5 月，俄罗斯联邦政府通过了第 303 号政府令《关于生物和化学安全领域各联邦政府机构的权力划分》，规定卫生部负责牵头开展俄罗斯民众的生物和化学安全保障工作，协调其他联邦政府机构，并组织完善国家预防接种的相关工作。除卫生部之外，其他参与生物和化学安全保障工作的政府机构还包括农业部、国防部、民防与紧急情况部、自然资源部、外交部、内务部、教育与科学部、消费者权益保护与福利监督局、兽医与植物卫生监督局、安全局、自然资源监督局、水文气象与环境监督局、对外情报局、工业署等。

由卫生部牵头完成以下工作：组织制定生物和化学安全领域的国家政策；通过法律法规指导各政府机构在生物和化学安全领域的活动；参与生物和化学安全领域技术规程相关联邦法律、总统法令和政府法令的起草工作；对储藏危险烈性生物剂的关键设施进行严格监督；协调联邦和地方政府机构、科研院所、企业在生物和化学安全领域进行合作；与外国及国际组织在禁止生物武器公约和禁止化学武器公约框架下开展生物和化学安全领域合作。

2.《俄罗斯联邦国家化学和生物安全规划（2009—2013年）》

2008年1月，俄罗斯政府发布了《俄罗斯联邦国家化学和生物安全规划（2009—2013年）》，后又将该规划的截止时间延至2014年，旨在6年内通过完善国家法规、加强政府各级部门协调互动、加强人员培训等方式加强对生物威胁的监测和控制，将化学和生物风险降低至合理水平。

3.《俄罗斯联邦国家化学和生物安全规划（2015—2020年）》

2015年4月，俄罗斯政府批准了《俄罗斯联邦国家化学和生物安全规划（2015—2020年）》，计划在5年内进一步加强生物风险监测，开展生物安全领域相关行动，建立国家生物安全系统，预防和减少生物威胁。[①]

4.《俄罗斯联邦国家化学和生物安全政策基本原则（有效期至2025年）》

2019年3月，俄罗斯总统普京签署了第97号法令，制定了俄罗斯联邦在化学和生物安全领域的国家政策，该文件是在"2009—2014年规划"和"2015—2020年规划"的基础上制定的，为2020年至2025年俄罗斯生物安全领域的国家政策目标明确了方向。文件中对相关工作作出部署，包括：拟定生物安全法律草案，建立生物威胁监测网络系统，保护俄罗斯居民和环境免受危险生物威胁，等等。文件还要求卫生部每年向联邦政府提交年度执行进度报告。

5.《俄罗斯生物安全法》草案

2019年12月，俄罗斯联邦政府向国家杜马提交《俄罗斯生物安全法》草案，内容包括草案说明、财政经济问题论证，以及因草案通过

---

① 宋琪，丁陈君，陈方.俄罗斯生物安全法律法规体系建设简析［J］.世界科技研究与发展，2020，42（3）：288-297.

而应作调整的法律清单等。该草案严格遵守《禁止生物武器公约》，制定了一系列预防生物恐怖以及建立和开发生物风险监测系统的措施，旨在保护人类和环境免受危险生物因素影响，为维护俄罗斯联邦的生物安全奠定法律基础。

草案明确了主要的生物威胁类别及应对措施，如草案第七条介绍了11种主要的生物威胁状况，包括：新型传染病出现，研究人员利用合成生物学技术制造病原体，各种传染病扩散传播，恐怖分子使用病原体实施恐怖袭击，等等。第八条规定：为保护居民和环境免受生物危险因素影响，政府要制定综合措施，建立生物风险监测系统。第九条明确了防止传染病和寄生虫病传播的措施。第十条明确了与病原微生物和病毒相关的实验室相关活动。第十一条明确了为防止有潜在危险的生物设施发生事故以及病原体被恶意使用等应采取的保障措施。第十二条介绍了生物安全监测的内容、方法和评估手段。第十三条提出要建立生物安全领域国家信息系统。第十四条规定了生物安全领域的国际合作。第十五条明确了违反生物安全领域法律应承担的责任。

四、美国、英国、俄罗斯生物安全战略特点分析

国与国之间的竞争首先是战略上的竞争，加强生物安全战略谋划对于生物安全能力建设极为重要。面对生物安全发展新态势，各国制定的不同策略和防范重点能够体现其国家安全战略风格。

（一）美国生物安全战略特点分析

美国将生物威胁作为国家面临的最大威胁，强调生物安全是国家安全的重要组成部分，重视生物安全战略体系建设。美国近年来发布多项重大国家战略，完善法律法规体系，设置重大科技计划和项目，建立了较为完善的生物安全战略规划体系。虽然美国应对新冠肺炎疫情时存在制度漏洞及管理问题，但其生物安全领域的规划布局和相关

措施仍具有一定启示和借鉴意义。

1. 重视生物安全顶层设计

自 2001 年发生"炭疽邮件事件"后，美国政府重视生物安全顶层设计，制定了一系列国家层面的生物安全战略，2004 年布什政府发布《21 世纪生物防御》，2009 年奥巴马政府发布《应对生物威胁的国家战略》，2018 年特朗普政府发布《国家生物防御战略》，2022 年拜登政府发布《国家生物防御战略和实施计划》，不断加强生物安全战略体系建设，体现了美国政府对生物安全问题的战略判断和战略选择，为美国全面系统提高国家生物防御能力指明了方向。

尤其是《国家生物防御战略》整合了生物防御体系内的关键要素，建立了美国国家生物防御能力评估框架。与其同时发布的《国家安全总统备忘录-14》（NSPM-14）确立了识别机构能力差距和确定预算优先级的管理架构，有助于美国政府更好地综合评估能力风险，对资源分配作出权衡决策，进一步完善生物防御能力体系。

2. 注重加强生物防御各相关方的通力合作

美国强调多部门合作应对生物安全风险，号召政府、企业界、学术界等各领域参与。此外，美国成立内阁级的生物防御指导委员会，负责监督和协调 15 个联邦政府机构和情报界的工作。美国卫生与公众服务部部长被任命为生物防御指导委员会负责人，相关工作由国土安全部、美国国际开发署和能源部等多个部门参与，建立了多部门协调的网络化生物安全管理体系，以及国家领导人直接指挥、部门协同、军地合作、全民参与的生物安全响应机制。

3. 着力强化生物安全科技支撑能力建设

美国持续投入大量资金和人力，针对多方面生物威胁实施前沿技术研发项目，部署了一系列预防生物威胁的重大科技计划。同时，强化生物安全科技相关企业的创新主体地位，增强企业创新内生动力，最大限度地激发企业的研发创新活力。此外，重视医疗防护措施的科技创新，将科技发展作为美国生物防御能力建设的首要方面，注重打造生物安全科技的战略优势，使其生物科技保持全球领先水平。

（二）英国生物安全战略特点分析

英国作为生物科技领域的领先者，一直十分重视生物安全问题。2018 年之前，英国曾针对公共卫生、抗生素耐药性和生物恐怖等问题发布了战略规划。近年来，全球性新发传染病和实验室泄漏事件频发，细菌耐药问题在欧洲日益严重，英国意识到全面防治生物安全风险的重要性，于 2018 年发布了《英国生物安全战略》。

英国生物安全战略部署具有以下三方面特点：一是生物安全风险防控的战略地位不断提升。英国高度重视生物安全风险防控，系统规划了识别、防范、检测和应对生物风险的防控体系，并将其提高到国家战略地位，着力提升应对生物威胁的能力。二是全面布局预警系统。英国的战略布局致力于发挥监测预警在风险防控中的作用，不仅注重情报信息的收集，还计划建立完善的风险预警系统，保障政府可以及时感知风险，并根据数据进行风险评估。三是重视国际合作交流。英国强调支持世界卫生组织等国际组织活动，积极参与生物安全国际合作，共同应对生物威胁。

（三）俄罗斯生物安全战略特点分析

俄罗斯较早地部署了生物安全领域的战略规划，以此作为国家生物安全体系建设的基础，对之后生物安全法律法规的制定起到了重要指导作用。俄罗斯早期将生物安全风险与化学安全风险置于同等重要的地位，将两者作为整体进行布局防范。随着各类生物安全风险逐渐增加，俄罗斯对生物安全风险防控和治理体系建设更加重视，将生物安全法作为独立法案规划部署，并在生物安全法律法规体系建设方面进行探索与实践。

俄罗斯逐步构建了独特的生物安全理论与框架，具有以下特点：一是重视生物安全风险防控及治理能力建设，将生物安全防御纳入国家安全范畴进行整体规划。二是重视中长期发展规划，每5年进行长远政策规划，评估生物安全潜在风险，完善政府在生物安全领域的行动框架。三是着力发展生物安全相关专业技术，建设生物安全方面人才队伍，完善技术研发手段。

第二节
我国生物安全
顶层设计及战略规划

与西方发达国家相比，我国谋划生物安全战略起步较晚，尚未形成国家级生物安全战略规划，但生物安全涉及的主要领域已有相关规划。这些规划是我国构筑生物安全顶层设计的初步探索，为我国进一步完善生物安全战略体系奠定了基础。

一、防控重大新发突发传染病、动植物疫情

1.《中华人民共和国国民经济和社会发展第十三个五年规划纲要》

《中华人民共和国国民经济和社会发展第十三个五年规划纲要》中对于防控重大新发突发传染病的规划是：完善国家基本公共卫生服务项目和重大公共卫生服务项目，提高服务质量效率和均等化水平。加强重大传染病防控，降低全人群乙肝病毒感染率，艾滋病疫情控制在低流行水平，肺结核发病率降至58/10万以下，基本消除血吸虫病危害，消除疟疾、麻风病危害。做好重点地方病防控工作。加强口岸卫生检疫能力建设，严防外来重大传染病传入。

2.《全国农村经济发展"十三五"规划》

《全国农村经济发展"十三五"规划》中对于加强动植物疫病和灾害防控的规划是：加强植物病虫害防治和动物疫病防控能力建设，推

进农作物病虫害联防联控、统防统治和绿色防控。加强动物疫病区域化管理，推进无规定动物疫病区和生物安全隔离区建设，完善重大动物疫病强制免疫和扑杀补偿政策，积极推进病死畜禽无害化处理。加强和规范兽药使用管理，提高兽医工作服务水平。

3.《"十三五"推进基本公共服务均等化规划》

《"十三五"推进基本公共服务均等化规划》中对于重大疾病防治和基本公共卫生服务的规划是：继续实施国家基本公共卫生服务项目和国家重大公共卫生服务项目，开展重大疾病和突发急性传染病联防联控，提高对传染病、慢性病、精神障碍、地方病、职业病和出生缺陷等的监测、预防和控制能力。加强突发公共事件紧急医学救援、突发公共卫生事件监测预警和应急处理。

4.《国家突发事件应急体系建设"十三五"规划》

《国家突发事件应急体系建设"十三五"规划》中对防范突发传染病部署的主要任务包括：一是加强应急管理基础能力建设。健全完善突发事件风险管控体系，加强城乡社区和基础设施抗灾能力，完善监测预警服务体系，强化城市和基层应急管理能力建设，提升应急管理基础能力和水平。二是加强核心应急救援能力建设。强化公安、军队和武警突击力量应急能力建设，支持重点行业领域专业应急队伍建设，形成我国突发事件应对的核心力量，承担急难险重抢险救援使命。三是加强综合应急保障能力建设。统筹利用社会资源，加快新技术应用，推进应急协同保障能力建设，进一步完善应急平台、应急通信、应急物资和紧急运输保障体系。四是加强社会协同应对能力建设。强化公众自防自治、群防群治、自救互救能力，支持引导社会力量规范有序参与应急救援行动，完善突发事件社会协同防范应对体系。五是进一步完善应急管理体系。继续推进以"一案三制"为核心的应急管理体系建设，完善应急管理标准体系。

"十三五"期间，需要依托现有资源，着重强化综合应急能力和社会协同应急能力，重点建设国家突发事件预警信息发布能力提升工程、国家应急平台体系完善提升工程、国家航空医学救援基地建设、国家应急资源保障信息服务系统建设、国家应急通信保障能力建设、国家公共安全应急体验基地建设、国家应急管理基础标准研制工程、中欧应急管理学院建设共8个具有综合性、全局性，需要多个部门和地区统筹推进的重点建设项目。

5.《"十三五"卫生与健康规划》

《"十三五"卫生与健康规划》中对防范突发传染病部署的主要任务包括：由国家卫生计生委牵头，农业部等相关部门参与，加强传染病监测预警、预防控制能力建设，法定传染病报告率达到95%以上，及时做好疫情调查处置。有效应对霍乱、流感、手足口病、麻疹等重点传染病疫情。对狂犬病、布鲁氏杆菌病、禽流感等人畜共患病实施以传染源控制为主的综合治理策略。消除麻风病危害。建立已控制严重传染病防控能力储备机制。由国家质检总局负责加强口岸卫生检疫能力建设，加强境外传染病监测预警和应急处置，推动口岸疑似传染病旅客接受免费传染病检测，严防外来重大传染病传入。由国家卫生计生委、中央军委后勤保障部卫生局负责加强突发事件卫生应急能力建设。加强突发公共卫生事件尤其是突发急性传染病综合监测、快速检测、风险评估和及时预警能力建设，提升突发事件卫生应急监测预警水平、应对能力和指挥效力，突发公共卫生事件预警信息响应率在95%以上。加强卫生应急队伍建设，提高各级医疗卫生机构卫生应急准备和处置能力，鼠疫、人禽流感等突发急性传染病现场规范处置率在95%以上。完善重大自然灾害医学救援、突发公共卫生事件军地联防联控机制。建立并完善国家生物安全协调机制，倡导卫生应急社会参与。

6.《突发急性传染病防治"十三五"规划（2016—2020年）》

《突发急性传染病防治"十三五"规划（2016—2020年）》中对于防治突发急性传染病部署的主要任务和措施有：一是强化预防预警措施，加强传染源管理，切断传播途径，保护易感人群，改进监测、评估和预警。二是提升快速反应能力，完善突发急性传染病报告制度，整合提高应急指挥效力，推广实验室快速检测。三是确保事件有效处置，加强和规范现场处置，保障安全转运，提升医疗救治水平，强化重点环节管理，严防疫情传播，加强鼠疫防控。四是夯实防治工作基础，推进卫生应急人才培养，加强应急培训演练，完善物资储备机制，支持科研攻关，强化国际合作。

7.《"健康中国2030"规划纲要》

《"健康中国2030"规划纲要》中对于完善公共安全体系，提高突发事件应急能力的规划有：提高防灾减灾和应急能力。完善突发事件卫生应急体系，提高早期预防、及时发现、快速反应和有效处置能力。建立包括军队医疗卫生机构在内的海陆空立体化的紧急医学救援体系，提升突发事件紧急医学救援能力。到2030年，建立起覆盖全国、较为完善的紧急医学救援网络，突发事件卫生应急处置能力和紧急医学救援能力达到发达国家水平。进一步健全医疗急救体系，提高救治效率。

8.《中华人民共和国国民经济和社会发展第十四个五年规划和2035年远景目标纲要》

2020年10月，党的十九届五中全会审议通过了《中共中央关于制定国民经济和社会发展第十四个五年规划和二〇三五年远景目标的建议》，强调要加快补齐公共安全、生态环保、公共卫生、物资储备、防灾减灾、民生保障等领域短板。推进重大科研设施、重大生态系统保护修复、公共卫生应急保障等一批强基础、增功能、利长远的重大项目建设。推动构建新型国际关系和人类命运共同体，积极参与全球治理体系改革和建设，共同应对全球性挑战。积极参与重大传染病防控国际合作，推动构建人类卫生健康共同体。

传染病防控工作是重要的民生工程，事关人民群众的身体健康和生命安全，事关经济发展和社会稳定。与"十三五"规划纲要相比，"十四五"规划纲要更加注重公共卫生应急体系的构建，在传染病防控方面包含的内容更丰富，涉及的范围更广。"十四五"规划纲要要求完善公共卫生事件的监测预警机制，加强实验室检测网络建设，建立分级分层分流的传染病救治网络，打造大型公共建筑"平疫结合"途径，健全人财物保障机制，切实有效提高国家整体公共卫生应急处置能力。

二、生物技术研究、开发与应用

1.《"十三五"生物技术创新专项规划》

《"十三五"生物技术创新专项规划》中对于生物技术与生物技术产业发展的重点任务部署：一是突破若干前沿关键技术，如新一代生物检测技术、新一代基因操作技术、合成生物技术等颠覆性技术；力争在脑科学和类脑人工智能、微生物组学技术、纳米生物技术、生物影像技术等前沿交叉技术方面取得重大突破；重点突破生物大数据、组学技术、过程工程技术及生命科学仪器创新研究和制造等共性关键技术。二是支撑生物医药、生物化工、生物资源、生物能源、生物农业、生物环保、生物安全等重点领域的发展。其中生物安全方面指针对维护国家生物安全的重大需求，以及我国面临的现实与潜在的生物安全威胁，研发建立生物安全风险评估、监测预警、识别溯源、应急处置、预防控制和效果评价的技术、方法、装备和产品，解决我国生物安全领域的关键技术问题，构建高度整合的生物安全威胁防御系统，实现"安全评估、快速检定、可靠溯源、事后评估、能防能治"的目标。三是推进创新平台建设，加强生物技术领域大型综合性研究基地布局，整合优势科研技术平台和人才资源，联合生物技术相关创新型企业形成产业联盟，共同组建生物技术创新中心。推进国家生物信息中心、人类遗传资源库等重大战略资源平台建设，构建微生物库、生物靶标库、化合物库、合成生物技术元件库等多层级共享模式的各类资源平台。四是推动生物技术产业发展，构建技术转移服务体系，加快专业化园区建设。

2.《"十三五"生物产业发展规划》

《"十三五"生物产业发展规划》中对于推动生物产业发展的规划：一是构建生物医药新体系。加速新药创制和产业化，加快发展精准医学新模式，推动医药产业转型升级。二是提升生物医学工程发展水平。构建智能诊疗生态系统，提高高品质设备市场占有率，推动植（介）入产品创新发展，提供快速、准确、便捷的检测手段。三是加速生物农业产业化发展。构建生物种业自主创新发展体系，推动农业生产绿色转型，开发动植物营养新产品。四是推动生物制造规模化应用。加快生物制造产业创新体系建设，提高生物基产品的经济性和市场竞争力，推进生物制造工艺绿色化。五是创新生物能源发展模式，规模化发展生物质替代燃煤供热，促进集中式生物质燃气清洁惠农，推进先进生物液体燃料产业化。六是促进生物环保技术应用取得突破，创新生物技术治理水污染，发展污染土壤生物修复新技术，加速挥发性污染物生物转化，发展环境污染生物监测新技术，加速挥发性污染生物转化，发展环境污染生物监测新技术。七是培育生物服务新业态。构建专业性服务平台，提升专业性分工水平。

3.《中共中央关于制定国民经济和社会发展第十四个五年规划和二〇三五年远景目标的建议》

《中共中央关于制定国民经济和社会发展第十四个五年规划和二〇三五年远景目标的建议》强调，要强化国家战略科技力量，加强基础研究、注重原始创新，优化学科布局和研发布局，推进学科交叉融合，完善共性基础技术供给体系。瞄准人工智能、量子信息、集成电路、生命健康、脑科学、生物育种等前沿领域，实施一批具有前瞻性、战略性的国家重大科技项目。

三、病原微生物实验室生物安全管理

1.《"十三五"生物产业发展规划》

《"十三五"生物产业发展规划》中对于完善高级别生物安全实验室体系的规划是：落实高级别生物安全实验室体系建设规划，面向医药人口健康、动物卫生、检验检疫、生态环境安全四大领域，针对微生物菌种保藏、科学研究、产业转化三大主体功能，围绕烈性、突发、外来、热带传染病病原体的监测预警、检测、消杀、防控、治疗五大环节的需求，按照"统筹布局，网络运行；应急优先，稳步推进；加强协调，科学管理"的原则，研究布局建设四级生物安全实验室，在充分利用现有三级实验室的基础上，新建一批三级实验室（含移动三级实验室），实现每个省份至少设有一家三级实验室的目标。以四级实验室和公益性三级实验室为主要组成部分，吸纳其他非公益三级实验室和生物安全防护设施，构建和完善高级别生物安全实验室体系，夯实烈性与重大传染病防控、生物防范和生物产业发展的基础条件，增强我国生物安全科技自主创新能力。

2.《关于加强国家重点实验室建设发展的若干意见》

《关于加强国家重点实验室建设发展的若干意见》中涉及生物安全实验室的规划是：瞄准世界科技前沿，服务国家重大战略需求，以提升原始创新能力为目标，重点开展基础研究，产出具有国际影响力的重大原创成果。关注国际学科领域发展新动态，遵循科学规律，适时调整实验室研究方向和任务，促进更多优势学科领域实现领跑并跑。对在国际上领跑并跑的实验室加大支持力度，对长期跟跑、多年无重大创新成果的实验室予以优化调整。围绕数学、物理、化学、地学、生物、医学、农学、信息、材料、工程和智能制造等相关领域，在干细胞、合成生物学、园艺生物学、脑科学与类脑、深海深空深地探测、物联网、纳米科技、人工智能、极端制造、森林生态系统、生物安全、全球变化等前沿方向布局建设。

3.《高级别生物安全实验室体系建设规划（2016—2025 年）》

《高级别生物安全实验室体系建设规划（2016—2025 年）》的目标是：到 2025 年，形成布局合理的高级别生物安全实验室国家体系。一是建成我国高级别生物安全实验室体系。按照区域分布、功能齐备、特色突出的原则，形成 5—7 个四级实验室建设布局。在充分利用现有三级实验室的基础上，新建一批三级实验室（含移动三级实验室），实现每个省份至少设有一家三级实验室的目标。以四级实验室和公益性三级实验室为主要组成部分，吸纳其他非公益性三级实验室和生物安全防护设施，建成国家高级别生物安全实验室体系。二是管理运维、技术发展、标准制定、评价认证以及应用指导能力显著提高。形成完善的国家实验室生物安全管理的法律法规体系、标准和评价认证体系；实验室技术水平持续提高，一大批实验室的技术指标居国际领先地位；实验室运行和使用效率整体进入世界前列；建立产学研用相结合的实验室生物安全设备技术创新体系，形成一批具有自主知识产权的设备产品；建立实验室生物安全培训体系，形成结构优化、布局合理、素质优良的人才队伍。探索建立国家生物安全实验室创新中心，为实验室的生物安全管理、人员培训提供支撑服务，成为国家生物安全实验室网络的资源和信息共享平台。三是国际科技合作水平显著改善。在相关国际组织中发挥更加重要的作用，广泛参与国际实验室生物安全法律法规和标准规范的制订和修订，发起国际科技合作计划，一批实验室成为相关国际组织的参考和参比实验室，在海外建设一批联合实验室。

四、人类遗传资源与生物资源安全管理

1.《"十三五"生物技术创新专项规划》

《"十三五"生物技术创新专项规划》中对于人类遗传资源的重

点任务部署是：研究制定规范和管理科研活动的法规制度，推进《人类遗传资源管理条例》的制定，规范生命科学研究伦理，加快修订《实验动物管理条例》，构建科学合理的生物技术标准体系。加强对人类遗传资源采集、收集、买卖、出口、出境审批和高等级病原微生物实验室建设审查的行政许可管理。加快推进人类遗传资源库的建立。面向人口健康与国家安全需求，以建设世界一流的人类遗传资源保藏中心为目标，设计并推行中国人类遗传资源标准体系，集成与整合跨区域、多中心的中国人类遗传资源样本库，建立一个包含信息交互平台、相关标准规范和质量控制体系的人类遗传资源样本保藏中心网络，以促进中国现有人类遗传资源的有效利用和共享为出发点，建立遗传信息和表型信息采集、挖掘与分析技术体系，推动人类遗传资源保藏研究相关产业发展。

2.《"十三五"生物产业发展规划》

《"十三五"生物产业发展规划》中对于构建行业管理新规制的要求是：加强临床研究的规范性建设和监管，规范和促进我国人类遗传资源的保护和利用。加强生物遗传资源保护和监管，规范生物遗传资源的获取、利用和惠益分享活动。

3.《全国生态保护"十三五"规划纲要》

《全国生态保护"十三五"规划纲要》中对于加强生物遗传资源保护与生物安全管理的规划是：加强生物遗传资源保护与管理，建立生物遗传资源及相关传统知识获取与惠益分享制度；规范生物遗传资源采集、保存、交换、合作研究和开发利用活动，加强出境监管，防止生物遗传资源流失。

4. 国家人类遗传资源共享服务平台

为进一步推动国家人类遗传资源开放共享，科技部、财政部联合设立国家人类遗传资源共享服务平台，"十三五"期间，人类遗传资源共享服务平台整合各类创新主体，通过建立三大区域创新中心（北京创新中心、上海创新中心和华南创新中心）、地方创新中心、技术转化中心、专项服务中心和国际合作中心，推动人类遗传资源跨库、跨域和跨境的开放共享与创新利用。2017年9月，国家人类遗传资源上海创新中心和华南创新中心建设启动。项目启动会议还为"国家人类遗传资源共享服务平台上海创新中心"标准化整合了23家法人的28个生物样本库，建立三大技术保障中心（标准中心、质量中心和培训中心），建设上海生物银行，探索第三方储存服务新模式和新机制，对完善中国生物样本库虚拟平台等建设目标与任务进行了部署。

五、防范外来物种入侵与保护生物多样性

1.《"健康中国2030"规划纲要》

《"健康中国2030"规划纲要》中对于健全口岸公共卫生体系的规划有：建立全球传染病疫情信息智能监测预警、口岸精准检疫的口岸传染病预防控制体系和种类齐全的现代口岸核生化有害因子防控体系，建立基于源头防控、境内外联防联控的口岸突发公共卫生事件应对机制，健全口岸病媒生物及各类重大传染病监测控制机制，主动预防、控制和应对境外突发公共卫生事件。持续巩固和提升口岸核心能力，创建国际卫生机场（港口）。提高动植物疫情疫病防控能力，加强进境动植物检疫风险评估准入管理，强化外来动植物疫情疫病和有害生物查验截获、检测鉴定、除害处理、监测防控规范化建设，健全对购买和携带人员、单位的问责追究体系，防控国际动植物疫情疫病及有害生物跨境传播。健全国门生物安全查验机制，有效防范物种资源丧失和外来物种入侵。

2.《全国生态保护"十三五"规划纲要》

《全国生态保护"十三五"规划纲要》要求，到2020年生态空间得到保证，生态质量有所提升，生态功能有所增强，生物多样性下降速度得到遏制，生态保护统一监管水平明显提高。具体任务包括：一是建立生态空间保障体系。加快划定生态保护红线，推动建立和完善生

态保护红线管控措施，加强自然保护区监督管理，加强重点生态功能区保护与管理。二是强化生态质量及生物多样性提升体系。实施生物多样性保护重大工程，加强生物遗传资源保护与生物安全管理，推进生物多样性国际合作与履约，扩大生态产品供给。三是建设生态安全监测预警及评估体系。建立"天地一体化"的生态监测体系，定期开展生态状况评估，建立全国生态保护监控平台，加强开发建设活动生态保护监管。四是完善生态文明示范建设体系。创建一批生态文明建设示范区和环境保护模范城，持续提升生态文明示范建设水平。

3.《国家环境保护"十三五"科技发展规划纲要》

《国家环境保护"十三五"科技发展规划纲要》中涉及防范外来物种入侵和保护生物多样性的规划有：生态系统和生物多样性保护机理。针对我国生态系统类型多样、生态产品供需不平衡、人类活动剧烈等特点，重点开展区域生态格局形成机理和演变规律、生态系统服务与生态格局耦合机制等研究，建立生态系统服务优化和生态安全格局构建的基本理论体系。针对威胁我国生态安全的重大生态环境问题，开展典型地区生物多样性分布格局与演变机理、外来物种入侵与扩散机制、区域环境变化对生物多样性演变的驱动机制、生物入侵对生物多样性的影响机制、生物多样性保护成效评估理论、传统知识对生物多样性保护的促进机制等研究。强化关键技术研发，包括生态系统监测技术和生态系统保护与恢复技术。

4.《中国生物多样性保护战略与行动计划》（2011—2030年）

《中国生物多样性保护战略与行动计划》（2011—2030年）中涉及防范外来物种入侵和保护生物多样性的规划有：一是完善生物多样性保护相关政策、法规和制度。二是推动生物多样性保护纳入相关规划。三是加强生物多样性保护能力建设。四是强化生物多样性就地保护，合理开展迁地保护。五是促进生物资源可持续开发利用。六是推进生物遗传资源及相关传统知识惠益共享。七是提高应对生物多样性新威胁和新挑战的能力，加强外来入侵物种入侵机理、扩散途径、应对措施和开发利用途径研究，建立外来入侵物种监测预警及风险管理机制，积极防治外来物种入侵。八是提高公众参与意识，加强国际合作与交流。建立生物多样性保护伙伴关系，广泛调动国内外利益相关方参与生物多样性保护的积极性，共同推进生物多样性保护和可持续利用。

5. "十三五"科技战略合作协议

2017 年，国家质量监督检验检疫总局与中国科学院签署"十三五"科技战略合作协议提出，聚焦质检科技和国门生物安全的需求，前瞻部署若干重点项目，支持开展有关新技术、新方法和新标准的研究。并组织院士和科技专家开展相关重大战略、重要政策、重点科技问题的咨询研究，为质检事业重大决策提供科学依据。

六、应对微生物耐药

病原微生物的耐药性是全球关切的问题，几乎每个国家都面临着抗生素耐药性问题。2016 年 8 月，国家卫计委等 14 个部门联合制定了《遏制细菌耐药国家行动计划（2016—2020 年）》，确立了明确的目标，即从国家层面实施综合治理策略和措施，对抗菌药物的研发、生产、流通、应用等各个环节加强监管，加强宣传教育和国际交流合作，应对细菌耐药带来的风险挑战。到 2020 年，实现在新药研发、凭处方售药、监测和评价、临床应用、兽药使用和培训教育共 6 个方面的综合治理指标。行动计划明确了各部门的工作职责，提出了细菌耐药防控工作的主要措施：一是发挥联防联控优势，履行部门职责；二是加大抗菌药物研发力度；三是加强抗菌药物供应保障管理；四是加强抗菌药物应用和耐药控制体系建设；五是完善抗菌药物应用和细菌耐药监测体系；六是提高专业人员的细菌耐药防控能力；七是加强抗菌药物环境污染防治；八是加大公众宣传教育力度；九是广泛开展国际交流与合作。各部分内容均提出了明确的工作措施，且部门归口清晰，便于各地贯彻实施。

除了制定5年行动计划，中国还积极响应世界卫生组织出台的《世界卫生组织大湄公河次区域消除疟疾战略（2015—2030年）》。战略敦促立即采取行动，呼吁到2030年在整个区域消除所有类型的人间疟疾，行动的重点放在耐多药疟疾已经根深蒂固的地区。此外，世界卫生组织还发布了《应对艾滋病毒耐药性全球行动计划（2017—2021年）》，强调有效预防和应对艾滋病毒耐药性的重要性，进一步加强对艾滋病毒耐药性的监测，加大创新研究投入，提升实验室能力，建立并完善财务、治理和宣传的机制，以取得切实的成果。

七、防范生物恐怖袭击与防御生物武器威胁

在全球化加速发展与恐怖主义威胁上升的背景下，病原体、毒素、生物两用物项与技术扩散风险日益凸显，给全球生物安全带来严峻挑战。与此同时，生物科技的快速进步，促使世界各国防范生物恐怖袭击与防御生物武器威胁的需求日渐高涨。在该方面，中国一贯严格遵守《禁止生物武器公约》规定，认真履行公约义务，深入参与公约进程，按时提交相关材料。2015年，中国在《禁止生物武器公约》缔约国会议上提出了在公约框架下制定《科学家生物安全行为准则天津指南》和建立生物防扩散出口管制与国际合作机制两项倡议，为彻底排除各国使用生物武器的可能性、构建公正合理的全球生物安全秩序作出贡献。

八、我国生物安全战略规划现状分析

近年来，我国不断加强生物安全各领域的风险防控，针对防范重大新发突发传染病疫情、动植物疫情、生物实验室安全管理和防范外来物种入侵等生物威胁，制定了相关发展规划。

在"十三五"规划纲要的指导下，国务院相继印发了《"十三五"卫生与健康规划》《"十三五"推进基本公共服务均等化规划》《"健康中国2030"规划纲要》等文件。国家卫健委、科技部、国家发改委、生态环境部、农村农业部等部门又出台了关于生物技术发展、生物产业发展、国家重点实验室建设、生态保护、兽医卫生事业发展、突发急性传染病防治、遏制细菌耐药以及保护生物多样性等方面的发展规划纲要或国家行动计划。各部门有针对性地在各自负责的生物安全领域部署了中长期发展任务，但由于没有将生物安全看作一个系统进行整体统筹，各部门间的任务出现了交叉重叠的情况。例如，国家发改委发布的《"十三五"生物产业发展规划》和环境保护部发布的《全国生态保护"十三五"规划纲要》中均提到要加强生物遗传资源保护和监管，规范生物遗传资源的获取、利用和惠益分享活动。在此类涉及多部门协调的任务中，缺少整体统筹规划以及各部门之间的合理分工，容易造成职责不明、落实不力等问题。生物安全涉及的八大领域多数涉及两个或两个以上部门间的合作，尤其是防控重大新发突发传染病和动植物疫情任务，其影响范围更广，涉及的部门合作更频繁，尤为需要在国家层面进行统一规划部署。

2021年出台的《中华人民共和国国民经济和社会发展第十四个五年规划和二〇三五年远景目标纲要》，特别增加了生物安全风险防控章节，强调要建立健全生物安全风险防控和治理体系，全面提高国家生物安全治理能力。完善国家生物安全风险监测预警体系和防控应急预案制度，健全重大生物安全事件信息统一发布机制。加强动植物疫情和外来入侵物种口岸防控。统筹布局生物安全基础设施，构建国家生物数据中心体系，加强高级别生物安全实验室体系建设和运行管理。强化生物安全资源监管，制定完善人类遗传资源和生物资源名录，建立健全生物技术研究开发风险评估机制。推进生物安全法实施。加强生物安全领域国际合作，积极参与生物安全国际规则制定。从"十三五""十四五"时期出台的相关文件可以看出，我国对生物安全风险防控的重视程度不断提升。

综合来看，我国已经为构筑生物安全风险防控和治理体系打下良好基础。"十四五"时期相关规划细则的陆续出台，必将推动我国生物安全治理顶层设计，进一步提升国家生物安全风险防控和治理能力。

第三节
应对新冠肺炎疫情战略研究

新冠肺炎成为全球大流行疾病后，世界各国纷纷制定国家防疫战略抵抗疫情，由于各国政治体制、经济制度、文化环境、医疗资源、应对态度不同，各国制定的应对新冠肺炎疫情战略不同，造成的影响也有所差别。本节将对美国、英国、俄罗斯和中国应对新冠肺炎疫情采取的响应战略和应对措施进行梳理。

一、美国应对新冠肺炎疫情战略措施

1.《美国联邦政府新冠肺炎疫情行动计划》（*U.S. Government COVID-19 Response Plan*）

2020 年 3 月，美国白宫新冠应对工作组发布《美国联邦政府新冠肺炎疫情行动计划》（简称《行动计划》），该文件依据《大流行病和所有危险防范法案》、第 44 号总统令和《国家应急反应框架》，对疫情响应机构进行了任务划分，明确了政府部门、相关机构和非政府组织的责任和义务，并根据疫情发展阶段，对医疗救治、物资保障、医学防护产品研发、舆情控制等方面进行了一系列部署安排。

《行动计划》中明确成立白宫新冠应对工作组，由副总统和卫生与公众服务部领导，国土安全部、能源部等联邦机构协作，共同完成新冠肺炎疫情防控工作。应对工作组涉及的联邦机构和具体分工如图 3-1

所示，工作组中的应急领导小组由三个机构组成，分别是美国国土安全部联邦应急管理局、卫生与公众服务部下属应急准备与响应助理部长办公室（ASPR）和疾病控制与预防中心，共同负责计划制定、局势判断以及协调工作。此外，美国卫生与公众服务部建立了秘书处作为跨部门协作中心，负责跨部门信息管理，该中心由联邦应急管理局联络人、紧急事态支持功能联络人、联邦应急管理局支持小组和跨部门计划小组组成。卫生与公众服务部分别从国家行动中心、联合事故咨询小组和美国海岸警卫队抽调人员作为小组联络人。

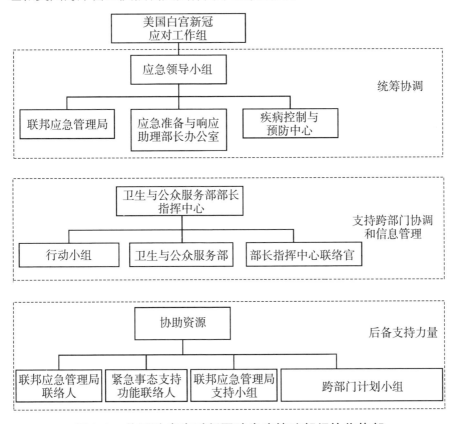

图3-1　美国政府应对新冠肺炎疫情跨部门协作构架

2.《新冠肺炎治疗加速计划》（*The Coronavirus Treatment Acceleration Program*）

2020年3月，美国食品药品监督管理局为加快用于拯救生命的医药产品的研发，发布了《新冠肺炎治疗加速计划》，要求使用可以派上用场的所有工具，尽快为染病患者提供新疗法，同时支持评估这些医学对策对患者是否安全、有效的进一步研究。

3.《美国过敏与感染性疾病研究所新冠肺炎研究战略计划（2020—2024 财 年 ）》（*NIAID Strategic Plan for COVID-19 Research，FY2020-FY2024*）

2020 年 4 月，美国过敏与感染性疾病研究所（NIAID）发布《美国过敏与感染性疾病研究所新冠肺炎研究战略计划（2020—2024 财年）》。该计划指出，为了加速研究，研究所将利用现有资源和全球合作，包括现有研究计划和临床试验网络；此外，将寻求利用公私伙伴关系，尽快将研究成果转化为能够拯救生命的公共卫生干预措施。通过与美国政府各机构和其他国内及全球合作伙伴的合作，研究所会迅速传播研究成果，以便将信息转化为临床实践和公共卫生干预措施，有效应对疫情。研究所已经通过公开的网站实现了科学数据的开放共享，确保开放沟通，鼓励资源共享，避免重复工作。该计划围绕四个战略研究优先事项进行：一是提高对新冠肺炎病毒和新冠肺炎的基础认知，包括研究病毒的特征及其传播途径。二是支持诊断和检测方法的开发，包括用于识别和隔离新冠肺炎病例的床边分子检测和抗原诊断方法以及血清学分析。三是表征和测试治疗方法，包括鉴定和评估再利用药物和新型广谱抗病毒药物、基于病毒的靶向抗体疗法以及对抗新冠肺炎的宿主定向策略。四是研制安全有效的新冠病毒疫苗，开展临床试验，评估疫苗的效果。

4.《曲速行动计划》（*Operation Warp Speed*）

2020 年 5 月，美国政府公布了一项名为"曲速行动"的计划[①]，旨在加快疫苗、药物、检测等方面的研发进程，促进疫苗和药物的批量生产和分发。疫苗研发需要 12—18 个月的时间，但美国政府希望通过

---

① DOD. Operation Warp Speed [EB/OL].(2020-05-05)[2020-6-30].https://www.defense.gov/Explore/Spotlight/Coronavirus/Operation-Warp-Speed/.

"曲速行动"加快这一进程，在2020年底前研发出疫苗。该计划由英国制药企业葛兰素史克的疫苗部门前主管蒙塞夫·斯拉维和美国陆军装备司令部司令古斯塔夫·佩尔纳负责。

5.《新冠肺炎研究的全战略计划》（*Wide Strategic Plan for COVID-19 Research*）

2020年7月，美国国立卫生研究院发布了《新冠肺炎研究的全战略计划》。美国国立卫生研究院发挥其研究基础条件的优势，与产业界、学术界及相关政府机构密切合作，加强基础性研究，建立模型，识别或筛选针对新冠肺炎病毒的现有治疗药物。美国国立卫生研究院着力加强新冠肺炎治疗干预方法的开发，并在跨政府机构中寻找突破性合作方法，以加快候选疗法和疫苗的识别、开发、评估和生产。

二、英国应对新冠肺炎疫情战略措施

2020年3月，英国政府为应对新冠肺炎疫情出台了《冠状病毒：行动计划》（*Coronavirus: Action Plan-A Guide to What You Can Expect Across the UK*）。该文件介绍了英国对新冠病毒的认识程度、已采取的行动以及分阶段防疫策略，强调应联合公众和科学的力量共同抗击疫情，力求在防疫抗疫的同时兼顾经济社会发展和个人权益保护。

（一）防疫计划的背景与原则

英国新冠肺炎防疫计划制订的基础是当时在英国流行的新冠病毒株及其所致疾病的相关特点：新冠病毒传播能力强，人群普遍缺乏对新冠病毒的免疫力；感染者多为轻中度，而且可以自愈；小部分感染患者会出现严重的并发症，需要住院治疗；老年人及有基础疾病的人出现重症和死亡风险较大，年轻人相对不易感且症状较轻、儿童患病率较低；尚无特效药或疫苗，临床治疗方法主要为控制感染症状及并发症。因此英国政府认为，虽然所有人都是新冠肺炎的易感人群，但重症率和死亡率有限，因此防控措施可以参考季节性流感的应对计划和经验。

防疫计划借鉴了"可能的最坏情况（RWC）"方案，其目标是准备应对一场严重的新冠病毒传染病暴发。因此防疫计划的原则共有八条：利用现有最佳科学建议和证据，对潜在的卫生和其他社会影响进行动态风险评估，为决策提供信息；通过减缓病毒在英国和海外的传播，以及减少人员感染、患病和死亡，最大限度地降低疫情对民众健康的潜在影响；尽量减少疫情对英国以及全球经济的潜在影响，包括关键的公共服务领域；促使提供关键公共服务的组织和人员以及使用这些服务的人员相互信任和保持信心；确保所有受到疫情影响的人，包括因病去世的人，得到有尊严的对待；积极参与全球合作，通过与世界卫生组织、全球卫生安全倡议（GHSI）、欧洲疾病预防和控制中心（ECDC）及邻国合作，共享科学信息，为分析新冠相关流行病和早期评估病毒而努力；确保负责处理疫情的机构有充足的资源，包括所需的人员、设备和药品，并尽快对立法进行必要修改；根据现实证据，与研究伙伴合作，定期审查流行病相关研究和开发的需要，以提升对大流行病的防范和应对能力。上述原则可概括为：科学决策、尽力控制、减轻对社会和经济影响、保持社会互信、维护病人尊严、推进全球协作、保障资源供给，以及坚持基础研究。

（二）防疫计划阶段划分

英国将其新冠肺炎防疫行动划分为遏制、延迟、研究和缓解四个阶段。遏制阶段，应做到尽早发现感染病例，跟踪密切接触者并防止新冠病毒扎根英国；延迟阶段，需减缓新冠病毒在国内的传播速度，尽可能使疫情高峰不发生在冬季；研究阶段，需认识新冠病毒特性，加快提出并落实医学应对措施，依据科学证据采取防控措施；缓解阶段，需确保为患者提供持续的医疗支持，最大限度地降低新冠病毒对社会、公共服务和经济的总体影响。

英国发布防疫计划时将自身所处情况定为遏制阶段，而在防疫计划发布3天后，英国首席医疗官克里斯·惠蒂教授表示，根据疫情的最新发展，英国防疫将进入第二阶段——延迟阶段。英国在延迟阶段通过宣传个体防护措施，采取减少人群接触的策略（如关闭学校、鼓励居家办公、减少大规模聚会的次数）以及保护易感弱势群体的措施来减缓新冠病毒的传播速度。

对于研究阶段，英国政府认为做好应对疫情反复的准备是很有必要的。英国政府计划持续严密审查其科研缺口，关注各项相关研究活动的进展，收集有效干预措施的证据，为相关决策提供支撑。

对于缓解阶段，英国政府认为重点不再是大规模的群体预防措施，而应注重次生灾害研判和应对。英国政府意识到持续的新冠肺炎疫情将对英国经济、卫生保障体系乃至社会稳定等带来不可忽视的冲击，因此研判此类"次生灾害"的影响及未来走势，进一步加强应对体系建设在防疫计划中得到了充分体现。为调配医疗资源、建立均衡的医疗保障体系，防疫计划提出改变疫情期间非新冠肺炎病人收治入院方式，延迟某些非紧急治疗，以区分医疗服务对象的优先级，做好病人分流工作。防疫计划中提到，可能会要求卫生行业离职者和退休人员重新上班。另外，防疫计划要求包括警察、消防和救援服务在内的应急服务部门制订业务连续性计划，以确保它们能够维持其服务水平，以履行社会职能。此外，考虑到疫情期间企业现金流短缺的问题和大众面临的生活压力，防疫计划列出了企业和个人税务欠缴的咨询渠道并发出支持员工福利的倡议，帮助企业渡过难关。

（三）英国防疫计划特点分析

在此次席卷全球的新冠肺炎疫情中，英国初期受疫情影响不大，发布防疫计划时英国确诊人数仅为40例，但随着疫情的发展，英国政府对防疫工作的保守态度使得确诊病例迅速增加。截至2022年11月13日，英国已成为全球确诊病例排名第7位的国家，确诊病例达到2399.4

万例，死亡人数超过 19.6 万人，可见英国的防疫措施对疫情的后续发展影响重大。经分析，英国的防疫计划具有以下特点。

1. 国家层面作出总体部署

防疫计划就应对传染病大流行的国家责任、地方区域职责和多机构联动体制做了明确的界定，卫生和社会保健部（DHSC）是英国政府负责应对疾病大流行风险的主要部门。防疫计划对英国各个系统应对疫情的准备工作进行了部署，以支持卫生系统响应疫情，并提供必要的社会服务。其中，政府官员及国家卫生服务系统定期举行会议，讨论科学专家和关键服务岗位专家提出的最新建议，决定应对策略并落实相应防疫措施。此外，防疫计划还提出建立区域联动机制，通过协调一致的方式确保各地区充分利用资源，在英格兰、北爱尔兰和苏格兰地区分别设立各自的响应机构，并为实施防疫措施制定相关法规。

2. 防疫风格偏保守

英国政府表明防疫计划中的所有信息和行动，均有科学团队和数据支撑，这些团队包括应急科学咨询小组、新发呼吸道病毒威胁咨询小组、大流行性流感模型科学研究小组以及疫苗接种和免疫联合委员会等，分别在病毒的危险性、病毒对呼吸道的威胁、传染病的模型建立、疫苗接种等方面为政府部门和相关机构提供及时、科学的建议，为政府决策提供支持。此外，防疫计划将根据疫情发展状况分四个阶段实施，不同阶段的行动目标有所差别，分别是遏制疫情扎根、延迟传播速度、加快研发进度和降低疫情影响。在后两个阶段，除了疫苗研发和提供必要的医疗救治以外，政府可做的工作已经相当有限，且现有医疗资源无法满足病人的需要。防疫计划透露出的信息是，专家团队认为疫情将不可避免地在英国蔓延，因此，英国政府对防疫行动采取消极和保守的态度，这也是英国首相于 2020 年 3 月宣布放弃积极抗疫，并抛出"群体免疫"策略的逻辑所在。

3. 防疫措施落实力度不够

防疫计划的目标是在确保人员安全的前提下将社会和经济影响降

至最低，然而疫情初期，英国采取的防疫措施力度不大，许多防疫措施并未得到严格落实。例如，各地区为防控社区疫情而制定的措施主要涉及针对确诊和疑似病人的隔离要求，对大多数健康人没有采取严格的社交限制措施。政府在延迟阶段，仅提倡民众多洗手、尽量不去医院等，学校等社会场所依然正常开放运行。英国政府作出此类决策的依据是一些研究人员提出的"关学校只会带来更多负面影响""小孩感染的概率较低"等建议。英国政府根据科研人员的研究结果制定防疫措施，然而这些结果仅具有一定的参考价值，过于依赖科研结果可能导致决策失误。英国政府在疫情初期耗费较多时间等待科研结果以及评估疫情造成的社会经济影响，对于是否采取更严格的防疫措施悬而未决，延误了控制疫情的最佳时机。

三、俄罗斯应对新冠肺炎疫情战略措施

新冠肺炎疫情发生后，俄罗斯政府采取了一系列措施。一是成立指挥部统筹协调各部门工作。俄罗斯总统普京就新冠病毒预防措施召开了专题会议，俄罗斯总理米舒斯京在 2020 年初宣布成立预防新冠病毒输入和传播指挥部，指挥部召开多次会议分析防疫形势，并制订了一项防止新冠病毒感染输入和传播的国家计划，明确了一系列应对措施。二是发布防疫措施和规定。联邦消费者权益保护和公益监督局签署了《关于防止新型冠状病毒感染输入和传播的补充措施》和《关于防止新型冠状病毒感染输入和传播的卫生防疫补充措施》，规定了各部门职责与具体防疫措施，并根据国内感染人数变化不断调整措施。在疫情早期新建了方舱医院并加快储备医疗物资，在俄罗斯国内感染人数快速增加时，采取了较为严格的社交限制措施，以法律限制酒吧、餐馆等商铺的营业时间，限制娱乐场所举办大规模聚集活动，要求高校学生远程学习、老年人自我隔离、民众必须佩戴医用口罩等。三是发布诊疗指南。俄罗斯卫生部参考世界卫生组织、中国疾控中心、美

国疾控中心及欧洲疾控中心的公开资料，发布了《新型冠状病毒感染的预防、诊断和治疗临时指南》，之后对其作了多次更新。四是加快新冠疫苗研发进程。俄罗斯对疫苗研发的整体部署展现了其在生物技术方面多年积累的优势。俄罗斯联邦消费者权益保护和公益监督局于2020年1月便开始部署新冠疫苗的研发工作，6月启动疫苗临床试验，8月首次对首款疫苗给予国家注册，成为世界上首个注册新冠疫苗的国家。

四、中国应对新冠肺炎疫情战略措施

为应对新冠肺炎疫情，我国在以习近平同志为核心的党中央坚强领导下，于2020年1月25日成立了国务院应对新型冠状病毒感染的肺炎疫情联防联控工作机制，作为中央人民政府层面的多部委协调工作机制平台。该机制由国家卫健委牵头建立，涉及32个成员单位。联防联控工作机制下设疫情防控、医疗救治、科研攻关、宣传、外事、后勤保障等工作组，分别由相关部委负责人任组长，明确职责分工，形成疫情防控合力。

多部委联防联控全力应对新冠肺炎疫情，结合全国疫情形势变化和应急处置经验，不断调整和优化防疫政策，力争在科学防疫、精准防疫的基础上找到经济高效、安全可靠的管控措施。截至2022年11月16日，国务院应对新型冠状病毒肺炎疫情联防联控机制综合组已制定了9版《新型冠状病毒肺炎防控方案》和进一步优化防控措施的二十条措施。其中第9版《新型冠状病毒肺炎防控方案》包括总论和14个附件，附件一《公民防疫基本行为准则》呼吁民众积极参与防疫工作，其他13个是专业性的方案和指南，涉及指导流调、转运、管控、消毒、检测、隔离、心理健康服务等疫情防控相关工作。附件二《新冠肺炎核酸检测初筛阳性人员管理指南》明确了2小时内进行初筛阳性报告，确诊后2小时内进行网络直报并转运等要求。附件三《新冠肺炎监测方案》明确了重点机构和场所人员、社区管理人群、药品、病毒基因变异等渠道的监测预警方案。附件四《新冠肺炎疫情流行病学调查与溯源指南》要求按照属地化管理原则，由报告病例的医疗卫生机构所在地市联防联控机制组织开展流行病学调查，并成立现场流调溯源专班，由卫生健康、疾控、公安等部门协作开展流调工作。其余附件还包括《密切接触者判定与管理指南》《新冠肺炎疫情风险区划定及管控方案》《新冠肺炎疫情不同场景下区域核酸检测策略》《新冠肺炎疫情风险人员转运工作指南》《新冠肺炎疫情隔离医学观察和居家健康监测指南》《新冠肺炎疫情疫源地消毒技术指南》等，对不同防控领域和环节提供工作指导。2022年11月11日，国务院联防联控机制综合组在第9版《新型冠状病毒肺炎防控方案》的基础上，发布了《关于进一步优化新冠肺炎疫情防控措施，科学精准做好防控工作的通知》，进一步优化疫情防控方案，旨在平衡疫情防控与经济社会发展。与第9版防控方案相比，二十条措施中调整了对密接的判定和管理，根据国家疾控局信息，次密接阳性检出率约为3.1/10万，中风险地区的阳性检出率为3/10万，基于循证研究的最新数据，作出不再判定密接的密接、取消入境航班熔断、取消中风险地区的划定等决定。

新冠肺炎疫情是人类面临的共同问题，是各国无法回避的共同挑战。综合对比美国、英国等国的防疫战略可以看出，各国防疫政策都明确了防疫各环节的主要负责部门和协同配合部门。例如，由各地卫生健康行政部门对新冠疫情心理健康服务工作进行整体部署，与教育、民政、财政等部门建立联动工作机制；明确了涉及境外输入疫情防控工作的卫生健康、外交、海关、交通运输、公安等部门的任务分工。各国同样重视部门间横向信息的沟通与共享，为保证沟通效率，在建立各部门联动工作机制的基础上，规范了病例信息统计表，建立了疫情直报网络平台。然而，不同国家应对疫情的态度截然不同。截至2022年11月，英国政府已宣布放弃抗击疫情，解除了几乎所有防疫措施，即使出现阳性病例，也无须进行居家隔离。美国作为全球新冠肺炎确诊病例、死亡病例最多的国家，其联邦政府仍在犹豫是否结束全国公共卫生紧急状态，2022年9月，美国疫情发展逐渐趋缓，其政府曾一度准备终止紧急状态，总统拜登也公开表示新冠疫情大流行已经结束，但于10月又宣布公共卫生紧急状态延长90天，通过向民众提供免费筛检、疫苗接种和治疗等方式控制疫情。与英国和美国不同，我国政府在疫情防控工作中付出了巨大努力，在总结防疫经验的基础上，结合全国疫情发展态势，持续优化防疫方案和管理措施。我国充分发挥中国特色社会主义制度的优势，在全国人民的积极配合下，将病例数量保持在可控范围，在新冠疫情防控问题上提供了中国智慧和中国方案。

第四章

生物安全法制体系

《中华人民共和国生物安全法》于 2020 年 10 月通过，自 2021 年 4 月 15 日开始施行。该法为我国生物安全风险防控及体系建设提供了重要的法律支撑，而生物安全各领域相应的法规、规章也在不断完善中。美国、欧盟等国家和组织也发布了很多生物安全相关的法律、法规、指南、标准等。对这些国家和组织的生物安全立法进行梳理和分析，对完善我国生物安全法制体系具有重要参考价值。

第一节
国外生物安全立法

美国和欧盟等国家和组织对生物安全法治体系建设高度重视，发布了一系列生物安全相关的法律法规，不断加强生物安全管理。国外生物安全立法既包括总体生物安全立法，也包括针对生物安全特定领域的立法。分析国外生物安全法律法规的主要内容和特点，能够为我国完善生物安全法律体系提供参考。

一、总体生物安全立法

1. 新西兰生物安全法

由于农牧业在经济中占有较大比重，新西兰十分重视生态环境的保护，于 1993 年颁布了《生物安全法》（*Biosecurity Act 1993*），该法系统规定了防范、根除及管理有害生物的有效措施，是新西兰生物安全体系的基本法，也是世界上第一部生物安全法。该《生物安全法》自颁布以来，于2008年和2012年进行了两次修订。[①]

2. 巴西生物安全法[②]

巴西是以农业为支柱产业的发展中国家，其生物安全法的立法初衷在于保护利用国家遗传资源以及促进农业和健康等产业的发展。1995年1月颁布的第8974号法律被称为巴西的第一部生物安全法，旨在规范涉及转基因生物及其副产品的活动。

2005年3月，巴西国民议会通过了第11105号法律，被称为新的生物安全法——《关于使用转基因生物等的规定》。该法律建立了用于监控涉及转基因生物及其副产品的安全标准和机制。此外，它还建立了转基因生物研究的授权程序，并设定了转基因生物生产和销售的规则等。

3. 澳大利亚生物安全法

2015年，澳大利亚颁布了新的《生物安全法》（*Biosecurity Act*）。它取代了《港口隔离防疫法》，于2016年6月16日生效。《生物安全法》为澳大利亚政府防控可能对动植物和人类健康、环境和经济造成危害的病原体进入该国境内和有害生物入侵风险提供了管理框架。[③]

4. 印度生物安全法

印度的生物安全法规体系由《关于生产、使用、进口、出口和储存危险微生物、基因工程生物体或细胞的法规》（1989年制定）以及相关技术指南和适用于特定领域的生物安全管理专项立法组成。[④]

---

① 黄静，孙双艳，马菲.新西兰《生物安全法》及相关法规和要求［J］.植物检疫，2020，34（4）：81-84.

② 郑颖，陈方.巴西生物安全法和监管体系建设及对我国的启示［J］.世界科技研究与发展，2020，42（3）：298-307.

③ 李尉民.国门生物安全［M］.北京：科学出版社，2020.

④ 薛达元.转基因生物安全与管理［M］.北京：科学出版社，2009.

二、防控重大新发突发传染病、动植物疫情

1951 年世界卫生大会（WHA）通过了《国际公共卫生条例》（*International Sanitary Regulations*），1969 年该条例更名为《国际卫生条例》（*International Health Regulations*），这是现行的唯一直接针对传染病的国际卫生法规。2004 年 1 月，世界卫生组织秘书处提出了国际卫生条例的修订草案，该草案于 2005 年 5 月经世界卫生大会批准。新条例对各国加强预防、发现和应对突发公共卫生事件措施的义务作了规定。[①]

综合来看，各国针对传染病防控的立法包括两种类型：一是综合立法，即将传染病防治纳入国家公共卫生服务的全体系运行框架，以英国《公共卫生法案》、美国《公共卫生服务法》、加拿大《卫生保护与促进法》和法国《公共卫生法典》为代表；二是专门立法，即针对传染病防治进行特别立法，如德国《人类传染疾病预防和治疗法》、日本《传染病法》和《家畜传染病法》、韩国《传染病防治法》等。[②]

美国 2000 年发布了《公共卫生威胁和紧急情况法》（*Public Health Threats and Emergencies Act*），2019 年发布了《大流行与全风险防范与推进创新法案》（*Pandemic and All - Hazards Preparedness and Advancing Innovation Act of 2019*）。美国动植物检疫局（APHIS）防控动植物疫情的主要法律依据是《植物检疫法》《联邦植物有害生物法》等。此外，美国发布了一些应对传染病大流行的国家战略，包括 2005 年发布的《大流行性流感国家战略》、2006 年发布的《应对大流行性流感国家战略实施计划》等。

[①] 王子灿. 生物安全法：对生物技术风险与微生物风险的法律控制［M］. 北京：法律出版社，2015.
[②] 侯宇，梁增然，邓利强，等. 传染病防治法律之比较研究：兼谈我国《传染病防治法》修改［J］. 中国医院，2021，25（1）：11-13.

三、生物技术安全

20世纪60年代末70年代初，美国斯坦福大学等研究机构进行的分子生物学实验开创了基因工程的先河，但也引发了关于基因工程潜在风险的广泛争论。针对转基因生物安全问题，有两次非常重要的会议：第一次是1973年在美国新罕布什尔州戈登召开的会议上，许多生物学家提出了基因工程操作的安全问题，建议成立专门的委员会来管理重组DNA研究并制定指导性的法规；第二次是1975年在美国加利福尼亚州阿西洛玛举行的国际会议上，科学家们正式提出基因工程生物安全问题，并将转基因生物安全作为基因工程发展中必须考虑的重要问题。①

（一）国际立法

1995年12月，联合国环境规划署发布了《国际生物技术安全技术准则》。该准则不仅是后来制定的《卡塔赫纳生物安全议定书》（*The Cartagena Protocol on Biosafety*）的辅助文件，而且还是各国制定生物技术安全准则的最主要的参考蓝本。

《卡塔赫纳生物安全议定书》是处理生物安全问题和解决环境与贸易问题的国际法律框架，旨在使各国最大限度地降低生物技术对环境和人类健康可能造成的风险，同时尽可能从生物技术开发和应用中获得最大惠益。该议定书于2000年1月在加拿大蒙特利尔召开的《生物多样性公约》（*Convention on Biological Diversity*）缔约方大会特别会议上通过。《卡塔赫纳生物安全议定书》提出，在开发和利用现代生物技术的同时，亦应采取旨在保护生物多样性、环境和人类健康的安全措施，包括加强转基因产品环境保护，允许议定书批准国以预防为由禁

---

① 薛达元.转基因生物安全与管理 [M].北京：科学出版社，2009.

止进口转基因产品，同时也要求这些国家互相通报本国出口到对方国家的转基因产品情况。

基于第二次世界大战期间的历史教训，许多人都认为用人体做试验涉及最基本的伦理问题。纽伦堡审判之后，法庭起草了有关人体试验的第一份国际性文件——《纽伦堡法典》。知情同意的伦理学价值和人的神圣不可侵犯性是《纽伦堡法典》的两块基石。1964 年，世界医学协会在芬兰赫尔辛基召开大会，讨论通过了《赫尔辛基宣言》，这个宣言制定了涉及人体对象医学研究的道德原则，以更丰富的条款补充和修正了《纽伦堡法典》，并成为国际广泛认可和使用的重要的人类医学研究伦理准则。[①]

联合国教科文组织于 1993 年建立了由国际生物伦理委员会牵头的生物伦理计划。该计划发起的非约束性国际协议之一是 1997 年联合国教科文组织大会一致通过、1998 年联合国大会批准的《世界人类基因组与人权宣言》。该宣言呼吁会员国采取具体行动，禁止违反人类伦理的行为，如人类生殖性克隆。

欧洲理事会在其法律事务领域内设有一个由生物伦理学指导委员会指导的生物伦理学部门。理事会的《欧洲人权与生物医学公约》于1999 年生效，是全球第一个管制人类基因工程研发的国际公约。

（二）主要国家和国际组织相关立法

国外基因科技立法包括单独立法模式和无单独立法模式。[②]采取单独立法模式的国家有德国、奥地利、澳大利亚、瑞典等。德国于 1990年发布了《基因工程法》，奥地利于 1994 年制定了《基因技术法》，澳大利亚于 2000 年签署了《基因技术法》，瑞典于 1994 年制定了《基因技术法》。目前，很多国家没有对基因科技单独立法，主要依据其他部门法的相关内容对基因科技的发展进行规范。美国没有制定单独的基

---

① 吴能表.生命科学与伦理［M］.北京：科学出版社，2015.
② 沈秀芹.人体基因科技医学运用立法规制研究［M］.济南：山东大学出版社，2015.

因科技法，其在基因科技领域颁布的主要法律包括《公共卫生法》《联邦食品、药品及化妆品法》等。

1. 美国

1976年，美国颁布了由美国国立卫生研究院制定的《国立卫生研究院重组 DNA 分子研究指南》（*NIH Guidelines for Research Involving Recombinant DNA Molecules*）。这是国际上第一个对生物技术安全进行管理的指南。之后，德国、法国、英国等30多个国家也制定了同类准则，其中大多数国家以此为蓝本。该指南规定了安全的实验室规范以及适当的物理和生物控制水平，用于涉及重组 DNA 的基础和临床研究。该指南将重组微生物研究分为四个风险类别。在接受美国国立卫生研究院资助的涉及重组 DNA 研究的机构中，研究人员必须遵守指南要求。

按照指南要求，研究机构必须设立机构生物安全委员会（Institutional Biosafety Committees，IBCs），对相关研究进行审批。机构生物安全委员会对研究机构进行监管，确保其遵守指南的要求。美国国立卫生研究院所建立的重组 DNA 咨询委员会（Recombinant DNA Advisory Committee，RAC）负责对一些高风险的实验进行审查，并由美国国立卫生研究院主任批准开展相关实验。

现在国际上对转基因风险的管理模式有三种类型：一种是美国模式，其管理基于最终产品，并不单独立法，采取多部门协作方式；一种是欧盟模式，其管理基于生产的整个过程，并且单独立法；一种是中间模式，兼顾产品和过程，其中有些国家单独立法，有些国家并不单独立法。[1]以美国、加拿大等国为代表的一些发达国家对生物安全管理采取基于产品的管理模式。这一管理模式认为，以基因工程为代表的现代生物技术与传统生物技术没有本质区别，因而应针对生物技术产品而不是生物技术本身进行管理。这一管理模式支持实质等同性原

---

① 黄小茹.生命科学领域前沿伦理问题及治理［M］.北京：北京大学出版社，2020.

则，反映了倾向于优先发展转基因技术的观点。①

1986年，美国白宫科技政策办公室颁布了《生物技术管理协调框架》，确定了转基因生物安全管理的基本原则和管理体系。美国有3个部门涉及转基因食品管理：农业部负责转基因生物的农业安全，环境保护局负责农药的安全应用，食品与药品管理局负责转基因生物的食品和饲料安全。2017年美国发布了《生物技术协调框架修改版》（*An Update to the Coordinated Framework for the Regulation of Biotechnology*），该框架是在1986年协调框架基础上的更新。

针对生物技术两用性问题，2013年2月，美国白宫科技政策办公室发布了《美国政府生命科学两用性研究监管政策》。

20世纪90年代中期，DNA测序技术进步明显，美国国会开始立法保护公民免受雇主、保险公司基于基因的健康歧视。《禁止基因信息歧视法》于2008年通过。根据该法案，保险公司不能使用基因测序的结果来减少保险范围或改变价格，它还阻止雇主从第三方购买有关当前或未来雇员的遗传信息。

2. 欧盟

生物安全法涉及的"风险预防原则"是指在现代生物技术相关活动有可能对人体健康和生态环境造成严重的、不可逆转的危害时，即使科学上没有确实的证据证明该危害必然发生，相关机构也应采取必要预防措施的准则。在转基因安全管理方面，欧盟倾向于采取风险预防原则。以欧盟或其前身欧共体名义颁布的法律文件主要有条例（Regulation）和指令（Directive）两种形式。二者的区别在于，条例具有全面的约束力，指令仅在其要实现的目标上有约束力，而在实现该目标的方式和方法方面没有约束力。条例一经颁布，自然成为各成员国法律体系的一部分。在转基因生物及其立法方面，欧盟主要采用指令形式，而自2000年以来，欧盟越来越多地采用条例形式。②

---

① 薛达元.转基因生物安全与管理［M］.北京：科学出版社，2009.
② 王明远.转基因生物安全法研究［M］.北京：北京大学出版社，2010.

　　欧盟之所以采取严格的基于技术的预防性管理政策，主要原因有两个方面：欧盟国家转基因作物种植面积较小，在国民经济中不占重要地位；欧盟国家公众非常关注转基因产品的健康影响，对转基因产品的接受程度较低。①

　　（1）关于转基因生物封闭使用安全管理的立法

　　1990 年 12 月，欧盟颁布了第 90/679/EEC 号指令《保护工人免受与工作中接触生物剂相关的风险》，规定了保证接触生物剂的工作人员职业安全的要求。②2000 年 9 月 18 日发布的欧盟指令 2000/54/EC 规定了保护工人免受与生物剂职业暴露有关风险的立法框架，该指令包括动物和人类病原体清单，提供了风险评估和生物防护的模型，并规定了雇主对工作人员安全和报告的义务。

　　（2）关于转基因生物有意环境释放安全管理的立法

　　关于转基因生物有意环境释放的第 90/220/EEC 号指令于 1990 年 4 月通过。2001 年 3 月，欧盟议会和理事会发布了关于转基因生物有意环境释放的第 2001/18/EC 号指令，原指令废止。③

　　（3）关于转基因食品安全管理的立法

　　《新型食品和新型食品成分条例》（EC）No.258/97 于 1997 年 1 月发布。1998 年 5 月，欧盟颁布了关于由转基因生物制成特定食品必须强制标识的（EC）No.1139/98 条例。2003 年，欧盟通过了《转基因食品和饲料条例》（EC）No.1829/2003 和《转基因生物可追溯性和标识以及转基因食品和饲料可追溯性条例》（EC）No.1830/2003。④

　　（4）关于转基因生物越境转移安全管理的立法

　　2003 年 7 月，欧洲议会和理事会通过了《转基因生物越境转移条例》（EC）No.1946/2003。该条例建立了欧盟各成员国对于转基因生物

---

① 于文轩.生物安全立法研究［D］.北京：中国政法大学，2007.
② 于文轩.生物安全立法研究［D］.北京：中国政法大学，2007.
③ 于文轩.生物安全立法研究［D］.北京：中国政法大学，2007.
④ 于文轩.生物安全立法研究［D］.北京：中国政法大学，2007.

体越境转移的信息交流机制，确保各成员国遵守《生物多样性公约》的相关义务，使转基因生物体的转移、处理和利用等各种可能对生物多样性产生巨大影响的行为得到有效监管。[①]

（5）关于出口管控的立法

2009 年 8 月，欧盟通过了《两用物品出口、转让、交易和过境条例》（EC）No.428/2009。该条例规定了受出口限制和许可的受控货物清单，包括两用性生物技术和化学技术相关的材料以及生产设备，成员国有义务通过国家立法实施该法规，并可以自由采用比欧盟标准更严格的出口管制措施。

（6）关于生物技术临床应用的立法

在欧盟，基于基因（基因疗法）、细胞（细胞疗法）和组织（组织工程）的新药物称为先进疗法药物产品（Advanced Therapy Medicinal Product，ATMP）。2007 年，欧盟颁布了《先进技术治疗医学产品法规》（EC）No.1394/2007，该法规于 2008 年 12 月 30 日起实施。

3. 澳大利亚、德国、英国等其他国家

2000 年，澳大利亚制定了《基因技术法》，对转基因活生物体以及具有繁殖能力的转基因生物体的研究、生产、加工、饲养和进口等相关活动进行管理。

德国《人类基因检查法》于 2010 年 2 月生效，该法案要求只有在充分知情同意下才能进行基因检测，并对违法行为进行处罚。德国法律还限制对胎儿的基因进行检测，并阻止保险公司和雇主获取或使用遗传信息。

2000 年，英国颁布了《转基因生物（封闭使用）条例》，对保护人和环境免受转基因生物的危害作了规定。2014 年，英国颁布了该条例的新一版。[②]

① 于文轩. 生物安全立法研究［D］. 北京：中国政法大学，2007.
② 梁慧刚，黄翠，张吉，等. 主要国家生物技术安全管理体制简析［J］. 世界科技研究与发展，2020，42（3）：308-315.

新西兰于1996年颁布《有害物质与新生物体法》①，旨在通过预防或控制有害物质与新生物体的不利影响，保护环境、人和社区的安全。该法对涉及生物安全的引进新生物体（包括转基因生物体）的风险进行管理，对引进新生物体的人或组织在进口、开发、实验等环节的风险管控进行规范。

其他生物安全相关法规包括韩国于2005年发布的《生物伦理学和生物安全法》、加拿大于2014年发布的《涉及人类研究的伦理行为》，以及印度于2017年发布的《重组DNA研究和生物防控的法规和指南》等。

四、病原微生物实验室生物安全

世界卫生组织于1983年发布了《实验室生物安全手册》，1993年发布了第2版，2004年发布了第3版，2020年发布了第4版；并于2006年发布了《生物风险管理：实验室生物安保指南》。

在实验室生物安全方面，美国疾病预防与控制中心及美国国立卫生研究院于1984年发布了《微生物与生物医学实验室生物安全》（*Biosafety in Microbiological and Biomedical Laboratories*，BMBL），为维护实验室生物安全建立了指导性规则。BMBL没有法律约束力，只可作为最佳实践建议而非规范性法规文件。BMBL规定了标准但没有明确执法机制和实施方法，因此各机构可以不同方式落实该准则。

美国对持有、使用和运输对公共安全、动植物健康有威胁的病原体或毒素进行严格管理。这些病原体或毒素被称为"select agents"，是指任何对公共健康和安全、动植物健康具有威胁的病原体或毒素，这种威胁包括蓄意的或非蓄意的。《2002年公共卫生安全和生物恐怖防范应对法》要求美国卫生与公众服务部和美国农业部（USDA）建立和管

---

① 黄静，孙双艳，马菲.新西兰《生物安全法》及相关法规和要求［J］.植物检疫，2020，34（4）：81-84.

理危险性生物剂清单，即可能会对公共卫生和安全、动植物健康或者动植物产品构成严重威胁的病原体和毒素。"联邦选择代理计划"（Federal Select Agent Program，FSAP）由卫生与公众服务部的疾病预防控制中心和农业部的动植物检疫局（APIS）联合管理。"联邦选择代理计划"旨在监管危险生物剂和毒素的所有权、使用和转让，每两年对病原体和毒素清单进行一次审查和更新。

英国长期以来非常重视生物安全实验室管理。[①]2000 年，英国颁布《生物剂批准清单》，对生物剂进行了分类。2002 年，英国颁布《危害健康物质管制条例》，涉及风险评估，预防或控制生物剂的暴露。2008 年，英国颁布《特定动物病原体法令》，规定了动物病原体处理原则。

五、人类遗传资源与生物资源安全

1982 年 10 月，联合国大会通过了《世界自然宪章》，其中包含了保护生物安全的思想。《生物多样性公约》是关于全球生物多样性保护的纲领性文件，1992 年 6 月 5 日在巴西里约热内卢举行的联合国环境与发展大会上由缔约国签署，于 1993 年 12 月 29 日正式生效。《生物多样性公约》的目标是保护生物多样性，实现对资源的持续利用，并促进公平合理地分享由自然资源产生的利益。[②]

联合国教科文化组织于 2003 年通过《国际人类基因数据宣言》。该宣言认为"人类遗传数据由于其敏感性而具有特殊地位，因为它们可以预测有关个人的遗传易感性；它们可能会对整个家庭产生重大影响，包括后代，有时甚至会影响整个群体"。联合国教科文组织大会于 2005 年 10 月通过了《世界生物伦理与人权宣言》，以处理由医学、生

①　吴晓燕，陈方.英国国家生物安全体系建设分析与思考［J］.世界科技研究与发展，2020，42（3）：265-275.

②　王子灿.生物安全法：对生物技术风险与微生物风险的法律控制［M］.北京：法律出版社，2015.

命科学和相关技术引起的伦理问题。

2002 年 12 月，印度通过《生物多样性法》。此后，印度环境与森林部于 2004 年通过了《生物多样性条例》，以便更好地贯彻实施该法案。《生物多样性法》要求设立一个全新的国家主管部门——国家生物多样性总局。

《国际植物保护公约》是 1951 年联合国粮食及农业组织（FAO）通过的一个有关植物保护的多边国际协议，旨在防止害虫的传入和蔓延，于 1952 年生效。

生物入侵是指生物由原生存地经自然或人为途径侵入另一个新环境，对入侵地的生物多样性、农林牧渔生产及人类健康造成危害，导致经济损失和生态灾难的过程。[①]美国在 1996 年颁布了《国家入侵物种法》。2000 年，《世界自然保护联盟防止因生物入侵而造成的生物多样性损失指南》在世界自然保护联盟（IUCN）委员会第五十一次会议上通过。

六、防范生物恐怖与生物武器威胁

（一）国际公约

1.《日内瓦议定书》

国际武装冲突法的基本公约是《关于禁止在战争中使用窒息性、毒性或其他类似气体和细菌作战方法的议定书》（又称《日内瓦议定书》），该议定书于 1925 年 6 月 17 日由国际联盟在日内瓦召开的"管制武器、军火和战争工具国际贸易会议"上通过，包括美国、英国、法国、德国和日本等 37 个国家签署，1928 年 2 月 8 日生效。议定书明确宣布：禁止在战争中使用窒息性、毒性或其他气体以及类似的液体、

---

① 李尉民 . 国门生物安全［M］. 北京：科学出版社，2020.

物质或器件。

但是，该议定书本身存在局限性，它只禁止使用化学武器和生物武器，却没有禁止发展、制造、储存或部署这些武器，也没有提出对违约行为进行有效核查的措施和实行制裁的办法。而且，一些参加该议定书的国家在签字和批准时还附加了某些保留条件。另外，该条约仅在缔约国之间有效，对非缔约国不具有约束力。当前，许多学者认为，《日内瓦议定书》已经成为国际习惯法之一，它对所有国家都具有约束力，无论这些国家是否已经正式批准或加入该议定书。

2.《禁止生物武器公约》①

冷战期间，苏联和美国持续开展生物军备竞赛，直到1969年尼克松总统决定放弃美国的进攻性生物武器计划，并将进一步的工作限于防御性研究和开发。1971年9月，苏联、美国、英国等12国联合提出《禁止细菌（生物）及毒素武器的发展、生产和储存以及销毁此种武器公约》，该公约经联合国大会审议通过后，分别在伦敦、莫斯科和华盛顿签署，并于1975年3月生效。《禁止生物武器公约》审议大会每5年召开一次，以评估条约的执行情况及科技进步对公约的影响。

《禁止生物武器公约》明确禁止生物武器的发展、生产、拥有和转移，要求销毁所有现有库存和生产设备，但其缺乏核查机制，对违反公约的成员国缺乏有效的制裁措施。

1995年，由于《禁止生物武器公约》缺乏核查措施，成员国试图通过谈判达成一项具有法律约束力的议定书。但2001年，美国以议定书条款无法确定违规行为，会对该国生物防御计划及生物技术和生物制药行业造成负担为由否决了该议案。

3. 联合国安理会第1540号决议

联合国安理会于2004年4月通过的第1540号决议是国际社会在军控和防止大规模杀伤性武器扩散方面的一份重要文件。决议申明核武

---

① 徐丰果.国际法对生物武器的管制［M］.北京：中国法制出版社，2007.

器、化学武器和生物武器及其运载工具的扩散对国际和平与安全构成威胁，要采取必要、有效的行动，应对核生化武器及其运载工具的扩散对国际和平与安全造成的威胁。

（二）美国

"9·11"恐怖袭击事件和"炭疽邮件事件"发生后，美国发布了很多与国家安全相关的法规，其中与生物安全相关的法规有《公共卫生安全与生物恐怖防范应对法》《生物盾牌计划法案》等。

美国对生物安保立法非常重视。2001年，美国国会通过了《提供拦截和阻止恐怖主义行为所需的适当工具法案》（也被称作"爱国者法案"），禁止"受限制人员"运输、拥有或接收管制危险病原体和生物毒素。该法案还将不具备预防、保护或和平目的，却拥有一定类型和数量的危险生物剂的行为定为刑事犯罪。

美国针对两用物项的出口颁布了若干法规。例如，1979年颁布《出口管理法》，其中第738条建立的商业控制清单规定了向目的地出口两用性商品必须从商务部工业安全局（BIS）获得许可证。

此外，美国于1991年发布了《化学和生物武器控制和战争消除法》；于2002年发布了《农业生物恐怖主义保护法案》。

（三）其他国家及国际组织

英国将生物安全视为国家安全的重要组成部分，于1974年制定了《生物武器法》，于2001年发布了《反恐怖主义犯罪和安全法》。[①]

澳大利亚于1995年发布《大规模杀伤性武器法》，禁止澳大利亚任何组织或个人向有使用大规模杀伤性武器嫌疑的国家或组织提供相关

---

① 吴晓燕，陈方.英国国家生物安全体系建设分析与思考［J］.世界科技研究与发展，2020，42
　　（3）：265–275.

物资或技术。①

　　无论是欧盟等国际组织，还是美国、英国等发达国家，或是印度、巴西等一些发展中国家，都对生物安全立法高度重视。深入分析这些国家或组织的生物安全立法情况，能够为完善我国生物安全法律体系提供参考。

---

① 王子灿.生物安全法：对生物技术风险与微生物风险的法律控制［M］.北京：法律出版社，2015.

第二节
我国生物安全立法

　　根据《中华人民共和国立法法》及相关法律法规，法律是由我国立法机关依照法定程序制定的，并由国家强制实施的基本法律和普通法律总称；行政法规是指国务院根据宪法和法律，依照法定程序制定的有关行使行政权力、履行行政职责的规范性文件的总称；部门规章是国务院所属的各部委根据法律和行政法规制定的规范性文件的总称；规范性文件是指除政府规章外，行政机关及法律、法规授权的具有管理公共事务职能的组织，在法定职权范围内依照法定程序制定并公开发布的针对特定事项制定的行政规范文件的总称。我国生物安全相关的法律包括《中华人民共和国生物安全法》《中华人民共和国传染病防治法》《中华人民共和国食品安全法》《中华人民共和国动物防疫法》《中华人民共和国进出境动植物检疫法》《中华人民共和国国境卫生检疫法》等；我国生物安全相关的条例包括《病原微生物实验室生物安全管理条例》《血液制品管理条例》《医疗废物管理条例》《突发公共卫生事件应急条例》《农业转基因生物安全管理条例》《疫苗流通和预防接种管理条例》《国内交通卫生检疫条例》《重大动物疫情应急条例》《植物检疫条例》《中华人民共和国进出境动植物检疫法实施条例》《中华人民共和国生物两用品及相关设备和技术出口管制条例》等。[1][2]

---

① 田德桥，陆兵. 中国生物安全相关法律法规标准选编［M］. 北京：法律出版社，2017.
② 郑涛. 生物安全学［M］. 北京：科学出版社，2014.

一、总体生物安全立法

2014年4月，习近平总书记在中央国家安全委员会第一次会议上强调："要准确把握国家安全形势变化新特点新趋势，坚持总体国家安全观，走出一条中国特色国家安全道路。"2015年7月，十二届全国人大常委会第十五次会议审议通过《中华人民共和国国家安全法》，自2015年7月1日起施行。该法明确了政治安全、国土安全、军事安全、文化安全、科技安全、资源安全、粮食安全、网络与信息安全、公共安全、生态安全、核安全等领域的国家安全任务。

2020年2月，习近平总书记在主持中央全面深化改革委员会第十二次会议时强调："要从保护人民健康、保障国家安全、维护国家长治久安的高度，把生物安全纳入国家安全体系，系统规划国家生物安全风险防控和治理体系建设，全面提高国家生物安全治理能力。要尽快推动出台生物安全法，加快构建国家生物安全法律法规体系、制度保障体系。"

《中华人民共和国生物安全法》由十二届全国人大常委会第二十二次会议于2020年10月17日通过，自2021年4月15日起施行。从纵向看，《中华人民共和国生物安全法》属于国家安全法律制度的组成部分，与《中华人民共和国国家安全法》具有分则和总则的关系；从横向看，《中华人民共和国生物安全法》与《禁止生物武器公约》《生物多样性公约》《卡塔赫纳生物安全议定书》《国际植物新品种保护公约》《国际植物保护公约》等我国已经加入的国际公约相对应，成为履行公约义务重要的国内配套法律。①

---

① 胡加祥.我国《生物安全法》的立法定位与法律适用——以转基因食品规制为视角［J］.人民论坛·学术前沿，2020，（20）：22–35.

二、防控重大新发突发传染病、动植物疫情

在传染病防控领域，我国颁布的法律、法规、规章包括《中华人民共和国传染病防治法》（1989）、《中华人民共和国传染病防治法实施办法》（1991）、《血液制品管理条例》（1996）、《突发公共卫生事件与传染病疫情监测信息报告管理办法》（2003）、《传染性非典型肺炎防治管理办法》（2003）、《突发公共卫生事件应急条例》（2003）、《国境口岸突发公共卫生事件出入境检验检疫应急处理规定》（2003）、《医疗机构传染病预检分诊管理办法》（2005）、《传染病病人或疑似传染病病人尸体解剖查验规定》（2005）、《艾滋病防治条例》（2006）等。

动物生物安全领域，我国颁布的法律、法规、规章包括《中华人民共和国动物防疫法》（1997）、《动物疫情报告管理办法》（1999）、《国家动物疫情测报体系管理规范（试行）》（2002）、《重大动物疫情应急条例》(2005)、《无规定动物疫病区评估管理办法》（2007）、《动物检疫管理办法》（2010）、《动物防疫条件审查办法》（2010）等。

植物生物安全领域，我国颁布的法律、法规、规章包括《植物检疫条例》（1983）、《植物检疫条例实施细则（农业部分）》（1995）、《农业植物疫情报告与发布管理办法》（2010）等。

针对进出境检疫，我国颁布的法律、法规、规章包括《中华人民共和国国境卫生检疫法》（1986）、《中华人民共和国进出境动植物检疫法》（1991）、《中华人民共和国国境口岸卫生监督办法》（1982）、《中华人民共和国国境卫生检疫法实施细则》（1989）、《中华人民共和国进出境动植物检疫法实施条例》（1996）、《中华人民共和国进出境动植物检疫行政处罚实施办法》（1997）、《中华人民共和国进出境动植物检疫封识、标志管理办法》（1998）、《贸易性出口动物产品兽医卫生检疫管理办法》（1992）、《进境动植物检疫审批管理办法》（2002）、《进境动物和动物产品风险分析管理规定》（2002）、《进境动物遗传物质检疫管

理办法》（2003）、《进出境转基因产品检验检疫管理办法》（2004）、《进境动物隔离检疫场使用监督管理办法》（2009）、《出入境人员携带物检疫管理办法》（2012）、《进出境非食用动物产品检验检疫监督管理办法》（2014）、《出入境特殊物品卫生检疫管理规定》（2015）、《进出境粮食检验检疫监督管理办法》（2016）等。

三、生物技术安全

总体来看，我国生物技术安全立法统筹保障人民群众安全与促进经济社会发展，及时回应社会公众的关切，明确提出科技伦理的要求。

1. 总体生物技术研究开发监管法规

1993年12月24日，国家科学技术委员会（现科技部）发布《基因工程安全管理办法》。这是我国第一部有关转基因生物安全管理的专门性的行政规章。该办法按照潜在危险程度，将基因工程领域的工作分为4个安全等级，明确了对于从事基因工程实验研究、基因工程中间试验和工业化生产、遗传工程体释放、遗传工程产品使用等活动的部门单位的相关要求。

国家科技部于2017年印发《生物技术研究开发安全管理办法》。该办法对生物技术研究开发活动潜在风险进行分级，将其分为高风险等级、较高风险等级和一般风险等级；并规定了国务院科技主管部门、国家生物技术研究开发安全管理专家委员会以及从事生物技术研究开发活动机构的职责。

2. 转基因生物安全监管法规

2001年5月23日，国务院颁布实施《农业转基因生物安全管理条例》，该条例规定了农业转基因生物安全管理体制和法律制度，是迄今为止我国转基因生物安全管理方面最重要的立法。2002年1月5日，农业部颁布与《农业转基因生物安全管理条例》配套的3个行政规章，即《农业转基因生物安全评价管理办法》《农业转基因生物进口安全管理办法》《农业转基因生物标识管理办法》，于 2002 年 3 月 20 日起实施。

3. 生物技术伦理监管法规

2003 年 12 月，科技部、卫生部印发《人胚胎干细胞研究伦理指导原则》的通知，明确规定，禁止生殖性克隆人研究，允许开展胚胎干细胞和治疗性克隆研究，但必须遵循规范。我国于 2015 年 7 月 20 日颁发了由国家卫生计生委、食品药品监督管理总局制定的《干细胞临床研究管理办法》，于 2016 年 10 月 12 日颁发了由国家卫生计生委制定的《涉及人的生物医学研究伦理审查办法》。此外，我国还发布了《人类辅助生殖技术管理办法》《人类辅助生殖技术规范》《医疗技术临床应用管理办法》《人类辅助生殖技术应用规划指导原则（2021 版）》等相关法规。

4. 实验动物监管法规

我国发布了一些与实验动物相关的法规与规章。《实验动物管理条例》1988 年 10 月 31 日经国务院批准，于 1988 年 11 月 14 日由国家科学技术委员会发布。《实验动物许可证管理办法（试行）》由科技部等部委于 2001 年 12 月 5 日发布。《关于善待实验动物的指导性意见》由科技部于 2006 年 9 月 30 日发布。

四、病原微生物实验室生物安全

病原微生物实验室生物安全管理相关的法律法规是我国生物安全法律法规体系的重要组成部分。[1][2] 2004 年国务院公布施行《病原微生物实验室生物安全管理条例》，该条例在规范我国实验室生物安全管理方面具有里程碑意义，2018 年国务院对该条例进行了修订。

为落实《病原微生物实验室生物安全管理条例》的各项规定，卫生部、农业部、国家环境保护总局等部委出台了系列配套规章。

---

[1] 田德桥，陆兵. 中国生物安全相关法律法规标准选编［M］. 北京：法律出版社，2017.
[2] 郑涛. 生物安全学［M］. 北京：科学出版社，2014.

1. 卫生部规章

2006 年卫生部发布的《人间传染的病原微生物名录》对人间传染的病毒、细菌、真菌的危害程度进行了分类，规定了针对不同病原微生物相关实验活动所需生物安全实验室的级别和病原微生物菌（毒）株的运输包装要求。该目录基于生物安全特性，将病原微生物危害程度分为四类，第一类最高，第四类最低，同时列出了进行病毒培养、动物感染实验等实验活动所需的生物安全实验室级别。

2006 年发布并施行的《人间传染的高致病性病原微生物实验室和实验活动生物安全审批管理办法》明确规定：三、四级生物安全实验室从事高致病性病原微生物实验活动，必须取得卫生部颁发的《高致病性病原微生物实验室资格证书》，且应当上报省级以上卫生行政部门批准；卫生部负责三级、四级生物安全实验室从事高致病性病原微生物实验活动资格的审批工作；实验室的设立单位及其主管部门应当加强对高致病性病原微生物实验室的生物安全防护和实验活动的管理。

2009 年发布并施行的《人间传染的病原微生物菌（毒）种保藏机构管理办法》，规定了保藏机构的职责、保藏活动、监督管理与处罚等。

2. 农业部规章

2003 年农业部发布的《兽医实验室生物安全管理规范》，规定了兽医实验室生物安全防护的基本原则、实验室的分级以及各级实验室的基本要求和管理规范。

农业部于 2005 年公布并施行的《动物病原微生物分类名录》对动物病原微生物进行了分类，于 2008 年发布并施行的《动物病原微生物实验活动生物安全要求细则》对《动物病原微生物分类名录》中 10 种第一类病原体、8 种第二类病原体、105 种第三类病原体进行不同实验活动所需的实验室生物安全级别，以及病原微生物菌（毒）株的运输包装要求进行了规定。

此外，2005 年农业部公布并施行了《高致病性动物病原微生物实验室生物安全管理审批办法》。2008 年发布、2009 年施行了《动物病原微生物菌（毒）种保藏管理办法》。

3. 国家环境保护总局规章

2006 年，国家环境保护总局公布并施行了《病原微生物实验室生物安全环境管理办法》，规定了实验室污染控制标准、环境管理技术规范和环境监督检查要求。

五、人类遗传资源与生物资源安全

由国务院科学技术行政主管部门、卫生行政主管部门牵头制定的《人类遗传资源管理暂行办法》，于 1998 年 6 月 10 日经国务院同意，由国务院办公厅转发并施行。国务院 2019 年通过了《中华人民共和国人类遗传资源管理条例》，2019 年 7 月 1 日起施行。该条例规定：加强对我国人类遗传资源的保护，开展人类遗传资源调查，对重要遗传家系和特定地区人类遗传资源实行申报登记制度。外国组织、个人及其设立或者实际控制的机构不得在我国境内采集、保藏我国人类遗传资源，不得向境外提供我国人类遗传资源。

六、防范生物恐怖与生物武器威胁

为了防范和惩治恐怖活动，加强反恐怖主义工作，维护国家安全，我国在 2015 年 12 月 27 日发布了《中华人民共和国反恐怖主义法》，2016 年 1 月 1 日起施行。

出口管控方面，我国发布了《中华人民共和国生物两用品及相关设备和技术出口管制条例》《两用物项和技术进出口许可证管理办法》《两用物项和技术出口通用许可管理办法》。

《中华人民共和国生物两用品及相关设备和技术出口管制条例》规定：国家对《生物两用品及相关设备和技术出口管制清单》所列的生

物两用品及相关设备和技术出口实行许可制度。未经许可，任何单位或个人不得出口《生物两用品及相关设备和技术出口管制清单》所列的生物两用品及相关设备和技术。

七、关于我国生物安全立法的思考

（一）生物安全涉及领域和相关需求

生物安全涉及领域包括：新发突发传染病应对，病原微生物和高等级生物安全实验室安全，生物技术安全，生物武器、生物恐怖应对，感染与耐药等医院生物安全，食品和生物制品安全，外来物种入侵等生态环境安全，遗传资源安全。

生物安全相关需求：生物安全（防止非人为蓄意产生的生物安全问题）、生物安保（防止人为蓄意产生的生物安全问题）、生物防御（生物安全事件发生后的有效应对）。

生物安全是由涉及领域和相关需求相互交织形成的一个网络，国家相关主管部门可根据生物安全法对其进行管理。

（二）当前生物安全领域的突出问题

1. 新型生物威胁多样化，"侦检消防治"更为困难

除了传统的基因重组技术的谬用，近些年合成生物学、基因编辑、脑科学等技术的发展使新型生物威胁更为多样化，可能产生使常规检测、治疗和预防措施失效的生物威胁。针对多种可能的新型生物威胁，目前尚缺乏有效的应对措施。

2. 新发传染病频发，应对手段不足

近些年，禽流感、埃博拉病毒病、寨卡病毒病、新型冠状病毒肺炎等新发突发传染病不断发生，对人民健康与国家安全构成巨大威胁。随着交通条件的不断改善和人类活动范围的扩大，新发突发传染

病的发生频率和影响不断增大。而目前我国对于很多新发突发传染病缺乏快速反应能力和有效的应对措施。

3. 生物技术的快速发展带来潜在安全风险

促进生物技术发展和保证生物安全需要同时兼顾。我国生物技术发展迅速，但在生物技术安全方面缺乏管理与研究经验。从管理角度来看，我国生物技术安全相关法律法规亟待完善，科研人员生物安全意识有待增强；从科技角度看，消减生物安全风险的有效手段还不多。

4. 病原微生物和高等级生物安全实验室存在安全隐患

近年来，我国从事高致病性病原微生物研究的人员不断增加，高等级生物安全实验室建设步伐加快，这在提高我国生物防御能力水平的同时也带来了一定的安全隐患。

5. 医院耐药菌感染和抗生素滥用问题持续存在

我国人民群众的健康需求与有限的医疗资源存在矛盾，同时医院耐药菌感染和抗生素滥用问题对人民群众生命健康构成巨大威胁。

6. 食品安全和生物制品安全问题日益突出

随着生活水平的提高，人民群众对食品安全和生物制品安全的要求日益增加，但同时食品安全问题和生物制品安全问题也逐渐成为影响人民群众身体健康的重要因素。

7. 外来物种入侵等生态环境问题仍未彻底解决

人员和物资流动性增加提高了外来物种入侵的可能性，对生态环境构成巨大威胁。

8. 遗传资源存在流失风险

随着精准医疗和生物大数据的发展，遗传资源安全性问题日益凸显，我国人类遗传资源、重要物种资源和生物数据资源存在流失风险，对国家安全构成威胁。

（三）维护国家生物安全应当采取的主要措施

为提高生物安全保障能力，维护国家生物安全，我国需要在管理与科技方面分别采取应对措施，并加强相应的法律保障。

1. 管理方面

（1）战略规划：制定明确的生物安全战略、规划，并加强相关法规体系建设。

（2）组织指挥机制：明确相关部委职责，建立沟通和协调机制，同时加强军队与地方协作。

（3）决策支持机制：加强各类专家委员会、智库建设，发挥好决策支持作用。

（4）经费投入机制：建立稳定的经费投入机制，合理分配经费投入，提高经费使用效率。

（5）应急管理机制：为药品、疫苗、装备研发建立快速审批机制和国家储备机制。

2. 科技方面

（1）创新发展机制：加强生物安全相关基础研究，推动颠覆性技术的发展，提升我国生物安全保障能力。

（2）发展评估机制：做好生物安全风险评估和能力评估，为生物安全发展提供科学决策支撑。

（3）教育培训机制：加强生物安全相关人才的培养和从业人员培训，推动本科教育和研究生教育适应我国生物安全发展需要。

（4）军民融合机制：建立军队和地方资源共享机制，加强人员交流与合作。

（5）国家扶持机制：在缺乏商业市场的研发领域，加强对生物安全相关产业的扶持，提高企业的积极性。

第三节
生物安全审查和监管

建立并实施有效的审查和监管机制是生物安全发展中的重要环节。在生物安全审查和监管环节，通常采取建立专家委员会、对生物安全风险进行分级与清单管理、采用认可制度、制定相关标准、建立审查和监管机制等措施。

一、专家委员会

在两用性生物技术监管方面，美国国家生物安全科学顾问委员会发挥着重要作用。该委员会由美国卫生与公众服务部于 2005 年组建，主要任务包括：为生物两用性研究确立标准并提出指导方针，在生物两用性相关研究成果发表及科研人员的安全教育方面提供建议。美国国家生物安全科学顾问委员会由美国国立卫生研究院管理，有 25 名具有投票权的成员，涉及生物伦理学、国家安全、生物防御、出口控制、分子生物学、微生物学、实验室安全、公共卫生、流行病学、药品生产、兽医医学、植物医学、食品生产等专业领域。该委员会成员来自卫生与公众服务部、能源部、国土安全部、国防部、环保局、农业部、司法部、商务部等多个部门。

我国现行的生物安全相关法规中有很多涉及专家委员会设置的内容，如《病原微生物实验室生物安全管理条例》中的"国家病原微生物实验室生物安全专家委员会"，《高等级病原微生物实验室建设审查办法》中的"高等级病原微生物实验室生物安全审查委员会"，《农业转基因生物安全管理条例》中的"农业转基因生物安全委员会"，《基因工程安全管理办法》中的"全国基因工程安全委员会"，《生物技术研究开发安全管理办法》中的"国家生物技术研究开发安全管理专家委员会"，等等。

表4-1　生物安全专家委员会

序号	法规名称	委员会名称	委员会职责
1	病原微生物实验室生物安全管理条例	国家病原微生物实验室生物安全专家委员会	承担从事高致病性病原微生物相关实验活动的实验室的设立与运行的生物安全评估和技术咨询、论证工作
		（省）地区病原微生物实验室生物安全专家委员会	承担（省）地区实验室设立和运行的技术咨询工作
2	人间传染的高致病性病原微生物实验室和实验活动生物安全审批管理办法	生物安全委员会/国家病原微生物实验室生物安全专家委员会	高致病性病原微生物实验室使用新技术、新方法从事高致病性病原微生物相关实验活动的，生物安全委员会应对其进行评价，并报国家病原微生物实验室生物安全专家委员会论证；经论证可行的，方可使用
3	人间传染的病原微生物菌（毒）种保藏机构管理办法	国家病原微生物实验室生物安全专家委员会卫生专业委员会	负责保藏机构的生物安全评估和技术咨询、论证等工作
4	进出口环保用微生物菌剂环境安全管理办法	环保用微生物环境安全评价专家委员会	对微生物菌剂样品的环境安全性进行评审

序号	法规名称	委员会名称	委员会职责
5	高等级病原微生物实验室建设审查办法	高等级病原微生物实验室生物安全审查委员会	根据科学技术部委托，对有关实验室建设申请进行审查并提出审查建议；根据实际需求，对实验室建设审查提出相关建议；对高等级病原微生物实验室发展提供咨询意见
6	病原微生物实验室生物安全环境管理办法	病原微生物实验室生物安全环境管理专家委员会	审议有关实验室污染控制标准和环境管理技术规范，提出审议建议；审查有关实验室环境影响的评价文件，提出审查建议
7	兽医实验室生物安全技术管理规范	国家兽医实验室生物安全管理委员会	接收事故报告等
8	实验室生物安全通用要求	机构生物安全委员会	负责咨询、指导、评估、监督实验室的生物安全相关事宜
9	医院感染管理办法	（国家）医院感染预防与控制专家组	①研究起草有关医院感染预防与控制、医院感染诊断的技术性标准和规范；②对全国医院感染预防与控制工作进行业务指导；③对全国医院感染发生状况及危险因素进行调查、分析；④对全国重大医院感染事件进行调查和业务指导；⑤完成卫生部交办的其他工作
		（省）医院感染预防与控制专家组	指导本地区医院感染预防与控制的技术性工作
10	国家突发公共卫生事件应急预案	（国家/省）突发公共卫生事件专家咨询委员会	对突发公共卫生事件进行评估，提出启动突发公共卫生事件应急处理的级别

序号	法规名称	委员会名称	委员会职责
11	国家突发重大动物疫情应急预案	重大动物疫病防治专家委员会	负责重大动物疫病防控策略和方法的咨询，参与防控技术方案的策划、制定和执行
12	农业转基因生物安全管理条例	农业转基因生物安全委员会	负责农业转基因生物的安全评价工作
13	无规定动物疫病区评估管理办法	全国动物卫生风险评估专家委员会	承担无规定动物疫病区评估工作
14	基因工程安全管理办法	全国基因工程安全委员会	基因工程安全监督和协调
15	生物技术研究开发安全管理办法	国家生物技术研究开发安全管理专家委员会	①开展生物技术研究开发安全战略研究，提出生物技术研究开发安全管理有关决策参考和咨询建议；②提出生物技术研究开发活动风险等级清单建议；③提出高风险等级、较高风险等级相关生物技术研究开发安全事故应对措施和处置程序建议；④配合开展生物技术研究开发活动检查和指导

二、风险分级与清单管理

（一）现况分析

生物安全领域的分级管理包括病原微生物安全管理和生物技术研究开发活动的安全管理。针对病原微生物实验室生物安全，世界卫生组织、美国国立卫生研究院等根据病原微生物的威胁特性将病原微生物分为4个级别。针对病原微生物的生物安保，为了防止病原体的丢失和被恶意利用，美国实施了《联邦危险生物剂管理计划》（*Select Agent Program*），加强对重点病原体储存、运输的监管，确定了需要重点监管的生物剂清单，但没有进一步分级。针对生物防御，美国和欧盟分别列出了分级清单，如美国疾病预防与控制中心将威胁病原体分为3个级别，欧盟将其分为2个级别。[①]

根据《病原微生物实验室生物安全管理条例》，为了保障实验室生物安全，我国将病原微生物分为4类；对于病原微生物生物防御，我国没有公布具体的病原微生物清单。对于生物技术安全，我国颁布了《农业转基因生物安全评价管理办法》《开展林木转基因工程活动审批管理办法》《基因工程安全管理办法》《生物技术研究开发安全管理办法》等相关法规，将研究开发活动安全等级分为3个或4个等级。

（二）主要特点

1. 病原微生物实验室生物安全普遍采取分级管理模式

对于病原微生物实验室生物安全，国内外普遍采用分级管理模式，规定不同级别的病原微生物必须在相应级别的生物安全实验室内操作。

2. 病原微生物生物防御清单与实验室生物安全清单存在差异

美国和欧盟确定了应对病原微生物的生物防御清单，该类清单与病原微生物实验室生物安全清单考虑的因素不同，它更多考虑病原体被用于生物武器或生物恐怖的可能性，如：炭疽杆菌在实验室生物安全清单中作为第二类病原体，而在生物防御清单中，它作为第一类病原体。由于不同国家和地区对生物恐怖威胁的判断不同，其生物防御清单的内容也存在较大差异。

[①] Deqiao T, Tao Z. Comparison and Analysis of Biological Agent Category Lists Based On Biosafety and Biodefense [J]. PLoS One, 2014, 9（6）: e101163.

3. 生物技术研究开发活动分级管理较为复杂

相较于病原微生物实验室生物安全管理、病原微生物生物防御分级管理，生物技术研究开发活动分级管理更为复杂，涉及技术本身、技术的应用领域、技术产生的影响等多方面因素。针对两用性生物技术管控，美国确定了一些需加强监管的研发活动类型，但没有进一步确定分级清单。

表4-2　国内外生物安全风险分级管理[①]（部分）

序号	类别	法规/国家/地区/机构	对象	级别			
1	病原微生物实验室生物安全	《世界卫生组织实验室生物安全手册》	病原微生物	1级	2级	3级	4级
2		《美国国立卫生研究院重组DNA分子研究指南》	病原微生物	风险组1	风险组2	风险组3	风险组4
3		《病原微生物实验室生物安全管理条例》	病原微生物	1类	2类	3类	4类
4							
5		《兽医实验室生物安全技术管理规范》	微生物危害分级	生物危害1级	生物危害2级	生物危害3级	生物危害4级
6		《中华人民共和国传染病防治法》	传染病菌（毒）种	一类	二类	三类	—
7	生物防御	美国疾病预防控制中心	生物恐怖剂	A类	B类	C类	—
8		欧盟	生物恐怖剂	非常高威胁	高威胁	—	—
9		俄罗斯	生物恐怖剂	组1	组2	组3	—

[①] Deqiao T, Tao Z. Comparison and Analysis of Biological Agent Category Lists Based On Biosafety and Biodefense [J]. PLoS One, 2014, 9（6）：e101163.

续表

序号	类别	法规/国家/地区/机构	对象	级别			
10	生物技术安全	《农业转基因生物安全评价管理办法》	危险程度	安全等级Ⅰ	安全等级Ⅱ	安全等级Ⅲ	安全等级Ⅳ
11		《开展林木转基因工程活动审批管理办法》	安全等级	Ⅰ级	Ⅱ级	Ⅲ级	—
12		《基因工程安全管理办法》	安全等级	安全等级Ⅰ	安全等级Ⅱ	安全等级Ⅲ	安全等级Ⅳ
13		《生物技术研究开发安全管理办法》	风险分级	高风险等级	较高风险等级	一般风险等级	—

三、认可制度

《美国国立卫生研究院重组 DNA 分子研究指南》中规定了开展生物安全相关研究的许可条件，包括：实验启动前需要美国国立卫生研究院主任批准和机构生物安全委员会批准；实验启动前需要美国国立卫生研究院科技政策办公室和机构生物安全委员会批准。欧盟《关于有意向环境释放转基因生物的指令》《转基因食品和饲料条例》分别确立了转基因生物环境释放和转基因食品上市许可证制度。为了防范转基因技术及其产物对生态环境和公众健康产生负面效应，各国采取了一系列行政控制措施，如：建立针对转基因技术研发、转基因生物及其产品产业化发展的审批制度，要求从事相关活动的主体事先获得主管机构的批准，持有相应的许可证。[①]

许可制度是我国生物安全管理中的重要方面。2006 年 3 月，中国合格评定国家认可委员会正式成立，实现了我国认可体系的集中统一。委员会秘书处设在中国合格评定国家认可中心，该中心隶属于国家市场监督管理总局，也是中国合格评定国家认可委员会的法律实

① 王明远.转基因生物安全法研究［M］.北京：北京大学出版社，2010.

体。①

1. 实验室认可

《病原微生物实验室生物安全管理条例》规定：新建、改建、扩建三级、四级实验室或者生产、进口移动式三级、四级实验室应当符合国家生物安全实验室体系规划并依法履行有关审批手续，经国务院科技主管部门审查同意，符合国家生物安全实验室建筑技术规范，依照《中华人民共和国环境影响评价法》的规定进行环境影响评价并经环境保护主管部门审查批准，生物安全防护级别与其拟从事的实验活动相适应。

中国合格评定国家认可委员会在国家认证认可监督管理委员会授权下，依据《实验室 生物安全通用要求》（GB19489—2004）制定了一系列认可文件，在2004年底建立起高等级生物安全实验室国家认可制度，具备了对高等级生物安全实验室的认可能力。2005年6月2日，我国认可机构颁发了首张高等级生物安全实验室的国家认可证书，截至2018年12月，获中国合格评定国家认可委员会认可的生物安全实验室共计82家，其中二级实验室22家，三级、四级实验室60家。②

《高等级病原微生物实验室建设审查办法》规定：通过建设审查的实验室建成后，依据《病原微生物实验室生物安全管理条例》，由有关部门根据相关规定进行建筑质量验收、建设项目竣工环境保护验收、实验室认可和实验活动审批及监管等，确保实验室安全。根据该办法，新建、改建、扩建高等级实验室或者生产、进口移动式高等级实验室应当报科技部审查同意。

《高致病性动物病原微生物实验室生物安全管理审批办法》规定：该办法适用于高致病性动物病原微生物的实验室资格、实验活动和运

① 中国合格评定国家认可委员会.法律法规对合格评定认可的采信［M］.北京：中国标准出版社，2019.
② 中国合格评定国家认可委员会.法律法规对合格评定认可的采信［M］.北京：中国标准出版社，2019.

输的审批。获得国家认可机构的认可是实验室申请从事高致病性动物病原微生物或疑似高致病性动物病原微生物实验活动的必备条件之一。

2. 活动许可

根据《病原微生物实验室生物安全管理条例》，一级、二级实验室不得从事高致病性病原微生物实验活动。三级、四级实验室从事高致病性病原微生物实验活动，应当具备下列条件：实验目的和拟从事的实验活动符合国务院卫生主管部门或兽医主管部门的规定；具有与拟从事的实验活动相适应的工作人员；工程质量经建筑主管部门依法检测验收合格。国务院卫生主管部门或兽医主管部门依照各自职责对三级、四级实验室是否符合上述条件进行审查；对符合条件的，发给从事高致病性病原微生物实验活动的资格证书。

三级、四级实验室，需要从事某种高致病性病原微生物或疑似高致病性病原微生物实验活动的，应当依照国务院卫生主管部门或兽医主管部门的规定报省级以上人民政府卫生主管部门或兽医主管部门批准。

《中华人民共和国生物两用品及相关设备和技术出口管制条例》规定：对国家安全、社会公共利益有重大影响的生物两用品及相关设备和技术出口，国务院外经贸主管部门应当会同有关部门报国务院批准。

四、标准制定

我国的标准包括国家标准和行业标准。国家标准是指由国家标准机构通过并公开发布的标准。行业标准是指在国家的某个行业通过并公开发布的标准。按法律约束力，标准可划分为强制性标准和推荐性标准。强制性标准代号是GB，具有法律属性，在一定范围内通过法律、行政法规等强制手段加以实施。推荐性标准是指由标准化机构发布的在生产、使用等方面自愿采用的标准，代号GB/T。

根据应用分类，标准分为基础标准、产品标准、方法标准。基础标准指在一定范围内作为其他标准的基础并具有广泛指导意义的标准；产品标准指对产品结构、规格、质量和性能等做出具体规定和要求的标准；方法标准是针对产品性能和质量方面的测试而制定的标准。

我国发布了一些病原微生物与实验室生物安全相关标准（表4-3）。《微生物和生物医学实验室生物安全通用准则》（WS 233—2002）是我国最早的一部关于病原微生物实验室生物安全的行业标准，由中国疾病预防控制中心组织起草。该标准规定了微生物和生物医学实验室生物安全防护的基本原则、实验室分级、各级实验室的基本要求，适用于疾病预防控制机构及医疗保健、科研机构。该标准的现行版本为《病原微生物实验室生物安全通用准则》（WS 233—2017）。

2004年，我国第一部生物安全实验室国家标准《实验室 生物安全通用要求》（GB 19489—2004）发布，该标准规定了实验室从事研究活动的各项基本要求，包括：风险评估及风险控制，实验室生物安全防护水平等级，实验室设计原则及基本要求，实验室设施和设备要求，管理要求。该标准的现行版本为《实验室 生物安全通用要求》（GB 19489—2008）。

为更好地指导国内生物安全实验室建设，2004年中国建筑科学研究院会同有关单位，编制了我国第一部生物安全实验室建设方面的国家标准——《生物安全实验室建筑技术规范》（GB 50346—2004），该标准规定了生物安全实验室的设计、建设及检测验收等相关要求，涉及规划选址、结构、通风空调、给水排水、气体、电气自控、消防等方面，该标准的现行版本为《生物安全实验室建筑技术规范》（GB 50346—2011）。

为适应我国移动式生物安全实验室建造和管理的需要，促进发展，中国合格评定国家认可委员会同有关单位，编制了我国第一部移动式生物安全实验室国家标准——《移动式实验室 生物安全要求》（GB 27421—2015）。

　　兽医实验室指从事动物病原微生物和寄生虫教学、研究与使用，以及兽医临床诊疗和疫病检疫监测的实验室。《兽医实验室生物安全要求通则》（NY/T 1948—2010）规定了兽医实验室生物安全管理的相关要求。

表4-3　我国病原微生物与实验室生物安全相关标准（部分）

序号	标准名称	编号	发布部门	发布时间
1	《实验室 生物安全通用要求》	GB 19489—2008	国家质量监督检验检疫总局/国家标准化管理委员会	2008
2	《生物安全实验室建筑技术规范》	GB 50346—2011	住房和城乡建设部/国家质量监督检验检疫总局	2011
3	《移动式实验室 生物安全要求》	GB 27421—2015	国家质量监督检验检疫总局/国家标准化管理委员会	2015
4	《实验室设备生物安全性能评价技术规范》	RB/T 199—2015	国家认证认可监督管理委员会	2015
5	《病原微生物实验室生物安全通用准则》	WS 233—2017	国家卫生和计划生育委员会	2017
6	《病原微生物实验室生物安全标识》	WS 589—2018	国家卫生和计划生育委员会	2018
7	《兽医实验室生物安全要求通则》	NY/T 1948—2010	农业部	2010

五、审查机制

（一）国外生物安全审查机制

1.《禁止生物武器公约》审查机制

　　《禁止生物武器公约》缔约国对公约实施情况进行审查和监督主要通过审查会议、年度会议、专家组会议等形式。审查会议是缔约国审查《禁止生物武器公约》实施情况的主要形式。为了增加透明度，确保公约得到遵守，公约建立了一项重要制度——建立信任措施（Confidence-Building Measures，CBMs），包含两个方面的内容：资料与信息的年度交换；报告过去及现在与公约有关的活动。

2. 美国国立卫生研究院审查制度

《NIH 指南》适用于接受重组 DNA 研究联邦资助的实验室和机构以及自愿接受规则的其他机构。根据《NIH 指南》，拟开展的重组 DNA 实验必须由地方一级的机构生物安全委员会进行审查，由该委员会评估相关实验可能对公共健康和环境造成的潜在危害。[①]

机构生物安全委员会审查人类基因转移以及重组 DNA 在动物中的使用，并确定新出现的安全和政策问题，供联邦一级的隶属于美国国立卫生研究院的重组 DNA 咨询委员会考虑。在特殊情况下，RAC 可以将研究提案提交给研究院主任进行裁决。

另一个地方审查实体为机构审查委员会（Institutional Review Boards，IRB），机构审查委员会负责评估受试者承担的研究风险和取得的收益，并确保受试者充分知情。机构生物委员会是基于《NIH 指南》建立的，而机构审查委员会是通过法规建立的，因此后者对于获得联邦研究资助的机构的审查是强制性的。[②]

3.《危险生物剂条例》

根据《危险生物剂条例》注册的所有机构和个人必须接受联邦调查局的安全风险评估，该评估涉及指纹识别和筛查，旨在识别"受限制人员"以及在法律上被禁止接触"危险生物剂"的其他人。注册机构和个人还必须报告涉及危险病原体的任何释放、丢失、盗窃事件或事故。条例要求美国政府每两年审查和更新一次危险生物剂清单。

---

① 乔纳森·B. 塔克. 创新、两用性与生物安全：管理新兴生物和化学技术风险［M］. 田德桥，译. 北京：科学技术文献出版社，2020.
② 乔纳森·B. 塔克. 创新、两用性与生物安全：管理新兴生物和化学技术风险［M］. 田德桥，译. 北京：科学技术文献出版社，2020.

4. 出版物审查

生物安保治理涉及对敏感信息发布的限制。2003 年，几家主要科学期刊的编辑发表联合声明，呼吁审查含有生物安全敏感信息的论文。①美国国家生物安全科学顾问委员会建议根据生物安保要求，编辑可以要求作者修改文章，延迟发布或拒绝发布相关文章。

5. "功能获得"研究联邦部门审查

为了加强对流感病毒功能获得研究（Gain of Function，GOF）的监管，2013 年美国国立卫生研究院发布了"卫生与公众服务部基金资助指引"（*A Framework for Guiding U.S. Department of Health and Human Services Funding*），列举了开展生命科学两用性研究需达到的 7 个标准，相关机构必须同时满足所有标准才可获得卫生与公众服务部的资金资助。这些标准包括：被研究的病毒可以自然进化产生；研究的科学问题对公共卫生非常重要；没有其他可行的降低风险的策略；实验室生物安全风险可控；可能被蓄意利用的生物安保风险可控；研究结果可被广泛分享，以造福人类；研究过程可被有效监管。

2017 年 1 月，美国卫生与公众服务部发布《关于潜在大流行病原体管理和监督审查机制的发展政策指南建议》，阐述了相关政策要求及相关部门职责。

6.《合成双链 DNA 供应商筛选框架指南》

2010 年 10 月，美国卫生与公众服务部发布了《合成双链 DNA 供应商筛选框架指南》。该指南针对与使用双链 DNA 合成技术来重构病原体和毒素有关的潜在生物安保问题。双链 DNA 合成机构在收到请求后，需进行客户审查和 DNA 序列审查，如果其中之一存在疑问，则需进行后续审查。

---

① Atlas R, Campbell P, Cozzarelli N R, et al. Statement on scientific publication and security［J］. Science, 2003 Feb 21, 299（5610）: 1149. doi: 10. 1126/science. 299. 5610. 1149.

（二）我国生物安全审查机制

我国建立了相应的生物安全审查机制，如《高等级病原微生物实验室建设审查办法》规定：新建、改建、扩建实验室或者生产、进口移动式实验室应符合国家生物安全实验室体系规划并依法履行有关审批手续，经国务院科技主管部门审查同意，符合国家生物安全实验室建筑技术规范，依照《中华人民共和国环境影响评价法》的规定进行环境影响评价并经环境保护主管部门审查批准。

《新食品原料安全性审查管理办法》规定：新食品原料应当经过国家卫生计生委安全性审查后，方可用于食品生产经营。国家卫生计生委负责新食品原料安全性评估材料的审查和许可工作。国家卫生计生委所属卫生监督中心承担新食品原料安全性评估材料的申报受理，组织开展安全性评估材料的审查等具体工作。

六、监管机制

监管是政府行政管理体系的重要组成部分，是有关政府部门依据法律授权，按照法定程序，运用行政力量，采取制定规章、条例和标准，以及建立许可制度等一系列手段，对特定领域内市场主体行为的合法性及合规性进行客观、独立、直接、程序化控制的活动过程。

转基因生物安全监管体制可分为松散型监管体制、集中型监管体制和中间型监管体制。在松散型监管体制下，没有专门的转基因生物安全监管机构，而是将相关监管工作分别纳入科技、农业、环保、食品安全等领域的既有监管体制之中。从具体措施来看，松散型监管体制可进一步细分为两种模式：一种是以美国采取的监管方式为代表，通过颁布框架性法律文件，将农业、环境保护、食品安全等方面的现行法律法规延伸使用到转基因生物安全监管领域，并实现相关监管机构在转基因生物安全监管方面的协作；另一种是以日本采取的监管方式为代表，由某一协调机构来统筹相关政府机构的转基因生物安全监管活动。集中型监管体制的显著特点是针对转基因生物安全问题设定专门的政府监管机构，并由该机构对转基因生物安全事务进行集中监管。而在实践中，采用这种模式的国家几乎不存在。中间型监管体制介于松散型和集中型两种监管体制之间，其显著特征是既有专门的转基因生物安全监管机构，又有相关的传统监管机构参与。

在转基因生物安全管理上，欧盟总体上是从保守主义开始转向偏保守的谨慎乐观主义，而美国则总体上是从较宽松的自由主义开始趋向偏自由的谨慎乐观主义。二者在转基因生物安全管理的立场方面表现出一定的趋同性变化趋势。①

（一）国外监管机制

2012 年 3 月，美国政府发布了《美国政府生命科学两用性研究监管政策》，要求联邦各行政部门对拟开展和正在进行的研究项目进行审查与监管。该政策主要监管与 15 种高致病性病原体和毒素有关的研究项目。监管的主要病原体或毒素包括禽流感（高致病）病毒、炭疽杆菌、肉毒神经毒素、鼻疽伯克霍尔德菌、类鼻疽伯克霍尔德菌、埃博拉病毒、手足口病病毒、土拉热弗朗西斯菌、马尔堡病毒、重新构建的 1918 流感病毒、牛瘟病毒、肉毒梭状芽孢杆菌产毒株、天花病毒、类天花病毒、鼠疫耶尔森菌等。共涉及可能造成下列 7 种影响的实验：①增强病原体或毒素的毒力；②破坏针对病原体或毒素的免疫制品有效性；③抵抗对病原体或毒素的有效预防、治疗或检测措施；④增强病原体或毒素的稳定性、传播性或播散能力；⑤改变病原体或毒素的宿主范围或趋向性；⑥增加宿主对病原体或毒素的敏感性；⑦产生或重构一个已被根除的病原体或毒素。当项目涉及上述 15 种病原体中任意一种且可能涉及 7 种实验影响中任何一种的时候，这些项目会被确定

① 王明远.转基因生物安全法研究［M］.北京：北京大学出版社，2010.

为值得关注的两用性研究（Dual Use Research of Concern，DURC）。

2014 年 9 月，美国政府发布《美国政府生命科学两用性研究机构监管政策》，明确研究机构在识别和管理 DURC 方面的责任。研究机构需建立研究机构审查实体（Institutional Review Entity，IRE）进行审查和监管。

2007 年以后，英国对其生物技术安全政策及监管程序进行重大改革，建立了一个统一的生物安全监管机构——健康与安全监管局（Health and Safety Executive，HSE）。

（二）我国监管机制

我国建立了涉及生物安全各领域的监管机制，《中华人民共和国传染病防治法》规定：县级以上人民政府卫生行政部门对传染病防治工作履行相应监督检查职责。省级以上人民政府卫生行政部门负责组织对传染病防治重大事项的处理等。

《病原微生物实验室生物安全管理条例》规定：三级、四级实验室应当通过实验室国家认可。国务院认证认可监督管理部门确定的认可机构应当依照实验室生物安全国家标准以及本条例的有关规定，对三级、四级实验室进行认可；对通过认可的实验室，颁发相应级别的生物安全实验室证书。证书有效期为 5 年。实验室应当建立实验档案，记录实验室使用情况和安全监督情况。实验室从事高致病性病原微生物相关实验活动的档案保存期不得少于 20 年。

《农业转基因生物安全管理条例》规定：单位和个人从事农业转基因生物生产、加工的，应当由国务院农业行政主管部门或省、自治区、直辖市人民政府农业行政主管部门批准。《中华人民共和国动物防疫法》规定：动物卫生监督机构对动物饲养、屠宰、经营、隔离、运输以及动物产品生产、经营、加工、贮藏、运输等活动中的动物防疫实施监督管理。《中华人民共和国国境卫生检疫法》规定：国境卫生检疫机关根据国家规定的卫生标准，对国境口岸的卫生状况和停留在国境口岸的入境、出境的交通工具的卫生状况实施卫生监督。《中华人民共和国进出境动植物检疫法》规定：国务院设立动植物检疫机关，统一管理全国进出境动植物检疫工作。

《国内交通卫生检疫条例》规定：国务院卫生行政部门主管全国交通卫生检疫监督管理工作。县级以上地方人民政府卫生行政部门负责本行政区域内的交通卫生检疫监督管理工作。铁路、交通、民用航空行政主管部门的卫生主管机构，根据有关法律、法规和国务院卫生行政部门分别会同国务院铁路、交通、民用航空行政主管部门规定的职责划分，负责各自职责范围内的交通卫生检疫工作。

第五章
生物安全协同创新体系

党的十九届五中全会审议通过《中共中央关于制定国民经济和社会发展第十四个五年规划和二〇三五年远景目标的建议》，提出要促进国防实力和经济实力同步提升，构建一体化国家战略体系和能力，推动重点区域、重点领域、新兴领域协调发展。生物安全领域是重要的新兴领域和战略领域，加速推进生物安全领域协同创新一体化布局，既是生物技术发展演化规律的内在要求，也是我国推进生物安全产业纵深发展、赢得国际竞争的必由之路。

<h1 style="text-align:center">第一节
生物安全协同创新范畴</h1>

生物安全是重大新兴安全领域，生物安全问题已经演变为一种影响人类和动植物健康的"全谱性"挑战，发展为一种危及国防安全、公众健康、生态环境、经济建设、社会稳定的全局性问题。生物安全具有四个特点：一是内涵丰富，包含微生物、植物、动物、人及宏观生态环境安全；二是风险来源复杂，生物安全风险隐患可能是自然发生的传染病，也可能是意外发生或人为造成的各类生物事件；三是影响广泛，生物安全事关国家公众健康、经济发展和国防建设诸多领域，影响国家总体安全；四是部门交叉，生物安全管理涉及科技、卫生、农业、军事等多个部门，职能任务交叉，协调难度较大。因此，各领域、各部门推进生物安全协同创新，对于维护国家核心利益具有重要意义。生物科技的日新月异引领生物产业发展模式转变，我国只有依靠各领域紧密协作，坚持走协同创新发展道路，才能抢占国际生

物技术制高点，实现国家生物安全治理能力的跨越式提升。

一、生物安全协同创新的主要领域

针对当前科技创新能力存在的问题，我们要把生物安全协同发展、生物科技自立自强作为维护国家生物安全的战略支撑，完善生物安全协同创新的管理体制、设施平台、产业体系，把握科技革命与产业变革机遇，为经济社会高质量发展提供有力保障。

（一）建立适应核心技术协同攻关的管理体制

要探索建立生物安全领域核心技术攻关的新型举国体制，科学统筹、集中优势、完善机制、协同推进，建立维护国家生物安全的创新发展体制，提升我国生物技术综合竞争力。着眼于国家战略目标，在生物安全领域加快启动和实施国家科技重大专项，实现关键共性技术、前沿引领技术、颠覆性技术的重大突破。建立战略（产业）技术联盟，加强产学研协同创新，力争取得重大创新成果，为国家总体安全、经济社会可持续发展提供强大支撑。

（二）打造支撑生物安全科学研究的设施平台

在生物安全领域布局建设国家级实验室体系，打造体现国家意志、实现国家使命、代表国家水平的生物安全国家实验室，显著提升我国战略安全领域自主创新能力。在国家实验室框架下，联合建设高等级生物安全设施集群、国家生物安全战略资源库和信息库。推动建设世界一流的科研院所，超前布局前瞻性基础研究和前沿引领技术研究开发任务，优先发展对突破生物安全领域"卡脖子"技术有重大影响的多学科共用平台型设施，打造生物安全协同创新的科技支撑平台。

（三）完善促进生物医药企业创新发展的产业体系

依托创新型企业，布局建设一批国家生物技术创新中心，引导有条件的企业加大对基础研究和前沿技术开发的投入。完善生物安全领域产学研结合、成果转化机制，引导企业参与生物安全科技攻关和产品研发，推动重大技术创新成果的转化、应用；依托创新型企业，布局建设国家生物产业园区、高科技试验基地、产学研综合基地等，为生物安全成果转化应用提供孵化和产业化平台；通过实施基础资源倾斜配置、财政投资、税收优惠等扶持政策，培育高附加值产业链，推进生物安全产业高端化、规模化、国际化，培育生物安全产业市场。支持行业领军企业主导的产业研发体系全球化布局，提升行业领军创新型企业的国际竞争力。

（四）建设服务高水平创新的人才队伍

以发现和培养高端科技领军人才、青年科技英才为目标，开展重大科学研究项目协同创新实践，引领前沿生物技术发展。加快"双一流"大学建设，扩大高校教学科研自主权，为创新发展培养高层次研究型人才。大力提升职业教育机构培养水平，形成人才梯队，为生物产业发展输送高素质人才。深入推进科研评价体系改革，破除唯论文、唯职称、唯学历、唯奖项现象，鼓励交叉学科研究，促进理论研究领域涌现更多重大原创成果。面向前沿技术和市场开展科研，提升解决核心技术问题的能力。

（五）推动开放自主、统筹并举的科技创新

当今世界正经历百年未有之大变局，人才、信息、技术等创新要素和科技资源已突破国家边界，在全球范围内加速流动和配置，开放、合作与创新成为必然选择。我国应抓住全球创新多极化这一机遇，加强与主要创新型国家的合作。同时还要看到，只有自身具备强

大的自主创新能力，才能更好地利用外部资源，掌握创新发展的自主权。在开放、合作与创新进程中，要合理、有效利用全球科技资源，建立与国际规则相适应的体制机制，不断提升自主创新能力，在此基础上，主动发起并推动实施国际合作计划，共同探索人类未知领域，应对生物安全威胁的全球性挑战。

（六）探索建立符合创新规律的治理体系

探索建立政府引导，科学家、企业家、社会公众等共同参与的创新治理模式。建立国家科技宏观决策机制，在科技决策中充分发挥科技创新咨询委员会、各类智库和社会各界的作用。优化政府科技管理职能，政府部门从直接管理具体项目转为主要负责科技发展的战略规划、政策布局以及评估和监督，探索建立符合创新规律的治理体系。建立功能完备的创新发展政策体系，促进科技政策、创新政策、产业政策、贸易政策、竞争政策、教育政策的有机融合。

二、生物安全协同创新存在的主要问题

党的十九届五中全会指出，当今世界正经历百年未有之大变局，新一轮科技革命和产业变革深入发展，国际力量对比深刻调整，而我国的"创新能力不适应高质量发展要求"。要在2035年达成"关键核心技术实现重大突破，进入创新型国家前列"的远景目标，我国必须坚持创新在现代化建设全局中的核心地位，把科技自立自强作为国家安全发展的战略支撑。

"十四五"时期是我国在全面建成小康社会、实现第一个百年奋斗目标之后，乘势而上开启全面建设社会主义现代化国家新征程、向第二个百年奋斗目标进军的第一个五年，对生物安全领域创新发展的需求更加迫切。当前我国生物安全领域创新发展仍面临一些亟待解决的问题。从技术维度看，原创性科学发现和颠覆性技术缺乏，整体研发

水平相对落后；从产业维度看，企业具有自主知识产权的新型生物制品不多，市场竞争力不强，基础研究向产业化转化的效率亟待提高；从资源维度看，重要生物资源和人类遗传资源发掘利用不够，流失风险较大；从安全维度看，技术装备的自主度、成熟度、转化度和集成度不高，核心关键技术受制于人。从深层次看，组织体系和制度体系亟待完善，科技支撑存在短板。

（一）组织体系亟待完善

我国目前尚未形成协同高效的生物安全风险应对组织体系，在国家层面缺乏统一的决策和指挥系统，从立法规范到具体执行，从应急响应到长效管理均呈现"分散、多头、低效"的状况，需完善国家生物安全管理机制，进一步加强各领域协同。我国尚未建立起统一的国家生物安全管理机构，针对生物安全风险，难以科学合理地配置机构权力和责任，实现多部门的职能衔接。行政干预较多，技术决策、技术负责不够，影响激励评价和科学决策。

（二）制度体系亟待改进

我国出台了关于知识产权保护、成果转化、人才发展等领域的一系列文件，但支持科技创新的基础性制度还不完善，影响了创新体系的自组织、自完善能力，制约了市场在资源配置中的决定性作用的发挥，阻碍了创新体系整体效能的提升。

（三）科技支撑存在短板

在关键技术研究方面，目前我国生物安全研究领域缺乏有效合作，制约了国家生物安全科技能力的全面提高。在配套平台建设方面，我国尚未设立生物安全国家级实验室（中心），研究力量较为分散，配套平台不够完善，难以形成有效的支撑能力。在科研成果转化方面，发达国家高度重视生物安全科研成果的转化利用，而我国尚未建成生物安全产品转化应用基地和药物、疫苗、装备等的中试及生产基地，生物安全成果的转化效率不高。重技术轻生态，使科研成果难以进入实际应用，无法迭代升级。

三、生物安全协同创新的发展路径

协同创新体制需要行政、技术、市场三个系统的协调统一，既要发挥市场作用，也要尊重科研规律，同时充分考虑我国经济的特殊性和复杂性，做到"系统考虑，分类对待""试点先行，以点带面"。

作为生物技术强国的代表，美国已经逐步建立起多部门协同的网络化生物安全管理体系，涉及卫生与公众服务部、国土安全部、国防部、农业部、商务部等多个政府部门，这一管理体系统筹各方面优势，明确各部门的职能和任务，建立了国家领导人直接指挥、部门协同、军地合作、全民参与的大生物安全响应机制。例如，"生物感知计划"主要由美国疾控中心负责，合作部门包括国土安全部、环保局、农业部和国防部；"生物监测计划"主要由国土安全部负责，由疾控中心和环保局协助管理；"生物盾牌计划"主要由卫生与公众服务部负责，国防部等部门参与合作。此外，近年来美国成立了数个专门的业务机构，加强生物安全研究及对策分析等工作。例如：成立国家生物防御分析与对策研究中心，由国土安全部负责管理；成立生物医学高级研究和发展署、国家生物防御科学委员会等，隶属于卫生与公众服务部。

生物安全领域协同创新的通用性及耦合性强，融合发展潜力大，在"十二五""十三五"期间我国对此已有初步探索，并取得了丰硕的建设成果、经验成果和制度成果，但也暴露了诸多问题，在国际上面临更加激烈的竞争。充分挖掘并发挥生物安全领域资源共享性、技术通用性和需求兼容性的优势，通盘考虑，强力统筹，一体推进，有利于突破横向、纵向的分工界限，减少重复建设，避免资源浪费；有利于进一步突破技术、产业、经济、安全壁垒，实现多学科、大跨度交叉融合，产出原创性发现、颠覆性技术、集成性装备；有利于精准整合研究力量，多元融合，聚点突破，畅通技术链条，提升研发效率。

（一）协同创新的基本原则

1. 顶层设计一体统筹

深入贯彻落实习近平新时代中国特色社会主义思想和总体国家安全观，总结凝练、发扬光大我国已取得的优势和经验，形成新型生物领域发展机制。牢固树立产学研"一盘棋"理念，统筹发展与安全，坚持生物技术、生物经济、生物安全三位一体，加速构建生物领域协同创新体制机制。各环节上下联动，各主体横向协作，形成相互支撑、相互依存的协同创新关系，迭代论证发展战略和政策规划，加速推进生物领域产学研一体化布局。

2. 建设发展一体运行

大力发展生物安全产业体系，把生物安全产业确定为国家战略性新兴产业，通过聚焦重点研究领域，部署重点产品开发和生产，筛选重点科研机构和生产企业，保护生物安全技术产品的自主知识产权，提升疫苗药物研发自主创新能力，提高关键设备设计和制造水平，推动我国生物安全产业化发展。以具备明显资源优势和市场优势的生物医药等产业为突破口，畅通国内大循环，依托强大国内市场，吸纳全球生物资源要素，促进国内国际双循环，壮大疫苗药物和医学装备产业，撬动生物经济发展，掌控综合国力竞争主动权。健全信息资源共享机制，整合生物监测预警网络，开展年度、中期和长期"三线风险评估"，高度警惕生物安全领域的"黑天鹅"和"灰犀牛"事件发生。

3. 共性平台一体兼容

强化生物安全领域政策平台、融资平台及服务平台的固有功能，突出技术平台的优势和特点，依托优势单位，建成一批生物高科技试验基地、产学研综合基地、产业孵化器。建设生物安全领域国家实验室和生物资源库、生物安全大数据中心。依托基地平台，打造科技支撑体系，统筹部署生物安全领域科技重大专项，开展战略性、前瞻性、系统性生物安全科技创新研究，攻克一批引领未来的底层技术，解决"卡脖子"问题，扭转核心技术受制于人的局面。

4. 国际合作一体推进

统筹协调国家有关机构在国际生物安全治理平台的行动，共同维护和提升国家形象。践行人类命运共同体理念，主动承担更多国际义务，积极提供全球卫生公共产品。加快提升全球生物安全治理能力和国际竞争博弈能力，深度参与全球生物安全治理和国际规则标准的制定，推动全球生物安全治理体系改革，抢抓全球生物治理话语权。

（二）协同创新的合作模式

1. 委托研究模式

委托研究模式，主要是企业在自身的发展过程中，结合市场所需要的技术以及管理等层面的工作需求，通过委托的形式，请科研院所或高校进行产品研发的一种合作模式。科研院所或高校针对委托企业的某项特定的技术进行研究或开发。当委托合作研究取得一定成果时，企业获益。

2. 合作开发模式

合作开发模式，通常由两个或多个产学研协同创新主体针对共同需要解决的项目进行任务划分。该模式一般由企业主导，充分发挥研究主体的优势解决问题。在开展合作开发的过程中，为了保障合作的稳定性和规律性，各个主体会针对实际合作任务统筹分工，开展协作。

3. 技术转让模式

技术转让模式，是对技术产品、专利等无形财产以产学研协同的组织模式进行管理，并且不断完善与创新的经济行为模式。对于供给方来说是技术的转让，对于需求方来说则是技术的引进。在产学研协同过程中，由于技术转变成实际的经济效益，各个主体需明确各自权责的归属，在此基础上，技术成果的使用权被让渡给实际需求的主体。

（三）协同创新的具体路径

1. 营造有利于产学研协同创新的政策环境

作为国家创新体系建设的主要内容之一，产学研协同创新是企业、高校、科研院所三个基本主体以各自的优势资源和能力，在政府部门、科技服务机构、金融机构等的支持下，进行技术开发的协同创新活动。要通过产学研合作加强技术开发，在国家政策法规的引导下，引入科技服务机构和金融机构的支持，共同完成创新。一方面，要健全法律法规。针对当前产学研合作相关法律相对分散和可操作性不强的问题，在对现有相关法规政策梳理分析的基础上，要对产学研协同创新的形式、各方的法律地位和权利义务以及优惠政策等作出明确规定。在此基础上，制定相关配套法规，为产学研协同创新的有效开展创造法律定位清晰、政策扶持到位、监督管理严格、市场平等竞争的良好环境。另一方面，要完善财税政策。要加大对产学研协同创新的财政投入力度，以国家科技发展计划为载体，制订相应研究计划，扶持产学研协同创新中心建设。建立产学研协同创新税收补偿机制，激励企业加大对产学研合作的投入力度。对符合规定的产学研协同创新产品给出明确界定，并给予优先采购权，促进科技成果尽快转化为生产力。

2. 建立和完善产学研协同创新机制

目前，我国产学研协同创新机制尚不健全，缺乏有效的社会科研资源整合机制，产学研结合的组织形式较松散，缺少长期战略性合作，缺乏满足产业技术创新的持续性，缺乏创新成果产业化的保障机制，大量科研成果无法直接转化为现实生产力。为了更好地实现产学研协同创新，应注意以下三个方面。

一是采取"风险共担，利益共享"的利益分配方式。要建立产学研协同创新的利益与风险共担的责任制度，落实分层次、分阶段的风险责任。例如，构建以企业为主体的产学研协同创新体系，支持企业承担相应创新成果的市场适应性风险，采取提成、技术入股、技术持股等分配办法，将高校和科研机构应得的报酬与企业的经济效益挂钩，减少企业的风险压力。

二是构建产学研协同创新的信息平台。为了保障产学研协同创新的高效性与稳定性，必须加强产学研信息化联盟建设，使多个产学研实践创新主体紧密联系，通过信息化网络手段，在了解彼此发展状况的同时，针对产学研协同创新项目开展情况进行密切沟通。构建政府、企业、高校、科研机构密切合作的产学研协同创新组织模式。积极利用网络手段，推动科技成果转化，构建交流平台。

三是加强科技中介服务机构建设。充分发挥科技中介服务机构的技术服务、技术评估、信息咨询等职能。统一制定中介服务机构的标准，对中介服务机构进行定期的资格认定和复查，实施动态化管理，引导中介服务机构提高技术水平和服务质量，加强机构人员的培训和规范化管理，提高相关人员综合素质。

3. 强化企业技术创新的主体地位

提高企业技术创新的自觉性和能动性，强化企业技术创新的主体地位，关键是要解决企业技术创新的内生动力问题。只有企业真正建立起创新驱动的发展模式，才能从根本上承担起技术创新的主体责任。一是要加快建立现代企业制度。通过企业管理体制机制改革等方式，使企业真正成为技术创新的投资主体、利益主体、风险主体。二是要切实提高企业自主技术创新能力。鼓励企业把更多精力和财力投入加强技术创新的基础性工作中，特别是加大技术研发的投入。三是要鼓励企业积极融入产学研协同创新体系。发挥自身优势，积极寻求与其他企业、高校以及科研机构建立创新联盟，提高技术创新能力。

要梳理破解企业技术断点，确保"点""线""面"融会贯通。一是破解企业"点"的障碍。以"补链、强链、延链"为目标，全面梳理现有产业链在关键环节和核心零部件方面存在的技术短板，强化自主研发，逐渐减少对国外技术的依赖。二是保障产业"线"的通畅。

龙头企业要发挥"领头羊"作用，利用全球、全国技术资源进行产业链科技要素调整，破解产业链上下游之间的技术屏障。三是完善国内"面"的循环。发挥我国制度优势，将各产业的科技壁垒和技术优势纳入全国的科技大循环之中，从科技层面增强我国各产业链的独立性，提升我国企业的国际竞争力。[1]

4. 强化基础研究多元支持力度

一是加强基础研究系统战略部署。发挥重大科技项目的技术集成和牵引作用，广泛动员不同创新主体参与重大科技项目，摒弃论资排辈的思维定式，树立英雄不问出处的科技创新理念，鼓励以"揭榜挂帅""擂台赛"等方式遴选承担单位，搭建不同创新主体同台竞技的舞台，推动各类创新资源向重大科技项目集聚。加强多学科、多领域的产学研用联合攻关，努力实现科学研究、技术发展与人才培养相统一。

二是完善基础研究配套保障。支持有能力的龙头企业牵头组建创新联合体，联合高校、科研院所、行业上下游企业等承担重大科技项目，优化配置科技创新力量，共享科技创新资源，推动产学研用深度融合。通过建设国家重点实验室、国家工程技术研究中心、国家科技资源共享服务平台等，跨越从基础研究到技术创新的"鸿沟"，强化重大科技项目实施要素支撑，推进技术经济深度融合。

---

[1] 杨丰全.新发展格局下科技创新赋能产业链［N］.学习时报，2020-10-28.

第二节
生物安全科技创新示范

　　党的十八大以来，以习近平同志为核心的党中央站在国家安全和发展战略全局高度，将生物技术作为国家核心关键技术来认识，将重大生物科技成果摆在国之重器的高度；将生物经济纳入国家经济社会发展总体布局，推动生物医药成为国家战略性新兴产业；将生物安全列入重点和新兴国家安全领域，提升到国家战略和综合安全层面加以统筹；将生物领域纳入军民融合发展战略统筹谋划，基本形成了具有中国特色的生物领域安全观和发展观。当前，第一个百年目标如期实现，生物科技在脱贫攻坚、粮食安全等诸多领域发挥了重要作用，尤其是在新冠病毒感染的临床救治、疫苗研发、诊断检测等方面取得了突破，为疫情防控作出了重要贡献。

一、产学研紧密结合，跨学科跨领域协同创新

　　生物技术作为战略性新兴技术，具有科技创新的交融性和创新主体的多元性等特点，这决定了其必须形成高度协同的产学研创新体系。要高度重视基础研究，鼓励更多的技术创新主体参与生物技术基础研究，更好地发挥政府的引导规划功能，深化技术改革创新，提高产学研整体管理水平。

　　全国科技战线积极响应党中央号召，有关部门成立科研攻关组，

这些跨学科、跨领域的科研团队相互协同，产学研各方紧密配合，不断攻克疫情防控的重点难点问题，为疫情防控提供了有力的科技支撑。

疫情发生不久，科技主管部门就根据各方研究成果，及时总结推出新冠肺炎治疗的"三药三方案"，持续探索完善中西医结合、恢复期血浆、干细胞等治疗方式，大幅度降低了感染者的病死率，及时阻断了病毒的传播路径。北京大学生物医学前沿创新中心联合首都医科大学附属北京佑安医院、北京义翘神州科技有限公司等单位，用高通量单细胞测序技术找到了新冠病毒多种全人源化抗体；华中科技大学同济医学院等团队联合华为云，基于中科院饶子和院士团队提供的新冠病毒相关蛋白晶体结构，通过超大规模计算机辅助药物筛选，一周内找到5种可能有效的药物；中国医学科学院医学实验动物研究所与中国疾病预防控制中心病毒病预防控制所等单位合作，率先完成了转基因小鼠模型和恒河猴肺炎感染模型的构建。突如其来的疫情导致大量医疗防护用品不足，口罩首当其冲，口罩制作材料中的熔喷布是关键，而我国高端熔喷无纺布装备和医疗防护用熔喷布面料长期受到国外技术封锁与市场垄断，但在我国研发人员的努力下，由我国自主研制的新型高端熔喷布机组正式投产，攻克了从机械设计到技术集成等方面的难题。

科学技术成果的涌现，离不开科学家和工程师、科技设施、知识传播、产业开发与企业创新等多要素的集成效应，更离不开有效的科技体制。这次抗击疫情的科技突击战实践表明，正是按照党中央、国务院统一部署，科技部会同国家卫健委等多个部门和单位成立科研攻关组，迅速集结全国优势科研力量，紧急调配资金、设施，多管齐下，多措并举，才能够在短期内取得多方面成果。

二、创新技术各显神通，科技力量全面助力

当前，我国生物安全领域的技术研发水平较国际先进水平仍有差

距，核心技术和产品受制于人。例如，合成生物、基因表达调控等技术亟待突破，生物实验室防护装备存在短板，关键设备仍依赖进口。但是此次疫情防控战中，突出成熟技术迅速发力，众多先进技术和产品脱颖而出，为疫情防控提供了有力的科技支撑，体现了生物科技与其他高技术融合发展、协同创新带来的巨大影响力。

大数据、物联网、云计算、人工智能、5G 等新科技在疫情防控中功不可没。北斗卫星导航系统在抗疫中成为科技先锋，让防控更加高效精准；互联网企业的数据和物流体系协助解决痛点，在政策落实中发挥了重要作用；在车站、医院、社区等人员密集场所，热成像、红外测温等设备大显身手；基于大数据、算法技术研发的"健康码"等程序让人员流动安全有序。现代科技构筑起严密的防护墙，使"早发现、早报告、早隔离、早治疗"成为现实。

中国应用高科技抗疫的实践也给其他国家带来了启示。多米尼加技术专家希德克尔·莫里森制作了视频短片，称赞中国使用现代科技抗击新冠肺炎疫情："在医院，机器人可以代替护士为病人送药品或食品，以此减少医患之间的直接接触。在社区，无人机和机器人不仅可以承担消毒任务，还可以提醒居民居家隔离并采取防护措施。机器人承担检查电网、维护电信设备等任务，减少了工人被感染的风险。"泰中商会副主席派奇也表示，中国在多个地区推行远程检测病毒并开展治疗的高科技诊断系统，该系统运用了人工智能技术，病毒检测准确率高达96%。他还列举了能够24小时熬制中草药的机器人、运送紧急医疗物资的无人机等高科技手段，认为这些创新产品的应用在提高工作效率的同时，也降低了人员被感染的风险。

公共卫生安全是人类面临的共同挑战，没有一个国家或地区能独善其身。在疫情防控科研攻关中，中国科技界与各国同行携手，加强在溯源、药物、疫苗、检测等方面的科研合作，共享科研数据和信息，共同研究提出应对策略，为疫情防控提供了有力的科技支撑。

三、多线并行推进疫苗研发，科技战"疫"成果丰硕

作为应对疫情的重要法宝之一，新冠病毒疫苗研发的整个过程处处体现着深度合作、资源共享、互惠互利的特点，成为我国生物技术研发协同创新的标杆。早在疫情暴发之初，中国就迅速整合科技力量，协同世界卫生组织和多国开展新冠肺炎疫苗科研攻关。我国科研人员短期内确定新冠病毒的全基因组序列，分离得到病毒毒株，并及时与全球共享。我国科技攻关组从病毒的灭活疫苗、核酸疫苗、重组蛋白疫苗、腺病毒载体疫苗及减毒流感病毒载体疫苗5条技术路线出发，并行推进疫苗研发；在较短时间内构建多个动物模型，为疫苗研发提供了重要支撑。在传染病防控领域，各科研院所一直保持紧密合作，在MERS疫苗、流感疫苗甚至结核病疫苗的攻关过程中逐步建立起疫苗研发和生产的平台。

在这场人类与病毒的殊死较量中，广大科技工作者运用科技这一有力武器，凝聚协同创新力量，担负起生命至上的科技重任，把一项项科研成果应用到保卫人民群众生命健康的攻关中。中国用自身经验告诉世界，科学技术是人类文明进步的动力源泉，更是战胜疫病的有力武器。坚持科学施策，统筹应对，推进抗疫国际合作，合力应对疫情。①

强化科技创新是"十四五"时期我国应对各种不稳定因素的重要抓手。新的发展形势下，经济结构、产业布局、资本市场等都对科技创新提出了更高的要求，而我国科技领域仍然存在诸多短板，如科技与经济融合性不够、企业科技创新主体地位不突出、科技创新激励机制和评价体系不完善、关键领域高精尖专人才匮乏、科技投入产出效

① 本刊编辑部.凝聚协同创新战疫力量　担当生命至上抗美援朝重任［J］.中国科技产业，2020（4）：2.

益不高、科技成果市场化能力不足等，亟须进一步释放科技创新改革效应。坚持科技创新引领新发展的着力点在于从核心创新要素上寻求突破。这就要求我们以体制机制改革为抓手，破解创新关键环节上的梗阻，释放制度红利；构建以制度为保障、政府为主导、市场为导向、企业和科研机构为主体、人才为主力的创新生态环境体系；构筑科技创新高地，抓住高质量创新发展的机遇，提升自主创新能力，激发全社会创造活力，强化科技创新对提升生物安全治理能力的支撑作用，真正实现创新驱动发展。

第三节
我国生物安全产业发展

生物安全产业是维护国家安全的重要基石。现阶段我国面临严峻的生物安全挑战，而生物安全防御产品的研制在防范传染病重大疫情、生物恐怖袭击以及生物武器危害中发挥着重要作用。在关系国家安全的战略性技术领域，掌握自主知识产权，构建国家生物安全产业保障体系，增强生物防御能力已成为迫在眉睫的重大课题。

一、我国生物安全产业发展现状

生物技术和生命科学研究的进步使得生物产业成为当今世界经济发展的一个新的增长点。在此背景下，各国纷纷制定了生物产业发展战略，对生物产业的发展给予政策支持与法律保障，以抢占生物经济的"制高点"。当前，生物技术在世界范围内进入大规模产业化阶段，生物医药、生物农业日趋成熟，生物制造、生物能源、生物环保快速兴起。生物安全产业，特别是用于重大传染病防治的生物技术药物、新型疫苗和诊断试剂、化学药物、现代中药、先进医疗设备、医用材料等民生产品，具有广阔的市场需求。例如，预防和治疗新发突发传染病以及重大烈性病原体感染的疫苗和抗体是应对突发生物事件的重要工具。^①当前，美国已将炭疽吸附疫苗、炭疽单克隆抗体、天花疫苗、肉毒抗毒素、大流行性流感疫苗等作为国家战略储备，并积极推进炭疽免疫佐剂疫苗、炭疽重组 PA 疫苗、炭疽腺病毒载体疫苗、肉毒毒素疫苗及抗体、鼠疫疫苗、第三代天花疫苗、土拉菌疫苗、出血热病毒疫苗及抗体等的研发。2014 年，在应对埃博拉疫情的过程中，美国 Mapp 公司研发的抗体组合 ZMapp 发挥了很好的治疗效果，之后该公司进一步提高其规模化制备与生产能力。2020 年新冠肺炎疫情暴发后，全球有几十个机构开展了新冠病毒疫苗的研发，包括灭活疫苗、核酸疫苗、载体疫苗、亚单位疫苗等。此外，近些年美国国防高级研究计划局（DARPA）部署了一些与应对生物威胁相关的研发项目，如生物制品快速制备、RNA 疫苗、基于 DNA 技术的抗体、用于药物毒性评价的微流控器官芯片技术等。这些技术将会颠覆传统的生物制品研发与生产模式，显著提升生物防御能力水平。

近年来，我国在生物安全产业发展的宏观政策环境、产品和技术应用、产业组织形式等方面取得了很大进步。

一是产业规划和政策方面。近年来，国务院办公厅、发展与改革委员会、工信部、科技部等部委和地方政府陆续出台发展应急产业、生物产业、生物技术创新，建设应急产业示范基地等相关政策，涉及公共卫生、动植物疫情、食品安全等多个领域，使得产业政策环境不断优化，为产业发展奠定了坚实基础。

二是产品和技术应用方面。我国生物安全与应急产业发展迅速，企业数量众多，产品门类齐全，有效产能巨大。产品形式由原先单一的有形产品，向服务、咨询、标准认证等无形产品扩展，产品应用范围也开始向普通民众生活延伸。大数据、云计算、物联网等技术全面进入生物安全领域，三级、四级生物安全实验室建设取得进展，为生物安全事件应急管理、生物技术开发奠定了坚实基础。以新冠肺炎疫

---

① 陈薇. 加快疫苗抗体产业发展 提升生物安全保障能力［J］. 生物产业技术，2017（2）：1.

情处置为例，2020年新冠肺炎疫情暴发后，国家迅速从5条技术路线对新冠病毒疫苗研发进行了部署，研制灭活疫苗、重组蛋白疫苗、腺病毒载体疫苗、核酸疫苗和减毒流感病毒载体疫苗。

三是产业组织化程度方面。我国是世界上少有的拥有完整生物安全产业链条的国家，产业链上下游的原料、设计、管理、标准、监测、认证、物流等要素之间的产业整合力强，这是我国应对疫情的产业组织基础。并且，我国生物技术产业中已有若干家龙头企业形成。国家、行业、团体、企业4个层次的标准体系健全，涵盖生物安全柜、负压救护车、医用防护服、医用口罩等生物安全产品，以标准引领技术创新和竞争领导地位的概念已初步形成。

四是政府产业投入方面。政府通过采购、补贴、税收减免、物资储备等手段，推动生物安全产业发展。针对灾情、疫情及突发事故等，我国建立了国家、地方多层级的涵盖药品、医疗器械、防护用具和装备等的产品储备制度。政府通过日常采购，缩小了相关物资日常需求和灾时需求的差异，有序引导企业进行生产，保持相关产品价格稳定。

当前我国生物安全产业发展主要面临以下四个方面的问题：

1. 政府投入需要加强，保证长期稳定发展

受长期处于和平年代等多方面原因影响，我国在与生物安全产业相关的科研布局、条件建设、应急储备等方面的投入不足，研究部署和能力建设脱节比较严重，制约了国家生物安全保障能力的提高。大多数生物安全产品日常需求量小、经济效益不佳，一般企业难以为继，但一旦有紧急情况发生，如无前期部署，应急研制和生产供应难度大，因此亟须政府加强投入。

2. 产业规划层级需提升，产业组织体系需完善

一是产业规划层级需要提升。在中央和各地生物安全与应急产业规划中，相关发展政策往往集中关注紧急医学救援产品领域，缺乏对生物安全产业发展的整体规划，缺少可操作性的产品体系、产品目录

和标准依据。二是产业组织体系亟待完善。虽然从产业组织角度看，我国拥有完整的产业链，但产业组织体系尚未形成。比如，就产业命名而言，在国家层面，"应急产业""安全产业"的称呼同时存在；相同的产业在一些地方的规划中，其名称也各不相同。此外，我国在研发和生产机构的确定、绿色审批渠道以及生产储备体系的建立等方面的机制还有待完善。生物产业涉及多个部门，管理较为分散，重大问题协调决策机制有待完善。

3. 自主创新能力需提升，产品和技术自主性需加强

当前，我国生物安全产品和技术产业发展存在结构性矛盾，关键装备的科技含量不高，产品附加值不高，企业自主创新能力不强，产品生产以代工为主，某些市场优势产品的品牌竞争力不强，上游产业链不够完整，长期面临国外优势企业的技术垄断。我国高等级生物安全实验室中配套设施设备产业滞后，相关设施设备制造商尚未掌握核心技术，不能提供制造精良、技术成熟、符合技术标准的产品。常用的生物安全柜、正压服及正压头罩、高压灭菌设备、生物安全型离心机等核心设备大多依赖进口。这些不仅严重制约我国生物安全产业发展，更会对国家安全造成影响。以生物安全疫苗和抗体为例，在生物安全相关疫苗、抗体的研发方面，我国与发达国家存在较大差距。我国在新型疫苗及抗体的筛选、构建、制备、评价、审批等方面还存在短板。同时，在产业化能力环节，目前疫苗和抗体规模生产的重要设备和耗材主要依赖进口的局面亟须改变。

4. 军民融合需要加强，产学研转化途径需顺畅

我国军队承担着国家防生物武器危害、反生物恐怖和处置突发公共卫生事件的使命，这也是我国军队履行职责的主要内容之一。但目前生防产品缺项较多、研制滞后，尚未形成体系，难以满足部队训练、作战以及处置突发事件的需要。军队科研机构通过自筹经费或其他渠道争取经费研制的一些新型产品缺乏专门生产保障渠道，加上军队自身缺乏产业化基地，难以尽快进行扩试和生产，这些都严重制约

了我国生物安全防御能力的提升。

二、发展生物安全产业的对策建议

生物安全是维护国家安全稳定的重要方面。做好生物安全工作能为经济社会全面协调可持续发展提供有力保障，营造有利于发展的内外环境。

1. 做好顶层设计，制订战略规划

国家要将生物安全产业确定为新兴战略性支柱产业，明确产业定位，确定政策方向。要加强系统规划和顶层设计，成立国家生物安全产业委员会，推进制定有效的生物安全产业政策，统一领导并统筹安排生物安全产业发展。准确定义产业政策范围、支持方向、科技创新领域、品牌培育发力点，聚焦产品体系谋划，技术平台建立、研发和生产机构确定，扶持政策实施等环节，促进产业和科技发展。建立国家生物安全产业发展重大问题的协调机制，为生物安全产业发展提供组织保障。同时，充分考虑到生物安全产业的特殊性，加大对生物安全相关企业的扶持力度。

2. 强化科技创新，增强自主能力

要充分吸纳前沿生物技术成果，重视原始创新与集成创新、引进吸收消化再创新相结合，加强协同创新，形成自主核心技术，培育原始创新成果，提升可持续发展能力。根据实际需求，打造覆盖传染病防控、动植物疫情防控、实验室生物安全管理、生物防御、防范外来物种入侵等方面的全领域产品。同时，要以应急需求为导向，以生物科学研究为基础，均衡布局三级、四级实验室等大型生物安全科技设施，为产品研发奠定基础。推动生物安全应急管理关键和常用技术设备国产化，改变我国基本防护用品、设备设施依赖进口的局面，推动我国生物安全产业健康发展。

3. 加强政策扶持，完善管理机制

生物安全产业是特殊产业，要切实加强政策法规的调整和更新，保障生物安全产业健康发展。政府应加大财税、金融等政策扶持力度，制定税收优惠政策，鼓励创新，对生物安全产业给予重点支持。要优化投资布局，减少浪费，充分发挥地方发展生物安全产业的积极性，加强区域间统筹规划和协调发展。通过实施基础资源倾斜配置、财政金融投资、税收优惠等产业扶持政策，培育高附加值产业链，推进生物安全产业高端化、规模化、国际化发展。政府层面建立多部门间政策协调机制；建设产业园区、高科技试验基地、产学研综合基地等，为生物安全成果转化应用提供孵化平台和产业化平台；推进产研对接、产需对接、产融对接，推进产业标准体系建设，探索标准化产业发展道路。

4. 强化科企结合，加强军民融合

发展军队生物安全研究与生产相结合的生物国防产业发展新模式。联合军地科研力量，有计划地对生物安全装备、疫苗、药品开展提前研究，形成技术储备，做到"已知有能力，未知有手段"。完善生物安全产学研结合、成果转化机制，引导企业参与生物安全科技攻关和产品研发，推动重大技术创新成果的转化和应用。充分发挥国家各部门、军队以及地方的积极性，集成国家各类科技计划的资金与力量，加强衔接与配合，科学、合理配置资源。重视与生物安全密切相关、应用范围相对有限的生物防御治疗药物和疫苗的研发和产业化。加强资源投入和采购力度，针对生物防护装备药品建立储备机制，并将其纳入储备和采办计划，落实定期更新和补充的机制，实现技术储备与实物储备相结合。

第六章

生物安全治理体系

进入 21 世纪，世界各国高度关注生物安全威胁问题，发布生物安全战略文件，加强生物安全整体布局，从国家战略的高度应对生物安全问题。新冠肺炎疫情发生后，习近平总书记明确提出："要从保护人民健康、保障国家安全、维护国家长治久安的高度，把生物安全纳入国家安全体系，要系统规划国家生物安全风险防控和治理体系建设，全面提高国家生物安全治理能力。"生物安全治理体系建设是新时代重大国家安全任务。

第一节
生物安全监测网络建设

生物安全是一个全域性的概念，不仅包括直接危害人类健康安全的生物危害因素，还包括通过动植物和自然环境间接传递的各类生物危害因素。这些因素有可能威胁人类健康安全，也可能威胁人类粮食安全、食品安全和环境安全。因此，将生物安全监测关口前移，开展全域生物安全监测，健全生物安全监测网络体系，是国家生物安全治理体系建设的重要环节。

一、美国生物安全监测现状

一些西方国家早在冷战初期就开始开发生物监测系统。2001 年"炭疽邮件事件"后，美国进一步把生物监测列入攸关国家安全的重要领域，在战略部署、科技研究、装备研制、网络建设、信息利用等方面开展大量工作。[①]

（一）实施全球监测布局，防御关口前移

美国于2012年、2013年先后颁布了《生物监测国家战略》《国家生物监测科学和技术路线图》，启动"生物盾牌计划""生物传感计划""生物监测计划"，围绕生物监测预警能力建设加强综合战略部署。美国疾病控制与预防中心是一个全球性的疾控机构，在全球60余个国家拥有304个代理机构，派驻330余名工作人员，并在埃及、印度、肯尼亚等国建立了疾病检测中心。目前与全球生物监测相关的项目主要有全球HIV/AIDS项目、全球免疫项目（麻疹与脊髓灰质炎）、野外流行病学培训项目、结核病项目、疟疾项目和流感项目等。2006年至今，美国疾病控制与预防中心参与应对了全球1900余起疫情暴发和公共卫生紧急事件，每日对30—40种全球性生物威胁开展常态化监测。

（二）整合发展监测系统，信息融合共享

2008年，美军成立了武装部队卫生监测中心（Armed Forces Health Surveillance Division），以全球新发传染病监测和反应系统（GEIS）为基础，整合军队综合生物监测系统（IB，症状监测）、国防医学监测数据库（DMSS，病例监测）、社区流行病早期报告电子监测系统（ESSENCE，症状监测），以及美国疾病控制与预防中心的监测系统等国家层面监测系统，实时监控全球生物安全信息，实现多元信息资源融合监测。GEIS是美国军方最主要的全球传染病监测系统，重点对与军事部署相关的5大类疾病流行情况进行监测，包括呼吸系统传染病、消化系统传染病、发热性和媒介传播疾病、耐药微生物导致的疾病以及性传播疾病。美军在公共卫生领域的大部分活动通过其海外实验室开展，其中重要的布点包括：隶属于美非洲司令部的陆军医学研究肯

---

① Kolja B, Sibylle B, Vincent B. Bio Plus X: Arms Control and the Convergence of Biology and Emerging Technologies［M］. Stockholm: The Stockholm International Peace Research Institute，2019.

尼亚分部（肯尼亚内罗毕），隶属于美中央司令部的海军医学研究三部（埃及开罗），隶属于美欧洲司令部的欧洲地区公共卫生中心（德国兰德斯图尔），隶属于美南方司令部的海军医学研究六部（智利利马），隶属于美太平洋司令部的海军医学研究二部（柬埔寨金边）、美海军医学研究中心亚洲分部（新加坡）、美陆军武装部队医学科学研究所（泰国曼谷）、驻日本座间基地的太平洋地区公共卫生中心（日本东京）以及驻韩国龙山基地第65卫生旅（韩国首尔）。

（三）持续推进装备研发，平台先进完备

据不完全统计，美国拥有12个生物安全四级实验室，1.4万名科学家从事管制生物剂研究。近年来，美国重点研发生物监测技术和探测器、监测系统及信息管理系统等，开发出了可以鉴定已知和新发生物威胁的临床样本分析系统、新型监测分析技术（如病原微生物高通量测序），以及联入生物战剂识别与诊断系统的高级病原鉴定装置，具备2小时内对已知病原、72小时内对未知病原的检测鉴定能力，可对全球范围内出现的生物威胁进行快速确认与准确溯源。美国军方建立了以GEIS为代表的监测系统，该系统在全球5大洲、72个国家建立了网络实验室和监测哨点，全球监测哨点达到400余个。美国军方通过该系统开展全球性公共卫生及生物监测活动。同时，美国军方与美国疾病控制与预防中心、世界卫生组织等机构合作，密切掌握全球菌毒株资源和传染病疫情动态。

二、我国生物安全监测基础

2003年以来，我国相关部门与研究机构开展了基于传染病法定报告监测数据的预警技术研究与试点，2008年4月在全国范围内运行传染病自动预警系统，建立传染病暴发自动预警与响应机制。2009—2013年，预警系统共探测到涉及32种传染病的1.5万余起疑似暴发事

件，调查核实暴发的有 5000 余起。2010 年上海世博会期间，我国建立了上海世博会浦东症状监测预警系统，其成套的症状监测预警工具包可直接为国内大型聚集性活动提供公共卫生保障。目前我国已初步建立覆盖全国的人类/动物疫情监测哨点，实现了人类/动物疫情的网络直报；启用了国家传染病自动预警系统，该系统在重大疫情早期发现的实践中发挥了重要作用。尤其是 2004 年建立的传染病自动预警和响应系统（China Infectious Disease Automated - Alert and Response System，CIDARS），"纵向到底，横向到边"，可用于传染病暴发的探测和快速响应，已实现对鼠疫、霍乱、人感染 H7N9 禽流感、埃博拉出血热等 33种传染病监测数据自动分析、时空聚集性实时识别、预警信号发送和响应结果实时追踪等功能。面对复杂多变的生物安全形势，我国未来生物监测预警能力应在以下四个方面进一步提升。

一是体系整合。我国面临着重大传染病疫情、生物恐怖袭击、生物技术谬用、人类遗传资源流失等多种形式的生物安全威胁，而目前建立的监测预警手段主要针对重大传染病疫情，难以满足多样化生物威胁监测预警的现实需求。

二是信息共享。生物安全监测预警离不开信息的收集和处理，而目前与生物安全相关的基础信息源分别来自不同职能部门。缺乏有效的信息沟通和共享机制，制约了生物安全监测预警能力的提升。

三是手段多元。目前的重大传染病疫情监测预警手段主要以病例监测和病原监测为主，而症状监测、事件监测和环境监测等手段尚未达到系统监测水平，需要重视综合监测系统的建设。

四是核心技术研发。目前我国在生物威胁的快速侦检关键技术、核心装备和产品化方面尚未达到国际一流水平，尤其是无人化生物探测装备方面还未达到国家生物安全体系建设的需求。

三、我国生物安全监测网络的建设重点

（一）生物安全监测战略指导

从国家战略高度明确生物监测体系的发展与建设目标，规划发展路径和重点任务，制定中长期生物监测能力建设发展规划。系统分析生物安全监测科技发展的重点领域、方向、趋势，基于重点推进、整体提升、科学有序的原则，系统提升我国生物监测科技水平与能力。推动国家生物监测配套法规、体制与机制的建立。建立卫生健康委、农业农村部、科技部、海关总署等有关部门参与的联席制度与协调机制，同时建立统一指挥、协调联动的生物监测体制与机制，明确各部门职责分工，建立发挥各部门职责作用的机制，形成具有中国特色的国家生物监测机制体制与发展路径。

（二）生物安全监测网络布设

建立中心实验室、参比实验室、网络实验室、监测哨点四级架构，形成军地联动、内外一体的生物安全监测网络。推进协调机制和网络集成建设工作，建立军民一体化的病原监测体系。通过规范报告流程、提高用户界面友好度、加强培训等手段，使生物监测的"触角"真正遍及全国所有基层市县乡镇，提升基层哨点的快速报告能力。以法定传染病信息为基础，依托疾控、海关、质检等相关部门收集的信息，进行病原体监测、症候群监测、事件监测，利用大数据、人工智能、云计算等信息技术整合全谱生物安全信息。

（三）生物安全监测主要内容

生物安全监测范围及信息来源至少应包括：一是人类传染病信息。整合并扩展已有的国家传染病监测信息网络、全国细菌性传染病监测网络、国家流感监测网络，增加耐药监测网络和病媒监测网络。二是畜牧业动物疫病和野生动物疫病信息。整合并扩展已有的全国动物疫病信息监测网络、全国野生动物疫源疫病监测网络、全国鸟类和两栖动物监测网络。三是种植作物疫病和野生植物疫病信息。建立全国重要植物疫病监测网络和农业作物疫病监测网络。四是外来生物风险信息。整合并扩展国家已有的生物安全风险监测网络，建立生态监测网络。五是两用性生物技术使用信息。建立科研单位、企事业单位实验活动监测网络以及医学科研伦理监测网络等。六是实验室生物安全信息。建立关键生物安全设施及其实验活动监测网络。七是重要遗传资源信息。建立微生物与媒介保藏库监测网络、重要人类及动植物遗传资源监测网络等。

（四）生物安全监测技术装备

建立全域实时监测预警技术装备体系，开展对人群、环境、宿主媒介等的生物监测，开展对生物威胁及其媒介宿主异常变化、生物危害发生发展等的跟踪分析，开展医学地理及虚拟地理环境、人口流动模拟、生物污染物扩散等方面的模型研究，开展生物气溶胶自动采样、实时监测、非接触探测等关键技术和装备研究。建立监测数据整合技术与标准体系。建立各类监测系统信息共享与交换的技术标准和相关协议。在各部门节点建立数据的高效存储和管理技术平台，联合建立生物安全监测大数据平台，实现生物安全的全要素数据采集与高效整合，形成监测数据分析与实时预警能力。整合科研院所等技术力量建立大数据、云计算等关键技术平台，提升大数据计算与处理能力，实现监测信息深度挖掘和高效分析。建立基于网络信息的实时态势感知与主动预警系统，实现生物安全威胁或风险信息的主动实时探测与精准预警。

第二节
两用性生物技术综合治理

两用性生物技术综合治理，特别是其风险监管机制与措施，是当前生物安全领域的新课题。近年来，科学界对防止生物技术滥用误用进行了大量有益探索。随着生物技术的迅猛发展和颠覆性突破，加强两用性生物技术监管已成为业内共识。

一、两用性生物技术监管概况

生命科学研究对改善公众健康、维护生态环境安全至关重要，但一些科学研究既可用于有益目的，也容易被误用或滥用造成危害，这类研究称为"两用性研究"（dual use research）。其中一部分两用性研究受到了广泛关注，美国将其称为"值得关注的两用性研究"（dual use research of concern，DURC）。"值得关注的两用性研究"是指可能直接被误用或滥用，从而对公共健康和安全以及植物、动物、环境、材料和国家安全等构成重大威胁，产生广泛的潜在后果的研究。两用性研究涉及的生物技术就是两用性生物技术，故从广义上看，所有生物技术或多或少具有一定的两用性。

两用性生物技术风险的监管措施须寻求一种平衡：监管不足会使部分技术研究对人类健康、环境和国家安全造成危害，破坏公信力，而过度监管又可能扼杀有前景的技术研究，影响其社会效益。由于涉及不同利益相关者，且在技术发展早期存在很大的不确定性，对两用性研究的监管面临巨大挑战。目前关于两用性研究的治理措施包括多种类型，有"硬法"（Hard Law）（具有刚性约束力的法律和条约），也有"软法"（Soft Law）（如具有一定约束力的协议和指南）和"非正式"措施（如安全教育、制定行为准则、舆论监督等措施）。需要以互补、协同的方式将上述各种治理措施进行整合，构筑从个人层面（如行为准则）到国际层面（如多边协议）的预防网络。过于严格的"自上而下"的政府治理措施可能存在过度管制的风险，对公众诉求的关注不足；而过分强调"自下而上"的治理措施则会使利益相关者的权益被过度放大，影响实际的决策效率。[①]

二、两用性生物技术案例分析

（一）鼠痘病毒转基因意外研究

2001 年初，澳大利亚科学家罗纳德·杰克逊（Ronald Jackson）团队为研发一种控制鼠害的避孕疫苗，将鼠白细胞介素-4（IL-4）基因插入鼠痘病毒基因组，用其感染雌鼠。改造后的鼠痘病毒发生致死性变异，会强烈抑制老鼠正常免疫反应，致受试鼠100%死亡。由于天花病毒与鼠痘病毒同属一个科，人类通过基因改造天花病毒可使现有的天花疫苗所提供的保护失效。[②]该研究引起了美国国家科学院（NAS）的关切。2002 年 4 月，由麻省理工学院遗传学家杰拉尔德·芬克（Gerald Fink）领导的美国国家科学院专家小组召开会议，商讨生物技术研究风险管理措施，以最大限度降低生物恐怖威胁。

---

① 蒋丽勇，阳沛湘，徐雷，等.生物剂相关的两用生物技术风险评估与防控策略［J］.军事医学，2020，44（10）：1-5.

② Jackson R J, Ramsay A J, Christensen C D, et al. Expression of Mouse Interleukin-4 by a Recombinant Ectromelia Virus Suppresses Cytolytic Lymphocyte Responses and Overcomes Genetic Resistance to Mousepox［J］. J Virol, 2001, 75（3）：1205-1210.

（二）脊髓灰质炎病毒人工合成

2001年，美国科学家埃卡德·威默等人在试管内合成脊髓灰质炎病毒，首次证明无需天然核酸元件，人类就能从头组装病毒。威默等人应用简单方法，将定制购买的寡核苷酸（平均每个片段69个核苷酸）串联在一起，从而合成全长脊髓灰质炎病毒cDNA序列。完成cDNA组装后，再应用RNA聚合酶将病毒cDNA转录为脊髓灰质炎病毒单链RNA基因组。然后，在Hela细胞提取物中孵化病毒RNA，制成活病毒，并将其注射入老鼠体内。实验发现，老鼠出现神经系统疾病，其症状表现在生物化学和组织学上与脊髓灰质炎类似。这个实验首次证实了在无病毒基因组模板情况下通过生物化学方法合成传染性病原的可行性，证明了埃博拉病毒、天花病毒等更为危险的病原微生物理论上可以从头合成。[①]尽管这些病毒基因组远大于脊髓灰质炎病毒基因组，病毒合成更为复杂，需要时间更长，但DNA合成技术原理是相通的。威默等人合成脊髓灰质炎病毒的实验引发了争议。美国国会认为该研究威胁国家安全，呼吁科学家、期刊组织和资助机构重新评估某些科学信息交流的安全性。有关上述研究的论文于2002年发表后，美国众议院8名议员在一份决议上表达严重关切，认为"该论文的发表有可能导致恐怖分子廉价地制造并释放烈性病原微生物，威胁民众的安全"。

（三）西班牙流感病毒基因测序和重构研究

2005年，美国科学家杰夫里·陶本伯格等应用反向遗传学技术合成流感病毒编码序列，重构了1918流感病毒。《自然》期刊发表了流感病毒基因组的3个基因片段序列，《科学》期刊发表了重构的详细过程。研究显示，与其他哺乳动物相关的流感病毒比较，1918流感病毒

① Cello J, Paul A V, Wimmer E. Chemical synthesis of poliovirus cDNA: generation of infectious virus in the absence of natural template [J]. Science, 2002, 297 (5583): 1016–1018.

基因序列与禽流感 H1N1 病毒具有更密切的亲缘关系。[①] 一些人认为该研究具有里程碑意义，而另一些人则担心存在 1918 流感病毒复活的风险，质疑处置病毒的程序和试验的科学价值，认为研究的应用意义不大。《科学》期刊同期配发评论，提出这是一项负责任的科学研究，强调该研究接受过美国国家生物安全科学顾问委员会的审核。

三、两用性生物技术风险评估与管控

如何科学评估两用性生物技术风险，是当前学术界尚未完全解决的难题，其难点在于如何平衡科研创新与潜在危害的关系。[②] 基于目前国内外的探索与实践，可从滥用风险和可控性两个维度出发开展两用性生物技术风险评估，构建分步、多维的评估流程。首先评估某项技术的谬用风险，对于滥用风险较小的技术，可保持定期跟踪；对于滥用风险较大的技术，应进一步评估风险管控手段的有效性。如果滥用风险可控性较高，可进行常态监测；如果滥用风险可控性较低，应及时发出预警信息，综合运用各种"硬法""软法"和"非正式"措施，"自上而下"与"自下而上"相结合，对两用性生物技术研究活动进行管控（图6-1）。

---

① Gibbs M J, Armstrong J S, Gibbs A J. Recombination in the hemagglutinin gene of the 1918 "Spanish flu" [J] . Science, 2001, 293（5536）: 1842–1845.

② Jonathan B T, Richard D. Innovation, Dual Use, and Security: Managing the Risks of Emerging Biological and Chemical Technologies [M] . Massachusetts: MIT Press, 2012.

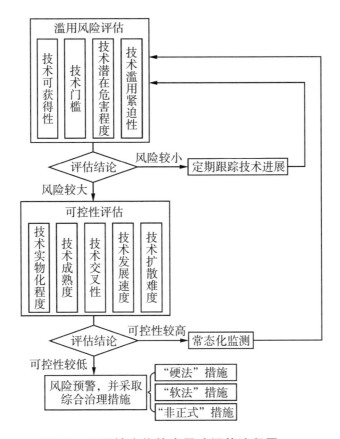

图6-1　两用性生物技术风险评估流程图

（一）滥用风险评估

滥用风险评估包括四方面指标：技术可获得性、技术门槛、技术潜在危害程度和技术滥用紧迫性。技术可获得性是指获取技术的难易程度。任何技术使用的第一步，都是获取使用技术所需的硬件、软件和无形信息。这些组成部分和信息可能从市场中购得，也可能由私营部门拥有专利权，还可能因管控等级等因素而被限制获取。评价一项技术的可获得性，还要考虑购买技术所需的资金量以及这一开支是否在个体、群体或国家的可承受范围内（在实验室工作的科学家有可能以很少的费用就能使用相关设备）。可获得性的另一个影响因素是某项两用性生物技术对其他技术的依赖性。在某些情况下，获取一项技术的前提条件是能够访问其上游技术。技术门槛是指掌握某项两用性生物技术所需的专业知识和隐性知识的水平。技术门槛与技术可获得性不同，如果某项两用性生物技术仅仅具备使用条件（技术可获得性），但行为主体不具备特定水平的专业知识，并不一定导致滥用。技术潜在危害程度是指技术本身和目标脆弱性的关系。技术潜在危害程度涉及以下因素：恶意使用某项两用性生物技术导致伤害的可能性、相关的经济成本（包括消除危害的成本）、袭击的社会影响（如扰乱社会秩序、造成民众恐慌）等。通常用定性或定量的方式，评估某项两用性生物技术潜在的危害水平。技术滥用紧迫性是指（基于目前技术成熟度）恶意行为者需要多长时间就能利用该技术。一般情况下，在研发的早期阶段，技术尚处于雏形，其滥用风险较低。随着技术不断成熟，最终达到某一阶段后，其滥用风险将大大增加。例如，DNA人工合成技术现在已经发展到一定水平，理论上人类已经能从头合成已知的任何基因序列的致病病毒。

（二）可控性评估

一旦滥用风险评估显示某项两用性生物技术具有较高滥用风险，就必须开展可控性评估确定该技术活动是否能够得到有效管控。可控性评估包括五方面指标：技术实物化程度、技术成熟度、技术交叉性、技术发展速度和技术扩散难度。技术实物化程度是指该技术在仪器设备等硬件方面的表现度。一些技术主要依靠硬件实现，一些技术则基于无形的信息，还有一些是两者的综合。以硬件为主要表现形式的技术相对容易管控，可采用登记、出口管制等措施；而以无形信息为表现形式的技术就不易管控，因为电子数据很容易被传输且有时无法检测。因此，就实物化程度而言，基于硬件的技术的可控性评分很高，基于信息的技术的可控性评分很低，而混合技术的可控性评分居中等水平。其中，监控所谓的"使能性技术"（enabling technology）最具挑战性。该技术主要基于无形信息并广泛应用于世界各地的实验室。技术成熟度是指该技术在从基础研究到商业化应用的发展过程中所处的阶段。成熟度涉及概念验证、早期研发、高级研发、原型试验、早期应用、广泛商业应用等。技术交叉性是指某项两用性生物技术应用于新装置或新设备时所涉及的学科数量。例如，NBIC 会聚技术结合了纳米技术、生物技术、信息技术和认知神经科学的元素；纳米生物技术是纳米技术与生物技术的融合；而合成生物学结合了纳米生物学、生物信息学和工程学的元素，形成了一个新的学科，用于设计和构造可执行特定任务的生物元件和装置。每个学科都有自己的专业群体、术语和两用性安全意识，因此吸纳多个学科元素的技术比源于一个或两个学科的技术更难治理。当然，即使是一种高度交叉融合的技术，也有其核心要素。例如，合成生物学在很大程度上依赖于自动化的 DNA 合成技术，因此该技术是治理措施的关键点。技术发展速度指某项两用性生物技术的有效性是否随时间推移而线性增加、指数增长或停滞、下降。技术发展速度的影响因素包括技术可靠性、创新速度、精度、成本等。一些新兴技术往往初期发展缓慢，之后逐步加快发展，直至达到让其两用性潜力变得明显的速度、生产量或生产能力的阈值。另一些技术可能从初期就会迅速发展，即刻实现其两用性潜力。总体而言，技术发展越快，管控治理难度就越大。技术扩散难度指该技术在全球范围内的可用性程度。一些技术仅限于一个或几个国家使用，涉密或受专利保护，另一些技术则被广泛使用。例如，美国麻省理工学院每年举办"国际基因工程机器大赛"（iGEM），吸引了来自世界各地的科研团队参与，这也促进了合成生物学技术的传播。一般情况下，能够访问某项两用性生物技术的国家数量越少，协调需求就越低，对其进行管控治理也就越容易。相反，治理一项已经广泛扩散的两用性生物技术则是一项艰巨的任务。

（三）综合治理措施

国家层面的两用性生物技术风险防控网络应由一系列措施构成，

包括"硬法"措施(以法律法规为基础的刚性约束)、"软法"措施(有一定约束力)和"非正式"措施(基于道义的约束)(见图6-2)。过于严格的"自上而下"的政府治理措施存在管控过多的风险以及公众关注较少的问题,可能导致出现比自由市场更难监管的"DNA合成黑市"。反之,过分强调"自下而上"的治理措施可能使某些利益相关群体为追求其目标而"劫持"治理过程。鉴于生物安全治理的复杂性,一个有效的解决方案是实行综合治理措施,以互补、协同的方式构建解决两用性生物技术风险防控问题的"预防网络"。

图6-2 两用性生物技术综合治理措施

第三节
组织指挥与行动优化

党中央高度重视生物安全问题，将生物安全纳入总体国家安全观。要深刻认识新形势下加强生物安全建设的重要性和紧迫性，贯彻总体国家安全观，统筹发展和安全，按照以人为本、风险预防、分类管理、协同配合的原则，加强国家生物安全风险防控和治理体系建设，提高国家生物安全治理能力，切实筑牢国家生物安全屏障。

一、理顺顶层决策指挥关系

生物安全风险防控与治理体系建设，必须坚持党的集中统一领导，强化党总揽全局、协调各方的领导核心作用，充分发挥党的强大组织力和号召力。从维护国家生物安全的高度，通过战略、规划、法律、法规等形式，完善重大疫情防控体制机制，健全国家公共卫生应急管理体系。提高生物安全决策指挥层级，行使国家生物安全议事、决策、统筹、指挥等各项职能。当发生"特别重大"生物安全事件时（我国突发事件实行"特别重大""重大""较大""一般"四级分类管理），由中央统一决策、统一指挥，统领全局跨部门协调行动。在重大疫情应对过程中，可探索建立应急管理委员会模式，提升相关机构在议事协调工作中的权威性和话语权，真正发挥"神经中枢"作用，统筹协调疫情救治和社会面防控工作。

二、优化军地联动协同机制

要在党中央、国务院和中央军委对重大疫情防控救治工作的统一领导下，军地联合处置、分工协调，统筹资源指挥调度，充分发挥联防联控、联动联保的体系效能。加强军地协同常态化准备，建立军地应对重大疫情会商制度，定期召开联席会议，加强信息交流和协调沟通。制定应对重大疫情应急预案，细化军地疾控体系的职责和任务。开展军地应对传染病和突发公共卫生事件的联合演练，增强应急反应协同能力。军地共享疾控资源，避免重复建设和资源浪费；在疾病监测、流行病学调查等方面实现信息共享；在检测装备、实验平台等方面实现设施共享；在人才培养、科研攻关等方面实现人力资源共享。建立军地科研联合攻关机制，联合开展烈性病原体及重大健康危害因素的调查、监测、防控等研究。

三、加强专业人才队伍建设

增加公立医院特别是传染病医院数量，加强公立综合性医院传染科和隔离病房建设，加强大型医疗机构的战时扩容能力建设，真正做到"有急能应"。在传染病疫情暴发期间，能够按照病情严重程度快速实现传染病疫情治疗的分级导流，减轻大型医疗机构接诊负担，实现全社会医疗资源利用效能最大化。提升基层卫生服务机构的传染病疫情初筛初诊能力，盘活基层医疗资源。强化军地协同联动，通过建设野战医院、方舱医院等方式，加强战时军队医疗卫生力量的支援力度。培养高层次公共卫生流行病专家，扩大和增加现有国家级及省市级传染病防控类紧急医学救援队伍规模和数量。加强公共卫生学院对急性传染病、新发传染病的教学和科研，在重点公共卫生学院增加新发传染病的硕士、博士学位点和博士后流动站。在高校专业设置和规划中，加强卫生经济、卫生管理、卫生政策等跨学科专业建设，培养一批掌握现代经济学和公共管理理论的复合型人才。

四、强化科技创新支撑

重大生物安全事件往往应急处置难度大、专业性强，可借鉴的现成经验不多，因此，必须将应急科技研发和疫情防控、临床治疗有机结合起来，提高科研成果的临床转化能力。针对重大疫情防控救治的现实需求，自主研发关键技术和核心产品，充分发挥市场经济条件下的新型举国体制优势，建立开放创新、研用结合、根基稳固的传染病与生物安全科技支撑体系，实现从"被动应对"到"主动防御"的转变，并带动相关战略性新兴产业的发展。聚焦国家生物安全现实需求，围绕生物威胁感知、威胁甄别、危害处置、危害防护等关键环节开展科技攻关，形成集科学发现、核心技术、实物产品、支撑平台为一体的国家生物安全防御科技支撑体系。建立重大疫情期间病毒溯源、抗病毒药物筛选、疫苗研发等方面的绿色通道机制，确保资金、设备和科研人员及时到位，加快科研进度。充分运用大数据、云计算、人工智能等先进技术手段，提升疫情防控工作的智能化、精准化水平。整合军地优势力量，获取若干原创性科学发现，实现理论突破，掌握体系化自主可控核心技术以及一批战略性、颠覆性创新技术，建设国际领先的重大基础设施与技术平台。

五、提升国家战略储备能力

科学规划生物安全应急物资储备体系，及时动态调整物资品类和数量，优化实物储备、技术储备和产能储备。在现有中央、地方两级医药卫生物资储备体系的基础上，建立中央、地方政府、医药生产和物流企业、大型医疗卫生机构四级国家医药卫生物资储备体系，辅以军队战备药品储备体系。其中，医药生产和物流企业主要承担以产代储的任务；大型医疗卫生机构在现有药库的基础上，建立应急药品储备库，由国家、地方政府根据区域传染病的特点和发生规律，确定医药卫生物资储备重点品类，增加口罩、防护服、消毒液等通用防护物资的储备数量，建立区域协调统一调度机制，形成全国应急医药卫生物资统一调度、统一使用的合力。明确政府对重点医疗防护物资的财政补贴和兜底收购政策，充分发挥企业积极性，实施必要的生产能力扩能改造，切实提高口罩、防护服、消毒设备、试剂以及药品、医疗器械等关键防疫和医疗物资的战时集中生产能力。通过军民联合、科企合作，建立重大疫情防控救治产品应急生产采购和储备协调机制、军地联合审评注册机制和绿色审批通道，建设生物安全产品应急生产基地，切实提高疫情防控救治综合服务保障能力。及时将符合条件的重点防疫物资列入国家储备物资目录，优化重要物资布局，健全国家储备体系。加大国家对烈性病原体相关防护产品的储备量，根据人口基数和生物安全事件人员损伤预测模型，系统论证并合理确定疫苗、药物、抗体、试剂和装备的品种和数量。

第四节
生物安全全球共治

国际社会自 20 世纪 70 年代开始积极推进全球生物安全治理，《禁止生物武器公约》《卡塔赫纳生物安全议定书》《生物多样性公约》《国际卫生条例》相继生效，为国际社会维护生物安全提供了重要的国际法律依据，并在很大程度上推动了各国生物安全立法的进程。[①]

一、生物军控与履约多边进程

（一）《日内瓦议定书》

1925 年 5 月，在国际联盟全体会议上，波兰代表最先提出，在考虑限制和禁止化学和有毒气体武器时，应同时考虑细菌武器问题，并提出了关于禁止细菌战的方案。1925 年 6 月，国际联盟在瑞士日内瓦召开管制武器、军火和战争工具国际贸易会议，并通过了《禁止在战争中使用窒息性、毒性或其他气体和细菌作战方法的议定书》（*The Protocol for the Prohibition of the Use in War of Asphyxiating，Poisonous or Other Gases，and of Bacteriological Methods of Warfare*），即《日内瓦议定书》。《日内瓦议定书》于 1928 年 2 月 8 日生效，是人类社会禁止使用化

---

① 张雁灵.生物军控与履约：发展、挑战及应对［M］.北京：人民军医出版社，2011.

学和生物武器的首个国际性条约。

《日内瓦议定书》首次针对禁止在战争中使用细菌作战方法提出了法律机制问题。议定书明确宣布：禁止在战争中使用窒息性、毒性或其他气体，以及使用一切类似的液体、物体或器件；禁止使用细菌作战方法。同时指出，使用化学和细菌武器早已为文明世界所谴责。

（二）《禁止生物武器公约》

一直以来，国际社会反对进攻性生物武器研发、销毁生物武器、控制生物武器技术扩散的呼声十分强烈。目前，国际生物军控多边进程以《禁止生物武器公约》（Biological and Toxin Weapons Convention）为核心。《禁止生物武器公约》全称为《禁止发展、生产、储存细菌（生物）及毒素武器和销毁此种武器的公约》[The Convention on the Prohibition of the Development, Production and Stockpiling of Bacteriological (Biological) and Toxin Weapons and on their Destruction]，是国际社会第一个禁止一整类武器，且是大规模杀伤性武器的国际公约。

该公约诞生于冷战时期。1969年11月，美国总统尼克松在德特里克堡发表了《关于化学和生物防御政策与项目的声明》（Statement on Chemical and Biological Defense Policies and Programs），宣布美国无条件终止所有进攻性生物武器项目，命令销毁美国保有的全部生物武器，仅保留防御性研究，并重申美国不首先使用化学武器，同时敦促国会尽快批准《日内瓦议定书》。尼克松政府的这一重大政策转变促进了国际生物军控发展进程。从1969年起，联合国裁军谈判会议正式改名为裁军委员会会议，着重讨论全面禁止化学和生物武器问题。美国、英国等国经过与苏联的谈判后达成协议，将生物武器与化学武器分开考虑，首先争取在限制生物和毒素武器方面有所突破。

1971年9月，美国、英国、苏联等12个国家向第26届联合国大会联合提出了关于全面禁止生物武器的草案。1971年12月，由联合国裁军委员会大会（其前身是十八国裁军委员会）拟定的公约文本得到了第 26 届联合国大会的赞同，并于 1972 年 4 月 10 日开放签署，1975 年 3 月 26 日正式生效。

《禁止生物武器公约》由序言和 15 项条款组成。主要内容是：缔约国在任何情况下不发展、不生产、不储存、不取得除和平用途外的微生物制剂、毒素及其武器；也不协助、鼓励或引导他国取得这类制剂、毒素及其武器；缔约国在《禁止生物武器公约》生效后 9 个月内销毁一切这类制剂、毒素及其武器；缔约国可向联合国安理会控诉其他国家违反《禁止生物武器公约》的行为。2001 年 5 月，《禁止生物武器公约》核查议定书草案第 23 轮讨论确定了 58 种生物战剂。

《禁止生物武器公约》较《日内瓦议定书》有很大进步，它禁止生物战剂和毒素的发展、生产和储存，禁止为战争目的而设计的生物战剂或毒素的获得，并认识到生物技术的发展将增加生物武器的潜在危险性。《禁止生物武器公约》作为国际生物军控的基石，在限制生物武器的发展及其在战争中使用，限制部分国家获得研制生物武器所需的设备和材料，消除生物武器威胁，防止生物武器扩散，促进生物技术和平利用等方面发挥了重要作用。

《禁止生物武器公约》的局限性包括：公约不反对用于防御目的的生物武器的研究；对生物武器的研究与发展没有规定明确的界限；对生物武器研制相关设备、生物扩散以及部队的防护训练未进行限制；没有明确生物战剂清单和阈值；没有对缔约国设施进行核查的授权议定书；无专门的常设履约执行机构或组织，仅按 2006 年第 6 次审议会议的要求设立了一个临时性的"履约支持机构"（ISU）负责相关会务工作。[①]

① 晋继勇.《生物武器公约》的问题、困境与对策思考［J］. 国际论坛，2010，12（2）：1-7.

二、全球公共卫生治理

（一）《国际卫生条例》（*International Health Regulations*，*IHR*）

《国际卫生条例》最初是世界卫生组织为协调国际上的公共卫生问题与贸易利益之间的冲突而制定的国际卫生法律文件，它取代了1951年以前对成员国生效的各种卫生公约，成为具有普遍约束力的全球公共卫生治理机制。

目前的《国际卫生条例（2005）》（以下简称《条例》）于2007年6月15日正式生效，各国据此将公共卫生安全作为经济社会发展中的基础性工作，完善本国相关法规，调整公共卫生行为，力争与世界接轨。

《条例》共分10编：前言、定义、目的和范围、原则及负责当局；信息和公共卫生应对；建议；入境口岸；公共卫生措施；卫生文件；收费；一般条款；IHR专家名册、突发事件委员会和审查委员会；最终条款。《条例》包括9个附件：监测、应对和出入境核心能力要求；评估和通报可能引起国际关注的突发公共卫生事件的决策文件；船舶免予卫生控制措施证书/船舶卫生控制措施证书示范格式；对交通工具和交通工具运营者的技术要求；针对媒介传播疾病的具体措施；疫苗接种、预防措施和相关证书；对于特殊疾病的疫苗接种或预防措施要求；航海健康申报单示范格式；航空器总申报单的卫生部分。

《条例》确立了加强能力、信息公开、核实评估三大原则，并据此制定了疾病传播风险评估制度、权利和义务平衡制度、透明度制度、争端解决制度。

1. 疾病传播风险评估制度

疾病传播风险评估制度规定：成员国相关部门在通报可能引起国际关注的突发公共卫生事件时，世界卫生组织需对来源信息进行核实与确定，评估疾病国际传播的可能性和采取措施时对国际交通可能产生的影响，评价控制措施是否得当，以及向成员国发布该事件信息的同时，提出应对建议。这一制度是无条件的、普遍应遵守的，贯穿于《条例》的众多条款中。这意味着，每个成员国对某种突发公共卫生事件采取应对措施前，都应首先评估该事件的疾病传播风险。世界卫生组织根据疾病传播风险评估的情况，按照《条例》要求，向发生突发公共卫生事件的国家提供科学指导和援助。

2. 权利和义务平衡制度

世界卫生组织成员国可以根据《条例》的规定，享有国际法赋予的各种权利，同时承担各种义务。这种权利与义务是建立在各成员国对《条例》予以承认的基础上的。成员国可根据《条例》的规定，享有在发生突发公共卫生事件时，采取保护本国利益的各项卫生措施的权利。

3. 透明度制度

只有各成员国向世界卫生组织提供的有关突发公共卫生事件的信息真实、可信、规范，各成员国才能有效共享疫情信息，及时采取符合《条例》规定的应对措施。《条例》要求各成员国有义务向世界卫生组织报告其国内发生的突发公共卫生事件以及相关应对措施。世界卫生组织突发事件委员会根据该成员国评估和通报的情况，向世界卫生组织总干事就该事件是否成为国际关注的公共卫生突发事件和发布何种临时建议提供咨询。

4. 争端解决制度

争端解决制度是世界卫生组织为妥善处理国际关注的突发公共卫生事件而设立的协调磋商机制，其目的是确保各成员国或组织高效履行《条例》义务。

（二）美国关于全球公共卫生治理的战略举措

美国政府在全球公共卫生治理方面的战略举措主要包括"全球卫

生倡议"（Global Health Initiative）、"总统防治艾滋病紧急援助计划"（President's Emergency Plan for AIDS Relief）、"生物威胁降减计划"（Biological Threat Reduction Program）、"全球卫生安全议程"（Global Health Security Agenda）等。[①]

1. 全球卫生倡议

2009 年初，美国总统奥巴马与国务卿希拉里宣布实施"全球卫生倡议"，以集中政府资源应对公共卫生挑战。"全球卫生倡议"最初由白宫通过国家安全委员会和行政管理与预算办公室直接领导。后来，美国政府设立"全球卫生倡议"执行主任一职，负责协调全球42个国家的项目。按照规划，美国政府将在6年内投入630亿美元用于"全球卫生倡议"项目，这些资金通过"总统防治艾滋病紧急援助计划"等现有项目落实。此后，美国政府财政紧缩，导致"全球卫生倡议"计划的经费大幅缩减。该计划虽然得到白宫支持，但由于资金不足、技术权威性不够，最终以失败告终。2012 年，美国政府中止了"全球卫生倡议"计划，指定"总统防治艾滋病紧急援助计划"大使负责后续工作，并设立全球卫生外交办公室（GHD），负责管理公共卫生外交事务。

2. 总统防治艾滋病紧急援助计划

美国国会于2003 年通过《美国领导抗击艾滋病、结核和疟疾法案》（*U.S. Leadership Against AIDS*，*Tuberculosis*，*and Malaria Act of 2003*）。在该法案授权下，"总统防治艾滋病紧急援助计划"应运而生，美国政府计划在5 年内投入150亿美元，用于艾滋病的治疗和预防。"总统防治艾滋病紧急援助计划"采用一种由政府统筹的全球卫生任务模式，并不追求全新的项目，而是强调整合、拓展、理顺、优化各部门的相关项目。根据法案授权，美国国务院设立全球艾滋病专员办公室（OGAC）及大使级艾滋病应对专员（HIV/AIDS Response

---

① 蒋丽勇，王敏，刘术. 从"全球卫生安全议程"看美国卫生外交特点 [J]. 人民军医，2020，63（6）：544–547.

Coordinator）。此后，美国国会又于2008年和2013年先后通过《兰托斯一海德法案》（*Lantos-Hyde Act*）和《总统艾滋病紧急援助计划管理和监督法案》（*PEPFAR Stewardship and Oversight Act of 2013*），使"总统防治艾滋病紧急援助计划"成为迄今美国政府作出的最大规模的全球卫生承诺。

3. 生物威胁降减计划

"生物威胁降减计划"是"合作威胁降减计划"（Cooperative Threat Reduction）的子计划。"生物威胁降减计划"旨在销毁生物武器及其基础设施，建立科技中心以促进公共卫生事务的管理部门和生物技术企业的协作。根据2008年美国国会通过的《国防授权法案》，"合作威胁降减计划"开始向中东和亚洲拓展。此后，"生物威胁降减计划"涉足印度、非洲和东南亚。美国于2013年重新授权"合作威胁降减计划"，增设全球卫生安全目标，旨在提升全球生物风险管理、生物监测和合作研究的能力。

4. 全球卫生安全议程

2014年，美国政府首次提出"全球卫生安全议程"，旨在加强多方合作，提升各国履行《国际卫生条例》《禁止生物武器公约》等协议的能力。"全球卫生安全议程"是一系列政策的集成，整合分散在各部门的全球卫生安全投入。

2014年召开的两次"全球卫生安全议程"国际会议，形成了预防、监测及应对领域的抗生素耐药行动方案、人畜共患病行动方案等11项"一揽子行动方案"（Action Packages），确定了未来5年的目标。联合国粮食及企业组织、世界动物卫生组织（OIE）、世界卫生组织、国际原子能机构等国际组织参与部分行动方案的实施。同年9月，美国政府宣布首批39个参与国名单，并明确"全球卫生安全议程"的开放性，意指任何国家都可参与其中一个或多个行动方案。

2018年，"全球卫生安全议程"所有成员一致同意至2024年下一阶段的线路框架，即《GHSA2024工作框架》（*The GHSA 2024 framwork*）。

该线路框架确定了未来工作的总体目标，确定了"全球卫生安全议程"整体运作方式和目标的实现途径。

三、生物两用物项进出口管制

由于《禁止生物武器公约》的核查议定书进程始终受阻，一些立场相近、利益攸关的国家自愿组成国家间的合作集团，积极参与阻止生物两用品及相关设备和技术的跨国扩散。"澳大利亚集团"（Australia Group，AG）就是在这种背景下于1985年由澳大利亚提出并成立的一个国家间非正式合作集团。"澳大利亚集团"是一家非官方组织，其宗旨是帮助出口国或转运国最大限度地降低生化武器扩散风险。集团每年举行例会，探讨如何通过提高各参加国出口许可措施的有效性，防止恐怖分子获得研制生化武器所需的各种原料。

20世纪90年代初，基于生物两用原料被用于生物武器研制计划的相关证据，"澳大利亚集团"决定对特定的生物两用品采取出口管制措施，扩大了出口管制清单的管制范围。目前，"澳大利亚集团"的管制清单较生物战剂清单的管制范围更为宽泛，每年视审议和评估结果作必要的调整。"澳大利亚集团"的生物控制清单已成为许多国家管控生物两用品及相关设备和技术出口的依据。[1]

中国积极履行防扩散国际义务，在生物防扩散出口管制领域采取负责任的政策和举措。2002年，中国颁布《中华人民共和国生物两用品及相关设备和技术出口管制条例》及其管制清单，采用许可证制度，贯彻"全面管制"原则，对双用途的生物病原体、毒素及相关设备和技术的出口实施严格管理。2006年，根据防扩散形势和中国国情，中国政府对上述条例的管制清单进行了修订，增加了SARS病毒等13种病菌（毒）种和1种设备。相关主管部门对生物两用物项和技术

---

[1] OSTP. United States Government Policy for Institutional Oversight of Life Sciences Dual Use Research of Concern［EB/OL］. https：//www. phe. gov/s3/dualuse/Documents/oversight-durc. pdf.

实施了严格的出口管制。

2015 年 12 月，在《禁止生物武器公约》缔约国会议上，中国代表团提交了关于建立防扩散出口控制机制的工作文件。

四、为全球生物安全治理贡献中国智慧

中国积极开展生物安全的国际合作，积极参与国际重特大突发生物安全事件应对，开展重大传染病、动植物疫情防控援外工作，加强同"一带一路"沿线国家在生物安全领域的合作，参与全球生物安全治理，共谋生物安全公共产品，共筑全球生物安全屏障。

一是参与全球卫生应急领域能力建设。我国积极参与国际卫生应急行动，提供紧急人道主义援助，参与全球重大突发新发传染病防治等领域标准、规范、指南的制定，协助发展中国家开展传染病监测和防控。积极参与人道主义援助，通过卫生列车、医院船等提供移动医疗服务。积极承担国际维和医疗卫生任务，援建维和医疗点等。

二是提升生物安全全球协作能力。援助"一带一路"沿线国家加强生物安全能力建设，健全传染病信息沟通及联防联控机制，提高传染病防控领域生物安全全球协作能力。支持非洲国家加强公共卫生防控和救治体系建设，推进中非公共卫生合作计划，推动非洲疾控中心建设，充分发挥援建医院、援外医疗队作用，提升非洲公共卫生水平。加强同拉美和加勒比国家在卫生领域的合作，充分发挥援外医疗队的作用。

三是拓展生物安全对话机制。倡导生物安全国际合作与交流，积极拓展与其他国家的生物安全对话机制，加强双边生物安全政策交流和合作。积极推动外来入侵物种联防联控，促进全球在外来入侵物种评估、监测、预警、防控等方面的交流与合作，与周边国家及主要贸易国家共同建立外来入侵物种名单和预警机制，制定联防联控方案。

四是加强生物安全监测的深度合作。积极与各国合作开展生物监

测与预警工作，共同构建生物安全监测与预警网络，在流行病学调查、病原体特征采集等方面深入合作。加强跨境动物疫病防控合作，提升全球动物卫生水平。加强野生动物源性病原体监测国际合作，推动建立长效合作监测伙伴机制。

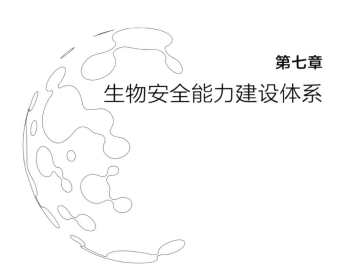

第七章

生物安全能力建设体系

目前全球主要存在重大传染病疫情、生物恐怖袭击、生物战威胁、生物技术谬用与误用、实验室生物泄漏、外来物种入侵、人类遗传资源流失七大类生物安全风险。生物安全能力建设体系是抵御生物安全风险的重要一环。生物安全能力建设是指全面建设符合生物安全发展规律、针对生物安全实际、满足生物安全未来发展需求，集威胁感知、高效指挥、精准处置、快速恢复于一体的国家生物安全综合能力，确保有效遏制各类生物威胁，消除各类生物风险。生物安全能力建设是维护生物安全的核心内容，包括科研力量建设、处置力量建设、保障力量建设和战略力量建设四个方面。

第一节
科研力量建设

科学技术是国家生物安全发展的重要支柱，是防御、应对和保障能力的坚实基础，对于国家生物安全管理具有重要的支撑作用。强化科技支撑能力已成为生物安全能力体系全链条建设中至关重要的一环。发达国家将生物安全科技发展上升到国家战略高度，通过制订系统完整的生物防御计划，加大经费和人力投入，不断强化科学研究和体系部署，整体提升生物防御能力，构建国家生物安全保障体系。

我国通过实施重大传染病防治科技重大专项、重大新药创制科技重大专项及"863""973"等重点研发计划，不断加大生物安全相关领域资助力度，在科学研究、产品研制等方面取得了明显进步。但是，总的来看，我国的生物安全科学研究与发达国家仍有较大差距，亟须针对全球生物安全形势以及我国未来可能面临的生物威胁，系统论证生物威胁防御的科技需求，成体系地前瞻部署生物安全科技研究，并在监测预报、侦察预警、检测鉴定、追踪溯源、应急响应、高效处置、主动预防、危害消减、基础探索等方面加大科技支撑力度，强化全链条式的生物安全关键技术与产品研发，进一步集成创新，力争突破关键技术，取得实物化成果，使技术更成熟、装备更成体系、信息化程度更高，并能在部分关键技术领域达到国际先进水平。

一、理论研究

生物安全是国家安全的重要组成部分，建立健全国家生物安全科技支撑体系至关重要。当前，我国生物安全战略理论体系的顶层设计基本完成，已逐步构建起囊括生物安全管理、法规、设施、科研的组织框架，国家生物安全防御组织体系基本形成。[①]

科技部、卫健委、生态环境部、自然资源部、农业农村部、海关总署等相关部门和军队已逐步建立起协调合作机制，形成了中央统一领导下的部门协同、军地联动的指挥体系，以及由疾病防控、医学救援、公共卫生应急处置、动物疫病处置等专业队伍构成的组织体系，实验室生物安全、危险生物剂管理、突发公共卫生事件应急处置等法规体系，生物威胁因子评估、筛查、检测、溯源、处置、预防等多领域的科研体系，国家重点实验室、国家工程技术研究中心、高等级生物安全实验室、菌毒种保藏库等为骨干的平台支撑体系，侦察预警、现场调查、疫情直报、快速检测、危害评估、预防控制各环节有机衔接的应急体系。

---

① 王小理. 生物安全时代：新生物科技变革与国家安全治理［J］. 中国生物工程杂志，2020，40（9）：95-109.

二、基础研究

基础研究是技术创新与成果转化的基础和保障，近年来各国越来越重视关键技术研发以及相关成果转化的问题。"炭疽邮件事件"发生后，美国实施了"生物监测计划""生物传感计划""生物盾牌计划"等生物安全科技计划，通过加大经费和人力投入，不断强化科学研究和体系部署，提升全球生物安全科技支撑能力。[①]在核心关键技术方面，美国在生物安全风险评估、监测预警、检测鉴定、洗消防护等领域的研发取得了预期进展。在成果转化应用方面，美国采取综合手段，缩小基础研究和早期开发之间的距离，并降低相关公司参与生物安全产品研发的风险。此外，美国近年来开始注重发展针对人工改造病原体等高级生物威胁的广谱对抗措施，并注重开展合成生物学、转基因技术、基因编辑技术等新兴领域的前瞻性研究。[②]

我国实施了一系列科技攻关计划，推动生物安全基础研究。"十一五"和"十二五"期间，通过"863计划"和科技支撑计划累计投入经费3亿元；"十三五"期间累计投入经费12.3亿元，组织实施了国家重点研发计划"生物安全关键技术研发"重点专项。2018年起，我国在5年内投入经费25亿元实施"合成生物学"重点专项，力争在生物安全防御关键技术装备研发上获得突破性进展，不断提升生物安全核心科技能力。

未来我国应继续强化科技攻关，提升自主创新能力，充分发挥科学技术在生物安全能力建设中的先导性和基础性作用。参照国家科技重大专项模式，建立国家生物安全专项经费和专管渠道，科学预测生

---

① 王磊，张雪燕，王仲霞.美国政府加强部署生物盾牌计划 [J].军事医学，2019，43（8）：561-563.
② 田德桥，王华.基于词频分析的美英生物安全战略比较 [J].军事医学，2019，43（7）：481-487.

物武器和生物恐怖威胁、生物物种入侵及生态环境危害发展趋势，论证科技需求，开展系统研究，突破关键科学技术瓶颈，研发一批实用、管用的高新技术产品。同时，跟踪生物高新技术发展前沿，强化自主创新，不断提升我国生物安全科技支撑能力。

三、技术开发

生物技术及其交叉技术为生物安全领域科技的迅猛发展提供强有力支撑，组学技术、基因编辑、大数据、新材料技术、人工智能等新技术为生物安全提供了新的乃至颠覆性的技术手段，也给国家安全带来前所未有的挑战。大力加强生物安全科技创新体系建设是有效应对生物战、生物恐怖袭击、重大传染病疫情以及其他新型与未知生物威胁的重要基础。

当前，生物技术与化学、纳米、光电工程等学科交叉融合，孕育了许多新兴学科，我们更需要在伦理和安全层面重新审视未来生物技术。[①]人工智能是基于互联网、大数据分析和计算平台的多学科交叉技术，在通信、医药、交通等领域应用广泛。随着脑科学的发展，神经网络图谱解析成功后可能会被用于新一代人工智能技术研发，人与机器的界限可能将随着人机交互新模式的升级变得模糊，从而产生不同于基于病原体防控的传统概念的生物安全新特点，但目前人工智能领域的生物安全问题尚未引起科学界的重视。

四、装备研制

生物安全装备从使用功能上可分为侦检装备、洗消装备、防护装备和救治装备四大类。

---

① 何彪，涂长春.病毒宏基因组学的研究现状及应用 [J].畜牧兽医学报，2012，43（12）：1865-1870.

（一）侦检装备

侦检装备是指用于生物侦察、检验的一系列装备。"侦"是生物安全装备中"侦、防、消、救"四大环节中的首要环节，它为"防"指出了时机，也为"消"和"救"指明了方向、提供了依据。侦检装备主要用于对区域内污染、疫情等情况的侦察，以及对水质、食品污染物的检验与探测。侦检装备便于部署，包括侦检车、剂量测量仪、侦检仪等。

按侦检范围不同，生物侦检可分为五类：地域侦检，主要用于对大面积污染的一定地域内的空气、水质、植物、土壤、动物尸体等的侦检和报警，一般采用远程报警器和侦检车辆作为侦检工具，也可将无人机送入污染地区进行侦检。装备侦检，主要用于对装备的侦检，一般采用侦检器材和车辆。水质侦检，用于对水源的侦检，通过测定成分并根据侦检结果进行有针对性的消毒、过滤，使之达到饮用标准，或通过进一步的超滤、离子交换和反渗透等方法制造医药用水。食品侦检，用于对粮食、可食性动物或植物等进行侦检，以验证是否可食用。人员侦检，用于对正常人和伤病员的衣物、装具、呕吐物、尿液及伤口等的侦检，根据侦检结果确定洗消和淋浴方式及救治措施。

按侦检装备的载体不同，侦检装备可分为两类：一类是侦检器材，包括剂量仪、侦检仪等；一类是侦检车辆，分为轮式和履带式两种。

按侦检技术差异，侦检装备可分为两类：一类是传统侦检技术装备，以物理化学性质为基础分析方法，如色谱法（薄层色谱法、气相色谱法、液相色谱法等），质谱法（气／质分析法、液／质分析法、离子迁移率谱法等），红外光谱法及核磁共振法等；一类是以生物技术为基础的侦检装备，主要利用各种生物传感器（酶传感器、微生物传感器、组织传感器、免疫传感器、受体传感器、DNA 传感器等）进行特异性侦检。

（二）洗消装备

洗消装备是指用于淋浴、清洗和消毒的一系列装备，用于个体洗消或设施洗消等。

按洗消对象不同，洗消可分为四类：人员洗消、装备洗消、地域洗消、动物消毒。按洗消方式不同，洗消可分为三类：物理洗消，主要是通过高压冲洗，使有害物质浓度降低，一般用于进行其他洗消的初步消毒；化学洗消，主要是利用与之能产生化学反应的物质，所产生的是无毒或毒性下降的物质，如活性炭洗消；生物洗消，主要是利用生物技术合成的物质，这种物质可以在分子水平破坏其分子结构，使其丧失活性。按洗消载体不同，洗消装备可分为洗消器材和移动式洗消设备。

（三）防护装备

防护装备指用于人员或伤员卫生防护的装备和器材，如伤员后送袋、防护帐篷等。

按防护对象不同，防护装备可分为两类：一类是个体防护装备，包括适于个体使用的防护面罩、防护服、防护手套等；一类是集体防护装备，适用于集体防护，如集防帐篷、集防方舱、集防掩体等。按防护部位不同，防护装备可分为两类：一类是呼吸防护装备，主要指可保护人员的呼吸器官、面部免受伤害的器材；一类是皮肤防护器材，用于防止污染物通过皮肤对人体造成伤害，包括防护服、防护手套和靴套等，配套使用，可对人体不同部位的皮肤提供防护。

（四）救治装备

救治装备是指生物安全事故发生后，相关人员落实救治措施，以及完成保障任务所需的各类卫生装备，如防护盒、急救箱、自动注射器及具有防护功能的各类救治器材等。

　　按救治特点不同，救治装备可分为三类：个体装备，主要用于个体的自救互救，包括注射针、急救包等；具有过滤功能的救治器材，能够在生物污染条件下通过过滤功能使救护工作正常开展；具有防护功能的医疗单元，通过正压系统和必要的侦检洗消器材，使帐篷式、车辆式和方舱式医疗机构能够在污染条件下开展救治工作。按装备种类不同，救治装备可分为两类：一类是医疗箱囊，用于个体救护、事故处理、检水检毒、食品检验等，如急救盒、事故处理箱等；一类是急救单元，主要用于急救处理、后送运输和途中救护等，如急救车、急救方舱等。

第二节

处置力量建设

处置力量建设是国家生物安全风险防控及治理体系有效运行的重要保障，包括态势感知、监测预警、应急处置、医疗救治等环节。处置力量建设旨在感知各类生物安全风险威胁，掌握生物安全风险发展态势，高效、精准、快速地处置生物安全风险威胁，有效降低生物安全风险。

一、态势感知

态势感知是指建立生物安全专业风险评估机构、队伍和评估制度机制，明确生物安全风险评估重点内容，提前感知和发现各种生物安全风险威胁。生物危害风险评估能力是生物安全处置力量建设的重要一环，实现生物危害自动判别和威胁评估是掌握生物安全防御主导权的重要支撑。传统意义上的生物危害风险评估能力是指针对已知病原体变异以及未知新病原体，建立涵盖病原体分离、体外生物学特征鉴定、体内感染动态分析等的病原体风险评估技术，实现对病原体致病性和传播性变化的科学评估。近年来，随着现代信息技术、虚拟仿真技术、病原体溯源评价技术等学科领域的迅速发展，建成可用于突发生物危害事件风险评估的系统化支撑技术体系以及应急干预技术体系已成为大势所趋。①

态势感知的基础是涵盖本底资源库、信息数据库、参比体系、变异数据、现场信息的生物威胁相关大数据网库，以及与之配套的可用于异常甄别、分析研判、威胁评估的自动化运算分析体系。此外，随着虚拟仿真技术、现代信息技术以及模拟演练模型构建技术的日趋成熟，这一数据网库运算分析体系还可针对特定生物威胁事件，结合地理环境因素和人口流动数据，建立污染扩散模型和干预措施训练模型，实现对生物威胁事件的起源、传播与转归等重要环节的可视化、动态化和集成化风险评估，并在此基础上，建立突发生物危害事件态势感知与措施优化处置体系，用以辅助决策制定，确保有限资源发挥最大处置效能。

二、监测预警

监测预警是启动应对生物安全威胁反应机制的基础，其目的是及时掌握生物安全状况和趋势，整合风险评估结果，准确预警生物安全威胁，为执行部门的有效处置提供基本依据。美国等发达国家近年来高度重视生物安全监测预警网络的全球性布局和系统性集成，在全球背景下开展战略协同部署和网络化覆盖。②生物监测是国家生物防御链条的第一环，可有效震慑生物恐怖袭击，是生物防御能力的重要标志。我国生物监测预警能力与美国等发达国家相比尚有较大差距，还不能满足国家生物安全能力建设的现实需求。因此，依托关键创新型装备技术，建立完整的监测预警体系，覆盖国家生物安全战略要点，实现数据集成和共享，是生物安全处置力量建设的关键一环。

① 杨瑞馥.防生物危害学：保障生物安全的新学科［J］.分析测试学报，2021，40（4）：425-428.
② 郑涛，叶玲玲，李晓倩，等.美国等发达国家生物监测预警能力的发展现状及启示［J］.中国工程科学，2017，19（2）：122-126.

近年来，随着各学科交叉融合的快速发展，生物安全监测预警的新理论、新技术、新方法不断涌现，我国有望在取得生命科学、大数据和人工智能等领域的前沿研究成果的基础上，更新完善覆盖各类生物危害因素的自动化监测预警技术装备。此外，仍需要注重生物安全防御关口前移，开展重要区域内生态环境、动植物、病原体、人群等关键信息的本底调查，建立系统整合的监测网络，实现全疆域实时在线监测预警。

三、应急处置

应急处置能力包括高效指挥能力和精准处置能力两部分。高效指挥能力要求建立国家主导、部门主责、体系支撑的重要生物灾害快速反应机制，健全生物安全管理体系，提高生物安全管理和决策指挥能力，同时锁定生物安全主要风险和威胁，确立第一反应部门，科学谋划、统分结合、协调行动。精准处置能力建设要求完善生物安全风险应对和国家动员机制，建设优质高效、快速响应、密切协同的处置力量体系、防御物资与装备体系，针对生物安全事件，做到灵活处置、动作迅速、信息畅通、消除及时，防范各类生物安全威胁。[①]

快速准确的决策指挥是高效处置生物危害的重要前提，生物事件应急处置的时效性是有效减控危害后果的重要因素，这需要应急处置行动的指挥决策人员在面对事件发展存在复杂性、不确定性的情况下，做出快速准确的判断和决策，确保正确的干预措施在最短的时间内发挥作用，尽可能地减少危害后果。辅助决策系统是解决复杂决策问题的有效手段，生物安全事件的应急决策是典型的深度不确定性决策。一是诱发事件的病原体及其生物学特性可能不确定；二是事件发展存在不确定性；三是防控政策可能不确定。辅助决策系统综合运用

---

① 张珂，高波. 外军"三防"卫生装备发展现状及其对我军的启示［J］. 医疗卫生装备，2012，33（12）：106-107，138.

数据、模型等，能够协助决策者解决复杂决策难题，在突发事件处置领域发挥重要作用。

生物危害处置能力是高效应对生物危害的关键环节，生物危害事件的复杂性、多样性和持续性的特点要求应急处置方式具有普适性和精准性。当生物危害发生时，依托精准处置能力可有效、快速控制危害的发生发展，最大限度减小危害影响，防范次生危害发生，及时启动恢复重建。精准处置能力的基础是针对危害防护、应急控制、快速救治、恢复重建等各环节的关键技术装备体系。近年来，基于材料、原理和技术等层面的创新积累，我国在生物危害处置装备技术体系建设方面取得了一系列进展，包括采用新靶标、新技术、新方式的疫苗和药物储备库，标准化、模块化、信息化的应急处置装备体系，高效、快速、自动化的洗消技术，快速、高效、精准的标准化临床诊疗技术，以及智能、集成、系统的综合保障体系。

生物恐怖袭击隐蔽性强、损害范围广、传染性强、后效应大、处置难度高，是国家安全的重大现实威胁，是新形势下生物安全防控的重点和难点。立足复杂的新形势，针对生物恐怖的强传染性，根据"侦、检、消、防、治"程序，生物恐怖袭击的医学救援行动方法有：快速侦检、抵近处置、智能评估、隔离后送、立体消杀。

（一）快速侦检

快速侦检包括样本采集和现场快检两个环节。

样本采集的主要手段包括：生物侦察车机动采样、大流量生物气溶胶采样仪定点采样以及利用微生物采样箱人工采样，特殊条件下可借助履带式机器人自动采样。针对城市反恐的复杂性，可综合运用履带式陆地生物采样机器人、生物侦察车、微生物采样箱和空气微生物采样箱等多种装备，在开阔平坦区域使用生物侦察车进行现场机动快速采样，在高危环境、复杂地域使用具有远程操控、抗爆、防污染能力的履带式机器人进行快速自动采样。这样既可保证人员安全，又拓展了采样区域，同时避免了人员手动采样易受污染和侦察车机动采样受地域局限的问题。

生物恐怖袭击医学救援的首要环节是快速判明生物恐怖剂的性质与种类。针对疑似未知物质，按照"联合侦检、由易到难、确保安全"的原则和"先排核、再排化、后排生"的方法，可综合运用多种便携装备依次侦检，如使用便携手持长杆探测器、手持辐射剂量率仪、便携剧毒化学毒物检测仪、生物快速侦检箱等，快速判明不明危害物的性质。针对疑似未知生物样本，根据现有的侦检装备和检测试剂，对采集或送检样本进行快速检验，并给出初步判断结果。例如，使用免疫层析胶体金生物侦检卡，可在5—10分钟内初步判别细菌类、毒素类的10余种生物恐怖剂；应用上转换磷光生物传感器可在5分钟内初步判别细菌类恐怖剂及毒素类恐怖剂；应用荧光定量PCR仪可在60分钟内判别细菌类、病毒类等数十种生物恐怖剂。视不同疑似未知生物样本而采用不同侦检装备，提高了甄别恐怖袭击不明样本的效能与速度，使医学救援更贴近新形势下反生物恐怖的要求。

（二）抵近处置

生物恐怖剂的实验室检测确证是反生物恐怖医学救援中的关键环节，是明确事件性质、提出现场应对方法与后续处置方案的重要前提。可将生物检验车与移动式生物安全三级实验室等大型机动平台移至生物安全事件的现场附近，实施抵近检测和鉴定。[①]

生物检验车可提供二级生物安全防护实验条件，有助于工作人员在现场开展样本处理保存、快速检测以及细菌分离培养等检验工作。移动式生物安全三级实验室又称移动式生物安全三级实验车，机动力强，可抵近生物恐怖事件现场为工作人员提供生物安全三级防护实验条件，将需在后方生物安全三级实验室进行的烈性病原体操作前置于

① 王玉民，王政，钱军，等.移动式生物安全实验室［P］.北京：CN1895782，2007-01-17.

现场，提高了病原体检测鉴定的速度。这些具备二级和三级生物安全防护水平的机动平台抵近现场，实现了后方实验室的前置，解决了样本运输耗时长、病原体泄露风险大的难题，提高了事件处理人员在生物危害应急处置中的检测和鉴定能力。

（三）智能评估

对生物恐怖袭击的危害进行正确评估是实施防治与消除污染措施的基础。危害评估作业车、现场流行病学调查作业箱和单兵手持智能终端等是智能评估生物危害的主要装备。危害评估作业车抵达袭击现场后，流调人员可立即开展现场调查与危害评估。例如，展开流行病学调查作业箱，利用手持或车载测风仪测定风速、风向；打开单兵手持智能终端，采集生物恐怖袭击中的暴露人员数据，查找并甄别疑似病人，快速获取流行病学数据资料。根据智能终端中预设的模型，录入监测调查的参数，预测生物恐怖袭击的范围，进行危害评估。根据具体情况，分析评估生物危害的范围和走势，在此基础上提出人员隔离和污染区消杀等应急处置方案，并将数据实时传输至现场指挥部，为后续现场处置提供重要的科学依据。

智能评估过程综合运用单兵手持智能终端和现场流行病学调查作业箱等自主研发的便携数字化流行病学调查设备，实现了流行病学调查的数字化与信息化；通过与生物危害作业车的信息通联，实现了现场调查数据与后方支持系统的有效整合；依托海量数据库和评估平台，实现了生物危害的科学评估与应急处置决策的智能化，提高了生物危害评估的速度与精度。

（四）隔离后送

生物恐怖事件中的病原体具有潜伏性，暴露人群不会立刻发病，但存在传染性。为避免病原体扩散，必须控制暴露人群。目前主要采取隔离转运的行动方法，按照"早甄别、早隔离、早防控"的原则，利用负压担架和生防急救车实施伤员的紧急救治与暴露人群的隔离转运。负压担架为封闭式担架，通过电动控制过滤排风实现担架空间内负压状态；生防急救车利用过滤排风系统实现车内整体负压，可同时转运多个病人，并可供医护人员对伤员实施紧急救治，解决了利用普通救护车和担架转运伤员时容易造成病原体扩散的难题。通过确定生物恐怖袭击中的直接暴露人员并利用负压担架和生防急救车将其转运至指定传染病医院隔离救治，组织其余现场人员就近隔离观察，可有效防止病原体进一步扩散。

（五）立体消杀

生物恐怖袭击往往发生于人群密集、空间复杂的城市区域，生物气溶胶可于短时间内快速播散，而传统的人工消杀方法手段单一、范围局限、效率低下，难以适应当前对生物恐怖袭击的无害化处置需要。生物恐怖袭击医学救援中的立体消杀是指生物恐怖袭击后，依据"智能评估"结果，科学划定污染区或疫区，组织生物恐怖袭击防控专业力量，遵照"空间上立体化、技术上多元化、功能上整体化"的消毒、杀虫、灭鼠相统一的现场综合处置原则，彻底消除污染区或疫区内的生物战剂或烈性病原体的潜在威胁，建立高效的环境保护屏障，彻底切断生物战剂或烈性病原体及其载体与其他生物体的接触途径，降低污染区或疫区扩散的风险，杜绝次生灾害及疫源地的形成。

立体消杀人员可综合运用多种消杀设备，高效完成现场无害化处置任务。可采取空中与地面相结合、人工与机动相结合的方法，按照"先面、再线、后点"的顺序，执行立体消杀作业任务。全方位立体消杀作业解决了人工消杀手段单一、范围局限、效率低下等问题，实现对生物恐怖袭击现场的快速、高效、全维消杀。

四、医疗救治

生物安全事件发生后，应采取积极、有效的修复措施，维持国家各项主要功能的运转，有效降低生物安全风险，并对生物安全事件应急处置效果进行评估和追踪监测，采取针对性措施加强薄弱环节，使生物安全核心能力建设走上可持续发展轨道。医疗救治在快速恢复能力建设中发挥重要作用，而应急疫苗与药物研究则是医疗救治过程中的决定性力量。

疫苗、抗体、药物等快速研发与生产一直是提升医疗救治能力的重点。医疗救治领域的技术储备可确保在面临生物威胁时，迅速调动相关药物、疫苗和技术以备应用。[①] 在应急疫苗与生防药物研究领域，我国多年来一直紧盯应用，强调自主创新，逐步建立起了高效的"研、储、用"保障模式。

近年来，随着计算免疫学、结构生物学、新型材料、人工智能等领域的崛起，我国应急医疗救治能力不断提升，疫苗、药物、抗体等研究领域取得了阶段性进展。我国正逐步探索建设新型疫苗与药物的研发平台和资源储备库，构建安全、高效、快速评价体系，加强广谱、多联、多价疫苗关键技术研发，探索快速制备和规模化生产疫苗、药物的方法，同时探索高效、安全的保藏运输途径，推动集成创新与整合，形成生物危害医疗救治的联动机制。[②]

---

① 张学敏.有害物、炎症与肿瘤［A］.分析科学 创造未来——纪念北京分析测试学术报告会暨展览会（BCEIA）创建30周年［C］.中国分析测试协会，2015.

② 杨益隆，徐俊杰.新型疫苗研发与下一代技术［J］.生物产业技术，2017，4（2）：43-50.

第三节
保障力量建设

保障力量建设是国家生物安全风险防控及治理体系有效运行的重要支撑，包括教学培训、应急演练、平台设施、物资储备等环节。保障力量建设旨在为生物安全力量体系建设提供人才、理论、技术、演训、平台和物资等关键要素支撑，提升生物安全设施设备建设水平，建设人才队伍，提高生物安全风险威胁处置效果。

一、教学培训

多层次人才队伍建设是保障力量建设的基础。建设生物安全人才队伍是生物安全力量体系建设、运行和管理的基础和保障。针对生物安全力量体系的运行管理特点和承担的主要责任，近年来，我国逐步构建起了"顶尖人才—核心队伍—骨干人员"一体的多层次生物安全人才体系。在生物安全力量体系的战略制定、管理运行和硬件建设三个方面储备不同层次人才，为我国生物安全力量建设谋规划、图发展。在生物安全课题制定、任务部署和实施方面组建核心队伍，为重大任务的执行保驾护航。重视任务执行和设施保障工作人员的选拔和培训，确保生物安全力量体系运行安全、稳定、高效。

多元化生物安全培训是保障力量建设的关键。要以"理技结合"为理念，在生物安全力量体系全流程中打造集理论学习、技能指导和管理运行实践于一体的多元化生物安全培训模式。增强相关工作人员的生物安全意识，全方位提升其专业能力和管理水平。生物安全从业人员良好的专业技术能力是保障生物安全力量体系的有力支撑，为生物安全行业设立专门的教育和培训机制，有利于生物安全力量体系的正常运行。培训对象应包括从事生物安全工作的管理者、技术人员和保障人员。培训方式可以采用组织观看视频、举办讲座、分组讨论、现场演练等形式。此外，可构建集视频、幻灯片、教材、题库、建筑信息模型化（BIM）以及虚拟现实（VR）等于一体的培训系统。

二、应急演练

应急演练是应急处置能力建设的重要组成部分。2009 年国务院制定的《突发事件应急演练指南》根据不同条件对应急演练进行了分类。

按组织形式划分，应急演练可分为桌面演练和实战演练。桌面演练是指参演人员利用地图、沙盘、流程图、计算机模拟、视频会议等辅助手段，针对事先假定的演练情景，讨论和推演应急决策及现场处置的过程，从而促进相关人员掌握应急预案中所规定的职责和应急程序，提高指挥决策和协同配合能力。桌面演练通常在室内完成。实战演练是指参演人员利用应急处置涉及的设备和物资，针对事先设置的突发事件情景及其后续的发展情景，通过实际决策和行动，完成真实应急响应的过程，这种演练可以检验和提高相关人员的临场组织指挥、队伍调动、应急处置和后勤保障能力。实战演练通常要在特定场所完成。

按内容划分，应急演练可分为单项演练和综合演练。单项演练是指涉及应急预案中特定应急响应功能或现场处置方案中一系列应急响应功能的演练活动，注重针对一个或少数几个参与单位（岗位）的特定环节和功能进行检验。综合演练是指涉及应急预案中多项或全部应急响应功能的演练活动，注重对多个环节和功能进行检验，特别是对各单位应急机制和联合应对能力的检验。

按目的与作用划分，应急演练可分为检验性演练、示范性演练和研究性演练。检验性演练是指为检验应急预案的可行性、应急准备的充分性、应急机制的协调性及相关人员的应急处置能力而组织的演练。示范性演练是指为向观摩人员展示应急能力或提供示范教学，严格按照应急预案规定开展的表演性演练。研究性演练是指为研究和解决突发事件应急处置的重点、难点问题，试验新方案、新技术、新装备而组织的演练。不同类型的演练相互组合，可以形成单项桌面演练、综合桌面演练、单项实战演练、综合实战演练、示范性单项演练、示范性综合演练等。

中国疾病预防控制中心印发的《卫生应急演练技术指南（2013版）》主要参照国际卫生领域的相关分类方法，指导我国卫生应急领域的演练工作。该指南根据组织形式和演练规模将卫生应急演练分为讨论型演练和实战型演练两大类，其中讨论型演练包括主题研讨（Orientation）和桌面演练（Table-top exercise）两种类型，实战型演练包括操练（Drill）、功能性演练（Functional exercise）和全方位演练（Full-scale exercise）三种类型。

不论是传染病疫情防控，还是生物恐怖袭击事件的应急处置，利用病原体在真实环境中进行事件处置演练显然是不现实的。鉴于生物威胁形势的严峻性，美国等发达国家已经广泛开展生物事件尤其是生物恐怖事件应急处置的桌面演练。演练内容丰富，不仅针对事件发展过程，而且针对不同形势和条件下的决策优化与筛选过程。我国在总体国家安全观的指导下，积极开展生物安全能力体系建设。如何构建国家生物安全能力体系，哪些能力需要重点建设，现有能力处于何种水平等问题是在构建国家生物安全能力体系过程中需要回答的问题。模拟生物事件现实情景，演练生物事件应急处置，正是发现现有能力缺项、确定能力建设重点的重要手段。因此，将桌面演练作为生物事件应急演练的主要组成部分，可对应急预案进行有效检验。桌面演练还可作为检验、评价和改善应急资源储备的重要手段，以及锻炼和提高多部门指挥协同能力的重要方式。

2001 年美国"炭疽邮件事件"标志着生物恐怖袭击已经成为现实的威胁，生物恐怖袭击应对处置演习越发受到重视。由于生物事件的特殊性，企望通过实际发生的生物袭击事件来迅速、系统地提升应对处置能力既缺乏可行性，也不符合预防为主、预防前置的理念。因此，通过应急演练检验并提升应对处置能力十分重要。

三、平台设施

高等级生物安全实验室（指生物安全三级和四级实验室）不仅是国家生物防御体系的基础支撑平台，也是人类健康和动物疫病防治领域开展科研、生产和服务的重要保障。2003 年 SARS 疫情暴发后，我国开始大力发展生物安全设施建设，对生物安全实验室实行统一管理并制定相关管理规范。

武汉国家生物安全（四级）实验室是我国第一个建成和使用的四级实验室。该实验室是纳入中法两国政府间合作协议框架的重大科技合作项目，由中法双方设计单位合作完成设计，中国建设单位完成实验室建设和主要设施设备安装。多年来，在国家发改委、中科院、科技部等国家部委以及湖北省、武汉市、江夏区各级政府的高度关注和大力支持下，武汉病毒研究所生物安全（四级）实验室完成了相关建设任务，并于 2017 年 1 月获得国家认可证书。武汉国家生物安全（四级）实验室位于武汉市江夏区的中科院武汉病毒所郑店园区内。整个实验室呈悬挂式结构，共分为 4 层。自下而上，底层是污水处理和生命维持系统；第二层是核心实验室；第三层是过滤器系统；第二层和第三层之间的夹层是管道系统；最上层是空调系统。一层、三层、四层、夹层的相关设计均是为了保证二层核心实验室的正常运行，保证实验室中的气流单向，处于负压状态。300 多平方米的二楼核心实验室区域分为细胞实验室、动物实验室、动物解剖室、消毒室等。武汉国家生物安全（四级）实验室是我国传染病预防与控制的研究和开发中心、烈性病原的保藏中心和联合国烈性传染病参考实验室。该实验室作为我国生物安全实验室平台体系中的重要区域节点，在国家公共卫生应急反应体系和生物防范体系中发挥核心作用，对增强我国应对重大新发、突发传染病预防控制能力，提升抗病毒药物及疫苗研发等科研能力起到基础性、技术性的支撑作用。

国家动物疫病防控高级别生物安全实验室依托于中国农业科学院哈尔滨兽医研究所。该研究所成立于1948年，为兽医生物技术国家重点实验室和中国农业科学院研究生院兽医学院依托单位；所辖实验室分别被指定为国家禽流感参考实验室、联合国粮食及农业组织动物流感参考中心、世界动物卫生组织禽流感参考实验室、世界动物卫生组织马传染性贫血参考实验室、世界动物卫生组织鸡传染性法氏囊病参考实验室及世界动物卫生组织亚太区人畜共患病区域协作中心。国家动物疫病防控高级别生物安全实验室于2015年12月建成并通过工程验收，2018年7月获得国家认可证书。该实验室可开展包括马、牛、羊、猪、禽类及鼠、猴等常规实验动物在内的所有动物感染试验，并针对烈性传染病防控开展相关研究，为保障养殖业生产安全、维护公共卫生安全发挥关键平台支撑作用。

国家昆明高等级生物安全灵长类动物实验中心依托于中国医学科学院医学生物学研究所。该研究所建于1958年，集医学科学研究和生物制品研制生产为一体，是北京协和医学院（清华大学医学部）硕士和博士学位授予点，并获批设立"世界卫生组织肠道病毒参考研究合作中心"。国家昆明高等级生物安全灵长类动物实验中心由中国医学科学院进行监督并负责行政管理，于2018年12月获得国家认可证书。该实验室位于云南省昆明市西山区玉案山西侧，远离人口密集居住区，海拔约2200米。中国医学科学院医学生物学研究所目前主要从事医学病毒学、免疫学、分子生物学、医学遗传学、分子流行病学及以灵长类动物为主要研究对象的动物实验技术的基础和应用研究，并进行疫苗、免疫制品和基因工程产品的规模化生产。

从地域分布来看，我国高等级生物安全实验室建设已基本实现全局覆盖，但仍然在局部地区有所欠缺。高等级生物安全实验室集中分布在东部地区，今后应在中西部地区加强相关方面的发展。

未来，我国还应持续开展病原检测技术与风险评估技术研究，完善病原识别确认与溯源技术平台，建立生物样本与毒种保存技术平台。开展生物侦检技术装备、生物气溶胶感染防控技术装备的自主研发。构筑生物安全监测预警大数据分析技术平台，完善生物安全监测网络数据整合与转换技术，建立国家生物安全监测大数据平台。推动高等级生物安全实验室、移动式病原检测实验室的研发及应用，在重要战略要地、海外战略支点优化生物安全实验室建设布局，做到网络化全覆盖。建立菌（毒）种保藏中心，形成网络化菌（毒）种管理体系，开展智慧化实验室关键技术研究，提升高等级生物安全实验室管理和运行能力。

四、物资储备

物资储备工作不仅需要保障生物安全力量体系平稳运行，还应在设施、技术、人才队伍等领域发挥持续性作用，进而建立战略性储备，增强应急处置能力。将生物安全储备纳入国家战略储备范畴，建立实物储备和产能储备相结合的国家生物安全产品储备机制和应急物资战略储备库，规范管理和更新机制，既可为生物安全事件处置提供物资支持，又避免浪费。系统整合各类应急处置力量，明确分工、强化合作，形成覆盖全国的应对处置专业队伍，确保一旦发生生物安全事件，能快速抵进、综合研判、高效处置。

例如，美国将生物安全储备纳入国家战略储备计划，建立了完善的运行、协调机制和充足的物资储备，常规储备物资可在12小时内送达事发地点，特殊疫苗、药物和装备可在24—36小时内送达现场，相关紧急采购和应急生产可在72小时内完成，足以有效应对生物安全事件。美国联邦政府建有20余种百余支应急救援队，能在2—4小时内完成部署准备，6—12小时内派出先遣队，12—48小时内全队到达事发地，独立工作72小时。为有效应对新型生物威胁，我国需在疫苗药物、检测技术、装备平台研发等领域加强物资储备，加快建设布局，拓宽保障范围。[①]

---

① 陈薇.加快疫苗抗体产业发展　提升生物安全保障能力［J］.生物产业技术，2017，4（2）：1.

第四节
战略力量建设

战略力量建设是国家生物安全风险防控及治理体系有效运行的核心支撑，其内容可分为战略管理、组织体系、国际制衡三部分。战略管理为生物安全力量体系建设提供思路、内容、布局和重点；组织体系为生物安全力量体系建设提供领导体制、运行机制和保障方法；国际制衡为生物安全力量体系建设提供创新思路、发展策略和合作机制。战略力量建设旨在为生物安全力量体系建设提供顶层布局、组织架构、国际合作等关键环节支撑，提升生物安全力量体系统筹布局水平，完善生物安全力量建设组织方式，构筑生物安全风险防控国际合作机制，使得生物安全力量体系建设有方向、有目标、有策略。

一、战略管理

生物安全战略管理是指通过国家安全体系的顶层设计和统筹布局，不断加强核心能力建设，积极防控和消除各种生物风险和威胁，有力保证国家安全利益和人民安全，并促进国际生物安全。[1]生物安全战略管理应坚持集中统一、积极防御、科技支撑、法规保障和合作共赢原则。在战略管理思路上，要充分认识各种现实和潜在生物安全威

---

[1] 王小理，周冬生.面向2035年的国际生物安全形势［N］.学习时报，2019-12-20.

胁的严重性，深入调查研究发生生物安全危害的各种可能性，从国家安全、社会稳定、民众健康等国家基础安全支撑角度认识生物安全的重要性，把生物安全纳入国家安全范畴，确立生物安全的战略地位。在战略管理内容上，要建立完善战略管理组织体系和体制机制，并设立专门的生物安全咨询机构，制定和实施国家生物安全方针政策，推进国家生物安全法治建设，不断加强顶层设计，研究解决国家生物安全面临的重大问题。在战略管理布局上，要坚持国家生物安全各领域的相互结合与统筹，坚持军民融合，最大限度地降低生物风险，提高资源和经费使用效益。在战略管理重点上，要着眼生物安全核心保障能力，建立生物安全风险监测、评估、控制、应对体系和体制，完善科技支撑体系，加大相关技术及设备研究、开发、应用的力度，不断完善技术、设施、药物、疫苗储备。

《国家生物安全政策》于 2016 年 6 月由中共中央办公厅正式印发，《"十三五"生物技术创新专项规划》于 2017 年 5 月由科技部正式发布。《国家生物安全战略》于 2017 年 9 月经中央国家安全委员会全体会议审议通过。其中，《国家生物安全政策》明确了"十三五"时期国家生物安全工作的主要内容，提出了十大政策措施；《"十三五"生物技术创新专项规划》部署了"十三五"时期生物安全科技创新发展的重点项目和任务；《国家生物安全战略》规定了五大方面 21 项战略任务，对未来 10 年国家生物安全工作作出了纲领性指导。2016 年 3 月，我国成立了 19 个部委参与的国家生物安全工作协调机制以及专兼职结合的机制办公室，同时组建了国家生物安全专家委员会，建成了生物安全国家高端智库。2020 年 2 月，习近平总书记在中央全面深化改革委员会第十二次会议上强调，要从保护人民健康、保障国家安全、维护国家长治久安的高度，把生物安全纳入国家安全体系，系统规划国家生物安全风险防控和治理体系建设，全面提高国家生物安全治理能力。2020 年 10 月，十三届全国人大常委会第二十二次会议通过《中华人民共和国生物安全法》，这是我国构建国家生物安全法律法规体系、制度保障体系的重要一步。

二、组织体系

生物安全组织体系是指国家基于安全管理的一般规律和理论，为维护国家生物安全而建立的一整套组织管理的体系，涵盖生物安全领导体制、运行机制及相关保障手段，包括"软件"和"硬件"两个方面。"软件"方面涉及战略、政策、法规、制度、组织、管理等，"硬件"方面涉及经费投入、器材装备、药品疫苗等。生物安全建设涉及领域多、标准要求高，是一项复杂的系统工程。组织管理严密、行动协调一致的生物安全组织体系是维护国家生物安全的关键。生物安全组织体系可通过建立专门机构、完善制度和法规等管理学、指挥学、工程学手段，提高应对生物安全事件指挥效能。

面对生物安全威胁日益严峻的形势，建立健全生物安全组织体系，强化国家生物安全工作的组织保障显得尤为重要。不少发达国家在国家层面建立了多部门有效协调的管理体系，不断提升生物安全防御能力。我国亟须建立健全生物安全工作组织体系，加强生物安全监督管理部门的机构、队伍和设施的现代化建设，将统一监督管理与部门分工负责相结合、中央监督管理与地方政府监督管理相结合、政府监督管理与公众参与相结合，形成统一领导、纵横结合的大生物安全管理格局，建立健全科学的国家生物安全长效管理机制，推动生物安全工作全链条一体化建设，实现优势资源有序衔接、互补配套、共享共用、协同推进，整体提升国家生物安全防御能力。[①]

三、国际制衡

生物安全领域逐渐成为各国国防的必争之地。21世纪以来，随着

---

① 武桂珍.全面贯彻生物安全法，筑牢国家生物安全防线［N］.人民日报，2021-04-14.

与其他尖端技术的不断交叉、融合，生物技术正引领着新一轮科技革命，催生了一系列具有变革性、引领性的前沿尖端技术，将对未来世界发展格局产生前所未有的影响。以生命组学、合成生物学、仿生材料、人工智能等学科为代表的集群式突破，客观上使得基因武器、脑控武器等新型生物威胁成为现实，给国家安全带来前所未有的挑战。例如，美国发起的"昆虫联盟"计划公然威胁全球农业安全，各国在生物核心科技领域的竞争不断升级，人工改造病原体与病原体自然进化的界限愈加模糊，等等。生物安全逐渐成为大国博弈和科技竞争的主阵地之一，加强基础性、引领性理论和技术的创新，加快推进生物安全战略科技体系化发展，实现国防科技创新能力的整体跨越，夺取生物安全领域国际规则制定的话语权和战略资源主导权，对实现中华民族伟大复兴具有现实而深远的意义。[①]

四、面临挑战

生物安全力量建设体系是应对突发公共卫生事件的重要保障。近30年来全球面对的传染病威胁日益严峻。一方面，重大疫情频频暴发。近年来，全球新发、突发、再发传染病疫情层出不穷。以中国为例，21世纪以来，我国相继经历了严重急性呼吸综合征、猪链球菌病、高致病性 H5N1 禽流感、甲型 H1N1 流感、高致病性 H7N9 禽流感、新型冠状病毒肺炎等重大疫情。另一方面，在全球化背景下，疫情传播范围更广，传播速度更快。2015年短短数月内，寨卡病毒就从太平洋小岛传播至40个国家，感染约50万人。此外，各种原因造成的环境改变加剧了病原体的变异。新型病原体不断出现，如甲型流感病毒，每隔几年就会发生一次重大变异；埃博拉病毒被发现40多年来一直在变异，导致大批治疗药物相继失效。预计未来10年，全球新发、突发

---

① 贺福初. 开疆拓土　引领未来［J］. 军事医学，2011，35（1）：86-87.

传染病的出现频率、传播速度将达到新高。我们必须坚持战略思维、底线思维，不断加强生物安全研究，保证国家和种族繁衍安全。[①]

在国际格局深刻调整的大背景下，由大国博弈、地缘冲突、利益争端等引发的安全问题日益凸显，多种安全威胁交织出现，呈现影响国际化、危害极端化、发展复杂化的特点。在生物技术领域，原创性突破和颠覆性技术不断涌现，国家安全已突破陆、海、空、天等传统疆界，拓展至"生物疆域"范畴。生物安全问题已经演变为严重影响人类和动植物健康的"全谱性"安全挑战，成为危及军事国防、公众健康、生态环境、经济建设、社会稳定的全局性问题。

---

① 夏咸柱，钱军，杨松涛，等.严把国门，联防联控外来人兽共患病［J］.灾害医学与救援（电子版），2014，3（4）：204-207.

下篇
安全治理

第八章

重大新发突发传染病、动植物疫情防控

当前，生物安全问题已成为全人类面临的重大生存和发展威胁之一，特别是各类传染病疫情的发生，更加凸显了生物安全问题的复杂性和重要性，并引起公众对生物安全的思考与关注。2021年4月15日起正式施行的《中华人民共和国生物安全法》，明确了生物安全的重要地位和原则，规定了生物安全是国家安全的重要组成部分，其中，防控重大新发突发传染病、动植物疫情是生物安全的重要内容。

第一节

重大新发突发传染病

早在发现传染病病原体之前的几千年中，人类就已经认识到新发突发传染病的出现是不可避免的，人类的发展史几乎就是与传染病交锋的历史。人类和传染病的博弈从未间断过，并且还将一直持续下去。

对于新发突发传染病，目前人类在诊断、治疗和预防等方面取得了非凡的进步，但全球贸易一体化等因素也使传染病的防控工作愈发复杂。新发突发传染病不仅影响人体健康，而且会影响经济发展和社会稳定，造成公众恐慌等负面后果。

一、冠状病毒所致疾病

冠状病毒（Coronavirus，CoV）是一个大型病毒家族，其作为单股正链RNA病毒，属于巢病毒目、冠状病毒科、冠状病毒属。人们用电镜观察到病毒表面有许多规则排列的突起，这些突起就像一顶中世纪欧洲君主的皇冠，因此将其命名为"冠状病毒"。

冠状病毒由四个属组成：α、β、γ和δ。已知前两个属的冠状病毒会感染人类，后两个属的病毒主要感染鸟类。冠状病毒主要引起呼吸道、肠道疾病。1937年人类首次从家禽体内分离出冠状病毒，而最早在人体内发现人冠状病毒（HCoV）是在1965年。人感染冠状病毒后的常见症状有发热、咳嗽、气促和呼吸困难等。在较严重的病例中，冠状病毒感染可导致肺炎、严重急性呼吸综合征、肾衰竭，甚至死亡。

目前，除2019新型冠状病毒（SARS-CoV-2）外，已知的可感染人类的冠状病毒共有6种，其中4种冠状病毒在人群中较为常见，致病性较低，一般仅引起类似普通感冒的轻微呼吸道症状，包括HCoV-229E、HCoV-OC43、HCoV-NL63和HCoV-HKU1。还有2种冠状病毒为人们所熟知，分别是严重急性呼吸综合征冠状病毒（SARS-CoV）和中东呼吸综合征冠状病毒（MERS-CoV），它们可引起严重的呼吸系统疾病，属于高致病性新发冠状病毒。

（一）新冠肺炎

新型冠状病毒（SARS-CoV-2）引起的新冠肺炎（COVID-19）大流行，对现代人类文明产生了前所未有的影响。根据世界卫生组织统计，截至2022年11月9日，全球累计确诊病例超过6亿例，死亡病例超过658万例。令人担心的是，该病毒在人群中的传播流行还未停止，随时可能会出现导致致病力或传播力改变的突变。目前新冠病毒的起源和中间宿主尚未确定，主流观点认为新冠病毒的自然宿主可能是蝙蝠，但也不排除其他野生动物如穿山甲的可能性。有研究证实该病毒主要通过呼吸道飞沫和接触传播，此外也可能通过气溶胶传播。各个年龄段的人都容易受到新型冠状病毒感染，这种病毒的传播效率比同为呼吸道病毒的流感病毒要高。目前对于新型冠状病毒所致疾病主要根据患者临床情况进行治疗。此外，定期筛查高风险人群，早诊断、早治疗、早期隔离感染者和密接者，鼓励民众戴口罩、勤洗手、保持社交距离，是阻断新冠病毒传播行之有效的措施。

1. 病原介绍

新型冠状病毒是正义单链RNA病毒，属于冠状病毒科的β-冠状病毒属，有包膜，颗粒呈圆形、椭圆形或多边形，直径为60—140nm。它是已知的基因组最大的RNA病毒之一，其基因组长度约为29.8 kb（千碱基对）。基因组的前2/3是非结构基因，主要编码与病毒复制相关的酶，后1/3依次编码4种结构蛋白：刺突蛋白、小包膜蛋白、基质蛋白和核衣壳蛋白。其中，刺突蛋白含有病毒受体的结合区（RBD），能够介导病毒吸附和进入细胞的过程。研究显示，新型冠状病毒利用其表面的刺突蛋白，通过与人体细胞表面的血管紧张素转换酶2（ACE2）受体结合，在弗林蛋白酶（furin）和跨膜丝氨酸蛋白酶2（TMPRSS2）的协助下，侵袭感染表达ACE2受体的各类细胞，从而感染心肺系统、肾脏、肝脏、胃肠系统等，导致多器官衰竭。

新型冠状病毒的传染源主要是感染的患者和无症状感染者。新冠肺炎的潜伏期为1—14天，在潜伏期即有传染性，发病后5天内传染性较强。主要传播途径是经呼吸道飞沫和接触传播。暴露于含有新冠病毒的气溶胶中或接触病毒污染的物品也可造成感染。由于在感染者的飞沫中可分离到新型冠状病毒，因此应注意其接触传播或气溶胶传播的风险。各年龄人群普遍易感。感染病毒或接种疫苗后可获得一定的免疫力，但持续时间尚不明确。

2. 临床症状

新冠肺炎以发热、干咳、乏力为主要临床表现。轻症患者仅表现为低热、轻微乏力、嗅觉及味觉障碍等，无肺炎表现。少数患者伴有鼻塞、流涕、咽痛、结膜炎、肌痛、腹泻等症状。重症患者多在发病一周后出现呼吸困难和（或）低氧血症，严重者可快速进展为急性呼吸窘迫综合征、脓毒症休克、代谢性酸中毒和凝血功能障碍及多器官功能衰竭等。值得注意的是，重症、危重症患者在病程中可表现为中低热，甚至无明显发热。另外，也有部分患者在感染新型冠状病毒后症状轻微，无明显临床症状。多数患者预后良好，少数患者病情危重，后者多见于老年人、有慢性基础疾病者、围产期女性及肥胖人群。

3. 疫情概况

2019 年 12 月，湖北省武汉市通报了我国首例不明原因肺炎患者，之后湖北省武汉市部分医院陆续发现了多例有华南海鲜市场暴露史的不明原因肺炎病例，后证实上述肺炎为 2019 新型冠状病毒感染引起的急性呼吸道传染病。2020 年 3 月，世界卫生组织总干事谭德塞在瑞士日内瓦宣布，新冠肺炎疫情"从特征上可称为大流行"。2020 年 4 月 3 日，全球新冠肺炎确诊病例突破 100 万例，这意味着新冠肺炎疫情已经成为当代全球最大规模的公共卫生危机。新冠肺炎疫情给全球人民的生命健康带来巨大威胁的同时，对世界各国的社会稳定和经济发展造成了深远的影响。

伴随着感染人数的增加和疫情的持续，新冠病毒不断进化和变异，产生了大量的病毒变异株，其中一些变异株的传播能力和致病性明显提高，还有一些变异株出现明显的免疫逃逸现象，这些变异株引起了世界各国公共卫生部门和民众的广泛关注。世界卫生组织持续监测新冠病毒的突变序列，并根据危险程度将新冠变异株划分为两类：关注变异株（variant of interest，VOI）和关切变异株（variant of concern，VOC）。VOI 类型的突变株要符合两个标准：一是突变会增加病毒的传染力，加剧疾病严重性，加重诊断难度，导致治疗有效性下降；二是突变株具备明显的社区传播特征或出现多个集中暴发点，在多个国家感染病例数增加。而 VOC 类型的突变株，威胁和影响要比 VOI 更大，传播能力增强，致病性增加，使现有公共卫生应对措施、治疗手段或疫苗有效性下降。VOC 类型的突变株对疫情影响最大，同时也对全球威胁最大，包括 Delta 变异株，以及 2021 年 11 月在多个国家再现的具有高度传染性的 Omicron 变异株，这些突变株的传播给全球的抗疫工作带来极大挑战。

4. 应对措施

世界卫生组织与各国政府和合作伙伴密切协作，以共享关于新冠病毒的信息，跟踪了解病毒的传播特点和毒性，并对各国如何采取措施防止疫情蔓延提出建议。各国也根据当地的社会和环境情况，出台并实施了一系列防控措施，主要从控制传染源、切断传播途径、保护易感人群三个环节入手。2020年4月，世界卫生组织启动"获取新冠肺炎工具加速计划"（Access to COVID-19 Tools Accelerator，ACT-A），全球协同合作，加速开发、生产和公平分配新冠肺炎防控新工具（包括检测工具、治疗工具和疫苗）。

疫苗作为疫情防控最有效的医学手段，可以有效阻断病毒传播，对人类抗击新冠肺炎疫情具有极为重要的作用。国内外多个研究团队采用了不同的技术路线开展新型冠状病毒相关疫苗的研发，成功研制出灭活病毒疫苗、mRNA疫苗、重组蛋白疫苗和腺病毒载体疫苗等多款疫苗并获得紧急使用授权，在全球范围内进行接种。据不完全统计，截至2022年10月，全球共有300余种新冠候选疫苗处于临床前及临床试验阶段。我国有5个新冠病毒疫苗通过附条件批准上市，分别是国药集团中国生物北京生物制品研究所的新冠灭活疫苗、北京科兴中维生物技术有限公司的新型冠状病毒灭活疫苗（Vero细胞）、国药集团中国生物武汉生物制品研究所的新型冠状病毒灭活疫苗（Vero细胞）、康希诺生物股份公司的重组新型冠状病毒疫苗（5型腺病毒载体）和安徽智飞龙科马生物制药有限公司的重组新型冠状病毒疫苗（CHO细胞）。其中，国药集团中国生物北京生物制品研究所的新冠灭活疫苗和北京科兴中维生物技术有限公司的新型冠状病毒灭活疫苗，以及康希诺生物股份公司的5型腺病毒载体疫苗被列入世界卫生组织的紧急使用清单。

为进一步做好新冠肺炎医疗救治工作，我国在总结前期新冠肺炎诊疗经验和参考世界卫生组织及其他国家诊疗指南的基础上，对诊疗方案进行修订，形成了《新型冠状病毒肺炎诊疗方案（试行第九版）》。该诊疗方案提出一系列预防措施：符合新型冠状病毒疫苗接种条件者，均应及时接种；应保持良好的个人及环境卫生，均衡营养、适量运动、充分休息，避免过度疲劳。提高健康素养，养成"一米线"、勤洗手、戴口罩、公筷制等卫生习惯和生活方式，打喷嚏或咳嗽时应掩住口鼻。保持室内通风良好，科学做好个人防护，出现呼吸道症状时应及时到发热门诊就医。近期去过高风险地区或与确诊、疑似病例有接触史的，应主动进行新型冠状病毒核酸检测。

（二）严重急性呼吸综合征

严重急性呼吸综合征（Severe Acute Respiratory Syndrome，SARS）是由SARS冠状病毒（SARS-CoV）感染引起的烈性传染病，于2002年11月在我国广东省首次被发现。该疫情持续了8个月之久，蔓延至29个国家和地区。截至2003年7月，累计确诊感染病例8096例，其中774例死亡。除了对人类生命健康造成严重威胁，SARS疫情暴发还给全球经济造成巨大损失。

1. 病原介绍

SARS冠状病毒是一种有包膜的单股正链RNA病毒，其基因组长约30 kb，病毒颗粒呈圆形、椭圆形或多边形，直径为60—120nm。与其他冠状病毒一样，SARS病毒包膜上也有一些放射状排列的花瓣样或纤毛状突起，即刺突蛋白。刺突蛋白以其受体结合结构域（RBD）与表达病毒受体结合，而血管紧张素转化酶2（ACE2）是人细胞上的主要冠状病毒受体，CD209L则是具有较低亲和力的另一种受体。SARS冠状病毒的靶细胞包括气管和支气管上皮细胞、肺泡上皮细胞、巨噬细胞、肠道上皮细胞、肾脏远端曲管上皮细胞等。

SARS主要通过短距离呼吸道飞沫传播。研究人员曾在SARS患者的粪便、尿液、血液中检出病毒，因此粪口途径等其他传播方式尚不能排除。SARS冠状病毒的自然宿主是蝙蝠。蝙蝠通过唾液或粪便将病毒传给中间宿主，然后病毒通过中间宿主传给人类。果子狸是引起

2003年SARS疫情的中间宿主。

2. 临床症状

SARS的潜伏期为2—7天，少数患者的潜伏期可能超过10天。一般认为人群普遍易感，但儿童感染率较低，原因尚不清楚。容易发生感染的高危人群主要是患者的直接或密切接触者，如家属和医护人员。SARS起病急，以高热（>38℃）为首发症状，偶有寒战，个别病例低热，可伴有头痛、关节痛、乏力、腹泻等。如果患者病情未得到有效控制，会迅速发展，出现呼吸困难、心肺功能衰竭和肝功能衰竭，部分患者会在短期内死亡。据统计，住院期间90.8%的患者出现呼吸窘迫，患者从发病到严重呼吸窘迫的平均持续时间为9.8±3.0天。

3. 疫情概况

2002年11月，我国广东省暴发了一场病因不明的严重呼吸道疾病疫情。2003年初越南、加拿大等国家和地区也发现类似病例后，世界卫生组织发布了针对该疾病的全球警报，将其称为"严重急性呼吸系统综合征"（SARS）。截至2003年7月，SARS疫情在世界26个国家和地区蔓延，全球病死率为9.6%，其中近半数死者为超过65岁的老年人。至2003年7月13日，全球SARS患者人数、疑似病例人数均不再增长，SARS疫情基本结束。

4. 应对措施

世界卫生组织在全球疫情警报和反应网络（GOARN）的协助下组织了国际调查，与受灾国密切合作，提供流行病学、临床和后勤支持，帮助受灾国控制了疫情。我国新修订的《中华人民共和国传染病防治法》将SARS列为法定乙类传染病，并参照甲类传染病进行管理。针对传染源、传播途径、易感人群三个环节，采取以管理和控制传染源、预防控制医院内传播为主的综合性防治措施，努力做到早发现、早报告、早隔离、早治疗，对感染患者强调就地隔离、就地治疗，避免引起病毒远距离传播。

（三）中东呼吸综合征

中东呼吸综合征（Middle East Respiratory Syndrome，MERS）是继 SARS 疫情暴发后的又一次由冠状病毒引起的疫情。MERS 是一种由 MERS 冠状病毒（MERS-CoV）感染而引起的病毒性呼吸道疾病，2012 年首次被发现于沙特阿拉伯，2013 年底 MERS 病毒感染人数明显增加并达到顶峰，2015 年 MERS 疫情首次在中东以外国家——韩国大规模暴发，引起东亚国家极大关注。根据世界卫生组织统计，截至 2022 年 8 月，全球有 2591 例 MERS 确诊病例，死亡率为 34.5%。

1. 病原介绍

MERS-CoV 是一种在动物与人类之间传播的人畜共患病毒，人类通过与受感染的中间宿主直接或间接接触而受到感染。MERS-CoV 的起源尚不十分清楚，目前认为可能同 SARS-CoV 一样来自蝙蝠，并在某个时间点传播至骆驼。MERS-CoV 不会轻易发生人际传播，除非相关人员与病人密切接触，比如在没有防护的情况下向病人提供治疗。

2. 临床症状

MERS-CoV 感染的临床表现多样，部分患者无症状或出现轻微呼吸道症状，部分则出现严重急性呼吸道症状甚至死亡。典型临床症状为发热、咳嗽和气短。肺炎也是常见的临床表现，但并不是所有病例都有。腹泻等胃肠症状也有过报告。病人病情严重时会发生呼吸衰竭，需要在重症监护室进行人工通气。该病毒对老年人、免疫系统功能脆弱者和慢性病（如糖尿病、心脏病或肾病）患者造成的影响通常更为严重。

3. 疫情概况

自 2012 年以来，以下 27 个国家报告了 MERS 病例：阿尔及利亚、奥地利、巴林、中国、埃及、法国、德国、希腊、伊朗、意大利、约旦、科威特、黎巴嫩、马来西亚、荷兰、阿曼、菲律宾、卡塔尔、韩国、沙特阿拉伯、泰国、突尼斯、土耳其、阿拉伯联合酋长国、英国、美国和也门。沙特阿拉伯报告了大约80%的人类病例，这些病例往往因接触感染病毒的单峰骆驼或个人而受到感染。在中东以外发现的病例通常接触过前往中东以外地区旅行的中东感染者。在中东以外地区发生的疫情很罕见。

4. 应对措施

在应对MERS疫情的过程中，公共卫生、动物卫生等领域的专家与临床医生合作，收集、共享科学证据，以加深对MERS病毒及其所导致的疾病的理解，确定疫情应对重点和治疗策略。此外，世界卫生组织与受疫情影响的国家和国际技术合作伙伴一起，就MERS疫情协调落实卫生应对战略，包括：提供最新疫情信息，开展风险评估，并与国家行政部门开展联合调查；制定针对卫生部门和技术机构的技术指导方案，涉及临时性监测建议、实验室检测、感染预防控制和临床管理等。另外，世界卫生组织鼓励各成员国加强对严重急性呼吸道感染的监测，并对严重急性呼吸道感染或肺炎病例出现的异常情况进行仔细筛查。

无论是否已有MERS病例报告，各国尤其是有大量从中东返回的游客或务工人员的国家，都应保持高度警戒。应按照世界卫生组织的指南持续监测，同时强化医疗机构的感染预防控制措施。世界卫生组织要求各成员国通报所有MERS确诊和可能病例，并同时通报病例的暴露史、实验室检测情况和临床治疗过程等信息。

二、埃博拉病毒病

埃博拉病毒病（EVD）是人类和非人类灵长类动物中一种罕见且致命的疾病。埃博拉病毒通常由野生动物传播给人，可在人与人之间传播。埃博拉病毒是单股负链RNA病毒，属丝状病毒科，其主要靶细胞是血管内皮细胞、肝细胞、巨噬细胞和树突状细胞等，潜伏期为2—21天。目前已有疫苗获批用于预防扎伊尔型EVD。但要实现良好的疫情控制还需要采取一系列干预措施，包括病例管理、接触者监测和追踪、实验室服务、社会动员等。

1. 病原介绍

埃博拉病毒是基因组大小为 19 kb 的单股负链 RNA 病毒，属于丝状病毒科，丝状病毒科包括埃博拉病毒属（*Ebolavirus*）、马尔堡病毒属（*Marburgvirus*）和奎瓦病毒属（*Cuevavirus*）。埃博拉病毒属包括 6 种病毒：扎伊尔埃博拉病毒（Zaire ebolavirus，EBOV）、苏丹埃博拉病毒（Sudan ebolavirus，SUDV）、莱斯顿埃博拉病毒（Reston ebolavirus，RESV）、本迪布焦埃博拉病毒（Bundibugyo ebolavirus，BDBV）、塔伊森林埃博拉病毒（Tai Forest ebolavirus，TAFV）和邦巴利埃博拉病毒（Bombali ebolavirus，BOMV）。在这些病毒中，只有 4 种（EBOV、SUDV、TAFV 和 BDBV）可导致人类患病。已知 RESV 会在非人类灵长类动物和猪中引起疾病，但不会在人类中引起疾病。BOMV 是否会引起动物或人类患病尚不清楚。

2. 临床症状

人直接接触感染埃博拉病毒的动物（蝙蝠或非人类灵长类动物）或患者就易感染埃博拉病毒。当人接触患者的体液（或被污染的物体）时，病毒通过眼睛、鼻子及破损的皮肤或黏膜进入人体，从而引起感染。患者从疾病中恢复后，病毒可以在某些体液中持续存在，如精液。在过去暴发的 EVD 疫情中，患者病死率为 25%—90% 不等。病毒潜伏期为 2—21 天，感染埃博拉病毒的人只有在出现症状后才会传播疾病。EVD 的症状可能出现得很突然，包括发热、疲劳、肌肉疼痛、头痛和咽喉痛，随后患者会出现呕吐、腹泻、皮疹、肾和肝功能受损的症状，某些情况下会有内出血和外出血（如牙龈渗血、便中带血）。埃博拉病毒病的幸存者可能会出现后遗症，如疲倦、肌肉酸痛、视力问题等。

3. 疫情概况

埃博拉病毒最早于 1976 年在非洲埃博拉河附近（今刚果民主共和

国境内）被发现。从那时起，这种病毒就不时地导致部分非洲国家暴发疫情，其中最大的一次埃博拉疫情于 2014 年在西非暴发。该疫情始于几内亚，然后跨越陆地边界扩散到塞拉利昂和利比里亚。该次疫情出现的病例和死亡数超过了所有其他埃博拉疫情的总和。这次疫情也成了人类进入 21 世纪以来面临的最严重的公共卫生安全危机之一，对西非造成了灾难性影响。世界卫生组织于 2014 年 8 月宣布西非埃博拉疫情为"国际突发公共卫生事件"，预警此次疫情将对多个国家造成风险，需要各国做出"非常规"反应，所有报告埃博拉疫情的国家都应宣布进入紧急状态。2014 年 9 月，联合国安理会召开有史以来第一次与卫生相关的紧急会议，宣布埃博拉疫情是"国际和平与安全的一大威胁"[①]。

表8-1　埃博拉病毒病历次暴发情况

疫情暴发时间（年份）	国家	病毒亚型	病例数（人）	死亡数（人）	病死率（%）
2021 年	刚果民主共和国	扎伊尔	12	6	50%
2021 年	几内亚	扎伊尔	23	12	52%
2020 年	刚果民主共和国	扎伊尔	130	55	42%
2018—2020 年	刚果民主共和国	扎伊尔	3481	2299	66%
2018 年	刚果民主共和国	扎伊尔	54	33	61%
2017 年	刚果民主共和国	扎伊尔	8	4	50%
2015 年	意大利	扎伊尔	1	0	0%
2014 年	西班牙	扎伊尔	1	0	0%
2014 年	英国	扎伊尔	1	0	0%
2014 年	美国	扎伊尔	4	1	25%
2014 年	塞内加尔	扎伊尔	1	0	0%
2014 年	马里	扎伊尔	8	6	75%

---

① 2014 年 9 月 18 日世界卫生组织总干事就埃博拉问题在联合国安理会上的发言。

续表

疫情暴发时间（年份）	国家	病毒亚型	病例数（人）	死亡数（人）	病死率（%）
2014 年	尼日利亚	扎伊尔	20	8	40%
2014—2016 年	塞拉利昂	扎伊尔	14124 *	3956 *	28%
2014—2016 年	利比里亚	扎伊尔	10675 *	4809 *	45%
2014—2016 年	几内亚	扎伊尔	3811 *	2543 *	67%
2014 年	刚果民主共和国	扎伊尔	69	49	71%
2012 年	刚果民主共和国	本迪布焦	57	29	51%
2012 年	乌干达	苏丹	24	17	71%
2011 年	乌干达	苏丹	1	1	100%
2008 年	刚果民主共和国	扎伊尔	32	14	44%
2007 年	乌干达	本迪布焦	149	37	25%
2007 年	刚果民主共和国	扎伊尔	264	187	71%
2005 年	刚果民主共和国	扎伊尔	12	10	83%
2004 年	苏丹	苏丹	17	7	41%
2003 年（11 月—12 月）	刚果民主共和国	扎伊尔	35	29	83%
2003 年（1 月—4 月）	刚果民主共和国	扎伊尔	143	128	90%
2001—2002 年	刚果民主共和国	扎伊尔	59	44	75%
2001—2002 年	加蓬	扎伊尔	65	53	82%
2000 年	乌干达	苏丹	425	224	53%
1996 年	南非（加蓬疫情关联）	扎伊尔	1	1	100%
1996 年（7 月—12 月）	加蓬	扎伊尔	60	45	75%
1996 年（1 月—4 月）	加蓬	扎伊尔	31	21	68%
1995 年	刚果民主共和国	扎伊尔	315	254	81%
1994 年	科特迪瓦	塔伊森林	1	0	0%
1994 年	加蓬	扎伊尔	52	31	60%

疫情暴发时间（年份）	国家	病毒亚型	病例数（人）	死亡数（人）	病死率（%）
1979 年	苏丹	苏丹	34	22	65%
1977 年	刚果民主共和国	扎伊尔	1	1	100%
1976 年	苏丹	苏丹	284	151	53%
1976 年	刚果民主共和国	扎伊尔	318	280	88%

＊包括可疑、可能和已确认的 EVD 病例。

4. 应对措施

疫情控制需要依靠一系列措施，包括病例管理、接触者监测和追踪、实验室服务、社会动员等。应重点关注以下几个方面：避免与受感染的果蝠、猿猴、豪猪等接触，从而减少野生动物向人类传播病毒的风险；避免与感染埃博拉病毒的人直接接触，特别是直接接触患者体液；安全并有尊严地埋葬死者；确定可能与感染者接触的人，并持续21天监测他们的健康状况；将健康人群与感染者隔离以防止病毒进一步扩散；减少病毒通过性传播的风险。世界卫生组织建议，曾患有EVD的男性患者在症状发作后或直到症状发作后的12个月内，进行性行为时应采用更为安全的方式；医护人员在照护患者时应始终采取标准的预防措施，照顾疑似或确诊EVD患者的医护人员应采取额外的感染控制措施，避免接触患者的血液和体液及可能受病毒污染的物品等；从患者或动物中采集的用于调查埃博拉病毒感染的样品应由经过专业培训的实验室工作人员在 BSL-4 生物安全实验室中处理。

疫苗是控制疫情的关键。我国自主研发的"重组埃博拉病毒病疫苗"已获原国家食品药品监督管理总局新药证书和药品批准文号，这是由我国首个获批新药证书的埃博拉疫苗产品。美国食品药品监督管理局也批准了用于预防EVD的埃博拉疫苗 rVSV-ZEBOV。然而，截至目前，用于 EVD 治疗的药物尚未得到正式批准，免疫疗法等新兴疗法的安全性和有效性也有待评估。

三、寨卡病毒病

1. 病原介绍

寨卡病毒是一种单股正链的 RNA 病毒，属于黄病毒科、黄病毒属，是一种通过蚊虫传播的虫媒病毒，分为亚洲型和非洲型两个基因型。人类最早于 1947 年从乌干达寨卡丛林的恒河猴体内发现寨卡病毒，1952 年首次分离到寨卡病毒。

2. 临床症状

蚊媒传播是寨卡病毒传播的主要方式，蚊媒叮咬感染寨卡病毒的患者或非人灵长类动物后，通过叮咬的方式再将病毒传染给其他人。寨卡病毒也可以通过母婴传播、血液传播和性传播的方式在人与人之间传播。寨卡病毒病的潜伏期（从接触到出现症状的时间）为 3—14 天。在感染者中，只有约 20% 的人会表现出轻微症状，典型的症状包括低热、斑丘疹、关节疼痛、结膜炎，其他症状包括肌痛、头痛、眼眶痛及乏力，另外，患者偶有腹痛、恶心、呕吐、黏膜溃疡和皮肤瘙痒等症状。症状通常较温和，持续不到 1 周，需要住院治疗的严重病情并不常见。在法属波利尼西亚和巴西寨卡疫情期间，有报道称寨卡病毒病可能会造成神经和自身免疫系统并发症。妇女怀孕期间发生寨卡病毒感染可能使婴儿患有小头症或其他先天性畸形，统称为先天性寨卡综合征。寨卡病毒感染还与妊娠期间发生的其他并发症相关，包括早产和流产。感染寨卡病毒的成人和儿童可能面临罹患神经系统并发症的风险，包括吉兰—巴雷综合征（GBS）、神经病和脊髓炎。寨卡病毒病的临床诊断依据主要为病人在寨卡病毒流行地区或伊蚊媒介存在地区的生活或访问史。要对寨卡病毒感染诊断做出确认，必须通过实验室检测方法对血液或其他体液（如尿液或精液）进行检测。

3. 疫情概况

寨卡病毒病目前主要流行于拉丁美洲及加勒比、非洲、东南亚等地区。2007年，在密克罗尼西亚联邦的亚普岛首次暴发大规模疫情，该岛四分之三的人口感染寨卡病毒，人们由此开始关注寨卡病毒对公共卫生的影响。

美洲地区的寨卡病毒最早于2015年出现在巴西东北部地区。从2015年2月开始，巴西多个州卫生当局报告了一种急性外科疾病，到2015年5月，巴西卫生当局证实了该疾病由寨卡病毒感染所致。2015年10月，哥伦比亚卫生部报告显示，玻利瓦尔州暴发了寨卡病毒疫情，疫情随后蔓延到其他州。2016年，又有数个国家报告了寨卡病毒病例，寨卡病毒疫情在拉丁美洲等地区急剧扩大。2018年，美洲地区共报告了31587例疑似感染寨卡病毒的病例，其中3473人经实验室检测，诊断为确诊病例。

在非洲区域，2015年之前仅有零星几例寨卡病毒感染病例的报告，且只在几个国家有寨卡病毒传播的记载，包括布基纳法索、布隆迪、喀麦隆、中非共和国、科特迪瓦、加蓬、尼日利亚、塞内加尔、塞拉利昂、乌干达。2015年11月，佛得角暴发寨卡病毒疫情。

寨卡病毒在美洲出现后，世界各国对寨卡病毒都加强了监测。在亚洲及太平洋区域，15个国家和地区（东萨摩亚、斐济、印度尼西亚、马来西亚、马尔代夫、马绍尔群岛、密克罗尼西亚联邦、新喀里多尼亚、帕劳、菲律宾、萨摩亚、新加坡、泰国、汤加、越南）报告了2015年和2016年疫情暴发情况。2013年，寨卡病毒疫情曾大规模暴发于法属波利尼西亚，这是南太平洋的法国海外领土，人口约268000。该地报告了多达8200例寨卡病毒感染病例，同时期报告的吉兰—巴雷综合征病例的数量异常高，与寨卡病毒疫情存在时间上的关联。此外，在此期间，该区域也有其他国家和地区报告了寨卡病毒疫情，包括库克群岛、复活节岛（智利）、新喀里多尼亚和瓦努阿图。

另外，从寨卡病毒流行区或疫区返回的旅客也可能传播寨卡病毒，许多国家早在2013年就有相关感染病例的报告。这些输入病例增加了病毒传播到存在疾病媒介的地区的风险，从而可能导致当地出现人—蚊传播的情况。

截至2019年7月，共87个国家和地区有本地蚊子传播寨卡病毒的记录。美洲寨卡病毒感染的发生率在2016年达到高峰，并在2017年和2018年大幅度下降。除智利、乌拉圭和加拿大外，美洲所有国家都发现了寨卡病毒的传播。在一些地区，获取当地关于寨卡病毒感染的准确且最新的流行病学数据是很困难的，因为大多数寨卡病毒感染无明显症状，其他患者的症状通常也是轻微的、非特异性的，确诊病例可能无法被准确、及时地检测和报告，而且许多国家缺乏监测和报告系统。在疫情尚未大规模暴发的情况下，可供参考的信息往往限于临床病例报告、旅行者病例和研究报告。即使在具有实验室检测能力的地方，由于现有诊断方法的局限性，病例的检测和监测也具有挑战性。

4. 应对措施

为应对寨卡病毒疫情，世界卫生组织于2016年6月发布了寨卡病毒疫情应对计划，制定了疫情防控工作方案，为受疫情影响的国家和地区提供支持，并最终获得国际捐助约1.22亿美元。该计划的主要目标是支持各国政府和当地社区预防和控制寨卡病毒感染及其并发症，并减轻疫情对社会经济造成的影响。第一，强化各级监测系统，使之能够迅速检测发现疫情和并发症，并提供最新的流行病学信息来指导行动。第二，通过媒介管理、风险沟通、社区参与等方式预防寨卡病毒感染。第三，在国家和社区层面加强卫生和社会支持系统，为受寨卡病毒影响的个人、家庭和社区提供支持。第四，为加强公共卫生和社区指导提供所需的数据和材料，以加强寨卡病毒感染的预防、检测和控制，加快蚊虫控制工具、高效检测手段以及疫苗的研发和应用。

四、登革热

1. 病原介绍

登革病毒是黄病毒属的一种单股正链RNA病毒，利用伊蚊属的蚊子作为媒介在灵长类动物中传播。登革病毒可分为4种不同的血清型（DENV1—DENV4），患者感染特定血清型的病毒后会对该血清型的病毒终身同源免疫，但在感染异源血清型时患出血热的风险会增加。

2. 临床症状

登革病毒往往由受感染的蚊子（主要是伊蚊）通过叮咬传播给人类，蚊子的感染则缘于携带登革病毒的患者，无论该患者是否表现出相关症状。登革病毒在人类之间传播的主要方式是蚊媒，但也有证据表明存在母婴垂直传播的可能性。登革热是一种严重的流感样疾病，影响婴儿、幼儿和成人，但很少导致患者死亡。被携带病毒的蚊子叮咬后的4—10天为潜伏期。大多数登革病毒感染会导致亚临床症状或典型的登革热症状，表现为发烧、肌肉和关节疼痛、恶心、呕吐、头痛和皮疹，症状通常持续2—7天。然而，大约0.5%的感染患者会有最严重表现——登革热出血热（DHF），患者可能会出现严重腹痛、持续呕吐、牙龈出血、吐血等症状，大约5%的病例会死亡。对登革病毒感染患者的诊断方式包括通过病毒学方法检测病毒核酸和通过血清学方法检测抗登革病毒的抗体水平。

3. 疫情概况

1970年以前，只有9个国家经历过严重的登革热疫情，近几十年来，全世界登革热发病率急剧上升，登革热曾在非洲、美洲、东地中海、东南亚和西太平洋区域的128个国家流行。向世界卫生组织报告的登革热病例数量，从2000年的505430例增加到2010年的240多万例和2019年的420万例，2000年至2015年报告的死亡人数从960人增至4032人。美洲、东南亚和西太平洋区域受影响最严重，亚洲的感染人数约为全球的70%。随着感染病例数量的增长，登革热的传播范围也蔓延到了欧洲：2010年，法国和克罗地亚首次报告了本地传播病例，另有3个欧洲国家也发现了输入性病例。2012年，葡萄牙马德拉群岛暴发登革热，出现2000多例感染病例，葡萄牙本土和欧洲其他10个国家发现输入性病例。近年来，一些欧洲国家几乎每年都有本地传播病例的报告。

2016年，美洲地区报告了超过238万例病例，其中巴西报告150万例病例，包括1032例死亡病例。西太平洋地区报告了超过37.5万例疑似病例，其中马来西亚报告了10万例，菲律宾报告了17.6万例。所罗门群岛也暴发了疫情，有7000多例疑似病例。在非洲地区，布基纳法索报告了局部登革热疫情，有1061例疑似病例。

2017年，美洲地区报告的登革热病例数量大幅减少，只有巴拿马、秘鲁和阿鲁巴在这一年病例数量增加，严重登革热病例数也减少了53%。

2019年全球报告的登革热病例数较多，仅美洲地区就报告了310万例病例，其中有超过2.5万例严重病例；在亚洲地区，孟加拉国有10.1万例病例，马来西亚有13.1万例病例，菲律宾有42万例病例，越南有32万例病例。

2020年，在孟加拉国、巴西、库克群岛、厄瓜多尔、印度、印度尼西亚、马尔代夫、毛里塔尼亚、尼泊尔、新加坡、斯里兰卡、苏丹、泰国、东帝汶、也门等国，登革热的流行趋势仍未改变。

4. 应对措施

世界卫生组织通过各种方式应对登革热：支持各国通过实验室合作网络确认疫情；为各国有效控制登革热疫情提供技术支持和指导；支持各国改进报告制度，并获取该疾病的真实疫情数据；与合作中心一起，在国家和地区层面提供临床管理、诊断和病媒控制方面的培训；制定循证战略和政策；支持各国制定登革热预防和控制战略，并落实全球病媒控制对策；推进新型技术的发展，包括杀虫剂产品和应用技术；收集 100 多个会员国的登革热和严重登革热的官方记录；为会员国提供关于登革热监测、病例管理、诊断、预防和控制的准则和手册。

2017 年 5 月，世界卫生大会通过了 WHA 70.16 号决议，呼吁会员国制定或调整国家病媒控制战略和行动计划，以符合全球病媒控制对策。该对策提出了通过加强病媒监测和控制来减少病媒传播疾病的战略方针，以综合病媒管理概念为基础，通过更有效、可持续的监测和控制来减轻疾病负担，包括：加强部门间和部门内的协作；动员社区参与，使社区能够主导和推动病媒控制活动，从其环境中消除病媒，改善住房条件；加强和整合国家病媒干预和疾病监测系统，协调国家之间的监测和行动；扩展和集成病媒控制工具和方法，选择适合当地环境的病媒控制方法。

近几十年来全球登革热疫情空前激增，促使世界卫生组织在 2019 年将登革病毒列入全球十大公共卫生威胁名单。以前伊蚊仅限于热带地区活动，近年来开始进入温带地区，因为气候变化，伊蚊栖息地的范围扩大到海拔更高的地区，尼泊尔等国家开始报告登革热病例。蚊媒疾病流行区域的地理分布不断变化，自 2010 年以来，法国、意大利、葡萄牙和西班牙都记录了登革热病例。

世界卫生组织正努力加强全球范围的病媒控制措施，以控制登革热和其他蚊媒传播疾病的蔓延。在美洲，泛美卫生组织协助社区清除家庭和公共场所周围的蚊虫滋生地，并对卫生专业人员进行培训，提升登革热诊断和治疗水平。世界卫生组织西太平洋区域办事处也采取类似做法，培训卫生专业人员，建立诊所和医院，应对疫情期间涌入的患者。此外，世界卫生组织在登革热应对和病媒控制等方面向非洲提供技术和财政支持，包括疫情监测、实验室检测等。

五、黄热病

1. 病原介绍

黄热病是由黄热病病毒引起的、由蚊虫媒介传播的急性虫媒病毒传染病，是《国际卫生条例》规定的国际检疫传染病之一。黄热病病毒是一种单股正链 RNA 病毒，属于黄病毒科、黄病毒属，病毒颗粒为球形，有包膜。黄热病病毒对脂溶剂、化学消毒剂以及酸和热敏感，56℃加热 30 分钟或紫外线照射可以灭活病毒。

2. 临床症状

黄热病病毒通过伊蚊属和嗜血蚊属的蚊子传播。不同的蚊种生活在不同的栖息地，有些在房屋周围（家居环境）繁殖，有些在野外丛林中繁殖，还有些在两种环境中均可繁殖（半家居环境）。传播链有三类：丛林型黄热病——在热带雨林中，猴子是黄热病病毒的主要宿主，伊蚊属和嗜血蚊属的野生蚊子通过叮咬在猴子之间传播病毒，在森林中工作或旅行的人偶尔会被受感染的蚊子叮咬并染上黄热病；中间型黄热病——半家居环境中的蚊子通过叮咬传染猴子和人，人与受感染的蚊子之间的接触增多导致病毒传播增加；城市型黄热病——如果受感染的人把病毒带入人口稠密且埃及伊蚊密度高的地区，这些地区又有很多人之前未接触黄热病病毒或没有接种过疫苗而几乎或根本不具免疫力。在这种情况下，受感染的蚊子在人与人之间传播病毒，易发生黄热病大流行。

黄热病病毒的潜伏期为 3—6 天。受到感染后，多数人没有症状，如果出现症状，最常见的是发热、肌肉疼痛（尤其是背痛）、头痛、食欲缺乏、恶心或呕吐。大多数情况下，症状在 3—4 天后消失。但一小部分患者从最初症状恢复后 24 小时内会进入毒性更强的第二期，表现为高热再现和多种组织系统损伤。在此阶段，患者可能出现黄疸（皮肤和眼睛发黄，"黄热病"的病名由此而来）、尿色深、腹痛并伴有呕吐，口、鼻、眼或胃可能出血。进入毒性期的患者半数在7—10天内死亡，其余患者可以康复且没有显著的器官损伤。

3. 疫情概况

在非洲和拉丁美洲的47个国家中，有逾9亿人面临感染黄热病的风险。在非洲，有34个国家的约5.08亿人面临感染风险。其他面临感染风险的人主要分布在拉丁美洲的13个国家，其中感染风险最大的为玻利维亚、巴西、哥伦比亚、厄瓜多尔和秘鲁的居民。

人类认识黄热病已有500多年的历史，1498年在南美洲的圣多明哥和1585年的西非就有临床症状类似黄热病的记载，1647—1649年，巴巴多斯、古巴和墨西哥第一次发生明显的黄热病流行。在18世纪和19世纪，黄热病是世界上传播范围最广的传染病之一，在非洲和美洲广泛传播，还随着航海船只传播到欧洲。

2003年泛美卫生组织报告了玻利维亚、巴西、哥伦比亚、秘鲁和委内瑞拉发生的226例黄热病例，包含99例死亡病例。2016年，非洲安哥拉、刚果和乌干达等国家集中暴发了黄热病，疑似病例达7509例，其中确诊970例，死亡130例（病死率为13.4%）。这次黄热病的集中暴发再次让人们看到了它的传播风险。一年之后，黄热病再次入侵南美洲，2017年1月—2018年11月，玻利维亚、巴西、哥伦比亚、厄瓜多尔、法属圭亚那和秘鲁6个美洲国家和地区报告了黄热病确诊病例。2018年巴西共确诊黄热病病例1257例，其中394人死亡。

4. 应对措施

自1937年美国医生、细菌学家马科斯·泰勒发明了17-D黄热病病毒减毒活病毒疫苗后，黄热病得到了有效抑制。超过90%的人接种黄热病疫苗后，10天内即可获得针对黄热病的免疫力，99%的人30天内可获得免疫力。一剂黄热病疫苗就可以使人体达到持续免疫、终身防护的效果，不需要加强注射。在疫苗接种覆盖率低的高危地区，及时发现感染者并通过免疫接种来控制疫情暴发，对预防疾病流行至关重要。要防止高危地区出现大规模疫情，在相应地区的易感人群中，疫苗接种覆盖率必须至少达到60%。

消除黄热病流行的全球战略（EYE）是由全球疫苗免疫联盟、联合国儿童基金会和世界卫生组织共同制定的一项针对具有黄热病流行风险国家的全球长期战略（2017—2026年），以应对日益增加的城市黄热病疫情和国际传播风险。该战略在世界卫生组织非洲区域委员会第67届会议期间得到所有非洲会员国的赞同，泛美卫生组织区域免疫技术咨询小组（RITAG）于2017年批准了该战略。EYE战略包含三个战略目标（保护高危人群、防止国际传播和迅速遏制疫情）和五方面关键要素（负担得起的疫苗和可持续的疫苗市场，全球、区域和国家各级强有力的政治承诺，长期合作伙伴的高级别治理，各国卫生保健部门的协同合作，以及先进技术的研发）。

第一，保护高危人群。免疫接种被认为是预防黄热病最有效的措施。EYE战略旨在确保人们普遍接种黄热病疫苗，使高危国家的每个人都可以预防黄热病。为了实现这个目标，EYE战略的方案是评估风险以确定资源配置的优先级。风险评估有助于指导其公平实施预防性干预措施，包括预防性大规模疫苗接种和将黄热病疫苗引入常规免疫接种清单。同时，EYE战略全球合作伙伴与疫苗供应商和全球卫生合作伙伴合作，增加疫苗产量，并让高危国家当地政府负担得起。提供资金支持，使高危国家能够常规性、预防性接种黄热病疫苗。

第二，防止国际传播。2016年的安哥拉疫情表明，交通枢纽城市暴发大规模疫情，不仅会大大增加疫情在当地传播的风险，而且会使疫情迅速蔓延到其他国家。为了降低疫情传播风险，EYE战略的方案是保护高风险人群（如面临感染性接触风险的人），加强《国际卫生条例》相关措施的落实（如在入境点加强核查疫苗接种情况），并建设有较强防疫能力的城市中心（如制定应对大规模黄热病暴发风险的计划，并增加病媒控制措施）。

第三，快速控制疫情。由于非正规城市化等因素，黄热病暴发的风险大大增加。制订防控计划迅速遏制疫情，防止其发展成破坏性大流行，对于成功应对疫情至关重要。这取决于对疫情的快速发现和确认、应急疫苗的储备情况以及对疫情的快速反应。因此，EYE战略组织努力改进监测和诊断手段，以便尽早发现疫情并对疫情做出快速反应。此外，EYE战略组织与黄热病疫苗国际协调小组（ICG）协调，以确保全球黄热病疫苗库存量保持在600万剂左右。

六、基孔肯雅热

基孔肯雅热（Chikungunya fever）是一种通过蚊子传播的病毒性疾病，由基孔肯雅热病毒（Chikungunya virus，CHIKV）引起，能在人体内引起严重的肌肉骨骼疾病，特征是发烧、多关节痛、肌痛、皮疹和头痛。1952年基孔肯雅热在坦桑尼亚南部暴发，"基孔肯雅"出自坦桑尼亚南部的土语中的一个单词，意为"变成歪扭的"，描述患者由于关节疼痛身体弯曲的样子。20世纪60年代以后，基孔肯雅热多暴发于东南亚地区，多次发生于非洲以及亚洲的印尼、菲律宾、泰国、越南、缅甸和印度等地。自2004年以来，基孔肯雅热又扩散到新的地区，在全球范围内引发相关疫情。目前其流行的可能性仍然很大。

1. 病原介绍

CHIKV属于披膜病毒科甲病毒属，直径约70 nm，有包膜。它为单股正链RNA病毒，基因组由约12000个核苷酸组成。CHIKV基因序列的系统发育分析表明，CHIKV起源于500多年前的非洲，并且从一个共同的谱系进化出西非（WA）和东/中/南非（ECSA）两个不同的分支。西非毒株主要与西非国家的昆虫传播和人群中小规模暴发有关。而来自ECSA谱系的毒株已经传播到新的地区，引起城市范围内的流行。据估计，亚洲是非洲以外首次出现ECSA毒株的地区，该病毒后来又进化出独立于ECSA谱系的独特的亚洲基因型，导致多起CHIKV疫情的暴发。

2. 临床症状

绝大多数感染 CHIKV 的患者会突然起病，症状以高热为主（39℃以上），一般 1—7 天即可退热，约 3 天后再次出现较轻微发热，持续3—5 天恢复正常。发热常伴有关节疼痛，患者全身多个关节和脊椎可能出现十分剧烈的疼痛，且病情发展迅速，往往在数分钟或数小时内关节功能丧失，不能活动。关节疼痛通常表现出双侧性和对称性，常见于周围关节（腕、踝和指骨）和一些大的关节（肩、肘和膝盖）。大多数患者可以痊愈，但有些患者的关节痛会持续数月甚至数年，对其正常生活产生严重影响。

其他症状包括关节肿胀、乏力、皮肤病变和消化系统症状等。部分患者在发病后 2—5 天出现黄斑或斑丘疹，主要累及四肢、躯干和面部，部分伴有全身瘙痒，数天后可消退。在流行病学调查中，研究人员还观察到一些非典型症状，包括神经系统并发症、出血性疾病等。导致非典型症状、重症症状的两个危险因素，一是年龄，二是基础性疾病。

基孔肯雅热的症状与其他虫媒病毒类似，在有合并流行的地区，须注意其与登革热的区别。

3. 疫情概况

基孔肯雅病毒于 1952 年在坦桑尼亚首次被发现，此后 50 年内该病毒在非洲和亚洲偶尔引发疫情。自 2004 年以来，基孔肯雅热在全球快速蔓延，已波及亚洲、非洲、欧洲和美洲的 60 多个国家。

从 2004 年开始，肯尼亚的基孔肯雅病疫情蔓延到印度洋周边地区，在此后的两年时间当地政府共报告了约 50 万例病例；疫情随后从印度洋周边地区蔓延到了印度，经过数年持续流行，感染人数近 150万。2007 年，欧洲首次出现本土疫情，报告了 197 例病例。2010 年，东南亚再次报告疫情，欧洲、美国也有病毒输入病例的报告。2013年，美洲首次出现本土疫情。

2014 年，欧洲的基孔肯雅热疫情暴发，出现 1500 例病例；年末疫情又在太平洋岛国暴发，泛美卫生组织区域办事处报告了100多万疑似病例。2015年，欧洲报告了624例病例，美洲国家向泛美卫生组织区域办事处通报了693489例疑似病例和37480例确诊病例，疾病负担大大低于前一年。2016年，欧洲的病例报告数保持在500例以下，泛美卫生组织区域办事处共报告349936例疑似病例和146914例实验室确诊病例，疾病负担继续减轻。而在非洲，肯尼亚报告了一起疫情，有1700多例疑似病例，索马里曼德拉镇约80%的人口感染。在亚洲，印度基孔肯雅热病例近65000例。

2017年，有10个欧洲国家发现548例基孔肯雅热病例，其中约84%为确诊病例。与往年一样，亚洲和美洲是受基孔肯雅热影响最严重的地区。巴基斯坦始于2016年的疫情报告病例数有8387例，印度则出现了62000例病例。美洲和加勒比地区报告了185000例病例；巴西的病例占美洲区域病例总数的90%以上。此外，苏丹（2018年）、也门（2019年）以及柬埔寨和乍得（2020年）也报告出现基孔肯雅热疫情。

4. 应对措施

目前尚无预防基孔肯雅病毒感染的商业疫苗，几种有应用潜力的疫苗仍处于临床试验的不同阶段，要获得许可并向公众提供仍需几年时间。避免蚊虫叮咬是目前最佳的自我保护方式。

蚊媒滋生是基孔肯雅热及其他通过伊蚊传播的疾病的一个重要风险因素。目前，控制或预防基孔肯雅病毒传播的主要方法是与蚊媒作斗争。预防和控制的有效方式是减少居住地助长蚊虫滋生的自然和人为盛水容器的数量，这就需要动员社区，尤其是受影响的高风险社区，每周应清空并清洁盛水容器以抑制蚊子滋生，这是减少蚊媒数量的有效方法。

在疫情暴发或流行期间，可以通过喷洒杀虫剂杀死飞蚊，并将杀虫剂喷洒在容器表面和附近水中，杀死未成熟的蚊子幼虫。卫生部门可将此作为控制蚊子数量的紧急措施。

由于传播基孔肯雅病毒的蚊子多在白天觅食，因此建议在着装方面尽量减少暴露皮肤，并严格按照使用说明使用驱蚊剂，驱蚊剂应含有避蚊胺、驱蚊酯或埃卡瑞丁。对于幼儿、老人或病人，防虫蚊帐具有良好的保护作用。前往高危地区的人员应采取基本防护措施，包括使用驱蚊剂、穿长袖衣服和长裤并确保房间内装有防止蚊子进入的屏障。

世界卫生组织通过建立实验室合作网络等方式，为各国疫情确认和管理提供技术支持和指导；制定疫情相关政策和管理计划，发布流行病学监测、实验室管理、临床病例管理和病媒控制等方面的指南；鼓励各国提高发现和确诊病例的能力，妥善管理患者，并落实社会沟通策略。

七、拉沙热

拉沙热（Lassa fever，LF）是一种人畜共患的急性病毒性出血热疾病，由拉沙病毒（Lassa virus，LASV）引起，临床表现主要为发热、寒战、咽炎、胸骨后疼痛和蛋白尿，可出现多系统病变，感染途径包括接触受感染的啮齿类动物的尿液或粪便污染的食品或其他用品。约80%的感染者无临床症状，每5例感染病例中有1例重症病例，重症往往累及多个器官。拉沙热在西非部分地区流行，包括塞拉利昂、利比里亚、几内亚和尼日利亚等国家。据美国疾病控制与预防中心估计，全球每年有10万—30万例拉沙热病例，其中包括5000例死亡病例。

1. 病原介绍

LASV属于沙粒病毒科，病毒颗粒为球形，直径为70—150 nm，有包膜，其基因组由两个负链RNA片段组成。

根据血清学特征、地区和宿主的分布，LASV被进一步归类为旧世界沙粒病毒，与LASV同属旧世界沙粒病毒的还有 Mopeia virus（MOPV）、Ippy virus（IPPYV）、Mobala virus（MOBV）等。此外，基于遗传多样性，LASV毒株被分为四个谱系，其中谱系I-III仅在尼日利亚被发现，而谱系 IV 分布于多个西非国家。研究人员通过对几种 LASV 毒株完整基因组进行序列分析，发现四个谱系之间序列多样性水平很高，这种多样性的发现对于检测技术和疫苗的研发至关重要。

2. 临床症状

拉沙热的症状和体征通常在感染后 1—3 周出现，临床表现多样。约 80% 的感染者症状轻微或无症状，容易漏诊或误诊，但是在另外 20% 的感染者中，疾病可发展为重症，这个过程通常是渐进的。轻度症状包括轻微发热、全身不适和乏力。部分患者感染几天后可能出现头痛、喉咙痛、肌肉疼痛、胸痛、恶心、呕吐、腹泻、咳嗽、腹痛等症状。严重者可能出现面部肿胀，胸腔积液，呼吸窘迫，口、鼻、阴道或胃肠道出血，低血压，蛋白尿等症状。晚期可出现休克以及神经系统症状，包括癫痫发作、震颤、定向障碍和昏迷。由于多器官衰竭，患者可能在症状发作后 2 周内死亡，病死率为 1%，住院病例的病死率为 15%—20%。

拉沙热最常见的并发症是耳聋，约三分之一的感染者有不同程度的耳聋，大多数情况下，感染者的听力丧失是永久性的，且不受疾病严重程度影响，轻度、重度病例均有可能发生耳聋。

拉沙热对怀孕处于晚期的孕妇影响尤为严重，常导致孕妇发生自发流产，同时导致孕妇病死率升高，胎儿死亡率约为 95%。

3. 疫情概况

LASV 的宿主是一种啮齿动物，被称为"多乳鼠"（*Mastomys natalensis*）。这种动物感染后，尿液中长时间存在病毒，该症状甚至可持续一生。多乳鼠在西非、中非和东非的草原和森林中数量众多，在人类居住和储存食物的区域也易于定居，LASV 常由多乳鼠向人类传播。

人群对于拉沙热普遍易感，通常由于接触受感染的多乳鼠的排泄物、接触被污染的物体、食用被污染的食物或通过开放伤口及溃疡的暴露而感染 LASV。LASV 还可通过拉沙热患者的血液、尿液、粪便或其他分泌物造成人际传播。在农村等有多乳鼠存在的地区生活的人群有较高的感染风险，尤其在环境卫生和生活条件较差的社区。卫生工作者在护理拉沙热患者时，若缺少必要的隔离防护或感染控制规范不严格，感染风险也会增加。

拉沙热病例最早于1969年在尼日利亚的拉沙镇被发现，同年人们首次分离到LASV。从那时起，拉沙热就在贝宁、几内亚、利比里亚、科特迪瓦、马里、尼日利亚、塞拉利昂等西非国家流行。据报道，拉沙热发病率在西非森林地区最高。塞内加尔、布基纳法索、加纳、喀麦隆和中非共和国也有拉沙热流行的迹象。自1980年以来，世界上其他国家也有散发的输入性拉沙热病例。

据美国疾病控制与预防中心估计，西非每年有10万—30万例拉沙热感染病例，其中约有5000例死亡。在塞拉利昂和利比里亚的某些地区，每年入院病人中有10%—16%患拉沙热，这表明拉沙热对该地区造成了严重影响。然而，目前对拉沙热的监测尚未标准化，由于受非洲高流行地区的社会动乱影响，人们对拉沙热临床数据的估计较为粗略。

4. 应对措施

由于拉沙热流行地区的多乳鼠数量庞大，人们难以将其完全从环境中消灭，因此只能通过改善社区卫生、阻止啮齿动物进入家中等措施，实现社区预防。有效措施还包括使用防啮齿动物容器储存食物、处理垃圾时远离居住点、保持家庭环境卫生等。家庭成员在照料病人时，应始终注意避免接触其血液和体液。

医疗卫生机构在护理患者时，无论诊断结果如何，都应始终严格落实感染预防和控制措施，包括基本的手卫生、呼吸卫生、使用个人防护设备、应用安全的注射方法和葬埋方法，避免与患者血液和体液以及受污染的物品表面接触。在与拉沙热患者密切接触时（1米之内），工作人员应有面部防护（面罩或医用口罩和护目镜），以及干净、消毒的长袖罩衣和手套。人类和动物的拉沙病毒感染调查样本应由专业人员在具备相应生物防护条件的实验室处理。

在某些情况下，部分国家会有拉沙热流行地区的输入病例。对于来自西非地区的发热患者，应考虑到拉沙热诊断，尤其是对于曾经暴露于流行拉沙热的国家的农村地区或医院的患者。如果发现疑似拉沙热患者，应立即联系相关部门，寻求咨询意见并安排实验室检测。

几内亚、利比里亚和塞拉利昂三国的卫生部门与世界卫生组织等组织和机构合作，建立了马诺河联盟拉沙热网络，提升对拉沙热和其他危险疾病的实验室诊断能力。相关实验室诊断、临床管理和环境控制的培训也被纳入其中。

八、流感

流行性感冒（influenza）简称流感，是由人流感病毒（influenza virus）引起的急性呼吸道传染病，以发热、头痛、肌痛、乏力、鼻炎、咽痛和咳嗽为主要临床表现，可伴有肠胃不适症状，患者多在1—2周内康复，但是幼儿、老年人以及慢性病患者，感染后可能出现严重并发症。流感病毒很容易通过感染者咳嗽或打喷嚏时产生的飞沫在人与人之间传播，人群普遍易感，因此在流感流行期间，病毒往往传播非常迅速。

流感病毒根据其核心蛋白的差异可分为三种类型：甲型、乙型和丙型。甲型流感病毒可感染人类和多种不同动物，引起季节性流感，流感大流行往往也是由甲型流感病毒引起的。乙型流感病毒也可在人际间传播并引起季节性流感。丙型流感病毒既可以感染人类，也可以感染猪，但其导致的病情通常较为温和，很少需要报告。

甲型H1N1流感是由一种新型的甲型H1N1亚型流感病毒引起的急性呼吸道传染病。2009年，墨西哥暴发甲型H1N1流感疫情，并迅速蔓延至全球，引起全球性大流行。

禽流感是由甲型流感病毒引起的一种禽类传染病，通常不感染人类。但特定高致病性禽流感病毒引起的人急性呼吸道传染病，称为人禽流感。

1. 病原介绍

流行性感冒病毒属于正黏病毒科，一般为球形，直径为80—120 nm，病毒体结构主要包括病毒核酸与蛋白组成的核衣壳和包膜。病毒基因组为单负链分节段RNA，全长13600 nt，甲型和乙型流感病毒有8个RNA节段，每个RNA节段分别编码不同的蛋白质。病毒体包膜上镶嵌有两种刺突，即血凝素（HA）和神经氨酸酶（NA），HA和NA的抗原结构不稳定，很容易发生变异。根据HA和NA抗原性的不同，可将甲型流感病毒划分为若干亚型，迄今共有18种不同的HA亚型和11种NA亚型。目前，在人间流行的甲型流感病毒亚型主要有H1N1和H3N2等亚型，1997年以来，人们发现H5N1、H7N7和H9N2等亚型的禽流感病毒也可以感染人类。

流感病毒的抗原性变异是其发生变异的主要形式，包括抗原性漂移和抗原性转变。抗原性漂移是指病毒在不改变其亚型特征的情况下抗原结构发生小幅度变异，通常由基因突变和人群免疫力选择性导致，可引起季节性流行。抗原性转变是指在自然流行条件下，流感病毒表面的抗原结构发生大幅度的变异，或者当几种不同甲型流感病毒感染同一细胞时发生基因重组，出现与前次流行株HA或NA抗原结构不同的新亚型，由于人群对其缺乏免疫能力，可出现世界性大流行。

甲型H1N1流感病毒，也被称为甲型（H1N1）pdm09病毒，是人流感病毒、猪流感病毒、禽流感病毒通过感染猪后发生基因重组而形成的新毒株，其基因组包含不同流感病毒片段，这种独特的基因组合以往未在动物或人体内发现过。

2. 临床症状

典型流感起病急，潜伏期通常为1—3天，前期患者即出现乏力、高热、畏寒、寒战、头痛、全身酸痛等症状，可伴或不伴鼻塞、流涕、咽痛、干咳等局部症状，也可能有呕吐、腹泻等症状，病程4—7天，咳嗽和乏力可持续数周。轻症流感常与普通感冒症状相似，但发热和全身症状更明显，重症病例可出现病毒性肺炎、继发性细菌感染、中毒性休克、器官衰竭等多种并发症，甚至死亡。

甲型 H1N1 流感潜伏期一般为 1—7 天，多为 1—3 天，患者以发热为首发症状，一般持续 2—3 天，可伴有畏寒或寒战，可有流涕、鼻塞、咽痛、咳嗽、咳痰、头痛、乏力、全身酸痛等症状。部分患者出现呕吐和（或）腹泻、肌肉酸痛或疲倦、球结膜充血等症状。轻型患者临床症状较轻，表现为轻微的上呼吸道症状，无发热或低热，常呈现自限性过程。重症患者起病急剧，体温快速升至 39℃ 以上，且持续不退，超过 3 天，呼吸道症状明显加重，也可出现反应迟钝、嗜睡、躁动等精神症状，少数病例病情进展迅速，出现呼吸衰竭、多脏器功能不全或衰竭。该流感还可加重原有基础疾病，甚至导致死亡。

人感染禽流感后出现的症状严重程度各异，取决于引起感染的病毒亚型。重症患者一般为 H5 或 H7N9 亚型感染，患者病程发展异常迅速，初期症状似普通流感，主要表现为高热（38℃ 以上），可伴有咳嗽、鼻塞、流涕、咽痛和全身不适等症状。重症患者常在发病 1 周内出现累及下呼吸道的症状和体征，包括呼吸窘迫、肺部实变体征，随即发展为呼吸衰竭，还可出现重症肺炎、肺出血、多脏器功能衰竭、败血症及休克等多种并发症，甚至死亡。人感染甲型 H5 和 H7N9 病毒的病死率远远高于季节性流感。而感染 H7N7 和 H9N2 亚型的患者通常症状轻微，仅出现过 1 例荷兰报告的甲型 H7N7 病毒致死病例。

3. 疫情概况

所有年龄组对流感病毒普遍易感，孕妇、5 岁以下儿童、老年人、慢性病患者和免疫抑制个体发展为重症或产生并发症的风险更高。在温带地区，流感的季节性流行主要发生在冬季，而在热带地区，全年均可发生，疫情在时间上无规律性。

各国卫生部门在 COVID-19 全球大流行的背景下采取的各种措施在减少流感病毒传播方面发挥了作用，全球范围内的流感病毒传播水平低于同期一般水平。疫情期间，北半球温带地区的一些国家曾报告散发甲型和乙型流感病例，但数量通常低于一般水平；南半球温带地区流感病例数量仍呈季节性变化；加勒比和中美洲国家出现乙型流感的散发病例，在某些国家，COVID-19导致了严重急性呼吸道感染病例的增加；在非洲热带地区，西非仍有流感散发报告病例；在东南亚，老挝报告发现的主要是甲型H3N2流感；南亚和南美洲热带地区未发现流感病例。

自2009年春季首次发现新型H1N1病毒以来，该病毒在全球范围内迅速传播，引发了流感大流行。甲型H1N1流感病毒与以往流行的病毒有很大不同，季节性流感疫苗也没有针对它的交叉保护作用，年轻人群对其很少有免疫力，但部分60岁以上接触过旧型H1N1病毒的人群具有抗体，因此2009年的流感大流行主要影响儿童和中青年人。据美国疾病控制与预防中心估计，在病毒流行的第一年，全球范围内死亡人数为151700—575400人，其中约80%为15岁以下人群。2010年8月10日，世界卫生组织宣布全球2009年H1N1流感大流行结束，但是甲型H1N1流感病毒仍继续以季节性流感的形式传播。

禽流感病毒通常不会感染人，但某些亚型会导致人们偶发感染，（由于与受感染的禽类或其分泌物接触）。已知3种亚型的禽流感病毒会感染人（H5、H7和H9），其中H5N1和H7N9亚型近年来有人感染的病例报告。甲型H5N1禽流感主要发生在禽类中，具有高度传染性，1997年香港禽流感暴发时，研究人员首次在人体内发现甲型H5N1禽流感病毒。自2003年广泛流行以来，亚洲、非洲、欧洲和中东地区报告有散发的人类感染病例，患者均曾长时间接触受感染禽类。但甲型H5N1禽流感病毒在人与人之间很少发生传播。2013年3月，中国首次报告了甲型H7N9禽流感病毒感染人的情况，此后每年都有流行病例的报告。在2016年10月—2017年9月的第5次流行中，世界卫生组织报告有766例感染病例，是迄今为止最大的一次H7N9禽流感流行。截止到2017年12月7日，自2013年首次报告以来，H7N9禽流感感染病例累计总数为1565例，在第1次到第5次流行期间，病死率约为39%。

4. 应对措施

预防流感最有效的方法是接种疫苗。但由疫苗接种所获得的免疫力会随时间推移而降低，因此建议每年接种流感疫苗。由于流感病毒具有不断变异的特点，世界卫生组织通过全球流感监测和应对系统（GISRS），持续监测人群中流感病毒的流行情况，并每半年更新一次流感疫苗组合，指导各国选择疫苗制剂和确定接种时间，并支持会员国制定流感预防和控制战略。

抗病毒药物可用于暴露前预防或暴露后阻断。此外，加强个人防护、养成良好卫生习惯对于预防流感等呼吸道传染病也十分重要。

九、鼠疫

鼠疫是由鼠疫耶尔森菌引起的自然疫源性疾病，也叫作"黑死病"，可感染人类和其他哺乳动物。啮齿动物是鼠疫的主要传染源，被感染鼠疫的跳蚤叮咬和直接接触染疫动物是人类感染鼠疫的主要原因。在中世纪的欧洲，鼠疫导致了数以百万计的人口死亡。现代抗生素能够有效治疗鼠疫，但是如果缺乏及时的治疗，鼠疫仍然会导致严重的病症或死亡。人间鼠疫以亚洲、非洲、美洲发病最多，在我国主要发生在云南和青藏高原。鼠疫属国际检疫传染病，在我国《传染病防治法》中被列为甲类传染病之首。

1. 病原介绍

鼠疫杆菌为革兰氏染色阴性短小杆菌，有荚膜，无鞭毛，新分离株使用亚甲基蓝或吉姆萨染色，可显示两极浓染。在病灶标本中及初代培养时，呈卵圆形。在液体培养基中生长时呈短链排列。鼠疫杆菌是兼性厌氧菌，最适生长温度为27—28℃。鼠疫杆菌对外界抵抗力较强，在寒冷、潮湿的条件下不易死亡，在-30℃条件下仍能存活。可耐日光直射1—4小时，在干燥咯痰和蚤粪中可存活数周，在冻尸中能存活4—5个月，但对一般消毒剂、杀菌剂的抵抗力不强。对链霉素、卡那霉素及四环素敏感。

2. 临床症状

人类常因被跳蚤叮咬、接触被感染动物的组织或体液、传染性飞沫等感染鼠疫杆菌，感染的临床症状取决于病人暴露于病原菌的方式。

腺鼠疫：患者易突然出现发烧、头痛、畏寒、淋巴结肿胀（腹股沟淋巴结最为常见）等症状。这种临床类型通常是由感染鼠疫杆菌的跳蚤叮咬人体，之后伤口附近的淋巴结中繁殖的鼠疫杆菌进入人体引起。如果患者不进行适当的抗生素治疗，鼠疫杆菌可能会扩散到身体的其他部位。

败血性鼠疫：患者通常出现发烧、畏寒、极度虚弱、腹痛、休克等症状，鼠疫杆菌甚至能影响到皮肤和其他器官。皮肤和其他组织（尤其是手指、脚趾和鼻子）可能会变黑和坏死。这种临床类型通常是由被感染的跳蚤叮咬或接触过感染鼠疫的动物而引起。

肺鼠疫：患者通常出现发烧、头痛、无力、急性肺炎、气短、胸痛、咳嗽（咳血或水样黏液）等症状，其中肺炎还可能导致呼吸衰竭和休克。肺鼠疫可由吸入传染性飞沫后未治疗的败血性鼠疫细菌扩散到肺部导致，是最严重的鼠疫形式，也是鼠疫在人与人之间传播（通过传染性飞沫）的唯一形式。目前，肺鼠疫仍以一定频率在一些发展中国家发生。

3. 疫情概况

（1）查士丁尼瘟疫

历史上第一次有详细记载的鼠疫疫情发生在东罗马帝国查士丁尼一世统治时期。据记载，这次疫情起源于非洲，通过商船上感染的老鼠传播到欧洲。公元541年，疫情蔓延至拜占庭首都君士坦丁堡，每天导致多达1万人死亡，以至于未及掩埋的尸体只能被堆放在建筑物内甚至露天堆放。患者表现出许多典型的鼠疫症状，包括突然发烧和淋巴结肿大。此次疫情在拜占庭平息之后，仍在欧洲、非洲和亚洲持续了数年。据记载，此次疫情造成约2500万人死亡，但实际死亡人数可能更高。

（2）欧洲黑死病

1347年，黑死病通过从克里米亚回国的意大利水手由东方传入欧洲，疫情在5年时间内蔓延至整个欧洲大陆。中世纪的医生试图用放血和其他粗糙的技术与疾病作斗争，但对其病因却知之甚少。1353年疫情结束时，黑死病造成的死亡人数多达5000万，超过了当时欧洲人口的一半。

（3）伦敦大瘟疫

16世纪和17世纪，伦敦城发生过几次鼠疫疫情，最广为人知的一次发生在1665年到1666年间。疫情最初出现在圣吉尔斯教区，很快就蔓延到了市区狭窄肮脏的社区。1665年9月最严重时，每周约有8000人死亡。到1666年疫情平息时，疫情已造成7.5万—10万人死亡。

（4）马赛大瘟疫

1720年，西欧中世纪最后一次疫情暴发。此次疫情最初发生在法国港口城市马赛，是商船上乘客被鼠蚤叮咬而感染导致的。在附近的普罗旺斯，人们甚至建造了"瘟疫墙"试图控制疫情，但疫情仍然蔓延到法国南部，直到1722年才结束，造成了大约10万人死亡。

（5）第三次鼠疫大流行

前两次的鼠疫大流行始于查士丁尼瘟疫和欧洲黑死病，第三次大流行于1855年在我国云南暴发，并在接下来的几十年里蔓延至全球，到20世纪初共有约1500万人死亡，这次鼠疫大流行直到20世纪50年代才逐渐结束。

鼠疫在20世纪50年代后，已得到有效的控制，但在一些国家和地区仍时有散发或小规模流行。我国鼠疫自然疫源地面积大、类型复杂，历史上也发生过多次流行。新中国成立后，鼠疫基本得到控制。

4. 应对措施

加强建筑内的防鼠措施，减少啮齿动物在人类工作和生活区域的活动。如需处理动物尸体，务必戴手套并进行必要防护。在进行徒步旅行等活动或在户外工作时，使用防蚊防蚤产品，不要接触野生动物。看管好猫、狗等宠物。出现疑似鼠疫症状的病人应尽快就医并接受治疗。

卫生部2005年印发《全国鼠疫监测方案》，建议通过主动监测，系统收集人间和动物间鼠疫的相关信息，尽早发现疫情，及时采取控制措施，防止疫情的蔓延与流行，并掌握疫情的动态和趋势，为鼠疫的预测预警和制定防治对策提供科学依据。该方案要求，建立国家、省、地、县四级人间鼠疫监测网络；严格执行疫情报告制度；各级各类医疗机构及诊所的首诊医生，要对病人做出初步诊断，如为疑似鼠疫病人，就地隔离，按照程序及时报告，并根据不同鼠疫类型特点采集标本送检。

十、炭疽

炭疽是由炭疽芽孢杆菌引起的一种自然疫源性疾病，是《中华人民共和国传染病防治法》规定的乙类传染病，其中肺炭疽按照甲类传染病管理。炭疽病多见于中美洲和南美洲、撒哈拉以南非洲、亚洲中部和西南部以及欧洲南部和东部等地的农业区域。炭疽芽孢杆菌通常在一些蹄类动物中传播，人类感染炭疽的主要原因是与带有炭疽芽孢的动物或者畜产品频繁接触。炭疽病例以皮肤炭疽最为常见，多为散发病例。炭疽病在人类中自然传播的发生率较低，但炭疽杆菌的芽孢具有极强的存活能力，且吸入致死率高。

1. 病原介绍

炭疽杆菌属于需氧芽孢杆菌属，炭疽杆菌需氧或兼性厌氧，在普通培养基中易繁殖，最适温度为37℃，最适pH为7.2—7.4。炭疽杆菌菌体粗大，两端平截或凹陷，排列似竹节状，无鞭毛，革兰染色阳性。炭疽杆菌在氧气充足、温度适宜（25—30℃）的条件下易形成芽孢。芽孢呈椭圆形，位于菌体中央，其宽度小于菌体的宽度。在人和动物体内能形成荚膜，荚膜的形成是其毒性特征。炭疽杆菌在低浓度青霉素的作用下，菌体可肿大形成圆珠，称为"串珠反应"，是炭疽杆菌特有的反应。

2. 临床症状

皮肤炭疽：炭疽孢子进入皮肤（通常是通过伤口），导致皮肤炭疽。当人们处理受感染的动物及其制品（如羊毛、兽皮等）时也会患上皮肤炭疽。病变常见于面、颈、肩、手和脚等暴露部位皮肤。皮肤炭疽为炭疽病感染最常见的形式，潜伏期通常为1—7天。如果不予治疗，皮肤炭疽病死率可高达20%，但是予以适当治疗，几乎所有病例都可存活。

吸入性炭疽：人吸入炭疽孢子可发生吸入性炭疽。毛纺厂、屠宰场、皮革厂等场所的员工在处理受感染的动物及其制品时，可能会吸入炭疽孢子。吸入性炭疽最初影响胸部淋巴结，之后蔓延至身体其他部位，最终导致严重呼吸困难和休克。吸入性炭疽是最致命的炭疽类型，如果不予治疗，吸入性炭疽患者的存活率仅有10%—15%，如果采取积极治疗，存活率可达55%。

消化道炭疽：食用生的或未煮熟的感染炭疽病的动物的肉，会导致人们患上消化道炭疽。炭疽孢子会引起上消化道（咽部和食道）、胃和肠道症状。潜伏期通常为1—7天。如果不予治疗，消化道炭疽患者病死率可超50%，但通过合理治疗，60%的患者能够存活。

注射性炭疽：其症状与皮肤炭疽类似，但是炭疽芽孢会深入药物注射的皮肤深层或肌肉里。注射性炭疽传播至全身的速度更快，并且更难判定和治疗。

3. 疫情概况

自然炭疽疫情较少发生，炭疽杆菌具有极强的存活能力，且致死率极高、来源广泛。炭疽杆菌易于培养、成本低廉，因此多年来被作为一种潜在的生物武器进行管控。2001年9月18日，美国发生了一起为期数周的生物恐怖袭击，被称为"炭疽邮件事件"。有人把含有炭疽杆菌的信件寄给数个新闻媒体人办公室以及两名民主党参议员，共导致5人死亡，22人感染。

2020年，我国共上报炭疽发病数224例，死亡数0例。2021年，截至7月31日，我国共上报发病数为159例，死亡数1例。

4. 应对措施

炭疽高危人群可通过接种疫苗进行防护。对于那些已经暴露于炭疽杆菌，但还没有症状的人群，可使用特定的抗生素阻止疾病的发展。在动物炭疽流行的地区居留时，避免进食未煮熟的肉类，避免接触牲畜、动物尸体和动物制品。

所有类型的炭疽感染均可以使用抗生素治疗（包括静脉注射抗生素）。当炭疽毒素在人体内被释放后，使用抗毒素是一种可行的治疗方法。

卫生部于2005年印发《全国炭疽监测方案（试行）》，提出开展全国常规监测和监测点的监测，了解炭疽疫情动态和流行规律，掌握炭疽杆菌的地区分布情况及自然消长规律，规范和完善血清学、病原学及分子生物学的检测方法。

十一、布鲁氏病

布鲁氏病是一种由布鲁氏菌引起的人畜共患传染病，是《中华人民共和国传染病防治法》规定的乙类传染病。布鲁氏病是可能发生在世界上许多地区的人间传染病。20世纪70年代，我国的布鲁氏病疫情得到了较好控制，至90年代初，我国人布鲁氏病发病率只有0.02/10万。但1993年疫情出现反弹，随后发病率迅速增长，至2014年达到4.2/10万，升高了210倍。疫情加重的区域包括多个北方省区，并扩展至全国31个省、自治区、直辖市。2020年上报布鲁氏病新发病例4.7万人次，发病率为3.365/10万。

1. 病原介绍

布鲁氏菌是一种胞内寄生的革兰氏阴性菌，无芽孢，无鞭毛，多呈短杆状或球杆状。根据其抗原与寄生宿主差异，可将布鲁氏菌分为9个种，即牛种、羊种、猪种、犬种、绵羊种、沙林鼠种、野田鼠种以及20世纪末相继从海洋哺乳动物中分离出的海洋哺乳动物鳍种和鲸种。其中感染人的主要为牛种、羊种、猪种和犬种。牛种与羊种布鲁氏菌在世界范围内分布最为广泛，也是我国目前主要的布鲁氏流行菌株。

2. 临床症状

人布鲁氏病引起的主要症状包括波浪热、盗汗异味、体虚等，还常伴有全身乏力、失眠、厌食、头痛、关节痛、便秘、精神紧张和抑郁症，孕妇感染布鲁氏菌容易发生自然流产。由布鲁氏病所引起的慢性感染症状往往难以根治，给患者生理和心理健康带来较大危害。

3. 疫情概况

2019年11月28日，中国农业科学院兰州兽医研究所口蹄疫防控技术团队2名学生检测出布鲁氏菌抗体阳性。11月29日，该团队布鲁氏菌抗体阳性的人数增加至4人，截至12月25日，兰州兽医研究所学生和职工血清布鲁氏菌抗体初筛检测累计671份，实验室复核检测确认抗体阳性人员累计181例。抗体阳性人员除1名出现临床症状外，其余均无临床症状、无发病。

4. 应对措施

从正规渠道购买乳制品和肉类，烹饪时保证彻底加热。家养动物应接种疫苗。兽用布鲁氏菌疫苗在控制布鲁氏病疫情方面起到重要作用。兽医、农民、猎人和屠宰场工人进行生病或死亡动物的处理以及协助动物分娩等操作时应戴橡胶手套。在高风险的工作场所采取安全预防措施，实验室工作人员应在特定的生物安全条件下处理样品；屠宰场工人也应采取保护措施，如使用防护服等个人防护用品。

我国卫生部2005年印发《全国人间布鲁氏菌病监测方案（试

行）》。为贯彻落实《国家中长期动物疫病防治规划（2012—2020年）》，进一步做好全国布鲁氏菌病防治工作，农业部、卫计委2016年组织制定了《国家布鲁氏菌病防治计划（2016—2020年）》。卫计委2018年制定印发《全国布鲁氏菌病监测工作方案》。

第二节
动植物疫情

　　动物疾病的传播一直是令人关注的问题，它会引发畜牧业产量的下降，加剧世界范围内的动物蛋白损失和食品缺乏。同时，动物作为疾病的传播媒介，会将很多人畜共患病的病原体传播给人类，带来疾病疫情。植物疾病大规模传播同样威胁着经济和社会稳定。世界主要粮食作物中发生的病毒性疾病大流行对全球粮食安全构成了重大威胁，特别是对热带或亚热带的发展中国家的粮食安全造成巨大影响。随着气候变化加速，人类和动物活动增加，控制各类传染病的难度将越来越大，动植物疫情的威胁在未来可能加剧。防控动植物疫情与守护人类健康密切相关，具有十分重要的意义。

一、非洲猪瘟

　　非洲猪瘟（African swine fever，ASF）是猪的一种高度传染性病毒病，致死率高，接近 100%。虽然非洲猪瘟病毒（African swine fever virus，ASFV）无法由猪传播给人类，不会对人类健康构成威胁，但是它会造成严重的生产和经济损失。ASFV 可以通过活猪或死猪、家养猪或野生猪以及猪肉产品进行传播。此外，ASFV 由于对环境具有高度抵抗力，还可能通过受污染的饲料和鞋子、衣服、刀具等物品传播。从历史上看，撒哈拉以南的非洲国家、西欧和拉美国家都暴发过 ASF 疫情。2007 年以来，非洲、亚洲和欧洲的多个国家都曾报告该病病例。猪感染 ASFV 后会出现致命的出血热，目前尚无投入使用的非洲猪瘟疫苗，可用的疾病控制方法是对疫区进行检疫和宰杀受感染的动物。

1. 病原介绍

ASF 是一种具有高度传染性和致命性的病毒性疾病，会影响各个年龄段的家猪和野猪。ASF 是由 ASFV 引起的，ASFV 是一种大型的包膜病毒，具有二十面体形态，病毒颗粒平均直径为 200 nm。病毒基因组由线性、共价封闭的双链 DNA 的单个分子组成。ASFV 是非洲猪瘟病毒科（*Asfarviridae*）中唯一的成员。

2. 临床症状

猪感染 ASFV 后，其临床体征和死亡率会根据病毒的毒性和猪的种类而有所不同。急性 ASF 的特征是高烧、抑郁、厌食或食欲缺乏、皮肤出血（耳朵、腹部和腿部皮肤发红）、呕吐和腹泻，怀孕的母猪感染后会发生流产。猪感染毒力较强的病毒株后可在 6—13 天内（或最多20 天）死亡，死亡率通常高达 100%。中度或低毒力的病毒可能引起亚急性和慢性 ASF，造成病猪出现较轻但持续时间较长的临床症状，包括体重减轻、间歇性发烧、呼吸道症状、慢性皮肤溃疡和关节炎。致死率通常为 30%—70%。不同类型的猪对 ASFV 的敏感性可能不同。

3. 疫情概况

非洲猪瘟在世界多个地区都有发现，特别是在撒哈拉以南的非洲地区。近年来，它已蔓延到中国、蒙古和越南以及部分欧盟国家。非洲猪瘟第一次公认的暴发是在 1921 年的肯尼亚，起初疫情范围局限在非洲大陆，直到 20 世纪中叶蔓延到欧洲，而后扩散到南美和加勒比海地区。20 世纪 90 年代，通过严格的控制和根除计划，欧洲（撒丁岛除外）消灭了该病。但是 2007 年以来，非洲猪瘟又在全球多个国家发生、扩散和流行，特别是俄罗斯及其周边地区。2017 年 3 月，俄罗斯远东地区伊尔库茨克州发生非洲猪瘟疫情，疫情发生地距离我国较近。我国是养猪及猪肉消费大国，生猪出栏量、存栏量以及猪肉消费量均居全球首位，每年种猪及猪肉制品进口总量巨大，与多个国家贸易频繁；而且，我国与其他国家的旅客往来频繁，旅客携带的商品数量多、种类杂。因此，非洲猪瘟在我国的传播风险日益加大，一旦发生，其可能造成的损失将不可估量。对此，我国在2020年发布《国务院办公厅关于促进畜牧业高质量发展的意见》，要求建立健全分区防控制度；农业农村部于2021年4月印发《非洲猪瘟等重大动物疫病分区防控工作方案（试行）》，以完善分区防控政策措施。

4. 应对措施

目前没有应用于临床的针对非洲猪瘟的治疗方法或疫苗。阻止这种疾病暴发的有效方法是减少所有受影响或裸露的猪群的数量。受非洲猪瘟疫情影响的国家控制ASF可能很困难，必须根据特定的流行病学情况，采取相关卫生措施，包括：及早发现和人道处置染病动物（恰当处置尸体和废物）；彻底清洁和消毒；开展监测和详细的流行病学调查；严格落实农场生物安全措施。减少易感动物流动，在疫情暴发地周围建立"安全区域"，控制病毒的传播。对无疫情的国家来说，要严格执行进口政策，落实生物安全措施，确保入境的猪肉或猪肉制品未受感染。

二、口蹄疫

口蹄疫（Foot-and-mouth disease，FMD）是一种具有高度传染性的病毒性疾病，主要发生于牛、猪、绵羊、山羊以及其他反刍动物，严重影响牲畜的生产和相关产品的对外贸易，会给当地造成重大的经济损失。

FMD是世界动物卫生组织重点关注的一种传染性疾病，成员国必须按照世界动物卫生组织《陆生动物卫生法典》的规定，向该组织报告，也可以向世界动物卫生组织申请正式批准控制FMD的国家防疫计划。

1. 病原介绍

FMD 是由口蹄疫病毒（Foot-and-mouth disease virus，FMDV）引起的，FMDV 属于小核糖核酸病毒科（*Picornaviridae*）中的口蹄疫病毒属（*Aphthovirus*），其基因组 RNA 全长约 8.5 kb，病毒颗粒为球形，直径 20—30 nm，呈正二十面体形态。

FMDV 目前有 7 种血清型（A 型、O 型、C 型、SAT1 型、SAT2 型、SAT3 型和 Asia1 型），不同血清型之间无交叉免疫保护。

2. 临床症状

患病动物临床体征的严重程度取决于毒株种类、暴露剂量以及患病动物的年龄、种类及其免疫力。动物感染后潜伏期为 2—14 天，发病率可达 100%。与绵羊和山羊相比，牛和猪感染后临床症状更为严重。成年动物的死亡率通常较低（1%—5%），而幼牛、羔羊和仔猪的死亡率较高（20%及以上）。与传统品种相比，集约化饲养的动物更易感。

FMDV 感染的典型临床体征是鼻、口唇部、蹄部、乳头以及皮肤黏膜出现水疱。通常，水疱会在 7 天之内愈合，但也可能发生并发症，如开放性水疱的继发细菌感染。其他常见症状有发烧、抑郁、唾液分泌过多、食欲缺乏、体重减轻、发育迟缓和产奶量下降。据报道，患病动物的产奶量总体下降 80%。

3. 疫情概况

FMD 在亚洲一些地区以及非洲大多数地区和中东地区均有流行。澳大利亚、新西兰、印度尼西亚等国家和中美洲、北美洲以及西欧大陆等地区目前暂未发生口蹄疫大面积流行，但由于口蹄疫是一种可跨界传播的动物疾病，上述地区也可能会有散发疫情。

我国历史上曾有过 FMD 流行的记载，新中国成立前的半个世纪内，FMD 持续流行，多发生在云南、青海、新疆、内蒙古、西藏等省（自治区）的牧区，感染动物以牛羊为主。

4. 应对措施

全球食品和 FMD 控制策略是根据世界动物卫生组织法规的指导原

则而制定的，包括建立早期监测和预警系统有效监测疾病的发生和流行，并对FMDV进行鉴定等。具体控制策略的实施因国家而异，并取决于该疾病在该国家的流行病学状况。对于牲畜所有者和管理者而言，必须采取生物安全措施，以防止病毒的引入和传播。

疫苗接种能在口蹄疫控制过程中发挥有效作用。各国根据FMD疫情的情况，可以设计疫苗接种策略以实现大规模或针对特定的动物亚群或区域的疫苗接种。所使用的疫苗应符合世界动物卫生组织的安全性标准，并且疫苗中的一种或多种毒株的抗原决定簇必须与当地流行的毒株相同。

三、牛海绵样脑病

牛海绵样脑病（Borine spongiform encephalopathy，BSE）又称疯牛病，是一种牛神经系统的退行性疾病，是由神经组织中朊蛋白（prion protein，PrP）异常积聚引起的。它包括典型和非典型两种形式，一般认为典型的疯牛病是由于牛摄入被朊病毒（prion）污染的饲料而感染所引起，非典型疯牛病则是在牛群中自发发生的。

疯牛病与人类的新变异型克雅氏病（new variant CJD，nCJD）有关，被认为是人畜共患病，已被世界动物卫生组织列出，疫情发生地必须按照世界动物卫生组织《陆生动物卫生法典》的规定报告相关情况。

1. 病原介绍

疯牛病的病原体是朊粒，又称朊病毒，是一种由宿主细胞基因编码的、构象异常的蛋白质，不含核酸，具有自我复制能力和传染性，其本质是一种异常折叠的朊蛋白，分子量为27—30 kDa，在电镜下呈纤维状或杆状，直径为10—20 nm，长100—200 nm。在光学显微镜下可观察到某些脑组织中由朊蛋白聚集形成的淀粉样斑块。

2. 临床症状

疯牛病是一种慢性退行性、致死性的中枢神经系统疾病，潜伏期很长，一般为2—8年，目前没有针对性的治疗方法或疫苗。

感染后的动物会表现出一些临床体征，如容易紧张或做出攻击性行为、抑郁、共济失调、姿势异常、体重减轻或产奶量下降，通常为亚急性起病，且表现出进行性神经系统症状。由于缺乏有效的治疗方法，通常受感染的动物会死亡。

3. 疫情概况

典型疯牛病于1986年在英国牛群中首次被诊断，但更早就在该国牛群中出现，之后扩散到25个国家，这些国家主要在欧洲、亚洲、中东和北美等地区，中国尚无病例报告。

1988年7月，英国政府立法禁止用含有反刍动物来源的蛋白质的物质喂养牛等反刍动物，并对病牛和疑似病牛的尸体进行彻底焚烧。如今随着有效的控制措施的实施，典型疯牛病的流行率及其全球卫生影响和公共卫生风险均处于较低水平。

4. 应对措施

目前对疯牛病没有有效治疗方法，也无有效疫苗，因此，防止疯牛病暴发只能依靠有效的监控措施。根据世界动物卫生组织《陆生动物卫生法典》，防止引进或处理疯牛病的有效策略如下：有针对性地监测反刍动物临床神经系统疾病的发生，确保疯牛病报告结果的透明度；对进口反刍动物及其产品的质量采取相应保障措施，包括但不限于在屠宰和加工过程中以及从人类食物和动物饲料链中去除特定的危险物质，科学处理动物尸体和相关动物产品等。

四、水稻黄斑病

亚洲水稻是大约1万年前由中国的野生稻培育而来的谷类作物，是重要的粮食作物，尤其是在发展中国家。许多病毒可以使该作物患病，其中水稻黄斑病是主要的水稻流行病，对发展中国家的粮食安全造成了巨大威胁。

1. 病原介绍

导致水稻黄斑病的病原体是水稻黄斑驳病毒（Rice yellow mottle virus，RYMV）。RYMV具有稳定的球形病毒体，可在受污染的物体表面长期保持活力，并在受感染的植物中大量增殖，因此可以很容易地进行接触式传播，包括植物间接触式传播。它也可以通过几种甲虫物种传播，或者通过哺乳动物、灌溉水和土壤传播。

2. 症状

感染水稻黄斑病的水稻主要表现出叶片变黄、植株矮化、分蘖减少和穗部灌浆不良等症状。该病导致作物种子产量低和谷物品质差，产量损失率为25%—100%。

3. 疫情概况

在19世纪的东非沿海地区，RYMV从附近的野生稻中溢出而感染亚洲水稻，然后传播到内陆。在19世纪末期的西非，类似的溢出过程导致RYWV在尼日尔河三角洲上游地区的非洲水稻中出现，并扩散到该地区的其他地方。RYMV于1966年在肯尼亚被首次发现，对撒哈拉以南的非洲国家造成广泛而严重的生产损失。由于水稻是世界主要粮食作物之一，RYMV向世界其他水稻种植地区的传播导致该病的全球流行，引起了人们对未来粮食安全的担忧。

4. 应对措施

一旦某个地区发生了由病毒溢出引起的破坏性植物病毒病大流行，人们首先要限制病毒的进一步扩散，防止其传播到其他地区。例如，落实严格的生物安全措施，对陆地边界、海港和机场实施检疫限制等。

五、小麦赤霉病

小麦是世界主要粮食作物之一，其种植面积约占世界粮食总种植面积的17%，然而，由于几种生物和非生物限制因素，小麦生产的产量和质量持续受到威胁。已有的关于31种病虫害和病原体的报告显示，小麦赤霉病（Fusarium head blight，FHB）、叶锈病（Leaf rust，LR）和条锈病（Stripe rust，SR）等真菌病对小麦生产造成了严重影响。

FHB是由镰刀菌属中的多种真菌引起的疾病复合体，有20种以上的镰刀菌可引起小麦赤霉病。引起我国小麦发生FHB的镰刀菌主要为禾谷镰刀菌（*Fusarium graminearum*）和亚洲镰刀菌（*Fusarium asiaticum*）。

1. 病原介绍

禾谷镰刀菌寄主范围广，可感染小麦、大麦、水稻、燕麦等多种作物，在温暖且湿度较高的环境中可通过风、雨或昆虫将子囊孢子和分生孢子传播到健康的小麦穗上，从而在小麦花期内引发感染，因此人们在患病小麦穗状花序中可以分离出病原体。

2. 症状

镰刀菌侵染小麦后，可引起苗枯、茎基腐、秆腐和穗腐，其中影响最严重的是穗腐。小麦抽穗扬花时，病菌侵染小穗和颖片，小穗枯黄至枯褐，使被害部位以上小穗形成枯白穗。湿度大时，小麦病斑处会产生粉红色胶状霉层，病穗后期会产生密集的黑色小颗粒（子囊壳）。近年来，镰刀菌引起的秆腐问题也普遍发生，秆腐多发生在穗下第一、二节，严重时，造成病部以上枯黄，有时导致小麦不能抽穗或抽出枯黄穗。

小麦赤霉病的流行可以引起当年10%—20%的小麦产量损失，大流行甚至会导致绝收。同时，呕吐毒素、玉米赤霉烯酮等多种真菌毒素污染麦粒后，小麦质量会下降，甚至失去食用或饲用价值。

3. 疫情概况

小麦赤霉病是典型的温湿气候型重大流行性病害。在过去的30年中，北美地区小麦的发病率持续增加，其在美国造成的损失达数十亿美元，特别在20世纪末到21世纪初，其造成的损失尤为严重。

近年来，由于气候和耕作制度的变化，小麦赤霉病在我国大流行的频率呈现不断增高的态势。小麦赤霉病常发区原集中在长江中下游与江淮麦区，目前已扩展到黄淮南部麦区，小麦赤霉病已成为我国小麦主产区的常发性重大病害。

4. 应对措施

目前，小麦赤霉病防控主要采取化学防治、选用抗病品种和改进栽培措施相结合的综合防控技术。

化学防治坚持预防为主、分类指导、分区施策、科学用药、节本增效的原则，坚持适期用药、合理选药、科学施药、一喷多效以提高预防控制效果。在长江流域、江淮、黄淮等小麦赤霉病常年重发区，人们始终坚持主动出击、见花打药。

选用抗病品种是控制病害最为经济有效的防治策略之一，但目前应用于生产的抗病品种仍然缺乏。近10年，抗病品种仅占我国小麦品种的4%，且受生态型的限制，这些抗病品种不能在淮河以北地区种植，因此我国大部分麦区种植的品种对赤霉病缺乏抗病性。

此外，调整种植结构、优化农艺措施等也是控制赤霉病发生、减少毒素污染的关键。

六、小麦锈病

叶锈病（LR）和条锈病（SR）是小麦常见的锈病，分别由小麦叶锈菌（*Puccinia triticina Eriks*，Pt）和小麦条锈菌（*Puccinia striiformis f.sp. tritici*，Pst）引起，广泛出现在世界各主要小麦种植区，主要感染处于不同生长阶段的小麦叶片，也可以感染叶片鞘和颖花，对小麦的产量和质量造成严重损失。

1. 病原介绍

与FHB不同，Pt和Pst是专性寄生的真菌，不能在宿主组织外部繁殖。这种真菌是异质的，需要通过两个遗传学上不相关的宿主才能完成其生命周期。锈菌具有五个不同的孢子阶段，在有利的气候条件下，锈菌孢子可通过风、水或其他途径进行跨区域传播，导致世界范围内的流行。

2. 症状

LR的典型症状是小麦叶片上橙棕色的圆形损伤，SR的症状表现为小麦叶片上出现黄色至橙色的小脓包，后者通常在叶片、颖花和芒的静脉之间呈条纹状排列。一般情况下，LR和SR分别在温暖干燥和凉爽潮湿的时期流行，然而，适应高温的Pst菌种的出现，导致较温暖的小麦种植区也开始出现SR的流行。

小麦感染锈病后生理机能遭到干扰和破坏，麦粒千粒重下降，穗粒数减少，甚至不能抽穗，形成"锁口疸"，导致收成下降，损失严重，特大流行年份减产率为50%—60%。

3. 疫情概况

世界所有主要的小麦种植地区均曾有小麦锈病疫情发生，非洲南部是主要的小麦锈病流行地区。据报道，1980年以来，该地区发现多个易受叶锈病侵害的小麦品种，南非西开普省的部分降雨地区和其他省份的灌溉地区常有局部流行。

我国在1950年、1964年、1990年和2002年发生过4次条锈病全国大流行，小麦在这些年份分别减产60亿千克、32亿千克、16.5亿千克和14亿千克。Pst主要在甘肃、青海、宁夏、四川西北部等高寒冷凉地带的晚熟冬春麦和自生麦苗上越夏，在广大东部麦区越冬，易导致全国大面积流行。

4. 应对措施

面对小麦锈病全国性大流行的威胁，各部门要高度重视，以春季菌源基地早期防治为重点，以保护主产麦区安全生产为目标，全面开展综合防控工作。首先是早期用药剂防治菌源，加强病害普查和冬季预防，减少菌源数量，防止锈菌向外传播。在早春对发病麦田实施全面防治，以防止病害向主产麦区传播蔓延。另外，要切实加强疫情监测，提前做好应急防控的药械准备。

第三节
风险防控及治理的建议

虽然人类在传染病研究领域取得了许多进展和成就，然而在相当长的时期内，传染病的防控和治理仍然是一项长期而艰巨的任务。近年来，我国不断加强传染病防控体系建设、预警机制建设，以及传染病报告和信息公开机制建设，从制度层面完善预防控制体系、重大疫情防控救治体系、防疫应急物资保障体系等。目前，我国还需要建立多重合作机制，在疫情防控过程中及时总结经验、教训，完善各种应急预案，并有针对性地完善防控体系，进一步提高防控重大新发突发传染病的能力。

一、社会动员和发动群众

社会动员和发动群众是防控重大新发突发传染病、动植物疫情的关键。控制传染源、切断传播途径和保护易感人群是传染病防控的三个重要环节。对于重大新发突发传染病，以上三个环节的实现离不开社会动员和群众配合。我国历次疫情防控实践都突出体现了村委会、居委会和社区组织的作用，尤其在新冠肺炎疫情防控过程中，经过社会动员，人民群众主动戴口罩、自觉配合落实隔离措施、配合流行病学调查、减少一切非必要的外出和聚集活动，在有效切断传播途径方面发挥了重要作用。

二、控制动物源性传染病

动物是传染病链条上的重要一环，新发传染病多以宿主动物为媒介或具有人畜共患性。动物疫情通常会造成畜牧业和养殖业的经济损失，其中部分人畜共患病可能会通过人与被污染的肉类制品接触、与被感染的动物接触等途径，发展成人间传染病。控制好动物这个疫病传染源，既有助于保证畜牧业、养殖业的经济效益，也可成为将人畜共患病防治关口前移的第一道防线。但部分地区农业生产条件有限，仍采用低效的生产设施和落后的生产方式，对饲养动物免疫接种和防疫监测的重要性认识不足。因此，改进生产、生活方式，减少新发传染病的传播概率，离不开人民群众的观念转变与行动支持。要发动群众保护自然环境，禁止捕捉和食用野生动物，减少与潜在病原体的接触机会，从而降低新病原体出现流行的概率。

三、科技手段和专业人才

科技手段和专业人才是风险防控及治理的重要支撑。突发重大传染病发生后通常会经历三个时期：最佳遏制期、快速增长期和全面暴发期。最佳遏制期，某种传染病刚开始流行，患者呈点状分布；快速增长期，感染人数迅速上升，患者分布由点状逐渐辐散为成片分布；随后即为全面暴发期。我们应当对疫情早监测、早干预，避免其造成严重危害。为了能在新发突发传染病初露端倪时，对可能导致疫情的病原体进行鉴别，应及早掌握流行病学信息，包括传染源、传播途径、易感人群和潜伏期等；尽快建立早期诊断方法，特别是病原学和血清学确诊方法，以指导干预措施，实施科学有效的消毒、隔离和检疫。要加强科学研究，做好技术储备，并积极开展人员培训，建设稳定的人才队伍。

四、基础研究与科技融合

当新发传染病的疫情发展至快速增长期和全面暴发期时，大面积的检测与监测、治疗性药物和疫苗的研发就成了重点。广谱抗病毒药物的研制、药物分子的快速筛选技术、疫苗的快速制备和生产、抗体药物的快速发现和产能提升都是与防控疫情和救治患者相关的重要工作。基础研究是保持自主创新和可持续发展的关键，生物制药和生物安全产品的产业布局使创新和发展更有生命力。因此，应注重加强科研部门之间的合作，加强产学研转化，调动国有大型药品生产企业和私营企业的积极性。

农业科技的进步推动了植物疫情防治手段的升级，如植保无人机、卫星遥感技术、生物防治的应用等。我国农林产品种植、加工、供应系统中的工序繁杂，安全薄弱环节仍然较多，有待在科技支撑下进一步加强。

第九章
生物技术研究、开发与应用

生物技术（biotechnology）是指人们以现代生命科学为基础，结合其他基础学科的研究进展，采用先进的工程技术手段，改造生物体或加工生物原料，生产出所需产品的技术。[①]先进的生物工程领域包括基因工程、细胞工程、蛋白质工程、抗体工程、酶工程、发酵工程、生物分离工程等。生物技术涉及生物医药和健康、农业、能源、环保、制造等多个领域。生物技术安全问题既包括生物技术研究开发活动中产生的个体安全风险，也包括公共卫生风险。同时，生物技术安全问题往往与生物伦理问题相互交织。

第一节
现代生物技术发展及面临的安全方面的挑战

生物技术是当今国际科技发展的主要推动力，生物产业已成为国际竞争的焦点，对解决人类面临的健康、粮食、能源、环境等主要问题具有重大战略意义。但生物技术发展也伴随着一定的安全风险。

一、生物技术发展

1953 年，詹姆斯·沃森和弗朗西斯·克里克在莫里斯·威尔金斯（Maurice Wilkins）、罗莎琳德·富兰克林（Rosalind Franklin）等人的帮

---

① 宋思扬，楼士林.生物技术概论（第4版）[M].北京：科学出版社，2014.

助下，阐明了 DNA 双螺旋结构，奠定了分子生物学的理论基础。詹姆斯·沃森、弗朗西斯·克里克、莫里斯·威尔金斯也因此获得 1962 年诺贝尔生理学或医学奖。1972 年，美国斯坦福大学生化学家保罗·伯格（Paul Berg）将 λ 噬菌体基因和大肠杆菌乳糖操纵子基因插入猴病毒 SV40 DNA 中，首次构建出 DNA 重组体。1973 年，美国斯坦福大学的科恩和美国加州大学的博耶成功将细菌质粒通过体外重组技术导入 E.coli 细胞中，由此开启了基因工程（genetic engineering）发展的新篇章。基因工程是按照人们的意愿对携带遗传信息的分子进行设计和改造，通过体外基因重组、克隆、表达等技术，将一种生物体的遗传信息转入另一种生物体，有目的地改造生物遗传特性，创制出更符合人类需要的新生物或新产品的分子工程。[①]

生物技术是当今发展最快的高新技术领域之一。生命科学、生物技术及相关领域的论文总数占全球自然科学论文总数的 50% 以上；《科学》期刊每年评选的 10 项科技进展中，生命科学和生物技术领域常常占 50% 以上。为纪念创刊 125 周年，《科学》期刊于 2005 年提出了 125 个重要的科学问题，包含 25 个最突出的重点问题，其中涉及生命科学领域的就有 15 个。

进入 21 世纪，健康威胁、粮食短缺、能源枯竭、环境污染等问题日益严重，现代生命科学与生物技术研究为人类应对这些重大挑战提供了科学、可行的思路与方案。

二、生物技术两用性

生物技术安全风险包括生物技术应用本身的安全风险以及生物技术两用性问题。生物技术的发展伴随着安全风险，新的药品、疫苗在临床试验中都可能产生副作用，一些新的治疗手段也可能具有意外风

---

① 吕虎，华萍.现代生物技术导论［M］.北京：科学出版社，2011.

险。当前，生物技术安全领域更多的是关注生物技术的两用性问题。

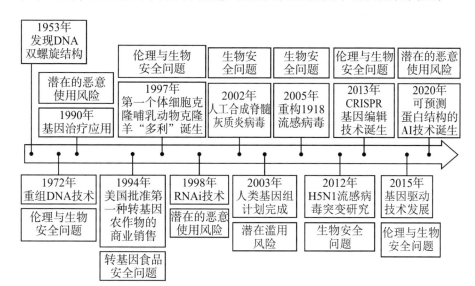

图9-1　生物技术发展伴随着生物安全问题

1. 生物技术两用性问题的产生

随着生物技术的发展，一些生物技术两用性研究成果的发表引发了人们对其被恶意利用的担忧。2002年，关于人工合成脊髓灰质炎病毒的文章发表后，美国国会部分议员提出了对一些期刊发表此类研究结果的担心，认为"这给恐怖主义者描绘了合成危险病原体的蓝图"①。另外，对于是否要在互联网发布天花等病毒基因组序列的问题，一些人认为应当慎重考虑。②2012年，美国威斯康星大学麦迪逊分校的河冈义裕（Yoshihiro Kawaoka）和荷兰伊拉斯姆斯医学中心的罗恩·富希耶（Ron Fouchier）关于H5N1禽流感基因突变的研究引起了人们对生物安全问题的广泛争论。③有人担心，变异的病毒可能会由实验室泄露，重要信息可能落入恐怖分子之手，因此呼吁相关科学家终止

① Wimmer E, Paul A V. Synthetic poliovirus and other designer viruses: what have we learned from them? [J] Annual Review of Microbiology, 2011, 65: 583–609.

② Couzin J. Bioterrorism. A call for restraint on biological data [J]. Science, 2002, 297（5582）: 749–751.

③ Kaiser J. The catalyst [J]. Science, 2014, 345（6201）: 112–115.

研究或不对公众发布重要信息。美国科学院曾就两用性生物技术的生物安全问题发布了相关报告。①

美国学者乔纳森·B.塔克（Jonathan B. Tucker）主编的《创新、两用性与生物安全——管理新兴生物和化学技术风险》一书中，列举了14项两用性生物和化学技术，并对其潜在风险性和可管控性进行了评估。

表9-1 两用性生物技术评估[2]

		可管控性		
		低	中	高
滥用风险	高	DNA改组和定向进化	病毒基因组合成	化学微加工设备
			组合化学和高通量筛选	
			精神药物开发	
	中	免疫调节	蛋白质工程	—
		RNA干扰	肽生物调节剂的合成	
	低	—	标准件合成生物学	经颅磁刺激仪
			个人基因组学	
			基因治疗	
			气溶胶疫苗	

2. 生命科学两用性研究的类型

2004年，美国国家研究委员会（National Research Council）发布了《恐怖主义时代的生物技术研究》（*Biotechnology Research in an Age of Terrorism*）报告。该报告确定了7种类型的实验需要在开展前进行评估，分别为导致疫苗无效、导致抗生素和抗病毒治疗措施无效、提高

---

① National Research Council. Life Sciences and Related Fields. Trends Relevant to the Biological Weapons Convention ［R］. Washington, DC: National Academies Press，2011.
② Tucker，J B. Innovation, Dual Use, and Security: Managing the Risks of Emerging Biological and Chemical Technologies ［M］. The MIT Press, 2012.

病原体毒力、增加病原体的传播能力、改变病原体宿主、使诊断措施无效、使生物剂或毒素武器化的相关实验。①

2007 年，澳大利亚国立大学的塞尔格里德（Selgelid）在《科学与工程伦理》（*Science and Engineering Ethics*）期刊发表文章，列举了除上述美国国家研究委员会报告中的生命科学两用性研究类别以外其他需要关注的一些研究，涉及病原体测序、合成致病微生物、对天花病毒的试验操作、复活已消失的病原体等。②

2007 年，美国国家生物安全科学顾问委员会（National Science Advisory Board for Biosecurity）发布了《生命科学两用性研究监管建议》（*Proposed Framework for the Oversight of Dual Use Life Sciences*）。其列举的需要关注的生命科学两用性研究包括：提高生物剂或毒素的危害；人体免疫反应干扰机制；增强生物剂或毒素的稳定性、传播能力和播散能力；改变病原体或毒素的宿主或趋向性；提高人群对病原体或毒素的敏感性；合成新的病原体或毒素以及重新构建已消失或灭绝的病原体。

2013 年，美国白宫科学和技术政策办公室发布了《美国政府生命科学两用性研究监管政策》。该监管政策针对的几个研究重点与 2007 年美国生物安全科学顾问委员会所列内容类似。

3. 生物技术两用性管控措施

针对生物技术两用性管控，美国采取了一系列针对性措施。

一是建立生物技术两用性监管咨询机构。生物技术两用性监管涉及一些前沿技术的监管，无既往可借鉴的管理措施，需要权威部门提供咨询、指导。美国卫生与公众服务部于 2005 年成立了生物安全科学顾问委员会，在国家安全和科学研究需要方面为生物技术两用性研究

① National Research Council. Biotechnology Research in an Age of Terrorism ［R］. Washington, DC: The National Academies Press，2004.
② Miller S, Selgelid M J. Ethical and philosophical consideration of the dual- use dilemma in the biological sciences ［J］. Sci Eng Ethics，2007，13（4）：523-80.

提供建议。

二是确定需重点监管的生物技术两用性研究类别。针对不断增多的流感病毒功能获得研究，2013年2月，美国政府发布《美国政府生命科学两用性研究监管政策》，确定了需重点监管的生物技术两用性研究类别。2014年9月，发布了《美国政府生命科学两用性研究机构监管政策》。

三是加强生物技术两用性科研项目审批监管。严格审批具有潜在生物技术两用性风险的科研项目是降低风险的重要途径。例如，为了进一步加强对流感病毒功能获得研究的监管，2013年2月，美国卫生与公众服务部发布《加强H5N1禽流感病毒功能获得性研究项目经费审批的指导意见》。该指导意见列出了7条标准，相关研究必须同时符合所有标准才可获得卫生与公众服务部的经费资助。

四是实行"软法"和非正式措施。落实生物技术安全治理，可通过国内立法，也可以通过"软法"和非正式措施，如设立职业准则、道德规范以及开展安全教育等。"软法"和非正式措施通常缺乏严格的执行机制，其目标是建立两用性研究的责任文化，加强相关机构和人员的自我管理。①

三、主要生物技术安全问题

（一）病原生物功能获得

"功能获得（Gain-of-Function，GOF）"一词通常指机体获得新生物表型或提高现有生物表型。"功能获得"研究和"功能缺失（Loss-of-Function，LOF）"研究在分子微生物学研究中很普遍，其对理解感染性疾病的致病机制有重要意义。自然发生的基因突变或实验室中的人

---

① 乔纳森·B.塔克.创新、两用性与生物安全——管理新兴生物和化学技术风险［M］.田德桥，译.北京：科学技术文献出版社，2020.

为操作均可改变某个生物体的基因组，导致其生物功能的缺失或获得，进而改变其表型。流感病毒功能获得研究是生物技术两用性研究的典型事例。①

1. 美国威斯康星大学流感病毒功能获得研究

2012年5月，《自然》期刊刊登了美国威斯康星大学河冈义裕等人对H5N1流感病毒进行突变使其在哺乳动物间传播的研究结果。河冈义裕等人通过实验获取了一个基因重组的病毒，该病毒的血凝素（HA）基因来源于H5N1病毒株，其他7个基因节段来源于甲型H1N1流感病毒株。该研究发现血凝素基因仅仅发生4个突变就可以使H5N1流感病毒通过空气传播感染雪貂。

2. 荷兰伊拉斯姆斯大学流感病毒功能获得研究

2012年6月，《科学》期刊刊登了荷兰伊拉斯姆斯大学医学中心的罗恩·富希耶进行的H5N1流感病毒基因发生突变对病毒在哺乳动物间传播能力影响的研究结果。富希耶的研究发现，H5N1流感病毒在发生数次突变后，可以通过空气从一个笼子中的雪貂传播到另外一个笼子中的雪貂。

3. 美国政府对于功能获得研究采取的措施

2014年10月，美国政府启动了一项为期一年的审议计划，以解决围绕所谓"功能获得性"研究的持续争议。美国国家生物安全科学顾问委员会和美国国家科学院均参与该项审议过程。

为了支持审议过程，美国国立卫生研究院进行了两项委托研究：由Gryphon科技有限公司进行功能获得性研究风险和收益评估的定性分析和定量分析；由迈克尔·塞尔格里德（Michael Selgelid）博士进行与功能获得性问题有关的伦理学研究。同时，美国国家科学院召开了两次公开会议。美国国立卫生研究院的科学政策办公室（Office of Science Policy）负责整个审议过程的协调工作。2017年12月，美国卫生与公众

① 田德桥，王华，曹诚.流感病毒功能获得性研究风险评估［M］.北京：科学出版社，2018.

服务部宣布科学家可以重新使用联邦经费，开展病原体（如流感病毒）的"功能获得"研究[①]，但是审查过程更加严格。

（二）病原生物工具

现代生物技术能够将病原生物作为工具用于生物防治或基因治疗等方面，但这也存在一定的生物安全风险。

1. 生物防治

生物防治是指利用生物或其代谢产物来控制有害动植物种群或减轻其危害程度的方法。采用生物防治的方法控制病虫害，能够取得除害增产、维护生态平衡、节约能源和减少生产成本的效果，其生态效益和社会效益越来越受到人们的重视。[②]

生物防治的一个经典事例是利用多发性黏液瘤和病毒性出血疾病控制兔子数量。澳洲大陆原本没有兔子。1788年，英国皇家海军第一舰队在悉尼港登陆。欧洲兔子搭乘舰船，从英格兰来到澳洲大陆，并快速扩张。由于兔子泛滥成灾，澳大利亚的农业蒙受了巨大损失。

20世纪50年代，澳大利亚政府最终决定采用生物防治的办法来消除兔灾，生物学家从美洲引进了一种依靠蚊子传播的黏液瘤病毒。这种病毒具有宿主特异性，对于人、畜以及澳大利亚的其他野生动物完全无害。1950年春，澳大利亚科学家在墨累—达令盆地将这种病毒释放到蚊子身上，然后病毒经蚊子再传染给兔子。黏液瘤病毒很快便在兔群中传播开来，感染病毒的兔子死亡率达到99.9%。到1952年，澳大利亚有80%—95%的兔子种群被消灭。

2. 基因治疗

基因治疗（gene therapy）是指将外来遗传物质插入人体细胞或组织中以改变其基因功能从而治疗或治愈遗传性疾病的医疗技术，是随

---

① HHS. Framework for Guiding Funding Decisions about Proposed Research Involving Enhanced Potential Pandemic Pathogens，2017. https：//www.phe.gov/s3/dualuse/Documents/p3co.pdf.
② 权桂芝，赵淑津. 生物防治技术的应用现状［J］. 天津农业科学，2007，13（3）：12-14.

着DNA重组技术、基因克隆等技术的成熟而发展起来的最具革命性的医疗技术之一，它是以改变人的遗传物质为基础的生物医学治疗手段，在单基因遗传性疾病治疗方面具有独特优势。病毒能够高效地将基因转移到其他生物体中。因此，许多病毒被用作病毒载体，如腺病毒、腺相关病毒、慢病毒等。

基因治疗可分为体细胞基因治疗与生殖细胞基因治疗，目前只有体细胞基因治疗被批准用于人类疾病的治疗。基因治疗最初被用于恢复患有遗传性单基因缺陷患者的正常生理功能。1990年，美国国立卫生研究院开始了世界上第一个真正意义上的基因治疗临床试验，研究人员利用基因治疗方法修复了一个患有严重复合免疫缺陷综合征的女孩体内腺苷脱氨酶的活性。

经过近30年的发展，基因治疗已经由最初用于单基因遗传性疾病的治疗扩大到感染性疾病、心血管疾病、自身免疫性疾病、代谢性疾病等重大疾病的治疗。

尽管一些基因治疗临床试验取得了成功，但许多患者经历了不良反应。1999年9月，18岁的鸟氨酸氨甲酰转移酶缺乏症患者杰西·基辛格（Jesse Gelsinger）在美国宾夕法尼亚大学参加一项基因治疗临床试验时去世。这一事件引发了美国国会听证会对基因治疗研究监管充分性的质疑。此外，恐怖分子可能利用基因治疗技术制造新型生物威胁。

3. RNA干扰

RNA干扰（RNA interference，RNAi）是指通过内源性或外源性双链RNA的介导，特异性降解相应序列的mRNA，导致靶基因的表达沉默，促使相应功能型缺失的现象。作为一种抵御外源基因或外来病毒侵犯的防御机制，RNA干扰广泛存在于各种生物体内，同时在生物生长发育中扮演着基因表达调控的角色。

RNA干扰作为一种高效多能的重要生物医学技术，其破坏病毒生命周期的能力在各种实验系统中作为对抗病毒性疾病的手段被测试，为靶向药物的研制带来了革命性突破，为治愈和预防疾病带来很大的希望。但该技术也有被滥用的可能性，包括被用于制造具有毒力增强作用的病原体或靶向破坏在人体中起重要作用的基因。

（三）合成生物学

合成生物学（synthetic biology）是一门建立在系统生物学、生物信息学等学科基础之上，并以基因组技术为核心的现代生物科学。[1][2]传统生物学将生物的结构和化学成分视为需要理解和解释的自然现象，而合成生物学将生物化学过程、分子和结构作为原材料和工具。它把生物学的知识和技术与工程学的原理和技术结合在一起。"自下而上（bottom-up）"的合成生物学家寻求使用化学试剂从头开始创建新的生化系统和生物。"自上而下（top-down）"的合成生物学家将现有的生物、基因、酶和其他生物材料视为零件或工具，认为这些零件或工具可以根据研究人员的选择进行重新配置。[3]

1. 病毒基因组合成

（1）合成脊髓灰质炎病毒

2002 年，《自然》期刊发表了美国纽约州立大学石溪分校的埃卡德·威默等人完成的关于通过化学方法合成脊髓灰质炎病毒的文章。脊髓灰质炎病毒是单链 RNA 病毒，可导致小儿麻痹症。该研究团队利用互联网上可以找到的脊髓灰质炎病毒的基因组序列，通过商业途径获得了平均长度为 69bp 的病毒基因组片段，然后将这些片段进行连接，使其最终形成 7741bp 的 cDNA 片段。该团队利用 cDNA 片段及 RNA 聚合酶获得单链 RNA 脊髓灰质炎病毒基因组，将病毒经过细胞培养，然后注射进小鼠体内。实验结果表明该病毒具有活性。

---

① 钱万强，墨宏山，闫金定，等.合成生物学安全伦理研究现状［J］.中国基础科学，2013，15（4）：13-16.

② U.S. Presidential Commission for the Study of Bioethical Issues. New Directions: the Ethics of Synthetic Biology and Emerging Technologies［R］. 2010.

③ U.S. Presidential Commission for the Study of Bioethical Issues. New Directions: the Ethics of Synthetic Biology and Emerging Technologies［R］. 2010.

（2）DNA 病毒的全基因组合成

在脊髓灰质炎病毒化学合成成功的一年多后，汉密尔顿·史密斯（Hamilton Smith）和他在马里兰州克莱格·文特尔研究所的同事发表了关于 φX174 噬菌体基因组合成的文章。虽然这种病毒只含有 5386 个 DNA 碱基对，但这项成果表明了 DNA 病毒合成的可行性。

（3）蝙蝠 SARS 冠状病毒基因组合成

2008 年，美国范德堡大学在《美国科学院院报》（*PNAS*）发表了关于合成蝙蝠 SARS 冠状病毒全基因组的文章。为了确定 SARS 冠状病毒从蝙蝠到人的适应过程中涉及的步骤，研究人员化学合成了蝙蝠 SARS 样冠状病毒基因组，该基因组被认为是人类 SARS 流行最可能的源头。

（4）西尼罗河病毒全基因组合成

西尼罗河病毒（West Nile virus，WNV）是一种正链 RNA 病毒，是黄病毒科黄病毒属的成员。用于疫苗开发的种子病毒通常是天然来源的病毒，由于担心污染或遗传性杂质，候选疫苗的审查非常严格。如果可以直接合成病毒全基因组，则可以避免复杂的审查步骤。美国巴克斯特公司选择了这种策略来建立西尼罗河病毒种子库。该公司研究人员利用已知的基因组序列，通过化学基因组合成，获得了 11029nt 长的 WNV 基因组序列。这些实验证明了合成用于疫苗开发和生产的病毒全基因组的可行性。

（5）再造 1918 流感病毒

1918 年的流感病毒大流行是现代造成死亡人数最多的病毒大流行之一。2005 年 10 月出版的《自然》期刊上，科学家发布了 1918 流感病毒最后 3 个基因的序列——PB2、PB1 和 PA，使该病毒的序列拼合完整。随后，科研人员根据 1918 流感病毒序列重构了该病毒。这两项成果——完整的基因组和再造的病毒立刻引起了有关生物安全的争议。人们一方面担心再造出的病毒从实验室泄漏，另一方面担心恐怖组织可能利用公开的基因组序列信息开展类似研究。

（6）人工合成马痘病毒

2017年7月，《科学》期刊报道了一个加拿大研究团队正在人工合成马痘病毒，该事件再次引起了人们对生物技术两用性的担忧。2018年1月，*PloS One* 期刊发表了关于马痘病毒合成的论文。来自加拿大阿尔伯塔大学的病毒学家表示，他们利用商业途径合成的序列片段，最终重构了天花病毒的近亲——马痘病毒。该研究引发了人们的极大担忧：恐怖组织可能会使用类似的技术。

2. 滥用的可能性

合成生物学的生物技术两用性问题受到广泛关注。DNA合成技术的成熟可能使恐怖分子更轻易地获得危险病原体，特别是那些仅限保存于少数高安全等级实验室（如天花病毒），或难以从自然界分离（如埃博拉病毒和马尔堡病毒），或已灭绝（如1918流感病毒）的病原体。

2010年12月，美国总统生物伦理咨询委员会发布《新方向：合成生物学和新兴技术的伦理问题》的研究报告，指出：在看到合成生物学带来的美好前景的同时，也要认真应对潜在的风险，慎重考虑其对人类、其他物种及环境的影响。①

（四）转基因植物

1. 植物转基因技术现状

转基因植物技术是指利用基因工程技术，把从动植物或微生物中分离到的目的基因或特定的DNA片段，加上适合的调控元件，通过各种方法转移到植物的基因组中，使得该基因或DNA序列能够在植物中稳定表达和遗传的生物技术。通过转基因技术可以使农作物获得一些优良性状，如抗虫、抗病、高产等。②

1988年，新基医药（Calgene Corporation）获得美国政府的批准，开

---

① U.S. Presidential Commission for the Study of Bioethical Issues. New Directions: The Ethics of Synthetic Biology and Emerging Technologies ［R］. 2010.
② 袁婺洲. 基因工程［M］. 北京：化学工业出版社，2010.

始进行具有延迟成熟特征的转基因番茄的田间试验。该番茄后来成为用于商业销售的第一种转基因作物。1989 年，孟山都公司（Monsanto Company）获得了对耐除草剂草甘膦的大豆进行田间试验的许可，该大豆于 1996 年开始在美国商业销售。

2015 年，全球约有 12% 的耕地种植转基因作物。2019 年 8 月，国际农业生物技术应用服务组织（ISAAA）发布的《2018 年全球生物技术/转基因作物商业化发展态势》报告显示，2018 年全球 26 个国家转基因作物种植面积达 1.917 亿公顷。在这 26 个国家中，有 21 个发展中国家和 5 个发达国家。发展中国家的转基因作物种植面积占全球种植面积的 54%。全球种植最多的四大转基因作物为大豆、玉米、棉花和油菜。①

2. 技术类型

2015 年有 14 种转基因作物投入商业生产。转基因作物可以具有一种或多种转基因特性。例如，美国的某些大豆品种经过改造，可以耐受一种或多种除草剂。转基因玉米品种可以被设计为抗一种或多种除草剂，并且还能够产生针对不同害虫种类的几种杀虫蛋白。一些玉米品种具有增强耐旱的性状。有些作物可以抵抗病毒或延缓成熟。

抗除草剂（herbicide-resistant，HR）的性状使转基因作物能够在施用除草剂后幸存下来。截至 2015 年末，科研人员已开发出针对 9 种不同除草剂的 HR 特性改造技术。

抗虫（insect-resistant，IR）性状将杀虫特性结合到植物本身中。转基因昆虫抗性改造的一个主要例子是将编码晶体蛋白的基因从土壤细菌苏云金芽孢杆菌转移到植物。当昆虫以该植物为食时，植物中的晶体蛋白可使昆虫中毒。2015 年，具有昆虫抗性的棉花、茄子、玉米、杨树和大豆的品种投入商业生产。

---

① 中国科学院武汉文献情报中心. 生物安全发展报告 2020 [M]. 北京：科学出版社，2020.

3. 植物转基因风险

（1）转基因作物的环境效应

关于转基因作物对环境产生的不利影响，人们有不同的看法，包括害虫的天敌会受到影响，以及生物多样性下降。人们担心转基因作物会通过基因流污染其他作物和野生近缘种。

1999 年，美国约翰·罗西教授在《自然》期刊发表了一篇论文，指出斑蝶幼虫在食用转基因玉米后，死亡率增高。虽然这一结论被一些科学家质疑，但引发了"转基因植物对生态环境是否安全"的争论。

基因污染的一个典型事例发生在 1998 年，加拿大艾伯塔省发现一种油菜，它由于基因污染而含有"广谱抗除草剂基因"，表现出对多种除草剂耐受的特点。事实上，抗除草剂转基因油菜在当地种植不过两年，基因漂流导致的"基因堆叠"现象如此迅速发生，再度引发人们对转基因作物的担忧。①

（2）转基因作物对人类健康的影响

1998 年，英国普兹泰教授发表文章，称用转基因马铃薯喂养幼鼠可引起其内脏和免疫系统受损。尽管随后英国皇家学会宣布该研究"充满漏洞"，所得的结论不科学，但这一研究结果在英国乃至全世界引发了关于转基因食品安全性的讨论。②

一是癌症发病率。关于草甘膦对人的潜在致癌性的争论一直在持续。草甘膦是主要除草剂，并且人们已经证明，HR 大豆中草甘膦的残留量高于非转基因大豆。1985 年，美国环境保护局（EPA）根据小鼠体内的肿瘤形成实验结果，将草甘膦归为 C 组（可能对人类致癌）。但 1991 年，在重新评估小鼠数据之后，EPA 将分类更改为 E 组（人类非致癌性证据），并在 2013 年重申"基于两项充分的啮齿类动物致癌性研究未发现草甘膦致癌性证据，草甘膦不可能对人类构成癌症风险"。

二是食物过敏。1998 年，美国环境保护局批准安万特公司生产含

---

① 袁婺洲. 基因工程 [M]. 北京：化学工业出版社，2010.
② 马越，廖俊杰. 现代生物技术概论 [M]. 北京：中国轻工业出版社，2011.

杀虫蛋白 Cry9C 的转基因玉米"星联玉米",但明确规定只允许该玉米供动物饲料之用,不能作为食品。然而到 2000 年 9 月,美国市场中玉米面饼等 300 多种产品被发现含有微量"星联玉米",并且少数人食用之后出现皮疹、腹泻或呼吸系统的过敏反应。①

(五) 转基因动物

1. 动物转基因技术现状

转基因动物技术是指借助基因工程技术把外源目的基因导入动物的生殖细胞、胚胎干细胞或早期胚胎,使之在受体染色体上稳定整合,并使受体能把外源目的基因传给子代的技术。通过转基因技术可以建立转基因动物模型,后者可用于发育及基因的表达调控、疾病的发病机制等研究。同时,通过转基因动物制造生物反应器,人类可获得需要的某些生物活性物质。转基因家禽以及转基因猪、牛等往往被用作药物和其他产品的生产者、人类替代器官的潜在来源以及人类疾病的动物模型。

2. 动物转基因技术生物安全问题

一是意外的遗传副作用。人类细胞表面蛋白在动物体内表达会使这些动物容易感染人类病毒,增加其患病风险。例如,脊髓灰质炎病毒受体(CD155)可使小鼠容易感染脊髓灰质炎病毒。同样,转基因猪中保护异种移植物免受排斥的人补体调节蛋白 CD46 和 CD55 也分别为麻疹病毒和柯萨奇病毒的受体。它们在转基因猪中的存在不仅使这些动物容易受到人类病毒感染,还可能为猪病毒适应人类细胞提供新的进化途径。

二是出现新病原体的可能性。内源性或外源性病毒与转基因载体重组后,可能产生新的病毒。

三是食品安全问题。一些基因工程动物主要为生产非食品材料而

---

① 袁婺洲. 基因工程 [M]. 北京: 化学工业出版社, 2010.

培育，通常用于生产药品、疫苗和其他高价值产品。但部分基因工程动物可能因无法生产高价值产品而被作为食材从而进入食物链。

四是环境问题。基因工程生物逃逸或释放可对环境造成影响，且此类问题的监管难度大，一旦出现往往难以补救。

（六）克隆技术

在生殖发育领域产生过一些诺贝尔奖得主。2007 年，美国犹他大学的马里奥·R. 卡佩基（Mario R. Capecchi）、北卡罗来纳大学的奥利弗·史密斯（Oliver Smithies）以及英国卡迪夫大学的马丁·J. 埃文斯（Martin J. Evants）因在小鼠胚胎干细胞中引入特异性基因修饰，发明靶向基因技术而获得诺贝尔生理学或医学奖。2010 年，英国剑桥大学的罗伯特·爱德华兹因发明体外受精技术而获得诺贝尔生理学或医学奖。2012 年，英国剑桥大学格登研究所的约翰·伯特兰·格登和日本京都大学的山中伸弥因发现成熟细胞可被重编程为多功能细胞而获得诺贝尔生理学或医学奖。

1. 主要进展

植物细胞具有发展为构成整个植物的所有细胞类型的潜力，这种现象称为全能性。然而，动物细胞在分化过程中的基因表达会发生不可逆的变化。人们一直认为克隆动物不可能成功，直到发现两栖动物受精后最初分裂的细胞是全能细胞。如果将这些细胞的细胞核分离并注射到去核卵细胞中，则可以诱导这些细胞发育成新个体。这种通过"体细胞核转移（somatic cell nuclear transfer，SCNT）"进行克隆的技术最早于 1952 年报道，此后被广泛用于研究两栖动物的早期发育。1962 年，英国生物学家约翰·戈登将非洲爪蟾小肠上皮的细胞核移入另一种蛙类去核的卵细胞中，该重组细胞成功发育成了一只爪蟾。[①]

---

① 丘祥兴. 小小鼠和多利羊的神话——干细胞和克隆伦理 [M]. 上海：上海科技教育出版社，2012.

（1）克隆羊

1986 年，维拉德森（Willadsen）首次报道了利用绵羊早期胚胎中的细胞核进行克隆的研究。1996 年，苏格兰爱丁堡罗斯林研究所利用细胞核移植技术将成年绵羊的体细胞培育成新个体。1997 年 2 月，来自罗斯林研究所的基思·坎贝尔和伊恩·威尔穆特在《自然》期刊公布了体细胞克隆羊多利培育成功的消息。

（2）其他克隆动物

1998 年，新西兰、日本、法国的体细胞克隆牛相继出生。多利诞生后，人们通过体细胞核移植技术将多种哺乳动物克隆成功，后者包括绵羊（1997）、奶牛（1998）、小鼠（1998）、山羊（1999）、猪（2000）、野牛（2000）、赤盘羊（2001）、兔（2002）、猫（2002）、马（2003）、大鼠（2003）、非洲野猫（2003）、骡（2003）、爪哇野牛（2003）、鹿（2003）、狗（2005）、雪貂（2006）、狼（2007）、水牛（2007）、骆驼（2009）等。

2018 年 1 月 25 日，由中科院上海神经科学研究所孙强、蒲慕明带领的研究团队在《细胞》期刊在线发表了世界上首次利用体细胞核移植技术获得了克隆猴的研究成果，标志着克隆技术的重大突破。

（3）三亲婴儿

具有线粒体缺失或突变的卵子，在形成受精卵后，会使后代患有线粒体疾病。美国新希望生殖医学中心张进博士通过线粒体移植技术，将生母卵细胞核中的 DNA 提取出来，注入线粒体捐赠者的卵子中（另一位"母亲"），然后使这一卵子与来自父亲的精子受精，形成受精卵。2016 年 9 月，《新科学家》（*New Scientist*）报道了这一消息，引起广泛关注。但三亲婴儿技术也受到了一些人的质疑，因为它可能会导致伦理问题的出现。

2. 克隆技术的安全与伦理问题

体细胞核移植和克隆技术引起了公众的极大关注，尤其是人们对该技术在道德和伦理方面产生的影响和争议。一些人列举了克隆人类的潜在应用：生育生物学上与自身相关的孩子——允许不育夫妇、同性伴侣或个人生育与自己的基因组成相同的孩子；避免遗传疾病——如果父母双方均发生隐性突变，往往导致后代患病，克隆技术可改变这种情况；获得理想的组织或器官进行移植——为了避免移植排斥，必须在供体和受体中匹配待移植的组织器官，克隆将确保完全匹配；复制亲人，这是使死者"复活"或保留亲人的生物学特性的一种手段；培育具有美貌或才智的特殊个体，以保留特定个体的独特特征。

目前各国反对克隆人的理由主要是以下五个方面[①]：一是技术问题。克隆人技术尚不成熟，成功率低。二是身份问题。克隆人与被克隆者之间的关系无法纳入现有的伦理体系，是兄弟姐妹还是父子或母女关系，在伦理学上难以确定。三是进化问题。无性繁殖本是低等动物的繁殖方式，把它用于高等动物，是违背自然规律的。四是生存性问题。基因组与上一代相同的克隆人无法随着自然的演变而进化，这对人类的生存及进化都是不利的。五是社会问题。克隆人可能因自己的特殊身份而产生心理缺陷，形成新的社会问题。

（七）干细胞研究

干细胞，指在生命的生长发育中起"主干""起源"作用的原始细胞，这种原始细胞广泛存在于生物界中。干细胞的特点是具有自我更新、无限扩容和多向分化的潜能，能在特定因子的调节下，分化为不同类型的细胞。2006 年，日本京都大学的高桥雅代（Takahashi）等人首次发现外源导入特定的转录因子能够使已分化的细胞回归到胚胎细胞状态，进而形成具有强大自我更新能力和分化潜能的多能性干细胞，这个过程被命名为"诱导性多潜能干细胞"（induced pluripotent stem cells，iPSCs）。这一研究成果受到了科学界的广泛关注。2006 年 8月，该成果发表于《细胞》期刊上，掀起了 iPS 细胞研究的热潮。[②]

① 马越，廖俊杰.现代生物技术概论［M］.北京：中国轻工业出版社，2011.
② 秦彤，苗向阳.iPS 细胞研究的新进展及应用［J］.遗传，2010，32（12）：1205-1214.

1. 干细胞作用

将干细胞用于替代器官中受损或死亡的细胞，这一过程被称为治疗性再生（therapeutic regeneration）。这项技术的首次临床应用是在 2012 年，当时西达赛奈医学中心和约翰斯·霍普金斯大学的研究人员报告说，从心脏病发作后的患者体内提取干细胞，然后将干细胞放在培养皿中培养后，再将其移植到患者心脏，能够促进心脏组织再生并减少疤痕。

人类干细胞再生组织和器官可用于研究难以建立动物模型的人类疾病。例如，由幽门螺杆菌的慢性感染引起的溃疡和癌症。由于幽门螺杆菌对动物几乎没有影响，因此研究该疾病一直很困难。2014 年，美国辛辛那提儿童医院医学中心多能干细胞研究中心的詹姆斯·威尔斯领导的研究团队在体外培养豌豆大小的微型胃，这种微型胃感染幽门螺杆菌后的表现与普通人类的胃相似。

2. 干细胞研究伦理与安全问题

与干细胞研究相关的伦理挑战主要来自细胞来源。尽管在使用成体干细胞方面已经取得了一些进展，但当前几乎所有的研究都涉及使用从 5—7 天的胚胎中分离出的胚胎干细胞以及源自未成熟流产胎儿的胚胎干细胞。目前，用于研究的人类胚胎干细胞主要来源有：体外受精（IVF）的多余胚胎、通过 SCNT 创建的胚胎（治疗性克隆研究胚胎）；在实验室中通过捐赠的卵子和精子产生的胚胎等。

开展干细胞研究有很多益处。然而，对于一些人来说，必须"杀死"胚胎是其反对人类干细胞研究的主要原因。他们认为，绝不应将人类胚胎用于满足个人目的的研究，尽管相关研究可能有科学价值。

（八）人类基因组

1995 年，美国基因组研究所（TIGR）完成并公布了嗜血流感杆菌的全基因组序列，这是世界上第一种基因组测序完成的细菌。人类基因组计划使用第一代桑格（Sanger）测序技术得以完成，耗时十几年，花费超过10亿美元。以罗氏（Roche）公司454技术为代表的第二代基因测序技术仅需1周就能完成人类个体基因组测序，花费不到100万美元。近年来迅速发展的第三代基因测序技术凭借快速、精确、低成本的优势，有望实现1000美元完成个人基因组测序的目标。

1. 技术发展

（1）人类基因组计划

人类基因组计划（HGP）于1990年发起，由美国能源部和美国国立卫生研究院协调，该计划的主要目的是确定人类基因组约30亿个碱基对的序列。该计划与阿波罗登月计划、曼哈顿原子弹计划一同被称为自然科学史上的"三大计划"。①国际人类基因组测序联盟于2003年宣布完成HGP，研究结果发表在《科学》和《自然》期刊上。

（2）遗传检测和诊断

基因诊断（gene diagnosis）是指利用分子生物学技术，直接检测人体内DNA或RNA的结构或变化，从而对疾病做出诊断的方法。基因诊断的适应证范围覆盖了遗传性疾病、感染性疾病以及肿瘤等。

（3）精准医疗

2015年1月，美国总统奥巴马在国情咨文中宣布了一个生命科学领域的新项目——精准医疗计划（Precision Medicine Initiative），该计划致力于治愈癌症和糖尿病等疾病，目的是让所有人的健康相关个性化信息成为临床诊断和治疗的依据。

个性化医疗领域的主要技术是基因分型，或确定个体间的遗传差异。其中的方法涉及鉴定单核苷酸多态性（single nucleotide polymorphisms，SNP）。这些微妙的差异将每个人与其他人区分开来，可用于解释身体对疾病的易感性及其对感染和药物的反应。

---

① 杨焕明.科学与科普——从人类基因组计划谈起［J］.科普研究，2017，12（37）：5–7.

2. 生物安全与伦理问题

（1）遗传歧视

利用遗传信息做出有关雇用、拒绝保险或更改保险条款的决定，就构成了遗传歧视。遗传歧视的一个例子是美国在20世纪70年代对非裔美国儿童和年轻人进行镰状细胞贫血筛查，当时30%—40%的非裔美国人被检测出阳性。1969年，4名非裔美国新兵在剧烈运动中意外死亡，死亡原因可能是患有镰状细胞贫血，这导致非裔人口被排除在体育界和航空业以及某些行业的"高风险"工作之外。直到1978年人们发现其他种族群体也具有该特征，情况才发生变化。

（2）滥用的可能性

虽然还没有人试图将个人基因组学用于恶意目的，但理论上存在可能性。例如，药物基因组学有可能被用于开发可能对遗传易感人群中的一部分人造成伤害的药物。2010年，曾有研究团队声称，已对南非大主教德斯蒙德·图图（Desmond Tutu）和来自纳米比亚的土著丛林居民的基因组进行测序，从而将个性化医疗的好处带给发展中国家的人们。但该研究的批评者认为，研究信息可能被某些公司用来制造药物以谋取利润，甚至可能被用来设计针对特定种族群体的生物武器。

2018年，我国华大基因的研究人员与丹麦哥本哈根大学以及加州大学伯克利分校的研究人员合作在学术期刊《细胞》上发表了题为《大规模无创产前检测的基因组分析揭示了多个性状的遗传关联、病毒的感染模式以及中国人群的遗传历史》（*Genomic Analyses from Non-invasive Prenatal Testing Reveal Genetic Associations*，*Patterns of Viral Infections*，*and Chinese Population History*）的文章，该研究的发表也引起了人们对人体基因组数据安全的广泛关注。

（九）基因编辑

基因编辑技术能够对目标基因进行"编辑"，实现对特定DNA片段的敲除、插入等①，但基因编辑技术具有被滥用的可能性。

1. 基因编辑技术发展

基因编辑是一种功能强大的新技术，可对生物体的完整遗传信息进行精确的添加、删除和更改。人工核酸酶，包括归巢核酸酶、锌指核酸酶、TALE核酸酶和Cas9核酸酶的出现，实现了更高效、精确的基因编辑，大幅提高了非同源末端修复和同源重组的效率，为基因治疗尤其是在体基因治疗和生殖细胞基因治疗，带来了短期内相关技术水平显著提高的希望。

CRISPR全称为规律成簇间隔短回文重复序列，是在细菌纲和古细菌纲中发现的，几乎所有的古细菌和40%的细菌都具有该序列。Cas是一种核酸酶。CRISPR/Cas所构建的特殊防御系统能够有效抵抗病毒以及外界各种基因元件对细菌造成的干扰，同时也具有免疫记忆功能，可抵抗基因元件的二次侵染。理论上，通过设计不同的RNA，可以引导Cas核酸酶对任何一个DNA位点进行改造，这为基因治疗创造了极大的便利。①

2013年初的短短数周内，美国加州大学伯克利分校的詹妮弗·杜德纳（Jennifer Doudna）、哈佛大学医学院的乔治·丘奇（George Church）和麻省理工学院的张锋相继证明，人工设计的CRISPR序列与Cas9蛋白结合，确实可以高效编辑人类基因组。锌指核酸酶识别DNA的效率是1∶30，TALE蛋白为1∶102，而细菌的CRISPR识别的效率是1∶1。②

2. 基因编辑的应用

（1）体细胞基因编辑

传统基因治疗"缺啥补啥"的思路有时不能完全解决问题，于是人们的目光开始转向对人类遗传物质进行更为精细的操作。与传统基因治疗思路不同，基因编辑的逻辑在于通过某种外科手术式的精确操

---

① 李凯，沈钧康，卢光明.基因编辑［M］.北京：人民卫生出版社，2016.
② 王立铭.上帝的手术刀：基因编辑简史［M］.杭州：浙江人民出版社，2017.

作，精确修复出现变异的基因，从根本上阻止遗传疾病的产生。

基因组编辑可用于治愈疾病的典型例子是使用同源重组技术将导致镰状细胞疾病的变异基因重置为编码野生型β血红蛋白的序列。

（2）生殖细胞基因编辑

一些遗传性疾病会影响特定的细胞类型或组织，如特定类型的血细胞。这些疾病可以通过体细胞基因组编辑来治疗。但是，体细胞基因组编辑不太适合被用于治疗影响多个组织的遗传疾病，如杜氏肌营养不良症（Duchenne muscular dystrophy，DMD），而生殖细胞基因组编辑方法可能会改变这种情况。①

3. 生物安全与伦理问题

2015 年，包括 CRISPR/Cas9 技术开发人员在内的一些研究人员和伦理学家在加利福尼亚州纳帕举行会议，要求研究团体探索人类基因组编辑性质并就其可接受的用途提供指导。同年，科学期刊和大众媒体上出现了许多文章和评论，呼吁人们注意 CRISPR/Cas9 和类似遗传工具将构成的科学和道德挑战。

基因编辑还存在潜在的两用性问题，2016 年 2 月，美国国家情报总监詹姆斯·克拉珀（James Clapper）在美国情报界年度全球威胁评估报告中，将"基因编辑"列入"大规模杀伤和扩散性武器"威胁清单，理由是该技术使用简便、成本低下，该技术的误用可能会对国家安全带来威胁。

（十）基因驱动

"基因驱动"是指特定基因有偏向性地遗传给下一代的一种自然现象。一般来讲，一个生物体基因的两个副本（即等位基因）各有 50%的概率传递给后代，但也有一些等位基因在复制的过程中被遗传的概

---

① National Academies of Sciences, Engineering, and Medicine. Gene Drives on the Horizon: Advancing Science, Navigating Uncertainty, and Aligning Research with Public Values ［R］. Washington, DC: The National Academies Press，2016.

率超过50%。等位基因携带的遗传性状能快速传递给后代，这就是基因驱动。将基因驱动元件和某一特定功能元件整合至目标物种体内，实现特定功能性状的快速遗传，是当前控制虫媒疾病、保护农业和生态环境的研究方向之一。CRISPR/Cas9等技术的发展使基因驱动变得更为常见。①

2015年，即首次展示CRISPR/Cas9作为基因编辑工具的3年后，由乔治·丘奇领导的研究小组在酵母中实现了人为的基因驱动。两位分子生物学家瓦伦蒂诺·甘茨（Valentino Gantz）和伊桑·比尔（Ethan Bier）于2015年3月首次发表了可以证明在果蝇中产生基因驱动的证据。到2015年底，两个独立的研究小组创造了基因驱动修饰的蚊子。

基因驱动虽具有巨大的潜在收益，但其安全问题不容忽视：

1. 对非目标物种的影响潜力

一个相关的问题是，基因驱动修饰生物的释放可能会影响与目标物种完全不同的物种的进化，即基因驱动机制或其各个组成部分可能会扩散到非靶标物种中。

2. 去除或大量减少目标物种

释放基因驱动的修饰生物的可能结果是目标物种数量急剧下降或灭绝。该结果是否产生不良的生态后果，将取决于多种因素。例如，物种间存在直接的营养联系（例如，物种A捕食物种B）和间接的营养联系（例如，物种C与物种D都被物种G捕食）。这些联系创造了一个相当复杂的系统，而系统的复杂性使准确预测变得困难。

3. 基因驱动的潜在人类伤害

基因驱动修饰生物的释放有可能对公众健康造成危害。假如我们对蚊子进行修饰，使其不能携带登革病毒，可能会使其更容易感染另一种危害人类健康的现有或新型病毒。此外，此举可能促使登革病毒

---

① National Academies of Sciences, Engineering, and Medicine. Gene Drives on the Horizon: Advancing Science, Navigating Uncertainty, and Aligning Research with Public Values［R］. Washington, DC: The National Academies Press，2016.

进化出一种新的表型。清除整个物种，例如蚊子，会对生态系统中的其他生物产生影响，进而可能导致有害的变化。

4. 故意滥用

基因驱动可能为恶意使用提供条件。昆虫可能被用作生物武器，例如，蚊子可以被改造成更有效的病原体载体，从而提高病原体的传播能力，因此对蚊子进行基因改造的某些方法可能会造成生物技术两用性问题。

第二节
我国生物技术研发面临的机遇与挑战

我国对生物技术发展高度重视，将其列入战略性新兴产业发展战略。近些年，我国生物技术研发成果在《自然》《科学》等期刊发表的数量快速增长。我国生物技术发展迎来前所未有的机遇，但也面临风险和挑战。生物技术的谬用包括两个方面：一是科学研究可能产生非预期的后果，并且具有实验室外泄的可能性；二是一些人蓄意利用生物技术产生的威胁。

一、总体态势

生物技术是当今全球发展最快的技术领域之一，涉及健康、农业、工业、环保等多个领域，对全球经济发展与民众生活正产生深远影响。近年来，我国加快生物技术发展步伐，与美国等生物技术强国的差距正在逐步缩小。但是生命科学和生物技术发展具有两用性特点，我们必须充分认识其潜在风险，加强两用性生物技术监管。

（一）我国生物技术安全面临严峻挑战

一是来自外部的挑战。两用性生物技术涉及国家核心利益，是大国博弈的重要领域，一些西方国家希望通过掌握颠覆性生物技术，获得生物技术发展优势，甚至将发展两用性生物技术作为一种重要的威慑手段。二是来自内部的挑战。我国科技发展速度很快，在一些前沿生物技术领域，紧跟国际前沿，开展研究工作，其中一些研究具有潜在的生物安全风险。

（二）新型生物技术风险具有不确定性

当前生命科学和生物技术快速发展，新的科学发现不断产生，新的技术手段不断出现。新技术在发展初期的风险具有不确定性，管控难度大。近年来，合成生物学、基因编辑、基因驱动、神经科学等领域发展迅速，相应风险不断变化，风险管控难度加大。

（三）生物技术领域存在传染病流行的风险

当前，病原生物相关的生物技术是生物技术风险的重点领域，病原体致病机制研究、疫苗研发、药物研制等多个领域都涉及病原生物的改造。研究人员通过生物技术手段使H5N1禽流感病毒获得在哺乳动物间的传播能力，若发生实验室病毒泄漏，可能导致传染病流行。

（四）伦理问题与生物安全问题交织

基因编辑、克隆技术、干细胞技术等不仅存在生物安全风险，也存在伦理问题。技术管理体系的不成熟也可能导致实验室意外，产生伦理问题，或引发技术被恶意使用的生物安全问题。

（五）两用性生物技术风险管控困难

生物技术涉及的领域很广，不同技术、不同领域应用的风险也不相同，导致两用性生物技术风险评估难度很大。此外，两用性生物技术管控措施的完善存在滞后性，一般是在某种技术发展到一定程度，风险已经凸显，甚至生物安全事件发生后才被重视。

二、我国生物技术研究开发活动存在的安全风险

（一）生物技术快速发展，安全监管有待加强

近年来，我国一些前沿生物技术领域快速发展，国内研究人员在CRISPR基因编辑、合成生物学、RNA干扰、CAR-T细胞治疗等领域发表的论文数量不断增加。其中，病原微生物研究是生物技术研究开发的重要领域，我国研究人员在该领域发表了多篇高水平科研论文。

目前，我国生物技术安全监管工作有待加强，特别是生物技术安全监管法规有待完善。我国虽针对生物技术研究开发活动发布了相关管理办法，但存在法规级别不够高、内容不够全面、可操作性不够强等问题。

（二）生物安全高等级实验室快速发展，安全风险不容忽视

高等级生物安全实验室是生物技术研究开发活动的重要场所，也是生物技术研究开发活动的风险源。当前，全球有50多个生物安全四级实验室。我国高等级生物安全实验室快速发展，2016年国家发展改革委发布了《高级别生物安全实验室体系建设规划》，要求加快生物安全四级实验室建设。高等级生物安全实验室在提高我国生物安全保障能力的同时，也存在实验室人员感染等生物安全风险。生物技术研究开发活动可能会导致危害更大的病原体产生，而此类病原体一旦泄漏会造成难以估量的损失。

（三）科研人员产出增加，生物安全意识有待加强

与我国生物技术与病原微生物相关研究文献数量与研究水平快速增长形成鲜明对照的是，我国科研人员对所从事生物技术研究开发活动存在的安全风险重视程度不够，生物安全意识有待加强。我国相关

部门对生物技术风险评估、安全管理策略等的研究还需进一步加强。国内对基因编辑、合成生物学、基因驱动、克隆技术等前沿生物技术的潜在风险认识有待进一步提升。

（四）国家加强生物防御能力建设，应对手段仍然不足

近年来，我国对生物防御能力水平重视程度不断提升，大力加强生物防御药物疫苗研发。但总体上，目前对于多种生物威胁，我国还没有高效的应对措施，对于经过基因改造的病原体更是缺乏有效的检测、预防和治疗手段。

三、主要风险点

一是病原生物相关两用性生物技术风险。在当前病原生物相关基础研究以及药物、疫苗研发中，许多技术手段可导致病原体的致病性、传播能力、环境稳定性等增强，并且有可能使现有的诊断、预防、治疗措施无效，具有潜在的生物安全风险。此外，经过遗传改造的病原生物有可能从实验室泄漏，导致突发传染病的暴发和流行。

二是人体应用相关两用性生物技术风险。基因编辑、RNA干扰等技术的人体应用具有突破伦理限制的可能性，容易引发生物安全与伦理问题。

三是动植物相关两用性生物技术风险。如今，转基因植物与转基因动物应用越来越广泛，但具有潜在的生物安全风险，可能对公众健康和粮食安全造成影响，需要科学评估其对环境、人体健康的潜在风险。

四是遗传资源相关两用性生物技术风险。生物多样性与人类遗传资源存在流失及被恶意利用的风险，如基因编辑与基因驱动技术的滥用会导致生物安全问题和伦理问题。因此，必须加强对相关国际合作研究的监管和审批。

四、我国生物技术安全监管存在的短板

一是对专业人才和研发能力的重视程度有待提升。风险评估、政策研究等方面的专业人员缺乏，生物防御技术与产品研发能力有待提升。对于生物技术安全风险评估，我国相关部门部署过一些研究计划，但系统性仍需加强。

二是监管法规存在滞后性。基因编辑、基因驱动、基因治疗、克隆技术等新兴生物技术快速发展，应用越来越广泛，但这些新兴生物技术存在潜在的安全风险，而当前政策法规存在监管盲区。

三是监管法规执行力不够。当前我国两用性生物技术相关法规的实施由不同管理部门负责，部门间缺乏有效的总体协调与统筹，国家层面尚未建立专门负责对两用性生物技术监管进行总体协调与统筹的机构。虽然国家颁布了两用性生物技术监管相关法规，但执行力还需进一步增强。

第三节
加强生物技术安全管理的建议

生物技术安全不仅与生物技术可持续发展密切相关，更涉及国家安全。加强生物技术安全管理是生物安全治理的重要组成部分。我国应借鉴他国经验，立足本国国情，不断完善生物技术安全管理工作。

一、对策思路

一是加强病原相关两用性生物技术管控。两用性生物技术多种多样，当前必须加强与病原体研究相关的两用性生物技术管控，将生物技术管理与病原体管理相结合。

二是加强两用性生物技术风险监测评估。我国应加强生物技术风险监测与评估，充分发挥中国科学院、中国工程院、军事科学院等国家级智库的作用，及时、科学地评估新型生物技术潜在风险，向科研人员及民众准确传递相关信息。

三是强化两用性生物技术监管体制保障。两用性生物技术监管是一个长期过程，需及早布局相关机构建设，同时充分发挥专家委员会的作用。

四是强化两用性生物技术监管法制保障。生物技术领域专业性很强，制定该领域的监管法规要明确总体原则，同时要明确可操作的具体办法。

五是充分利用生物技术提升生物防御能力。生物技术带来的风险需要通过生物技术去应对，因此，要大力加强生物防御能力建设，提高生物防御能力，提升研发用于生物防御的药品疫苗的能力。

二、具体举措

第一，发挥生物技术安全专家委员会的作用。生命科学和生物技术发展很快，政策制定者难以全面掌握各种技术的潜在风险，在制定和实施政策的过程中，必须依靠不同领域的专家资源。科技部2017年发布的《生物技术研究开发安全管理办法》指出，国务院科技主管部门负责全国生物技术研究开发安全指导，联合国务院有关主管部门共同开展生物技术研究开发安全管理工作，具体举措包括成立生物技术研究开发安全管理专家委员会，并明确了该委员会的主要职责。要充分发挥专家委员会的作用，为生物技术安全的权威决策提供支持。

第二，设立生物技术安全科技政策办公室。建议设立生物技术安全科技政策办公室，协调科技部、卫健委、农业部等部门的相关职能。该办公室要及时发布生物技术安全相关的指导意见，为国家安全委员会提供生物技术安全方面的建议。

第三，加强生物技术安全风险评估研究。两用性生物技术潜在风险的科学评估可以为科学决策提供重要支撑。国家应不断加大生物技术风险评估领域的科技投入，特别是加强两用性生物技术的实验验证及定性与定量相结合的评估体系研究。

第四，加强情报与战略咨询研究。要加强有关两用性生物技术国外动态的情报研究，支持具有较好生物安全战略研究基础的智库建设，为我国生物技术安全科学决策提供支撑。目前，中国工程院、中国科学院等智库开展了一些有关生物技术安全的咨询研究项目。未来还应围绕基因编辑、合成生物学、流感病毒功能获得性研究、基因驱动技术等两用性生物技术前沿领域加强战略咨询研究，深入分析两用性生物技术发展趋势、潜在风险、管理对策等。

第五，加强两用性生物技术监管及危险病原体管控。国家相关部门应进一步加强两用性生物技术敏感研究项目的审批与管理，加强对获批研究项目的执行和成果发表的监管。相关研究机构应设置生物安全管理机构，加强人员培训和安全管理。中国疾病预防控制中心、中国动物疫病预防控制中心和军队疾病预防控制机构应加强对危险病原体研究的监管，进一步完善登记、审批制度。

第六，加强生物技术威胁应对能力建设。两用性生物技术监管是一方面，生物技术威胁应对能力建设是另一个重要方面，要"两手都要抓，两手都要硬"。在生物防御能力建设的诊断技术和药品疫苗研发环节，要重视生命科学两用性研究风险的应对，加强生物防御基础设施建设，提升我国生物防御能力。

第十章

实验室生物安全管理

病原微生物实验活动可能带来工作人员感染的风险，实验室泄漏可能带来环境污染的风险，实验室内病原微生物被恶意使用可能造成更大的危害。这些危害都突显了实验室的生物安全风险。实验室生物安全学科的发展，推动形成了由设施设备防护屏障、标准微生物操作规程和实验室生物安全管理三大要素构成的现代生物安全实验室概念。本章梳理了实验室生物安全发展历程，系统介绍了国内外实验室生物安全管理制度，并就加强我国实验室生物安全管理提出建议。

第一节
实验室生物安全历史与发展

"见出以知入，观往以知来。"梳理历史、认清现状，才能更好地谋求未来发展。本节回顾了国际实验室生物安全的发展历程，介绍了中国生物安全实验室的发展历程。

一、实验室生物安全的发展历程

通过一系列实验室生物安全相关的重要事件，可追溯实验室生物安全的发展历程。表10-1列举了1个多世纪以来世界上实验室生物安全相关的典型事件。

表 10-1　实验室生物安全相关典型事件年表

阶段	事件发生年份	事件及后续发展
第一阶段	1893	法国报道了世界上第一例实验室感染事件；1903 年，美国报道了境内第一例实验室感染事件；1941 年梅耶等人报道了 74 例美国境内和 73 例美国境外布鲁氏菌实验室感染调查结果
第一阶段	1908	撞击式空气微生物采样器问世
第一阶段	1943	封闭式Ⅲ级生物安全柜设计成型，并于 1944 年被用于美国马里兰州德特里克堡的美国陆军生物武器实验室；20 世纪 50 年代中期出现部分封闭式通风橱型Ⅰ级生物安全柜；20 世纪 60 年代早期层流概念出现后，Ⅱ级 A 型生物安全柜于 1967 年在美国癌症研究所投入使用
第一阶段	1947	第二次世界大战后第一座民用微生物安全研究实验室投入使用
第二阶段	1950	美国公共卫生协会组织的学术会议期间展出了生物安全防护一级屏障设备
第二阶段	1950	美国全境范围实验室感染调查展开，1951 年首次发表调查报告后，持续更新
第二阶段	1954	专门针对微生物安全的第一座建筑物 Detrick-S Div. 的 550 号建筑物建成；普拉姆岛动物病实验室于 1956 年建成
第二阶段	1955	第一届美国生物安全会议召开；随后会议规模逐年扩大，1977 年第 20 届开始有美国以外的专业人员参加，从而成为国际性生物安全会议；1960 年第一届经空气传播疾病会议召开
第二阶段	1957	美国《致病因子运输规章（42 CFR 72.25）》发布；1975 年美国福特总统签署新《致病因子规章和运输》
第二阶段	1962	单向气流理论应用于实验室；并与同期研究发现的交叉污染和交叉感染等情况共同形成实验室防护的思想
第二阶段	1969	《微生物实验室内人员感染的风险评估》出版
第二阶段	1974	《基于危险性的病原学分类》出版，首次将可供人类研究的病原微生物和相应的实验室活动按不同危险类别分为四级

续表

阶段	事件发生年份	事件及后续发展
第二阶段	1976	《美国国立卫生研究院涉及重组 DNA 分子研究指南》发布，之后不断更新，目前版本为 2019 年版，名称为《美国国立卫生研究院涉及重组或合成核酸分子研究指南》
	1976	美国公共卫生基础标准 49 号（NSF49）《Ⅱ级（层流）生物安全柜》发布
	1977	第 20 届美国生物安全会议提出并讨论建设生物安全四级实验室
第三阶段	1983	世界卫生组织（WHO）出版第 1 版《实验室生物安全手册》，世界范围内统一生物安全标准，并于 1993 年、2004 年和 2020 年分别发布第 2 版、第 3 版和第 4 版
	1984	美国生物安全协会（ABSA，现名 ABSA International）成立；随后各国及国际的生物安全学会或协会等组织相继成立，2001 年国际生物安全工作组（现名为国际生物安全协会联盟，IFBA）成立
	1988	为了开展艾滋病研究，原中国预防医学科学院（现中国疾病预防控制中心）从德国引进技术和设备，建设了我国首个民用生物安全三级实验室
	1992	中国农业科学院哈尔滨兽医研究所建成我国首个大动物生物安全三级实验室；国内陆续进口、援建或自建了一批达到或接近生物安全三级水平的实验室
第四阶段	1999	美国应急医学检验实验室网络（LRN）、美国国家生物安全实验室体系（NBL，2003 年）和地区生物安全实验室体系（RBL，2005 年）等相继建立运行
	2001	美国"炭疽邮件事件"改变了世人对生物恐怖袭击的传统认识
	2002	年底 SARS 疫情暴发，并于 2003 年影响全球
	2003	美国总统布什在国情咨文中宣布，为防范生化恐怖袭击，美将实施"生物盾"计划，拟建造一批用以储藏和研究最致命病毒的生物安全四级实验室，引发国际高等级生物安全实验室建设浪潮

续表

阶段	事件发生年份	事件及后续发展
第四阶段	2004	《病原微生物实验室生物安全管理条例》《实验室 生物安全通用要求》等一系列法规标准出台，标志着中国生物安全实验室建设和管理进入法制化、规范化阶段
	2004	从法国引进4套移动式生物安全三级实验室；2006年，我国自主研制的首台移动式生物安全三级实验室通过验收；2014年，国产移动式生物安全三级实验室运抵塞拉利昂执行埃博拉病毒应急检测任务
	2005	欧盟建立了高等级生物安全实验室体系——欧盟高等级生物安全实验室计划（EHSL4）
	2005	武汉大学动物生物安全三级实验室于2005年建成，成为我国《病原微生物实验室生物安全管理条例》颁布后第一个获得国家认可的生物安全三级实验室；第二个获得国家认可的中国农业科学院哈尔滨兽医研究所生物安全三级实验室，获得该条例颁布后首个从事高致病性病原微生物实验活动的资格
	2014	中国移动式生物安全三级实验室运抵塞拉利昂执行埃博拉病毒应急检测任务
	2015	中国第一座在海外建设的、援助塞拉利昂的固定生物安全实验室竣工并通过验收；2018年，由中国农业科学院哈尔滨兽医研究所负责援建的中哈农业科学联合实验室及教学示范基地项目完成建设并通过验收
	2016	美国与哈萨克斯坦在阿拉木图完成中央参比实验室主体工程建设
	2017	中国科学院武汉病毒研究所武汉国家生物安全（四级）实验室获得国家认可；中国农业科学院哈尔滨兽医研究所国家动物疫病防控高级别生物安全实验室、中国医学科学院生物医学研究所国家昆明高等级生物安全灵长类动物实验中心分别于2018年、2019年获得国家认可

续表

阶段	事件发生年份	事件及后续发展
第四阶段	2017	农业部发布《兽用疫苗生产企业生物安全三级防护标准》；2018年，国内第一个按生物安全三级防护标准验收的车间在中国农业科学院兰州兽医研究所中农威特生物科技股份有限公司建成
	2019	《植物生物安全实验室通用要求》经国家标准化管理委员会批准获得立项，由中国合格评定国家认可中心承担标准起草工作。2022年，我国正式发布相关文件

　　病原微生物研究工作中出现的实验室获得性感染事件，引起了人们对于实验室生物安全的重视。世界各国采用一系列装备、技术来防范病原微生物研究可能带来的生物危害，并逐渐形成统一的规范、标准。生物安全实验室的发展经历了四个阶段：第一阶段是实验室生物安全萌芽阶段（1950年前），人们对生物危害的认识促进了生物安全起步，并形成生物安全实验室雏形；第二阶段是实验室生物安全发展阶段（1950—1982年），重点是对生物安全防护屏障的探索与实施，生物安全实验室在国际范围内逐渐有了统一标准；第三阶段是实验室生物安全成熟阶段（1983—1998年），生物安全指南与标准促进实验室生物安全理念和技术的发展，生物安全实验室标准逐渐成熟；第四阶段是实验室生物安全融合阶段（1999年后）。全球化对新发、突发传染病防控提出了新的要求，应对传染病已成为全球共识，世界各国建立生物安全实验室的合作体系，构建高等级生物安全实验室群，以更好地应对传染病防控和生物威胁新形势。随着智慧型实验室概念的提出，基于组合BIM技术（建筑信息模型、建筑信息管理等）的智慧型生物安全实验室能进一步提高运行安全性和使用效率。

（一）实验室生物安全萌芽阶段（1950年前）

　　这一阶段，实验室感染事件让科研人员意识到从事感染性微生物操作的风险，并开始自觉采用现在被称为"一级屏障"的个体防护装备进行防护，且通过负压排风过滤来防止污染扩散，但尚未形成"定向流"的概念，各国间也缺少充分交流。

19世纪末，德国医学家罗伯特·科赫（Robert Koch）首次运用科学方法证明某种特定的微生物是某种特定疾病的病原，自此开启了病原微生物致病机制相关研究的大门。而后，在时长超过半个世纪的初步探索阶段，结核分枝杆菌、霍乱弧菌、鼠疫耶尔森菌、痢疾杆菌、伤寒沙门菌等病原微生物相继被发现。[①]20世纪初期，在科学家不断探究病原微生物致病机制的同时，日本、英国、美国等国相继开启了研制生物武器的秘密计划。日本军队不仅在第二次世界大战期间将细菌武器用于实战，其臭名昭著的关东军731部队更是将试验基地设在我国哈尔滨，进行了骇人听闻的以活人为实验对象的种种研究。第二次世界大战结束后，1946年，英国首相温斯顿·丘吉尔发表的"铁幕演说"正式拉开了冷战序幕。[②]在此后长达半个世纪的时间内，以美国为首的资本主义国家阵营，与以苏联为首的社会主义国家阵营在经济、军事等各方面展开了全方位较量。在冷战的前半程，双方均投入大量资源以期能够大规模生产生物战剂，也因此产生了在研究和生产生物战剂过程中的安全防护需求。

随着全世界对于病原微生物的认识不断深入，相关研究逐渐增多，由此产生的感染风险也逐渐被人们重视。1893年，法国报道了世界上首例实验室感染事件，实验人员在培养细菌的过程中意外感染破伤风梭菌。[③]1903年，美国一位临床医生在给一位死于全身性芽生菌病的病人进行尸检时不慎刺伤自己导致意外感染，这也是美国境内报道的第一例实验室感染事件。[④]但直到20世纪初期，有关病原微生物实验

① Blevins S M， Bronze M S. Robert Koch and the 'golden age' of bacteriology ［J］. International Journal of Infectious Diseases，2010，14（9）：744–751.

② 罗会钧. 冷战后的英美"特殊关系"［J］. 外交学院学报，2003，（2）：36–43.

③ Nicolas J. Sur un de tetanoschezl'homme par inoculation accidentelle des produits solubles due bacilli de nicolaier ［J］. Comptes Rendus Biologies，1893，5：844–846.

④ Evans N. A clinical report of a case of blastomycosis of the skin from accidental inoculation ［J］. Journal of the American Medical Association，1903，XL（26）：1772.

室生物安全的问题还没有引起人们足够的重视，在科学研究、临床诊断、制剂生产等过程中多次发生研究人员意外感染事件。随着实验室感染事件的报道逐渐增多，人们才开始系统性地研究实验室感染事件，并逐渐形成微生物安全、生物安全的理念。德国科学家曾在 1915年、1929 年、1930 年和 1950 年四次发表本国实验室感染调查报告，涉及伤寒等疾病研究。1941 年，梅耶、埃迪等人报道了 74 例美国境内和73 例美国境外的布鲁氏菌实验室感染调查结果。[①]1950 年，美国公共卫生协会和国立卫生研究院组织进行的全国性实验室感染调查，涉及美国近 5000 家实验室，据苏尔金和派克报道，这些实验室感染事件涉及细菌、病毒、真菌、立克次体和原生动物中的 70 多种病原体，共计 1342例，其中 39 例死亡，但只有约三分之一的实验室感染事件被记录下来。[②]

　　随着病原微生物研究范围逐渐扩大、研究内容不断深入，有关病原研究过程中的生物安全防护需求日益凸显。早在 19 世纪末，罗伯特·科赫等早期微生物学家就开始尝试设计简单的生物安全柜用以进行微生物学实验。20 世纪初期开始，科研人员开始通过设计各类防护装置来避免实验室感染事件的发生。1943 年，由美国人休伯特·卡尔波夫（Hubert Kaempf Jr）设计的Ⅲ级生物安全柜基本成型，并于 1944年被用于美国马里兰州德特里克堡的美国陆军生物武器实验室。1947年，美国美国国立卫生研究院第 7 号建筑物成为第二次世界大战后第一座非军方的微生物安全研究实验室。1950 年，美国公共卫生协会组织的学术会议上展出了生物安全防护一级屏障设备，随后阿诺德·G. 魏杜姆（Arnold·G. Wedum）发表文章系统介绍了Ⅰ级生物安全柜、Ⅲ级生物安全柜、密封离心套筒、摇床、动物饲养设备等，分析了常见微

---

① Meyer K F, Eddie B. Laboratory infections due to Brucella［J］. Journal of Infectious Diseases. 1941, 68: 24-32.

② Sulkin S E, Pike R M. Survey of laboratory-acquired infections［J］. American Journal of Public Health, 1951, 41: 769-781.

生物操作的风险。[1]与此同时，在操作病原微生物和处置传染病疫情过程中，个体防护的重要性逐渐被人们认识，并形成相对统一的规范，包括穿着防护服、佩戴手套，以及在操作呼吸道传播病原微生物时佩戴口罩。1910年11月，一场肺鼠疫从俄国贝加尔湖地区沿中东铁路传入中国，并以哈尔滨为中心迅速蔓延，4个月内导致6万多人死亡。伍连德受当时政府委派负责调查疫情，在完成病原体筛查鉴定的基础上，采取了隔离肺鼠疫感染者并要求健康人群采取防护措施的方法，很快扭转了疫情。伍连德在这场扑灭鼠疫的战役中，发明了一款"伍氏口罩"，该口罩采用普通外科纱布，中间放置一块长130毫米、宽200毫米、厚15毫米左右的棉花，并通过缚带加强口罩与面部的密合度，是现代生物防护口罩的雏形。

（二）实验室生物安全发展阶段（1950—1982年）

1. 发展概述

在认识到生物危害的同时，人们对生物安全防护屏障进行了全方位的探索与实践。从在病原微生物与操作者之间形成屏障的防护设备到防止病原微生物环境扩散的防护设施，从标准的微生物操作规程到规范化的实验室生物安全管理，美国和日本不仅建成了以使用正压防护服和Ⅲ级生物安全柜为典型的最高防护水平实验室（即生物安全四级实验室），也使实验室管理规范的雏形逐渐形成。

20世纪50年代开始，美国陆军生物武器实验室的魏杜姆等人评估了处理危险微生物制剂的风险，特别是针对各种微生物操作中产生气溶胶的风险，制定了相应的操作规程和管理办法，使用有效的微生物学实验技术，研发了相关设备和设施。[2]图10-1为当时设计的小型实验室单元，可供进行从啮齿类动物至非人灵长类动物的气溶胶暴露实验。

---

[1] Wedum A G. Bacteriological safety [J]. American Journal of Public Health, 1953, 43 (11): 1428-1437.

[2] Wedum A G. Control of laboratory airborne infection [J]. Bacteriology Reviews, 1961, 25: 210-216.

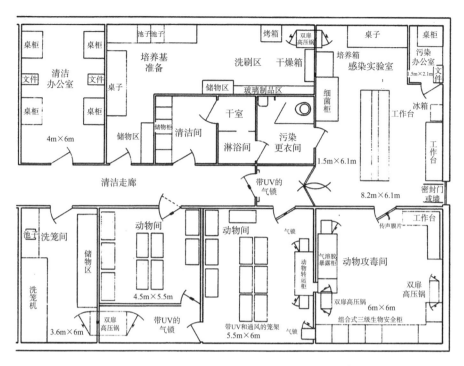

图10-1 气溶胶暴露实验室平面示意图[1]

同时，20世纪60年代早期，人们开始将单向气流概念[2]应用于实验室和生物安全柜，结合同期研究发现的交叉感染等情况，提出对从事感染性疾病研究的实验室进行整体设施改造和区域化管理，以实现对研究人员和周围环境的保护，使实验室防护理念逐渐形成。随着对实验室生物安全防护屏障研究的深入，科研人员开始注重实验室选址和内部区块化建设。例如，注意地板、墙壁、门、窗等部分的建材选择，给实验室安装供风和排风系统以保持空气流动，并维持设计压力，在水源供应、设备安装等方面充分考虑生物安全问题。实验室生物风险防护领域逐渐形成集风险评估、一级屏障、二级屏障、标准微生物操作规程和实验室管理等于一体的综合防护系统。

① Wedum A G. Laboratory Safety in Research with Infectious Aerosols ［J］. Public Health Reports，1964，79: 619–633.
② Whitfield W J. A new approach to cleanroom design ［R］. Sandia Corporatio. （Albuquerque，N. M.）Tech. Rept. No. SC4673（RR），1962.

随着生物安全学科的兴起，一些学术会议开始举办，一些学科委员会陆续成立。1955年4月，14名代表在美国马里兰州德特里克堡会面，分享美国陆军3个主要生物武器研究实验室在生物、化学、放射和工业安全方面的知识和经验。由于生物武器研究实验室工作的特殊性，这样的会议被要求进行安全审查。1957年开始，一些非机密会议也陆续召开，更广泛地分享生物安全领域的信息。1964年起，美国政府开始组织与生物武器研究无关的生物安全会议，会议的参会人员逐渐扩大到来自所有资助或进行病原微生物研究的联邦政府的代表。1966年起，生物安全会议开始邀请来自大学、私人实验室、医院和工业领域的代表参加。之后，参加这些会议的人数持续增加，到1983年，人们开始探讨设立一个正式的组织。1984年，美国生物安全协会（American Biological Safety Association，ABSA）正式成立。随后生物安全协会等组织相继成立。国际生物安全工作组（International Biosafety Working Group，IBWG）于2001年成立，现更名为国际生物安全协会联盟（International Federation of Biosafety Associations，IFBA），这些协会组织在生物安全学科交流及有关标准编制方面发挥了重要作用。

在此期间，生物安全理论逐渐形成体系，生物安全专著、指南、标准逐步出现，并最终形成世界范围内基本统一的生物安全标准。1969年，由魏杜姆和克鲁斯主编的《微生物实验室内人员感染的风险评估》出版；1974年，美国疾病控制与预防中心编制出版了《基于危险性的病原学分类》，首次将可供人类研究的病原微生物按不同危险类别分为四类，并将开展相应实验室活动的生物安全防护水平分为四级；1976年，美国国立卫生研究院发布《NIH涉及重组DNA分子研究指南》；同年美国公共卫生基础标准49号（NSF49）《Ⅱ级（层流）生物安全柜》标准发布；1983年，世界卫生组织出版第1版《实验室生物安全手册》，标志着生物安全实验室的有关要求逐步规范化，并在全世界得到广泛应用。

2. 美国陆军传染病医学研究所原生物安全实验室（20世纪50年代建成）

美国陆军传染病医学研究所（United States Army Medical Research Institute of Infectious Diseases，USAMRIID）成立于1969年，隶属于美国陆军医学研究与发展部（现为医学研究与物资部），是美国重要的生防机构。该研究所位于马里兰州的德特里克堡，其前身是美国陆军医疗部队（US Army Medical Unit，USAMU）。该研究所最初的研究设施（图10-2）建造于20世纪五六十年代，共有18栋建筑，实验室总面积30000平方米以上，其中最高防护等级（即现在的BSL-4）设施面积1186平方米。2017年，美国陆军传染病医学研究所完成重建，新址面积达78000平方米。

图10-2　美国陆军传染病医学研究所原生物安全实验室（20世纪50年代）[①]

3. 日本国立传染病研究所生物安全实验室（1981年建成）

1981年3月，日本国立传染病研究所（National Institute for Infectious Diseases）在武藏村山市分所建设了生物安全实验室，总面积1112平方米。该生物安全实验室以生物安全四级（BSL-4）实验室和动物实验室为核心，还包括生物安全三级（BSL-3）实验室、细胞培养室、管理室、洗涤室和两个机房。其中设有走廊把BSL-4实验室整体围起来，外围是BSL-3实验室及其他房间（图10-3上）。在实验室所在

---

① USAMRIID. United States Army Medical Research Institute of Infectious Diseases［EB/OL］.（2019-01-16）. http://www.usamriid.army.mil

楼层的上方设有敷设管道的技术夹层，技术夹层上面设置空调机房，排水处理设备则设于邻接该楼的地下坑槽中。

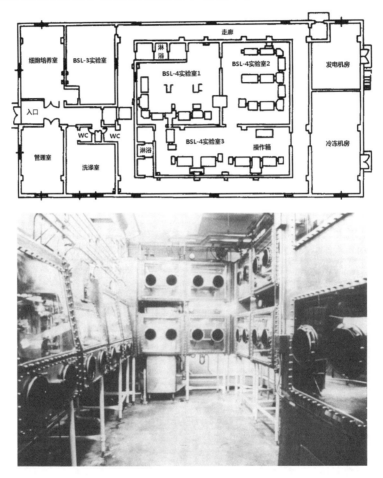

图10-3　日本国立传染病研究所（上：一层平面图，下：BSL-4实验室2内的Ⅲ级生物安全柜组合）[①]

BSL-4实验室1和2中各装有一组Ⅲ级生物安全柜，一组用于病理学研究，另一组用于体外实验。在BSL-4实验室3中有两组Ⅲ级生物安全柜，一组用于小动物（如小鼠和大鼠）的饲养和实验，另一组则用于中等大小的动物（如猴子和兔子）。

---

① 许钟麟，王清勤.生物安全实验室与生物安全柜［M］.北京：中国建筑工业出版社，2004：199-201.

（三）实验室生物安全成熟阶段（1983—1998年）

1. 发展概述

实验室建设必须建立在科学的运行机制上。科学合理的技术标准体系，是病原微生物实验室生物安全建设的基础。目前，世界卫生组织等多个国际组织和一些发达国家已建立较为完整的病原微生物实验室生物安全标准管理体系，并根据生物安全威胁的变化对其进行修订。技术标准体系的建立和发展，标志着生物安全实验室逐渐成熟。

20世纪80年代之后，全球性的、区域性的以及各国的生物安全法规、标准纷纷出台并更新。例如，1983年，世界卫生组织发布了《实验室生物安全手册》第1版。1984年，美国疾病控制与预防中心和国立卫生研究院联合发布《微生物和生物医学实验室生物安全》。这些生物安全指南和标准的出台，促进了生物安全实验室建设，使生物安全实验室的理念和标准更加科学、合理。

2. 澳大利亚动物卫生研究所（1985年建成）

澳大利亚动物卫生研究所（Australian Animal Health Laboratory，AAHL），隶属于澳大利亚科工组织（Commonwealth Scientific and Industrial Research Organization，CSIRO），位于季隆。该研究所1974年就已提出完整的实验室建设方案，1978年开始建设，1985年竣工，整个建设工期为7年，建筑面积约6.4万平方米，占地面积14万平方米，总投资额按现在价值计算约为6亿澳元。研究所约6万平方米的面积中，仅有六分之一左右是不同级别的实验室，包括了BSL-3、ABSL-3、BSL-4、ABSL-4实验室，其余皆用于放置支持系统，整个实验室犹如一个现代化工厂。该实验室的生物安全由特定的生物安全小组负责，为了维持其正常运转，实验室配备了一批工程技术人员。

图10-4　澳大利亚动物卫生研究所（上：研究所外观和建筑剖面图，下：研究人员正在进行动物实验）①

3. 法国里昂让·梅里厄BSL-4实验室（1999年建成）

法国里昂让·梅里厄BSL-4实验室于1998年开始建设，1999年3月宣布建成，经过检测、调试与完善工作，于2001年正式对科研工作者开放。2004年，让·梅里厄BSL-4实验室成为法国国家级实验室，由法国国家卫生及医学研究院（INSERM）进行监督并负责行政管理工作。让·梅里厄BSL-4实验室面积约600平方米，全部用玻璃和钢材建成，造价4000万法郎，其中仪器设备价值1000万法郎，每年运行维持和实验费用约190万欧元。实验室主楼分为三层：上层是空气处理区，下层是废弃物处理区，中层为BSL-4工作区。方形主楼旁有一幢附属楼。实验室安全管理由计算机实行中央控制。

① CSIRO. Australia's Animal Health Laboratories［EB/OL］.（2019-01-16）.http://www.csiro.au/Organisation-Structure/National-Facilities/ AAHL.aspx

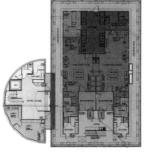
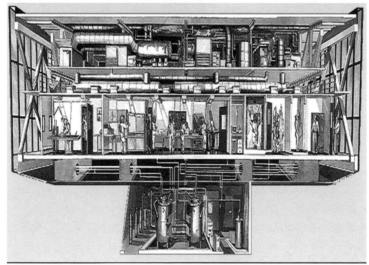

图 10-5　法国里昂让·梅里厄 BSL-4 实验室（上：外观和平面图，下：剖面图）①

（四）实验室生物安全融合阶段（1999 年后）

1. 发展概述

高等级生物安全实验室是研究高度危险病原体、应对新发突发传染病的重要基础设施，是维护国家生物安全的重要保障。截至 2017 年 12 月，全球已建成或计划、在建的生物安全四级实验室总数已超过 50 个（表 10-2），分布于美国（12）、英国（5）、德国（4）、澳大利亚

---

① Jean Merieux BSL-4 Laboratory. Jean Merieux BSL-4 Laboratory［EB/OL］.（2019-01-16）. http:// www. p4-jean-merieux.inserm.fr

（3）、瑞士（3）、中国（3）、阿根廷（2）、加拿大（2）、捷克（2）、日本（2）、意大利（2）、印度（2）、巴西（1）、丹麦（1）、俄罗斯（1）、法国（1）、韩国（1）、科特迪瓦（1）、南非（1）、瑞典（1）、沙特阿拉伯（1）、西班牙（1）、新西兰（1）、匈牙利（1）等国家。[①]这些高等级生物安全实验室对提升其所在国家生物威胁应对能力具有重要作用，同时，世界各国建立的实验室网络体系将形成区域性联盟，实验室生物安全开始进入融合阶段。

表10-2　国际上已建成或在建的生物安全四级实验室（截至2017年12月）

序号	机构	国家	生物安全等级	运行状态	实验室类别
1	国家农业技术研究院病毒学研究所	阿根廷	3+	运行中	—
2	国家食品安全和质量服务部	阿根廷	3+	运行中	—
3	联邦科学与工业研究组织澳大利亚动物健康实验室	澳大利亚	4（ABSL-4）	运行中	防护服型
4	韦斯特米德医院新发传染病及生物危害应急处置队	澳大利亚	4	运行中	防护服型
5	皮特·多赫提感染与免疫研究所维多利亚传染病参考实验室	澳大利亚	4	运行中	防护服型
6	泛美口蹄疫疾病中心	巴西	3+	运行中	—
7	加拿大食品检验局外来动物疾病国家中心	加拿大	4	运行中	防护服型
8	加拿大公共卫生局国家微生物实验室	加拿大	4（ABSL-4）	运行中	防护服型
9	中国疾病预防控制中心（北京）	中国	4	计划	防护服型

① World Health Organization. Report of the WHO Consultative Meeting on High/Maximum Containment. (Biosafety Level 4) Laboratories Networking [R]，2018：46-49.

序号	机构	国家	生物安全等级	运行状态	实验室类别
10	哈尔滨兽医研究所国家动物疫病防控高级别生物安全实验室	中国	4 (ABSL-4)	运行中	防护服型
11	中国科学院武汉病毒研究所	中国	4	运行中	防护服型
12	高等教育和科学研究部科特迪瓦巴斯德研究所	科特迪瓦	4	在建	防护服型
13	卫生军事研究所生物防御系	捷克共和国	4	运行中	防护服型
14	国家核化生防护研究所生物监测与防护实验室	捷克共和国	4	运行中	防护服型
15	丹麦技术大学国家兽医研究所	丹麦	3+	运行中	—
16	法国国家健康与医学研究院梅里埃生物安全四级实验室	法国	4	运行中	防护服型
17	伯恩哈德·诺赫特热带医学研究所	德国	4	运行中	防护服型
18	联邦动物健康研究所罗弗勒学院	德国	4	运行中	防护服型
19	马尔堡菲利普斯大学病毒学研究所	德国	4	运行中	防护服型
20	罗伯特·科赫研究所	德国	4	新建	防护服型
21	国家公共卫生研究所（原国家流行病学中心）国家生物安全实验室	匈牙利	4	运行中	防护服型
22	国家病毒学研究所微生物控制复合体	印度	4	运行中	防护服型
23	国家高等级动物疾病研究所高等级动物疾病实验室	印度	3+	运行中	—

续表

序号	机构	国家	生物安全等级	运行状态	实验室类别
24	拉扎罗·斯帕兰扎尼国家传染病研究所	意大利	4	运行中	防护服型
25	米兰大学萨科大学医院	意大利	4	运行中	防护服型
26	长崎大学生物安全四级实验室	日本	4	计划	防护服型
27	国立传染病研究所	日本	4	运行中	安全柜型
28	第一产业部国家生物防护实验室	新西兰	3＋	运行中	—
29	韩国疾病预防控制中心生物安全四级实验室	韩国	4	新建	防护服型
30	俄罗斯联邦消费者权利保护和人类福祉监测局病毒学和生物技术病媒国家研究中心	俄罗斯	4	运行中	防护服型
31	沙特卫生部国家卫生实验室	沙特阿拉伯	4	计划	防护服型
32	南非国家传染病研究所特殊病原体部	南非	4	运行中	防护服型
33	巴塞罗那自治大学动物健康研究中心和农业食品研究与技术研究所	西班牙	3＋	运行中	—
34	瑞典传染病控制研究所防备部高致病性微生物分部	瑞典	4	运行中	防护服型
35	苏黎世大学医学病毒学研究所	瑞士	4	运行中	防护服型
36	联邦内政部病毒学与免疫学研究所	瑞士	3＋	运行中	—
37	日内瓦大学医院病毒学实验室	瑞士	4	运行中	防护服型

续表

序号	机构	国家	生物安全等级	运行状态	实验室类别
38	环境、食品和农村事务部动植物卫生机构	英国	4	运行中	防护服型
39	英国公共卫生应急准备与反应中心	英国	4	运行中	安全柜型
40	国防部国防科学技术实验室	英国	4	运行中	防护服型
41	波尔布莱特研究所高级防护大动物设施	英国	4	在建	防护服型
42	卫生部国家生物标准与控制研究所	英国	4	运行中	防护服型
43	国家过敏与传染病研究所落基山实验室	美国	4	运行中	防护服型
44	国家生物防御分析与对策中心	美国	4	运行中	防护服型
45	普拉姆岛外来动物疾病诊断实验室	美国	3＋	运行中	—
46	得克萨斯大学医学分部加尔维斯顿国家实验室	美国	4（ABSL-4）	运行中	防护服型
47	乔治亚州立大学病毒免疫学中心	美国	4	运行中	安全柜型
48	国家过敏和传染病研究所德特里克堡综合研究设施	美国	4	运行中	防护服型
49	疾病预防控制中心特殊病原体分部	美国	4	运行中	防护服型
50	得克萨斯州生物医学研究所	美国	4	运行中	防护服型
51	波士顿大学国家新发传染病实验室	美国	4	新建	防护服型
52	美国国防部陆军传染病医学研究所	美国	4	运行中	防护服型

序号	机构	国家	生物安全等级	运行状态	实验室类别
53	美国国土安全部普拉姆岛动物疾病中心	美国	3＋	运行中	—
54	美国国土安全部国家生物和农业防御设施	美国	4（ABSL-4）	在建	防护服型

　　高等级生物安全实验室作为从事操作高危病原微生物活动的场所，其安全风险受到社会关注。

　　多个生物安全四级实验室曾发生事故。2004年，一位病毒学家在美国陆军传染病医学研究所四级实验室操作感染埃博拉病毒扎伊尔毒株的变异株的老鼠时，不慎被血液污染的针头刺破了左手。幸运的是，被操作的5只老鼠在事件发生时无病毒血症，因此他并未发病，21天后解除隔离。2004年5月，俄罗斯新西伯利亚病毒学与生物技术国家科学中心的科学家在BSL-4实验室中对感染埃博拉的豚鼠进行抽血操作时，被带有豚鼠血液的注射器扎伤左手掌。受伤后，她按实验室应急处置程序通知实验室有关人员，并立即就医，但1周后出现临床症状，当月19日因救治无效死亡。2009年3月，德国汉堡Bernhard Nocht热带医学研究所四级实验室一位科学家在给老鼠注射埃博拉病毒时，老鼠脚踢了针头，导致针头刺破了她的手指。经紧急救治和注射疫苗后，她未出现病征及血清学感染迹象。2014年12月，亚特兰大疾病控制与预防中心下属的VSPB（Viral Special Pathogens Branch）实验室发现一名实验员可能将活性埃博拉病毒样品携带出BSL-4实验室并在BSL-2实验室开展核酸检测操作。所幸后续评价结果表明，事发当天前后的动物样本中未检测出活病毒。

　　生物安全与国家核心利益密切相关，是国家安全的重要组成部分。如今，许多国家把生物安全纳入国家战略，不断加强生物安全科技支撑体系建设。生物安全科技支撑体系的核心平台是高等级生物安全实验室网络体系。该体系可以实现微生物菌种科学研究、资源保藏、产业应用转化三大主体功能，可针对烈性传染病病原体的检测、消杀、监测预警、防控、治疗五大环节，开展病原分离鉴定、病原与宿主相互作用机理、感染模型建立、疫苗研制、生物防范等研究，在烈性传染病防控、公共卫生应急反应、新药研发中发挥重要的科技支撑作用，同时保证研究人员不受实验材料的伤害，保护实验材料不受外界因子的污染。

针对新发、突发传染病疫情的暴发流行，一些国家和机构加大对高危烈性病原体的研究力度，加快高等级生物安全实验室建设步伐，并开始建立实验室网络体系。

欧盟建立了欧洲的高等级生物安全实验室体系——欧盟高等级生物安全实验室计划（EHSL4），旨在更好地利用高等级生物安全实验室资源，促进各实验室之间的合作。法国国家健康与医学研究院（Inserm）负责协调此项计划。体系内的实验室分布在欧洲各地，功能各不相同（包括科研、诊断、动物实验、专业培训等）。欧盟持续支持实验室的建设以满足对新出现的烈性病毒和抗药性细菌的研究需要。同时，EHSL4计划加强基础研究和临床研究，提高欧盟的病原体诊断能力，对科研人员进行生物安全与可靠性培训，还将建立一个管理机构或协调机构。

美国根据需要建立了多个高等级生物安全实验室体系，尽管不同实验室隶属于不同部门，但都建立了高效的协调合作机制。其中，美国应急医学检验实验室网络（LRN）由美国疾病控制与预防中心指导运作，而美国国家生物安全实验室体系（NBL）和地区生物安全实验室体系（RBL）由美国国立卫生研究院提供经费支持。美国应急医学检验实验室网络由三级结构组成，顶级结构是三个高等级生物安全实验室，负责确认重大传染性疾病病原体，对全国检验实验室网络的专业技术人员开展培训；第二级和第三级分别由150个、25000个检验实验室组成，负责快速诊断并向上层实验室提交数据。美国国家生物安全实验室体系由2家四级实验室组成，核心任务是开展病原体基础研究，为国家快速动员和应对突发公共卫生事件提供资源和信息支持；其地区生物安全实验室体系由12家三级实验室组成，负责为快速动员和协调区域与地方系统应对突发公共卫生事件提供资源和信息支持。

2. 美国过敏与感染性疾病研究所综合研究设施（2009年建成）

隶属于美国美国国立卫生研究院的过敏与感染性疾病研究所的历史可以追溯到1887年在纽约海军医院建立的一个小实验室。1948年，美国国立卫生研究院组建了国立微生物研究所（National Microbiological Institute），1955年，国立微生物研究所改名为过敏与感染性疾病研究所。过敏与感染性疾病研究所的研究目标包括：支持基础和应用研究以了解、应对和预防感染性及过敏性疾病，在强调基础研究重要性的同时，也注重将基础研究的成果进行应用研究。

过敏与感染性疾病研究所位于马里兰州德特里克堡的综合研究设施（The Integrated Research Facility，IRF）于2009年建成，建设投资1.05亿美元，占地面积13378平方米，可支持针对不同风险等级的病原体的科学研究。该设施拥有2972平方米的实验室空间，其中包括1022平方米的BSL-4/ABSL-4实验室，该实验室拥有多种先进的研究设施（图10-6）。IRF可以支持临床医学、病理解剖学、细胞培养、医学成像、比较医学、空气生物学六类核心实验室小组在设施内进行科学研究。每个核心组都可以对实验感染动物的疾病过程开展综合评价。①

---

① Jahrling P B, Keith L, St Claire M, et al. The NIAID Integrated Research Facility at Frederick, Maryland: A Unique International Resource to Facilitate Medical Countermeasure Development for BSL-4 Pathogens [J]. Pathogens and Disease，2014，71（2）：211-216. doi：10. 1111/2049-632X. 12171.

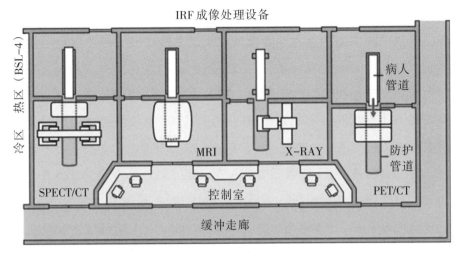

图10-6　美国过敏与感染性疾病研究所综合研究设施（上：平面示意图，下：Ⅲ级生物安全柜）[1][2]

（SPECT/CT：单光子发射计算机断层扫描区域；MRI：磁共振成像区域；X-RAY：X射线照射区域；PET/CT：正电子发射计算机断层扫描区域）

3. 德国弗利德里希·勒福乐动物传染病研究所（2017年建成）

弗利德里希·勒福乐（Friedrich Loeffle）医生因发现口蹄疫病毒而被认为是病毒学的创始人之一，他在德国"里姆斯"岛上建立了利德里希·勒福乐动物传染病研究所（Friedrich Loeffler Institute，FLI），重点关注农场动物的健康和福利以及保护人类免受人畜共患病困扰。该

① Lackemeyer M G, de Kok-Mercado F, Wada J, et al. ABSL-4 Aerobiology Biosafety and Technology at the NIH/NIAID Integrated Research Facility at Fort Detrick［J］. Viruses, 2014. 6: 137-150; doi: 10. 3390/v6010137.

② Jahrling P B, Keith L, St Claire M, et al. 2014. The NIAID Integrated Research Facility at Frederick, Maryland: a unique international resource to facilitate medical countermeasure development for BSL-4 pathogens. Pathog Dis. 71（2）: 211-216. doi:10.1111/2049-632X.12171.

研究所主要从事两方面研究：一是疾病预防与控制，聚焦疾病快速诊断、改善预防措施以及为动物疾病和人畜共患病的控制策略提供研究基础；二是提高动物福利和生产高质量的动物性食品，主要致力于根据动物福利改善农场畜牧业管理、保护农场动物遗传多样性以及合理有效利用动物饲料。多年来，该研究所在动物疾病暴发期间进行流行病学调查，对农场动物的各种传染病进行风险评估。

该研究所投资 2.6 亿欧元，占地面积约 25000 平方米，2008 年 7 月开工，2017 年冬开始运行。项目中后勤楼 13927 平方米、技术楼 33832 平方米，总面积 78124 平方米，建有 89 个 BSL-1—BSL-4 生物安全实验室和 139 个实验动物房。其生物安全四级实验室是德国最新建造的高等级生物安全实验室，于 2019 年 5 月投入运行。该四级实验室按照"干实验室"理念，采用"盒子中的盒子"设计、密封工艺，实验室内永久负压，送风、排风前均由二级 HEPA（High efficiency particulate air filter，高效空气过滤器）过滤，固废、液废均灭活处理。实验室配备专业技术人员，不间断监测设施的安全运行，内部工作人员随时与训练有素的后勤保障人员保持无线电联系，以便在紧急情况下提供必要帮助。目前该实验室主要开展丝状病毒、沙粒病毒、亨尼帕病毒和克里米亚-刚果出血热病毒的相关研究。该实验室拥有先进设备的大开间实验室，以及共聚焦显微镜、流式细胞仪和荧光定量分析仪等设备，可开展对野生型和重组病毒的研究。此外，该实验室配备两个独立的动物饲养单元，可用于牛、猪、羊等动物的相关研究。同时 FLI 也针对小型哺乳动物（如小鼠、豚鼠、仓鼠、蝙蝠等）开展相关研究。为此，研究人员在 FLI 建立了埃及果蝠（Rousettusa egyptiacus）和黄毛果蝠（Eidolon helvum）两种蝙蝠动物模型。

4. 欧盟高等级生物安全实验室计划

欧盟启动了高等级生物安全实验室计划（EHSL4），该计划由法国国家健康与医学研究院负责协调，实验室分布在欧洲各国，功能各不相同，包括诊断、科学研究、技术培训等。

表10-3　欧洲生物安全四级实验室网络体系[①]

国家	机构及地点
法国	让·梅里厄BSL-4实验室，法国国家健康与医学研究院，里昂
德国	本哈德·诺赫特热带医学研究所，汉堡
德国	马尔堡菲利普大学，马尔堡
英国	健康保护机构——传染病中心，伦敦
英国	英国健康保护局应急中心，波顿镇
瑞典	瑞典传染病控制研究所SMI安全实验室，斯德哥尔摩
意大利	国家传染病研究所IRCCS，罗马
匈牙利	国家流行病研究中心，布达佩斯

从全球来看，生物安全实验室的发展大致经历了四个时期：初期，对生物风险产生认识，提出并逐步实现生物安全防护；早期，开始探索生物安全防护屏障，提出生物安全实验室整体概念，逐渐形成统一标准；发展期，生物安全指南与标准不断完善，生物实验室建设和运行在基本统一的标准框架下开展；全球合作发展期，新形势下全球传染病应对和防御生物恐怖的需要，促进了生物安全实验室建设和运行的全球合作。中国生物安全实验室建设在生物安全实验室发展期开始起步，在生物安全实验室全球合作发展期快速发展，经过多年努力，目前已基本达到国际水平，在生物安全实验室国家标准、国际合作等领域形成了自己的特色，在国际实验室生物安全领域拥有了一定的话语权。

实验室生物安全的发展经历了萌芽期（1950年以前）、发展期（1950—1982年）、成熟期（1983—1998年）和融合期（1999年后）。[②]实验室生物安全发展经历的这四个阶段大致对应了生物安全实验室发

① 陈洁君.高等级病原微生物实验室建设科技进展［J］.生物安全学报，2018，27（2）：80-87.
② 徐涛，车凤翔，董先智，等.实验室生物安全［M］.北京:高等教育出版社，2010：2-5.

展的四个时期。近20年，特别是近10年，生物实验室联盟的形成，是全球共同应对烈性传染病和生物恐怖威胁的重要举措，实验室生物安全迎来了生物安全实验室全球合作发展的新阶段。

二、中国生物安全实验室发展

（一）中国固定式生物安全实验室发展历程

我国生物安全实验室建设起步较晚，1988年，为了开展艾滋病研究，经多年筹备，原中国预防医学科学院（现中国疾病预防控制中心）从德国引进技术和设备，从德国空运来14吨重的实验室建设材料，并聘请2名德方工程师参与，完成BSL-3实验室的建设。根据国家兽医科学研究的需要，为了建成可开展动物实验的动物生物安全三级实验室，我国农业部组织国内外实验动物专家进行了多次论证。后经农业部正式立项，由中国农科院指定哈尔滨兽医研究所负责于1992年建成我国首个动物生物安全三级实验室。20世纪90年代，我国的大学、研究所、卫生防疫站等单位引进、合作或自建了一批达到或接近BSL-3的生物安全实验室。但当时我国的生物安全实验室没有统一的建设标准，生物安全实验室的活动也没有统一管理制度。[①]

在2003年SARS疫情暴发前，据不完全统计，我国各生物医学研究机构、医院和大学相继建成了数十个生物安全实验室，归属卫生、农业、质检等部门。SARS暴发后，许多机构开始新建、改扩建生物安全三级实验室，开展SARS相关研究工作。但鉴于生物安全实验室在行政业务管理和自身运行管理方面存在一些漏洞，国家开始加强实验室生物安全管理，由SARS科技攻关组组织专家对申请从事SARS科技攻关的实验室进行生物安全评估，批复了15家机构的23个BSL-3实验室的

---

① 高福，武桂珍.中国实验室生物安全能力发展报告：科技发展与产出分析 [M].北京：人民卫生出版社，2016：5-6.

资质，这些实验室在抗击SARS的科研工作中发挥了重要作用。

我国政府高度重视生物安全实验室管理，出台了一系列法规和标准。2004年国务院颁布了《病原微生物实验室生物安全管理条例》（以下简称《条例》），明确了涉及实验室生物安全的管理机构与管理职责。根据《条例》要求，国家发布了生物安全实验室体系建设规划，各有关部门陆续出台了生物安全实验室建设和管理的相关规章和标准，推动我国生物安全实验室建设和管理法制化、规范化发展。①

武汉大学动物生物安全三级实验室于2005年6月获得国家认可，是《条例》颁布后我国第一家获得国家认可的生物安全三级实验室；中国农业科学院哈尔滨兽医研究所生物安全三级实验室随后获得国家认可，农业部于2005年11月批准其从事高致病性动物病原微生物实验活动的资格，这是《条例》颁布后我国第一个投入运行的生物安全三级实验室；2006年11月，卫生部批准中国疾病预防控制中心病毒病预防控制所生物安全三级实验室从事高致病性病原微生物实验活动的资格，该实验室成为《条例》颁布后我国第一个获准从事人间传染的高致病性病原微生物实验活动的生物安全三级实验室。

在建设固定生物安全实验室的同时，我国也重视移动式生物安全实验室、生物安全生产设施的建设，以及相关技术的国际应用。2015年，我国第一座在海外建设的援助塞拉利昂的固定生物安全实验室竣工并通过验收；2018年，由中国农业科学院哈尔滨兽医研究所负责援建的中哈农业科学联合实验室及教学示范基地项目完成建设并通过验收。2004年，我国从法国引进4套移动式生物安全三级实验室；2006年，我国自主研制的首台移动式生物安全三级实验室通过验收；2014年，国产移动式生物安全三级实验室运抵塞拉利昂执行埃博拉病毒应急检测；此外，移动式生物安全二级实验室在我国传染病和动物疫病防控中也发挥了重要作用。2015年，《移动式实验室 生物安全要求》

---

① 陆兵，李京京，程洪亮，等.我国生物安全实验室建设和管理现状［J］.实验室研究与探索，2012，31（1）：192-196.

发布实施。2017 年，农业部发布《兽用疫苗生产企业生物安全三级防护标准》。2018 年，国内第一个按三级防护标准验收的车间在中国农业科学院兰州兽医研究所中农威特生物科技股份有限公司建成。我国高等级生物安全实验室的建设和应用取得了举世瞩目的成就。

（二）我国移动式生物安全实验室发展

移动式生物安全实验室具有机动灵活、反应迅速、安全可靠等特点，可在疫区周围快速展开并实施采集、分离与鉴定工作。移动式生物安全实验室作为生物安全防护的关键装备，其产品类型多样，分车厢式、方舱（集装箱）式、面包式和半挂式四大类。我国从 21 世纪初开始研发移动式生物安全实验室，目前已具备各级移动式生物安全实验室的生产能力并出口海外，并且我国在移动式生物安全实验室的生产、评价和使用等方面均建立了相关国家标准和行业标准。

2005 年，由科技部立项、军事医学科学院牵头，研制出了我国首台具有自主知识产权的移动式 BSL-3 实验室。该型移动 BSL-3 实验室由主实验舱、人员净化舱与技术保障舱组成，应用气密型软连接，其在工艺平面布局、环境参数控制、关键防护设备配置等方面均达到了国外同类产品的先进水平，可实施对可疑病原微生物的采集、保存、分离、培养和鉴定等作业。其后，研究人员对该型产品进行多次改进升级，使其安全性、可移动性和适用性进一步提高。2014 年，该升级产品在塞拉利昂执行埃博拉病毒应急检测任务，连续工作 6 个多月，运行保障 1200 多小时，检测样本近 5000 份，其中阳性样本近 1500 份，出色地完成了"援非抗埃"任务。

天美科技有限公司研制出国内首台集装箱式 BSL-3 实验室。[①]该集装箱式实验室在出厂时已完成设备调试，省去了固定式实验室烦琐的调试和试运行过程，且造价不高，必要时可拆卸拖动，非常适合生防

---

① 黄世安，衣颖，刘志国．国内移动生物安全实验室建设和管理现状［J］．医疗卫生装备，2016，37（6）：114-117.

能力有限的发展中国家。2005—2007 年，天美公司先后给印度疾病预防控制中心提供了 5 套设施，2009 年为土耳其提供了 2 套设施，并积极拓展印度尼西亚、泰国、巴基斯坦等国市场。

此外，由内蒙古满洲里出入境检验检疫局联合中国检验检疫科学院，设计研制出的国内首台移动式生物安全二级（BSL-2）实验室，于 2009 年 1 月在满洲里出入境检验检疫局保健中心投入使用。苏州江南航天机电工业有限公司、镇江康飞机器制造有限公司、山东博科科技有限公司、广东康盈交通设备制造有限公司等也推出了相关产品。目前，国内装备的各级移动生物安全实验室分布在国家和军队的各级疾病预防控制中心及边境检验检疫局（现为海关）等单位。新型冠状病毒肺炎疫情暴发后，各种采用充气气柱支撑的帐篷实验室因其灵活机动、快速就地展开的特点，被广泛应用于新型冠状病毒核酸检测等工作。

移动式生物安全实验室的建成及投入使用，迫切需要建立相关标准、规范。2015 年发布实施的国家标准 GB27421—2015《移动实验室生物安全要求》，在 GB19489—2008《实验室 生物安全通用要求》的基础上，根据移动式实验室的特点，提出移动实验室在生物安全分级、实验室设施设备配置、个人防护、实验室安全行为和管理要求等方面的相关要求。紧接着，认证认可行业标准 RB/T142—2018《移动式生物安全实验室评价技术规范》发布实施，使得移动式生物安全实验室在中国的生产、评价和使用有了可依据的标准。

第二节
国内外实验室生物安全管理制度

科学、合理的技术标准体系是病原微生物实验室生物安全建设的基础。国际上从 20 世纪 70 年代开始，逐步建立起基本完善的实验室生物安全管理体系。我国各微生物实验室遵照法律法规和标准，参考相关国际规章，根据实验室的实际运行需求，制定了相关管理制度和操作流程，以确保实验室生物安全。

一、国际组织对实验室生物安全的要求

（一）世界卫生组织

1.《实验室生物安全手册》

为了指导实验室生物安全，减少实验室事故发生，1983 年世界卫生组织发布了《实验室生物安全手册》第 1 版，提倡各国接受生物安全的基本概念，同时鼓励各国就本国实验室如何安全处理病原微生物问题制定具体操作规程，并为制定这类规程提供专业指导。从此，生物安全实验室在世界范围内有了统一标准和基本原则。许多国家借助该手册所提供的专业指导制定了本国的生物安全操作规程。

随着相关学科研究不断取得进展，用于生物安全工作的设备、材料不断更新、完善。据此，世界卫生组织分别于 1993 年和 2003 年发布

了《实验室生物安全手册》第2版和第2版的网络修订版，于2004年和2020年发布了《实验室生物安全手册》的第3版和第4版。

《实验室生物安全手册》第4版包括术语、前言、概论、风险评估、核心要求、加强控制措施、最高防护措施、转运、生物安全程序管理、实验室生物安保、国家／国际生物安全监管等内容。第4版大篇幅增加了风险评估的内容，详述了生物安全风险评估流程中的各项要求，强调了不同实验室、不同机构、不同地区和不同国家的风险评估结果和所采取的控制措施之间的不同，关注在现有条件下，使实验室风险可控、可接受；实验室生物安全防护部分的内容不再按照四个防护等级进行描述，而是按照核心要求（相当于原来的生物安全一级和二级要求）、加强控制措施要求（相当于原来的生物安全三级要求）和最高防护措施要求（相当于原来的生物安全四级要求）分三个部分进行介绍；强调了人在生物安全实验室安全运行中的重要作用，提出要重视提升人员能力；强调了生物安全文化、生物安全程序管理、生物安全监管等的重要性。

2.《生物风险管理：实验室生物安保指南》

2006年，世界卫生组织针对实验室面临的以生物恐怖为代表的威胁，发布了《生物风险管理：实验室生物安保指南》（*Biorisk Management: Laboratory Biosecurity Guidance*）。该指南扩展了《实验室生物安全手册》中介绍的实验室生物安全概念，介绍了生物风险管理方法，并针对存在的问题提出了切实可行的解决方案。该指南包括生物风险管理办法、实验室生物安保计划、实验室生物安保培训等内容。该指南提出：应严格管理实验室内的敏感生物材料以防范潜在危险；通过针对性的计划和管理程序及人员培训，保证敏感生物材料的保存、使用、转移和清除等操作处于安全状态，并制定紧急情况下的应急处理预案。

（二）世界动物卫生组织

世界动物卫生组织于 2018 年出版《陆生动物诊断试验与疫苗手册》（*Manual of Diagnostic Tests and Vaccines for Terrestrial Animals*）第 8 版，旨在防控包括人畜共患病在内的动物疫病，促进全球动物卫生机构发展，保障动物及动物产品国际贸易安全。《陆生动物诊断试验与疫苗手册》主要为从事兽医诊断试验及监测的实验室、疫苗生产厂商、疫苗使用者，以及世界动物卫生组织成员的相关立法部门，提供国际认可的实验室诊断方法及说明。

《陆生动物诊断试验与疫苗手册》于 1989 年首次出版，其中介绍了哺乳动物、禽类和蜂类传染病以及寄生虫病，此后的各版本对相关内容进行了扩充与更新。第 8 版《陆生动物诊断试验与疫苗手册》与以往版本在结构上稍有差异：第一部分绪论主要涉及兽医诊断实验室及疫苗生产设施的通用标准；第二部分为具体建议，新增了诊断试验验证建议和疫苗生产建议；第三部分讨论世界动物卫生组织名录中的疫病及具有重要意义的疫病；第四部分提供了截至本版定稿之时，世界动物卫生组织已设立的参考中心名单。

（三）国际标准化组织

1. ISO 15189《医学实验室——质量与能力的专用要求》

ISO 15189《医学实验室——质量与能力的专用要求》（*Medical laboratories — Particular requirements for quality and competence*）第 1 版于 2003 年发布。ISO 15189 以 ISO/IEC 17025 和 ISO 9001 为基础，提出了对医学实验室能力和质量的专用要求，适用于指导医学实验室建立完善先进质量管理体系，也是实验室生物安全管理的重要依据。此后，ISO 15189 第 2 版于 2007 年发布，我国于 2008 年等同采用 ISO 15189：2007，发布了 GB/T 22576-2008《医学实验室——质量与能力的专用要求》。现行的 ISO 15189 为 2012 年发布的第 3 版，更名为《医学实验室——质量与能力的要求》（*Medical laboratories — Requirements for quality and competence*），删去了"专用"两字，但引言中仍强调"针对医学实验室质量和能力的特定要求"；整体编排和条款框架做了较大调整，如"技术要求"部分由原来的8节增加为10节，在很多条款中增加了"总则"小条款；调整了部分内容的归属，纳入"管理要求"或"技术要求"。修订后的2012版要求更全面、清晰，更易于实验室各岗位人员理解和执行，更利于规范实验室管理。中国合格评定国家认可委员会也已根据ISO 15189：2012发布了CNAS-CL02：2012《医学实验室质量和能力认可准则》，作为国内医学实验室质量和能力的认可标准。

2. ISO 15190《医学实验室——安全要求》

ISO 15190《医学实验室安全要求》（*Medical laboratories requirements for safety*）作为国际标准化组织制定的有关医学领域所有类型实验室安全方面的标准，规定了医学实验室应遵守的安全要求。ISO 15190将医学实验室的安全管理作为质量管理的内容之一，除要求确保有专人负责安全，还强调了实验室所有员工的个人责任。现行版本ISO 15190：2020主要用于医学实验室服务领域，但也适用于各种教学、科研、检测和诊断领域。但是，当实验室从事生物安全三级和四级防护要求的实验活动时，还必须遵守其他相关规定以确保安全。ISO15190：2020要求实验室通过定期监督、检查促进安全工作的改进。动物病原微生物实验室可以参考其有关安全管理和安全防护的要求。

二、美国实验室生物安全管理

（一）《微生物和生物医学实验室生物安全》

美国《微生物和生物医学实验室生物安全》是国际公认内容比较详细的实验室生物安全操作指南，由美国疾病控制与预防中心和国立卫生研究院联合发布。《微生物和生物医学实验室生物安全》1984年第

1 版最早提出了根据病原微生物的危险程度将病原微生物及其实验室活动分为四个安全等级。1993 年的第 3 版描述了微生物实验室标准操作、实验室设计和安全设备不同组合相对应的四个实验室生物安全防护等级，并依据微生物对人体的危险程度将其分为四级危险组。2020 年发布了第六版《微生物和生物医学实验室生物安全》。

第六版秉承防护和风险评估的生物安全原则。生物安全的原则是遏制。防护的要素包括微生物操作、安全设备和设施保障措施，用以保护实验室工作人员、环境和公众避免病原微生物暴露和感染。风险评估则是选择适当的微生物操作方法、安全设备和设施保障措施来防止病原微生物暴露和感染。越来越多的人从事病原微生物相关研究和医疗卫生服务，对病原微生物的鉴定、防护和安全储存提出了更高的要求。因此，实验室及其管理者必须评估并确保其生物安全项目的有效性、工作人员的专业性以及设施和管理的有效性。第六版在风险评估部分强调了风险管理过程以及通过风险评估建立安全文化；在生物安全实验室部分，在原来生物安全三级水平的基础上，增加了对生物安全二级和四级设施的有关要求；增加了病原微生物的灭活与验证、已建和待建实验室的可持续性、大规模操作病原微生物实验室要求等内容。

（二）《美国国立卫生研究院涉及重组 DNA 分子研究指南》

美国对重组 DNA 研究的监管比较宽松，没有在法律上对相关研究进行严格限制，而是采用部门管理规定的形式来监管。美国国立卫生研究院在 1974 年发布了致瘤病毒的生物安全标准[①]，根据暴露于动物致瘤病毒或人类致瘤病毒的研究人员患肿瘤的风险程度，将安全标准分为三个等级。美国国立卫生研究院在 1976 年第一次出版了《美国国立

---

① National Institutes of Health, National Cancer Institute, Office of Research Safety. National Cancer Institute safety standards for research involving oncogenic viruses ［M］. Bethesda, DHEW Publication No.（NIH），1974：75-790.

卫生研究院涉及重组 DNA 分子研究指南》，之后不断更新，并于2016年发布修订版的《美国国立卫生研究院涉及重组或合成核酸分子研究指南》（*NIH Guidelines for Research Involving Recombinant or Synthetic Nucleic Acid Molecules*）。该指南中实验室生物安全的分类标准、操作标准和防护等级与《微生物和生物医学实验室的生物安全》一致。

根据该指南，目前有两类涉及重组 DNA 技术的实验研究需要受到监控，研究者必须先向美国国立卫生研究院生物技术办公室（Office of Biotechnology Activities，OBA）提交关于实验情况的申请资料，经过美国国立卫生研究院生物安全委员会和审查团的批准、DNA 重组咨询委员会的审查和美国国立卫生研究院院长的批准，才能开展相关研究活动。这两类受控的研究活动为：涉及向微生物中转入某种抗药特性，而这种特性在自然条件下无法获得，且可能影响人类、动物和植物疾病相关药物用药效果的研究活动；涉及对半数致死剂量小于100ng/kg的毒素分子进行克隆的研究活动。

该指南只适用于美国范围内由美国国立卫生研究院资助的研究机构所从事的重组 DNA 研究活动，对于私营研究机构则采取自愿原则。这使得美国生物技术产业大量涉及重组 DNA 的研发游离于监管框架之外，进而导致该指南的监管效果大打折扣。

（三）《NIH 生物安全三级（BSL-3）实验室认证要求》

《NIH 生物安全三级（BSL-3）实验室认证要求》（*National Institutes of Health Biosafety Level 3-Laboratory Certification Requirements*）由美国国立卫生研究院健康与人类服务部组织编写。实验室认证旨在系统地评估与实验室有关的安全措施和程序，有助于实验室的定期维护以及实验室研究活动的标准操作程序的制定。职业健康和安全处（Division of Occupational Health and Safety，DOHS）负责管理和执行对于美国国立卫生研究院的院内实验室和其他高等级防护设施的认证。如果可行，职业健康和安全处可委托第三方开展实验室或设施的认证。在实验室认证过程中，负责人员必须填写核查清单作为书面记录留存。设施的认证至少要每年开展一次，负责人员需将结果与首次认证结果进行比较。

（四）《基于危险性的病原学分类》

1974年，美国疾病控制与预防中心和国立卫生研究院联合编写了《基于危险性的病原学分类》（*Classification of Etiologic Agents on the Basis of Hazard*），提出根据病原微生物的危险程度，制定相应水平的防护措施；根据传播方式和所致疾病的严重程度，将人类病原体分成四类，并将非本土动物病原体单独分类，以便美国农业部政策限制它们进入美国。这一分类标准作为实验室工作的参考标准，被许多国家推广和借鉴。

此外，涉及危险病原体研究的实验室必须服从美国《公共卫生安全与生物恐怖主义准备和应对法》的监管，涉及危险病原体研究的生物安全实验室需要在美国疾病控制与预防中心或美国农业部动植物卫生检疫署登记并接受监管。这两个部门会定期对实验室进行检查和评估，以确保安全措施的有效性。若实验室发生人员感染、病原体泄漏等事故，必须立即向美国疾病控制与预防中心或美国农业部动植物卫生检疫署报告。

三、加拿大实验室生物安全管理

（一）《加拿大生物安全标准和指南》

加拿大公共卫生局（Public Health Agency of Canada，PHAC）和加拿大食品检验局（Canadian Food Inspection Agency，CFIA）综合并更新了加拿大关于病原微生物实验室设计、建设和运行的生物安全标准和指南，于2013年发布了《加拿大生物安全标准和指南》（*Canadian Biosafety Standards and Guidelines*，CBSG）（第1版）。《加拿大生物安全标准和指南》的第一部分对操作或储存人或动物的病原体和毒素的实验室提出要求，包括物理防护要求和操作程序要求；第二部分则就物理防护和操作程序的生物安全和生物安保要求提出建议。2015 年，第 2 版《加拿大生物安全标准和指南》删除了第二部分，并增加了实验室性能和验证要求。

（二）《实验室生物安全指南》

1977 年 2 月，加拿大医学研究委员会（Medical Research Council，MRC）编写了《处理重组 DNA 分子、动物病毒和细胞的指南》（*Guidelines for the Handling of Recombinant DNA Molecules and Animal Viruses and Cells*），并于 1979 年和 1980 年发布了两次修订版。1990 年，加拿大医学研究委员会发布了第 1 版《实验室生物安全指南》（*The Laboratory Biosafety Guidelines*），并成立了实验室疾病控制中心联合工作组。工作组为那些以研究或开发为目的而进行人类病原体操作的单位提供相应等级的实验室设计、建设和人员培训的技术资料。这种技术资料的重点是有关细菌、病毒、寄生虫、真菌和其他对人类有致病作用的感染性病原体的实验室生物安全防护措施。1996 年发布的第 2 版《实验室生物安全指南》中，增加了"分离一种微生物病原体或怀疑在某一样本中有微生物病原体存在，必须在适当防护等级的实验室中进行实验操作""分离的每一种病原体必须依据其危险度进行处理"等内容。2004 年发布的第 3 版《实验室生物安全指南》则强调，保证实验室生物安全最重要的因素是实验室工作人员的责任心和良好的操作技能。

（三）《兽医生物安全设施防护标准》

加拿大食品检验局于 1996 年发布《兽医生物安全设施防护标准》（*Terrestrial Animal Pathogens*：*Containment Standards for Veterinary Facilities*）第 1 版，该标准对 1996 版《实验室生物安全指南》中未涉及的动物病原和农业大动物生物安全防护设施要求做了详细规定，其内容包括：动物病原体生物安全防护屏障等级、物理要求、操作规则、认证等。

四、欧洲实验室生物安全管理

（一）联合组织

2000 年，欧洲议会和理事会（European Parliament and the Council）颁布实施《关于保护工作人员免受工作中生物因子暴露造成的危害的指令》。①该指令适用于整个欧洲共同体，其用"生物因子"代替"微生物"这一术语，涵盖了遗传修饰生物体、细胞培养物、人体寄生虫等概念。该指令关注的仅限于可能引起人体感染、变态反应或毒性的生物因子，不包括仅对植物和动物有致病性的生物因子。其主要内容包括：一般规定（目的、定义、范围等）、实验室所在单位责任以及健康监测、资料利用等其他规定。这一指令已在欧共体的各成员国实施，但允许不同国家有自己的人体病原体分类表。

2008 年 2 月，欧洲标准委员会公布了《实验室生物风险管理标准》（*Laboratory Biorisk Management Standard*）。该标准为推荐性标准，其主要内容包括生物风险管理系统的要求，涉及政策、计划、实施、检查与纠正、定期评估等。一个有效的管理体系是一个循环过程，建立在持续改进的理念之上，即遵循 PCDA（计划—执行—检查—行动）原则。为改善生物风险管理，组织机构应重点关注不合规现象及不良事件发生的原因。

---

① European Parliament and the Council. 2000. Directive 2000/54/EC of the European Parliament and of the Council of 18 September 2000 on the protection of workers from risks related to exposure to biological agents at work. （seventh individual directive within the meaning of Article 16 （1） of Directive 89/391/EEC）［EB/OL］.https：//www. eurogip. fr/images/documents/3526/Directive%2020 0054EC. pdf.

（二）英国

英国卫生安全局（Health and Safety Executive，HSE）危险病原体咨询委员会（Advisory Committee on Dangerous Pathogens，ACDP）根据对各种病原微生物危害性的认识和其他国家的分类结果，于1995年修订了《生物因子危害程度及防护分类》（*Categorisation of Biological Agents According to Hazard and Categories of Containment*），其分类方法强调了生物因子对人的致病性，提出了对于各生物安全实验室在物理防护、危害评估、健康监测和人员培训等方面的要求。在病原体危害等级分类中，该文件把"危害等级Ⅲ"中的肠道细菌单独列出，并强调其防护和危害评估要求。2000年，考虑到新发传染病防控，危险病原体咨询委员会对该文件进行了修订；为适应2002年制定的《健康危害物品控制条例》（*Control of Substances Hazardous to Health Regulations*），危险病原体咨询委员会在2004年发布了《生物因子许可名录》（*The Approved List of Biological Agents*），2005年发布了《生物因子：实验室与卫生医疗场所的风险管理》（*Biological Agents：Managing the Risks in Laboratories and Healthcare Premises*）。此外，危险病原体咨询委员会将血液传播病毒和传染性海绵体脑炎也纳入卫生行业的指南中，作为法规中生物因子方面的补充。

（三）法国、比利时和荷兰

法国、比利时和荷兰所采用的对生物因子危害等级的分类标准是一致的，主要依据《感染因子的危害等级分类》（*Risk Group Classifications for Infectious Agents*）中病原体的危害程度对病原体进行分类，将对人、动物以及植物无害的生物因子归入危害等级Ⅰ，将人和动物的致病因子分别归入危害等级Ⅱ—Ⅳ级，而植物有害因子则归入危害等级Ⅱ—Ⅲ级。

（四）瑞士

瑞士生物技术联邦协调中心（Federal Coordination Centre for Biotechnology，FCBS）主要根据《基于对人和环境危险性的生物因子分类》（*Classification of Organisms according to the Risk Presented to People and the Environment*）对生物因子进行分类。分类标准包括两个方面：不同生物体（细菌）对人和环境的危害程度；生物防护系统中可识别的受体生物体和载体之间的组合。该标准旨在促进防护法令的执行以及生物技术职业法令和防护法令之间的协调。

（五）瑞典

瑞典环境署根据工作环境令（Work Environment Ordinance）制定了《微生物工作环境风险——感染、毒性作用与超敏反应》（*Microbiological Work Environment Risks — Infection, Toxigenic Effect, Hypersensitivity*），并于 2005 年实施。该规定适用于使用生物因子的活动，如微生物培养等。其内容包括生物因子等术语的定义、感染风险工作的附加规定、动物感染微生物因子的附加规定等。研究人员在瑞典从事微生物实验活动必须遵守该规定。

五、我国实验室生物安全管理

（一）立法建标

1. 法律法规

2004 年 8 月，我国修订了《中华人民共和国传染病防治法》，其中第二十二条规定："疾病预防控制机构、医疗机构的实验室和从事病原微生物实验的单位，应当符合国家规定的条件和技术标准，建立严格的监督管理制度，对传染病病原体样本按照规定的措施实行严格监督管理，严防传染病病原体的实验室感染和病原微生物的扩散。"

2004年11月，《病原微生物实验室生物安全管理条例》（以下简称《条例》）公布施行。《条例》于2016年和2018年进行了两次小范围修订。《条例》旨在加强病原微生物实验室的生物安全管理，保护实验室工作人员和公众的健康，适用于中华人民共和国境内从事能够使人或者动物致病的微生物实验室及其相关实验活动的生物安全管理。《条例》对病原微生物的分类和管理、实验室的设立与管理、实验室感染控制、监督管理以及法律责任等作出了总体规定。国家各相关部门根据《条例》陆续出台了相关规章和标准。

2020年10月，我国颁布了《中华人民共和国生物安全法》。该法明确了生物安全的重要地位和原则，明确提出维护生物安全应当贯彻总体国家安全观，统筹发展和安全，坚持以人为本、风险预防、分类管理、协同配合等原则，并依法建立了生物安全风险监测预警制度、生物安全风险调查评估制度、生物安全信息共享制度、生物安全信息发布制度、生物安全名录和清单制度、生物安全标准制度、生物安全审查制度、生物安全应急制度、生物安全事件调查溯源制度、进境动植物和动植物产品以及高风险生物因子国家准入制度、境外重大生物安全事件应对制度、生物安全监督检查制度。同时还对防控重大新发突发传染病、动植物疫情，生物技术研究、开发与应用安全，病原微生物实验室生物安全，人类遗传资源与生物资源安全，防范生物恐怖与生物武器威胁，生物安全能力建设等方面分设专章，明确了违反该法应承担的法律责任。目前，国家各职能部门正在制定或修订《中华人民共和国生物安全法》相关配套的法规和规章，以进一步明确和细化生物安全有关制度，确保各项制度措施得到全面贯彻落实。

2. 部门规章

（1）环境保护主管部门规章

2006年发布并施行的《病原微生物实验室生物安全环境管理办法》规定了实验室污染控制标准、环境管理技术规范和环境监督检查，要求有关部门或企业在新建、改建、扩建三级、四级实验室或者生产、进口移动式三级、四级实验室前，应当编制环境影响报告书，报国家环境保护主管部门审批；承担三级、四级实验室环境影响评价工作的环境影响评价机构，应当具备甲级评价资质和相应的评价范围；建成并通过国家认可的三级、四级实验室，应当报所在地的县级人民政府环境保护行政主管部门备案，并逐级上报至国家环境保护总局；县级人民政府环境保护行政主管部门对辖区内的三级、四级实验室排放的废水、废气和其他废物处置情况应进行监督检查。

（2）卫生主管部门规章

2006年发布的《人间传染的病原微生物名录》对人间传染的病毒类、细菌类、真菌类生物的危害程度进行了分类，规定了不同实验活动所需生物安全实验室的级别和病原微生物菌（毒）株的运输包装分类，涉及病毒160类、细菌（含细菌、放线菌、衣原体、支原体、立克次体、螺旋体）155类、真菌59类和朊病毒6种。

2006年，《可感染人类的高致病性病原微生物菌（毒）种或样本运输管理规定》（以下简称《规定》）发布并施行，《规定》要求凡申请省、自治区、直辖市行政区域内运输高致病性病原微生物菌（毒）种或样本的，由省、自治区、直辖市卫生行政部门审批；申请跨省、自治区、直辖市行政区域内运输高致病性病原微生物菌（毒）种或样本的，应当将申请材料提交至运输出发地省级卫生行政部门进行初审，然后送卫生部审批。《规定》明确了运输相关要求。

2006年，《人间传染的高致病性病原微生物实验室和实验活动生物安全审批管理办法》（以下简称《办法》）发布并施行，《办法》明确规定：三级、四级实验室从事高致病性病原微生物实验活动，必须取得卫生部颁发的《高致病性病原微生物实验室资格证书》，且应当报省级以上卫生行政部门批准；卫生部负责三级、四级实验室从事高致病性病原微生物实验活动资格的审批工作；卫生部和省级卫生行政部门负责高致病性病原微生物或者高致病性病原微生物实验活动的审批工作；县级以上地方卫生行政部门负责本行政区域内高致病性病原微生物实验室及其实验活动的生物安全监督管理工作；实验室的设立单位及其主管部门应当加强对高致病性病原微生物实验室的生物安全防护和实验活动的管理。

2009年发布并施行的《人间传染的病原微生物菌（毒）种保藏机构管理办法》，规定了保藏机构的职责、保藏机构的指定、保藏活动、监督管理与处罚等管理办法。

（3）兽医实验室主管部门规章

2003年发布的《兽医实验室生物安全管理规范》，规定了兽医实验室生物安全防护的基本原则、实验室的分级、各级实验室的基本要求和管理制度。文件规定了兽医实验室生物安全防护内容（包括安全设备、个体防护装置和措施），实验室的特殊设计和建设要求（二级防护），以及严格的管理制度和标准化的操作规程等。

2005年公布并施行的《动物病原微生物分类名录》，对动物病原微生物进行了分类；于2008年发布并施行的《动物病原微生物实验活动生物安全要求细则》，对《动物病原微生物分类名录》中10种第一类病原体、8种第二类病原体、105种第三类病原体不同实验活动所需的实验室生物安全级别以及病原微生物菌（毒）株的运输包装要求进行了规定，提高了《动物病原微生物分类名录》实际管理的可操作性。

2005年公布并施行的《高致病性动物病原微生物实验室生物安全管理审批办法》，规定由农业部主管全国高致病性动物病原微生物实验室生物安全管理工作，县级以上地方人民政府兽医行政管理部门负责本行政区域内高致病性动物病原微生物实验室生物安全管理工作。为进一步规范高致病性动物病原微生物实验活动审批行为，加强动物病原微生物实验室生物安全管理，农业部于2008年发布《关于进一步规范高致病性动物病原微生物实验活动审批工作的通知》，要求严格掌握高致病性动物病原微生物实验活动审批条件，严格规范高致病性动物病原微生物实验活动审批程序，切实加强高致病性动物病原微生物实验活动监督管理，在具体的管理、审批中执行《动物病原微生物实验活动生物安全要求细则》《高致病性动物病原微生物实验室资格审批实施细则》和《高致病性动物病原微生物实验活动审批实施细则》。

2008 年发布、2009 年施行的《动物病原微生物菌（毒）种保藏管理办法》，规定农业部主管全国菌（毒）种和样本保藏管理工作，县级以上地方人民政府兽医主管部门负责本行政区域内的菌（毒）种和样本保藏监督管理工作；国家对实验活动用菌（毒）种和样本实行集中保藏，保藏机构以外的任何单位和个人不得保藏菌（毒）种或者样本。

2010 年颁布的《兽医实验室生物安全要求通则》（NY/T1948-2010），规定了兽医实验室生物安全管理体系建设和运行的基本要求、应急处置预案编制原则，以及安全保卫、生物安全报告等基本要求。

3. 国家标准

实验室生物安全管理相关的国家标准包括《实验室 生物安全通用要求》（GB 19489，2004 版、2008 版）和《生物安全实验室建筑技术规范》（GB 50346，2004 版、2011 版）。

GB 19489-2004 规定了实验室生物安全管理和实验室的建设原则，同时，还规定了生物安全分级、实验室布局、实验室设施设备的配置、个人防护和实验室安全行为的要求；GB 19489-2008 修订了 2004 版中的实验室设计原则、设施和设备的部分要求，制定和增加了风险评估和风险控制的要求，修订了对实验室设计原则、设施和设备的部分要求等。GB19489 是我国首个关于实验室生物安全的国家标准，也是我国实验室生物安全强制执行的实验室生物安全认可的国家标准。

GB 50346-2004 是我国生物安全实验室建设的技术标准，规定了生物安全实验室建筑平面、装修和结构的技术要求以及实验室的基本技术指标要求；对作为规范核心内容的空气调节与空气净化部分，则详尽地规定了气流组织、系统构成及系统部件和材料的选择方案、构造和设计要求；还规定了生物安全实验室的给水排水、气体供应、配电、自动控制和消防设施设置的原则；最后对施工、检测和验收的原则、方法作了必要的规定。GB 50346-2011吸取了近年来有关的科研成果，借鉴了有关国际标准和国外先进标准，做出了如下重要的修订：增加了对生物安全实验室的分类（即操作经空气传播和非经空气传播生物因子的实验室）；增加了三级实验室防护区应能对排风高效空气过滤器、四级实验室防护区应能对送风和排风高效空气过滤器进行原位消毒和检漏的要求；增加了三级和四级实验室防护区设置存水弯和地漏的水封深度的要求、吊顶材料的燃烧性能和耐火极限不应低于所在区域隔墙的要求以及围护结构的严密性检测要求；增加了活毒废水处理设备、动物尸体处理设备等进行污染物消毒灭菌效果的验证以及高效过滤器检漏的要求；等等。

（二）职能管理

SARS疫情暴发前，我国大多数BSL-3实验室不具备开展SARS相关研究的条件，缺乏统一管理。为保障安全、规范管理，我国明确生物安全实验室的管理按照"谁主管谁负责"的原则，做到分工明确，各负其责。由科技部牵头，会同国家发改委、卫生部等部门负责组织协调、规划管理、政策制定、标准颁布、立项和认证认可审批等工作；由有关部门和地方政府履行所辖范围内生物安全实验室的规划初审、组织申报、监督检查和安保等管理责任；由生物安全实验室所在单位负责日常管理和安全保障等具体工作。2004年开始施行的《病原微生物实验室生物安全管理条例》，规定了国家各职能部门所负责的具体工作：

①国家发展改革委员会负责制订国家生物安全实验室体系规划，规划我国生物安全实验室的建设规模和分布；

②科技部对新建、改建、扩建三级、四级实验室或者生产、进口移动式三级、四级实验室进行审查。2011年，科技部令第15号发布了《高等级病原微生物实验室建设审查办法》，规定了具体的申请和审查要求及流程；

③环境保护部负责病原微生物实验室生物安全环境管理工作，于2006年公布了《病原微生物实验室生物安全环境管理办法》，规定了实验室污染控制标准、环境管理技术规范和环境监督检查要求；

④国家认证认可监督管理委员会负责三级、四级实验室的认可工作，并授权中国合格评定国家认可委员会依据《实验室 生物安全通用要求》统一实施实验室生物安全国家认可，其中三级、四级实验室为强制认可；

⑤卫生部主管与人体健康有关的实验室及其实验活动的生物安全监督工作，审批从事高致病性病原微生物实验活动的资格，于2006—2009年发布并施行了《人间传染的病原微生物名录》以及相关实验室及实验活动管理的部门规章；

⑥农业部主管与动物有关的实验室及其实验活动的生物安全监督工作，审批从事高致病性动物病原微生物实验活动的资格，于2003年发布了《兽医实验室生物安全管理规范》，2005—2009年发布并施行了《动物病原微生物分类名录》以及相关实验室及实验活动管理的部门规章；

⑦国家质检总局负责审批出入境检验检疫机构在检验检疫过程中需要运输的病原微生物样本的申请，涉及出入境运输的，按照卫生部和国家质检总局《关于加强医用特殊物品出入境管理卫生检疫的通知》进行管理；

⑧公安机关负责辖区内生物安全实验室的安全，履行对实验室安全保卫工作进行监督指导的职责；

⑨民航总局负责对高致病性病原微生物菌（毒）种或者样本的航空运输的管理。

（三）许可制度

根据《病原微生物实验室生物安全管理条例》中对病原微生物的分类和管理、实验室的设立和管理的有关规定，我国生物安全实验室的建设和运行实行许可制度。

1. 建设许可

新建、改建、扩建三级、四级实验室或者生产、进口移动式三级、四级实验室应符合国家生物安全实验室体系规划并依法履行有关审批手续；需经国务院科技主管部门审查同意；符合国家生物安全实验室建筑技术规范；依照《中华人民共和国环境影响评价法》的规定进行环境影响评价并经环境保护主管部门审查批准。

新建、改建或者扩建一级、二级实验室，应当向设区的市级人民政府卫生主管部门或者兽医主管部门备案。

2. 运行许可

①三级、四级实验室应当通过实验室国家认可。

②国务院认证认可监督管理部门确定的认可机构应当依照实验室生物安全国家标准以及本条例的有关规定，对三级、四级实验室进行认可；实验室通过认可的，颁发相应级别的生物安全实验室证书。证书有效期为5年。

③三级、四级实验室需要从事某种高致病性病原微生物或者疑似高致病性病原微生物实验活动的，应当依照国务院卫生主管部门或者兽医主管部门的规定报省级以上人民政府卫生主管部门或者兽医主管部门批准。实验活动结果以及工作情况应当向原批准部门报告。

④实验室申报或者接受与高致病性病原微生物有关的科研项目，应当符合科研需要和生物安全要求，具有相应的生物安全防护水平，与动物间传染的高致病性病原微生物有关的科研项目，应当经国务院兽医主管部门同意；与人体健康有关的高致病性病原微生物科研项目，实验室应当将立项结果告知省级以上人民政府卫生主管部门。

⑤出入境检验检疫机构、医疗卫生机构、动物防疫机构在实验室开展检测、诊断工作时，发现高致病性病原微生物或者疑似高致病性病原微生物，需要进一步从事这类高致病性病原微生物相关实验活动的，应当依照本条例的规定经批准同意，并在具备相应条件的实验室

中进行。

⑥运输高致病性病原微生物菌（毒）种或者样本，应当经省级以上人民政府卫生主管部门或者兽医主管部门批准。出入境检验检疫机构在检验检疫过程中需要运输病原微生物样本的，由国务院出入境检验检疫部门批准，并同时向国务院卫生主管部门或者兽医主管部门通报。通过民用航空运输高致病性病原微生物菌（毒）种或者样本的，除依照规定取得批准外，还应当经国务院民用航空主管部门批准。

⑦国务院卫生主管部门或兽医主管部门指定的菌（毒）种保藏中心或者专业实验室，承担集中储存病原微生物菌（毒）种和样本的任务。

我国生物安全实验室建设虽然起步较晚，但由于国家对实验室生物安全管理的重视，目前已建立起规范化的管理体系，该体系将在国家卫生健康事业和国民经济发展中发挥越来越重要的作用。

第三节
加强实验室生物安全管理的建议

近年来，国际实验室生物安全管理领域取得显著进步。2019 年，ISO 发布《实验室和其他相关机构生物风险管理》（ISO 35001：2019）；2020 年，美国发布《微生物和生物医学实验室生物安全》（第 6 版）；2020 年，世界卫生组织发布《实验室生物安全手册》（第 4 版）。我国实验室生物安全管理从 20 世纪 80 年代起步，在经历 SARS 疫情之后开始快速发展并取得一定成绩，但目前仍存在有待完善之处。

一、我国实验室生物安全管理现状

与发达国家相比，我国实验室生物安全管理工作起步较晚。经过多年的建设与强化管理，我国实验室生物安全管理工作在法律法规标准制定、实验室建设等方面取得了较大进步。但是，由于我国幅员辽阔，实验室数量众多，不同地区经济发展水平不一，我国在实验室生物安全管理方面尚存在一系列亟须解决的问题。

（一）实验室生物安全相关法律法规方面

2004 年颁布实施《病原微生物实验室生物安全管理条例》后，2010 年相关职能部门根据该条例要求制定了一系列法规，目前我国关于生物安全实验室建设、管理、运行的法律法规已基本健全。

　　法律法规的落实，是实现实验室生物安全法制化管理的前提。2020年10月，《中华人民共和国生物安全法》的颁布推动我国实验室生物安全管理进入快速发展阶段，相关部门也正制定或修订相关法规和规章，以确保生物安全各项制度得到落实。

　　此外，由于我国的实验室生物安全基本实行职能化管理制度，高等级病原微生物实验室的建设与管理涉及科技、卫生、环保等多个部门。长期以来，上述部门在高等级病原微生物实验室的建设与管理方面做了大量富有成效的工作，但职能化管理也造成了资源分散、标准不统一、管理缺位等现象。如环保总局2006年3月发布《病原微生物实验室生物安全环境管理办法》，但2006年以前建设的高等级病原微生物实验室大多建在人口稠密区，不能满足上述管理办法要求；当时的高等级病原微生物实验室的设计、施工、监理单位未实行生物安全专业资质审查，缺乏过程管理；疫苗、制药等生产企业的实验室尚未列入规划；等等。我国要进一步理顺各职能部门关系，完善现有法规标准，确保生物安全实验室依法、安全、高效运行。

（二）生物安全实验室建设方面

　　我国生物安全实验室的建设于20世纪80年代起步，90年代具备雏形，到21世纪进入快速发展阶段。截至2022年，我国共建成近百个高等级生物安全实验室，其中有80余个高等级生物安全实验室通过中国合格评定国家认可委员会认可，包括生物安全四级实验室和生物安全三级实验室。这些实验室绝大多数已投入运行，并且在传染病预防与控制、病原微生物基础和应用研究等方面取得了显著成绩。

　　但是，我国高等级生物安全实验室建设状况离国家规划目标还有很大差距。高等级生物安全实验室的总体布局有待优化。首先是地区差异大，前述80余个高等级生物安全实验室，仅分布在北京、上海、广东等18个省、自治区和直辖市，集中在经济发达地区。同时，我国疾病预防控制中心和医院，以及为实验室生物安全培养后备力量的高等学校，其配备的二级和三级实验室的数量还远远不够。

我国高等级生物安全实验室建设经费一般来源于国家专项建设资金，但建设资金投入往往不足，致使有些实验室在设计上因资金限制达不到应有的要求。此外，运行经费没有保障，致使部分高等级生物安全实验室建得起，却用不起，国内有相当数量的高等级生物安全实验室年运行天数不超过30天，且为维护性运行，没有真正发挥高等级生物安全实验室的作用。

（三）生物安全实验室运行方面

《病原微生物实验室生物安全管理条例》（以下简称《条例》）颁布后，2005年底中国农业科学院哈尔滨兽医研究所三级生物安全实验室率先投入运行。而后在国家大力支持下，经过几十家实验室的共同努力，我国高等级生物安全实验室的运行取得了一定经验，特别是管理体系迈上了新台阶。由我国创立的实验室生物安全认可制度，在推进高等级生物安全实验室硬件建设和体系化管理方面起了积极作用。但总体来看，我国生物安全实验室在运行中仍然存在以下问题：我国实验室生物安全管理涉及国家多个行政管理部门，各部门都有明确的分工，但缺少有效的协调沟通机制。根据实验室条件、人员素质以及开展的实验活动等实际情况，基于风险评估而制定的管理体系文件较少。就BSL-2实验室而言，由于目前国内没有现行有效的技术标准来规范BSL-2实验室的实验活动，一些BSL-2实验室存在管理不够规范的问题。一级和二级生物安全实验室备案制度在全国各地的执行情况参差不齐。

此外，目前生物安全三级实验室的建设经费大多由国家、地方政府或主管部门支付。生物安全实验室，尤其是高等级生物安全实验室，其经费问题主要集中在运行上，包括全新风空调系统的运行费用、个体防护用品和消毒灭菌剂的费用、设备维护费用等。实验室在建成并投入运行后，往往难以筹措足够的运行费用，现实的处理方法是：少用甚至停用。这不仅影响了国家生物安全防护能力建设，使高等级生物安全实验室数量不足的问题更加突出，也造成了投资资源的浪费。因此，经费问题是目前国内高等级生物安全实验室使用迫切需要解决的问题。

（四）生物实验室风险评估方面

风险评估工作的落实是保证实验室生物安全的基础。风险评估涉及设施设备、生物危害因子、人员技能、实验操作程序、材料管理、废物处理等方面。尽管我国在法规、标准等方面对风险评估提出了要求，但相关人员在执行时并未对此足够重视，存在照搬国外实验室的做法的情况。

实验室的风险主要来源于样本操作过程，而我国的风险评估报告大多停留在评估病原体本身危害的层面，而对病原体实际操作过程中涉及的人员、材料、设备、管理等方面的风险，真正做到准确评估的不多。目前对实验室生物安全事故的分析还不够深入，相应防范措施的针对性还有待加强。

国际上高度重视生物实验室的风险评估工作。2020年美国和世界卫生组织先后发布的《生物医学和微生物实验室生物安全》第6版和《实验室生物安全手册》第4版，都大篇幅增加了有关风险评估的内容，对风险评估过程提出了明确要求。我国也在2020年发布认证认可行业标准《病原微生物实验室生物安全风险管理指南》，以指导我国实验室更好地开展风险评估工作。

（五）菌（毒）种保藏和运输管理制度方面

早在1985年，卫生部就制定并实施了《中国医学微生物菌种保藏管理办法》以加强医学微生物菌（毒）种的保藏管理。但是，2006年，经由卫生部牵头、中国疾病预防控制中心组织实施的病原微生物菌（毒）保藏工作监督检查发现，由于多年没有相应的监督管理和资金支持，原先认定的专业实验室已经几乎无法发挥有效的菌（毒）种保藏作用。菌（毒）种特别是高致病性病原微生物菌（毒）种的保藏管理工作存在的问题包括：①相关实验室硬件建设条件有限，缺少完备的安全保障设施；②管理体系不够健全，存在某些管理缺陷；③非专职的保藏机构，没有专职工作人员维持其日常运行；④保藏机构没有真正发挥保藏职能；⑤保藏机构没有配套经费支持其正常运行。因此，卫生部于2009年发布《人间传染的病原微生物菌（毒）种保藏机构管理办法》，并由中国疾病预防控制中心配套制定《病原微生物菌（毒）种保藏机构设置技术规范》（WS315-2010）；农业部于2008年发布《动物病原微生物菌（毒）种保藏管理办法》。但我国病原微生物菌（毒）种保藏机构建设相对缓慢，菌（毒）种特别是高致病性病原微生物菌（毒）种的合理应用更是受到各种因素制约。

就感染性物质运输管理而言，《中华人民共和国传染病防治法》规定，感染性物质运输活动要经过卫生行政部门批准和监督。2004年实施的《病原微生物实验室生物安全管理条例》规定了病原微生物的运输目的、用途、接收单位和包装容器应当符合我国相关部门的要求。农业部和卫生部分别于2005年和2006年发布并施行了配套法规，明确了高致病性病原微生物菌（毒）种的运输要求，包括适用范围、审批程序等内容。目前，我国感染性物质运输的主要方式仅有航空、公路两种，铁路、水路、邮政等运输方式不可行，这大大限制了我国感染性物质多元化运输途径，降低了感染性物质运输的效率，在一定程度上制约了我国疾病研究与控制等领域的发展。

（六）生物安全科研基础与设施设备方面

我国烈性传染病流行的威胁依然存在，烈性传染病的输入性威胁可能将会带来新的挑战，合成生物学的研究成果也可能带来新的生物安全问题。因此，我国迫切需要建设足够数量的高等级生物安全实验室以开展与烈性病原体的预防和控制以及生物防范相关的研究，但目前生物防护设施的数量和水平尚不能满足开展上述研究工作的需要。

我国现有的高等级生物安全实验室建设在技术、设施维护等方面与发达国家存在较大差距，设计布局的合理性、水电气线路设计的科学性、压力差控制的有效性有待提升。智慧化实验室概念的提出，为实验室从设计到建设、运行管理，注入了全新的智慧化元素，有助于提升生物安全实验室的设计能力和管理能力。

近年来，我国不断加强对关键生物危害防护设施设备的研发投入，高等级生物安全实验室的专用设备和设施（如气密门、双扉高压灭菌器、高效空气过滤单元、动物隔离和解剖设备、动物尸体处理设备等）都已经实现国产化，高效空气过滤单元等国产设备在新建的高等级生物安全实验室中使用已成为主流。但我国高等级生物安全实验室关键防护设备的产品标准和评价标准方面还存在薄弱环节。部分国产实验室防护设备的质量和声誉不及同类进口产品，设备的耐用性、稳定性有待进一步提高，安全性、可靠性验证和综合效能评估需进一步加强。

（七）实验室生物安全技术队伍方面

高等级病原微生物实验室的建设、使用和管理，涉及建筑科学、材料科学、空气动力学、自动控制学、环境科学、微生物学、生物安全科学、系统工程学等多个学科，因此我国迫切需要培养复合型生物安全人才。但是，目前我国"重病原研究、轻建设管理"的思想影响较大，实验室生物安全管理岗位难以留住高水平人才；大多数实验室未配备专业的设施维护人员，多数为实验室人员兼职，难以及时发现设备运行过程中存在的隐患。

调查发现，预防医学等相关专业的本科以上学历的学生及工作人员，对生物安全相关知识了解甚少。部分实验室工作人员的生物安全意识不强，专业知识和操作技能培训有待加强。目前，国内实验室生物安全相关培训以理论为主，一些实验室生物安全理念还有待实际工作的验证。因此，我国实验室生物安全专业人才可通过"理论—实践—理论"的路径培养。

二、我国实验室生物安全展望

（一）实验室生物安全研究学科交叉属性日益明显

实验室生物安全研究日益深入，涉及领域和学科越来越广泛，已成为一项系统工程，需要多部门、多学科配合才能完成。实验室生物安全涉及领域包括：生物安全理论研究（涉及气溶胶学、空气动力学等学科）、物理防护原理研究（涉及 HEPA 过滤、消毒和灭菌、屏障隔离、围场操作等领域）、病原微生物风险评估研究（涉及微生物学、传染病学、流行病学、实验动物学等学科）、实验室生物安全管理研究（涉及法规制定、技术监督等部门）、生物安全实验室规划（涉及环境保护和环境评价等领域）。

学科交叉必然导致对复合型人才需求的增长。1980 年以来，美国职业疾病管理和控制局、美国疾病控制与预防中心等机构先后建立实验室生物安全科学技术研究机构，开展实验室生物危害的风险分析、预警、监测、处置等领域的研究活动。我国也高度重视国家公益性实验室生物安全技术平台建设、人才培训和学科建设，将关键技术创新与实用技术结合、国际合作交流与原始创新结合、研究解决实验室生物安全基础理论问题与提供实用技术结合，进一步提高防控可预见性和防控效率。

（二）实验室生物安全技术日趋进步

世界各国对实验室生物安全防护的要求基本一致，但在严格性方面和具体技术的运用上有所区别。我国于 2004 年发布 GB 19489《实验室 生物安全通用要求》（于 2008 年进行过修订）和 GB 50346《生物安全实验室建筑技术规范》（于2011年进行过修订），对各级生物安全防护实验室建设提出了具体要求，使我国生物安全实验室建设有章可循，并逐渐与国际接轨且形成了自己的特色。

作为关键基础设施，生物安全实验室及其核心设备均受国际有关条约的管控。长期以来，发达国家凭借雄厚的科技实力，研发了系列化、多样化、配套化的实验室生物安全专用产品。为了不在生物安全领域受制于人，我国生物安全核心设备和技术的研发必须依靠自己。

国家十分重视生物安全实验室关键防护设备的研发工作，部署专项课题研究，制定规范标准。例如，RB/T 199-2015《实验室设备生物安全性能评价技术规范》等标准在推动国产设备的研发和应用中发挥了重要作用。我国实验室生物安全技术和产品今后的发展方向是标准化、规模化，逐渐形成规模化生产生物安全防护三级、四级实验室关键防护设备的能力。

（三）实验室生物安全管理更加系统、科学

经过多年的实验室生物安全建设与发展，我国基本建立了相对完善的实验室生物安全管理体系，制定了配套的管理体系文件，形成了管理、监督、检查和评估机制，实验室生物安全管理逐渐系统、科学。对实验室工作人员的管理和培训是保障生物安全的基础。要通过培训强化相关人员的生物安全意识，提高其对生物安全防护重要性的认识，加强生物安全防护自我监管，由被动执行向主动出击转变，实现实验室生物安全管理常态化，将生物安全文化融入实验室生物安全管理中。

（四）实验室生物安全支撑体系逐步形成

为了保障实验室生物安全，我国逐步形成了实验室生物安全支撑体系，该体系包括实验室生物安全风险评估系统、实验室生物安全事件决策指挥系统、生物危害因子数据库、实验室生物安全信息系统、

生物安全实验室网络化系统等。该体系将不断扩大信息量，充分发挥对实验室运行的指导作用。

随着科技的发展，将BIM技术、人工智能技术、第五代移动通信技术（5G）等组合应用到生物安全实验室是未来的发展趋势，智慧型生物安全实验室将更加安全、更加高效、更加节能环保。

（五）对新发生物安全问题的关注度不断提升

随着基因工程、合成生物学等生物技术的发展，新技术研究成果或实验失败的偶然产物均可能改变某种生物的特性，导致新发生物安全问题。因此，我国应加强对生物技术研究、开发与应用安全的管理，建立行之有效的新技术研究管控机制及规范，对生物技术研究开发活动进行风险评估、风险控制，对新技术研究实验室和项目进行严格审查。同时，重点关注国际新发传染病发展动态以及国外最新研究成果，掌握前沿技术，研究预防措施，避免生物安全问题对我国环境和公众安全造成严重影响。

第十一章
人类遗传资源与生物资源安全管理

人类遗传资源与生物资源是国家核心利益的重要组成部分，也是生命科学前沿研究和技术发展的重要基础。管理好人类遗传资源与生物资源有助于人类科技文明的长远发展。近年来，世界各国相继颁布法律法规，规范人类遗传资源与生物资源的安全管理，避免人类遗传资源与生物资源的滥用、误用和流失。当前，我国在人类遗传资源与生物资源的安全管理方面，需进一步完善政策制度，加强国际合作，增强民众对人类遗传资源与生物资源的保护意识。

第一节
人类遗传资源安全管理

人类遗传资源是重要的战略性资源，人类遗传资源流失问题关乎人类共同利益。许多国家相继出台了一系列政策，不断提升人类遗传资源安全管理水平。我国建立了人类遗传资源管理工作协调小组，公布人类遗传资源行政处罚信息，优化人类遗传资源行政审批流程。做好人类遗传资源管理工作，是保障国家安全和人民利益的要求，也是生命科学研究的重要基础。

一、人类遗传资源的内涵

人类遗传资源包括人类遗传资源材料和人类遗传资源信息。人类遗传资源材料是指含有人体基因组、基因等遗传物质的器官、组织、细胞等遗传材料。人类遗传资源信息是利用人类遗传资源材料产生的数据等信息资料，是开展生命科学研究的基础。弗朗西斯·克里克于1958年提出中心法则，指出遗传信息从DNA到RNA的转录过程及其从RNA到蛋白质的翻译过程，其核心就是遗传信息的传递。

人类遗传资源具有稀有性、先天性和地域性的特点。由于人类遗传资源的稀有性，人类遗传信息入库显得尤为重要。每个人类个体都是独一无二的，经历自然选择、生物进化而存活下来的天然资源。由不同人类个体组成的各族群的遗传资源在进化过程中不断融合，呈现不同特点。我国是多民族的人口大国，具有独特的人类遗传资源优势，拥有丰富的健康长寿人群、特殊生态环境（如高原地区）人群、地理隔离人群（如海岛人群）等遗传资源，具备发展生命科学及相关产业得天独厚的条件。

二、人类遗传资源安全管理的必要性

人类遗传资源已成为除土地、矿产、能源之外的又一种重要战略性资源。随着基因测序等生物技术的发展，人类遗传资源样本及其信息资料更易被收集和传播。近年来，中国、俄罗斯和部分非洲国家都不同程度地出现了人类遗传资源流失的情况。

为加强对人类遗传资源的保护，我国出台了《人类遗传资源管理暂行办法》《人类遗传资源采集、收集、买卖、出口、出境审批行政许可事项服务指南》《科技部办公厅关于优化人类遗传资源行政审批流程的通知》等管理办法，设立了"人类遗传资源采集、收集、买卖、出口、出境审批"行政审批受理窗口和督查台账，成立了中国人类遗传资源管理办公室，对涉及和利用人类遗传资源的项目进行管理。但随着生命科学技术的发展、国际合作的增多，人类遗传资源的获取和转移变得更加容易，违规违法手段更为隐蔽、多样。[①]近年来，我国对一

① 王玥.新技术条件下我国人类遗传资源安全的法律保障研究——兼论我国生物安全立法中应注意的问题［J］.上海政法学院学报（法治论丛），2021，36（2）：105–113.

些违反人类遗传资源管理规定的机构进行了处罚。

2017年10月，俄罗斯总统普京在俄公民社会和人权理事会一次会议上发出警告，称有国外势力正在采集俄罗斯公民的DNA数据，要求政府警惕可能针对俄罗斯的生化袭击。随后，克里姆林宫发言人证实了普京的这一说法。俄罗斯媒体表示，虽然普京和克里姆林宫方面均未提及美国，但它们怀疑可能就是美国。早在2017年7月，美国空军教育训练司令部曾发布招募信息，特别指明需要获取俄罗斯人的核糖核酸（RNA）和滑膜液样本，并称全部样本（12份RNA和27份滑膜液）必须"来自俄罗斯境内的白种人"。

2019年，法国《世界报》曾刊发文章，报道了一些欧美国家在埃博拉疫情发生后派出大批工作人员并投入大量资源开展疫情防控，其间获取了大量的患者血液样品。这些血液样本的处理过程中存在管理混乱、生物剽窃等问题。报道对2014—2016年非洲埃博拉疫情期间患者血液样本的使用情况进行了深入调查。据该报从世界卫生组织获得的数据，在塞拉利昂、几内亚和利比里亚三国，共有近269000名患者被采集血液样本，其中塞拉利昂151000名，几内亚47000名，利比里亚71000名。这些样品主要用于诊断，由各国团队在现场进行分析，但此后大量样本未经西非三国审批和监管就被带出境，流入一些发达国家的研究机构，这些国家经常以"国防保密"的理由拒绝将有关信息公开。

生物技术的迅速发展，使得与基因相关的各项技术得到广泛运用，而其研究对象——人类遗传资源更是为世人关注。很多发达国家投入大量人力、物力、财力，采用法律及政策手段，对属于本国的基因工程产品进行严格保护，力求提高生物资源的利用率，同时消除伴随生物技术发展出现的不利因素。

三、国外人类遗传资源安全管理

世界多个国家和国际组织出台了一系列政策，加强人类遗传资源安全监管。1946 年联合国大会通过的《纽伦堡法典》设立了"国际生物技术委员会"，明确禁止克隆人；1964 年，世界医学协会（World Medical Association，WMA）发布《赫尔辛基宣言》，设立"遗传资源中心"，对人类遗传资源进行监管，并在 2008 年首次将"可识别的人体组织材料和数据"（identifiable human material and data）作为人体研究的内容，写入修订的《赫尔辛基宣言》的原则中。[①]

美国在国际合作中持"生物遗传资源是人类共同遗产"的立场，在 20 世纪 80 年代就开始授予有关发明人基因专利权。2001 年，美国专利与商标局发布了新的基因审查实用性判断指导条例，使基因专利申请难度大大增加。但在 2013 年 6 月，美国最高法院推翻美国专利与商标局出台的基因专利权，废除万基遗传科技公司拥有的人类基因专利。美国《基因专利的立法》明确了人类自身的基因片段不得被用于申请专利权。在实践中，一些国家还以契约方式来规范人体基因资源的转移操作内容。在美国，由于人类基因的财产权没有被确认，医院、研究机构及公司之间往往通过契约方式在标准内容的基础上制定细化的样本转移操作内容，由此来决定人类组织转移所产生的权利和义务。其主要涉及《统一生物材料移转合约》《美国细胞培养暨储存中心示范合同》《大学示范合同》三个契约。

早在 21 世纪初，英国就开始制定人类遗传资源的管理与利用战略，旨在构建规范的人类遗传资源网络。英国出台了《人体组织法草案》《遗传操作规则》《遗传改良生物控制规则》等文件，由 13 个资源收集和管理机构将收集的 DNA 相关信息进行归档，通过"DNA 银行网

---

① 韩缨. 人类基因资源的国外立法和政策实践 [J]. 安徽工业大学学报（社会科学版），2006（5）：20-21.

络"这一国家级战略性项目进行资源建设和管理，实现有效整合。此外，英国于2004年出台《人体组织法》和《人体组织（人体应用质量和安全）条例》，成立人体组织管理局，对医疗、科研、尸检、教育活动中涉及人体材料收集、保藏和利用的行为进行监督和管理，并针对人体材料捐赠、采集、处理、储存等行为明确最低安全规范标准。①

法国于1992年颁布了《控制遗传物质被改变了的机体的使用和扩散法》，并设立遗传工程委员会、国家生命科学与健康咨询委员会，对人类遗传资源的使用进行监管。

德国制定了《基因技术安全条件》《胚胎保护法》《基因技术法》等法律法规，涉及基因技术应用、基因技术设施建立、人类基因技术安全等方面。

澳大利亚和新西兰将遗传资源管理作为国家可持续发展的重要物质基础，视其为国家主权的象征。澳大利亚依据《国家宪法》对遗传资源进行管理。由于人类遗传资源的有限性，澳大利亚法律要求相关机构在采集和利用人类遗传资源时必须有节制，避免造成生物多样性损失。

日本实施"抢占生物技术专利"战略，其专利厅规定：即使是基因的部分DNA片段，只要有明确的用途，如可用于疾病诊断等，便可用于专利申请。日本还成立了"日本生物产业人大会"，制定"创造性生物产业的基本战略"，把发展生物技术与信息技术列为21世纪的两大战略重点。②

发展中国家也纷纷出台相关措施，加强人类遗传资源的安全监管。印度于1999年成立国家生命伦理学委员会，制定了《人类基因组、基因研究和服务的伦理政策》；2002年出台《生物多样性法》，明确掠夺国家基因资源罪的判定标准；2003年出台新的《专利法》，排除了有关人类基因的生物技术成果的专利申请权。印度出台《用于生物

---

① 胡志宇.英国人类遗传资源的管理与利用［J］.全球科技经济瞭望，2013，28（2）：16-20.
② 日本将实施"新纪元"高技术开发计划［J］.新材料产业快讯，1999，4（1）：10.

医学研究的人体生物材料交换指南》，明确了国家合作和商业性质的人体生物材料交换的请求处理机制；印度出台的《以商用研发为目的的人体生物材料转移指南》明确了以商业目的进行的人体生物材料国际转移的申请条件。同样，巴西制定《保护生物多样性和遗传资源暂行条例》，泰国成立生物技术伦理顾问委员会，都旨在完善本国遗传资源监管政策体系。

四、我国人类遗传资源安全管理

（一）人类遗传资源管理法律法规

1.《人类遗传资源管理暂行办法》

人类遗传资源是关乎国家安全的核心战略资源，是生命科学研究的重要基础。1998 年，国务院办公厅转发了《人类遗传资源管理暂行办法》（以下简称《暂行办法》）。《暂行办法》分总则、管理机构、申报与审批、知识产权、奖励与处罚及附则 6 章共 26 条，在有效保护和合理利用我国人类遗传资源中发挥了积极作用。

2.《中华人民共和国人类遗传资源管理条例》

随着形势发展，《暂行办法》显现出诸多不适应性。我国人类遗传资源面临流失风险，我国人类遗传资源非法外流现象屡屡发生。此外，人类遗传资源国际合作项目存在管理体系不健全等状况，导致我国人类遗传资源流失。为进一步规范我国遗传资源的保护和利用，2005 年起，科技部会同卫生部开展了《中华人民共和国人类遗传资源管理条例》（以下简称《条例》）的起草工作。2012 年，《条例》的征求意见稿公布。2019 年，《条例》正式发布，从加大保护力度、促进合理利用、加强监管等方面对人类遗传资源管理作出规定。

3.《人类遗传资源采集、收集、买卖、出口、出境审批行政许可事项服务指南》

为加强我国人类遗传资源管理，科技部于 2015 年对原人类遗传资源行政许可进行完善，并将其更名为"人类遗传资源采集、收集、买卖、出口、出境审批"。同年 10 月，科技部正式受理更名后的行政许可审批，将原"涉及人类遗传资源的国际合作项目审批"纳入更名后的行政许可。在此基础上，科技部细化制定了《人类遗传资源采集、收集、买卖、出口、出境审批行政许可事项服务指南》，严格开展人类遗传资源管理行政审批工作。^①

我国一直在为实现人类遗传资源的合理高效管理作出努力。2020年，中国人类遗传资源管理办公室进一步优化人类遗传资源采集和国际合作科学项目的审批流程。

4.《中华人民共和国生物安全法》

2020 年 10 月，十三届全国人大常委会第二十二次会议通过《中华人民共和国生物安全法》。该法第五十六条详细规定了从事下列活动，应当经国务院科学技术主管部门批准：

（1）采集我国重要遗传家系、特定地区人类遗传资源或者采集国务院科学技术主管部门规定的种类、数量的人类遗传资源；

（2）保藏我国人类遗传资源；

（3）利用我国人类遗传资源开展国际科学研究合作；

（4）将我国人类遗传资源材料运送、邮寄、携带出境。

前款规定不包括以临床诊疗、采供血服务、查处违法犯罪、兴奋剂检测和殡葬等为目的采集、保藏人类遗传资源及开展的相关活动。

为了取得相关药品和医疗器械在我国上市许可，在临床试验机构利用我国人类遗传资源开展国际合作临床试验、不涉及人类遗传资源出境的，不需要批准；但是，在开展临床试验前应当将拟使用的人类遗传资源种类、数量及用途向国务院科学技术主管部门备案。

境外组织、个人及其设立或者实际控制的机构不得在我国境内采

---

① 朱雪忠，杨远斌.基于遗传资源所产生的知识产权利益分享机制与中国的选择［J］.科技与法律，2003（3）：54-59.

集、保藏我国人类遗传资源，不得向境外提供我国人类遗传资源。^①

5.《中华人民共和国刑法》

2020 年，《中华人民共和国刑法修正案（十一）（草案二次审议稿）》修改相关人类遗传资源部分，在刑法第三百三十四条后增加一条："违反国家有关规定，非法采集我国人类遗传资源或者非法运送、邮寄、携带我国人类遗传资源材料出境，危害公众健康或者社会公共利益情节严重的，处三年以下有期徒刑、拘役或者管制，并处或者单处罚金；情节特别严重的，处三年以上七年以下有期徒刑，并处罚金。"

（二）我国人类遗传资源管理工作

1. 建立人类遗传资源管理工作协调小组

为贯彻落实国务院领导关于加强人类遗传资源管理的批示精神，促进人类遗传资源管理相关部门沟通交流，形成人类遗传资源管理工作合力，进一步规范"人类遗传资源采集、收集、买卖、出口、出境审批"行政许可审批工作，2015 年 6 月，我国成立由科技部牵头，外交部、教育部、公安部、安全部、商务部、卫健委、海关总署、国家市场监督管理总局、国家药品监督管理局和总后卫生部 10 个部委共同参与的人类遗传资源管理工作协调小组，采取部门联动、地方配合、专家咨询等多种方式开展工作，进一步强化我国人类遗传资源管理、保护和利用，促进生物医药科技和产业发展，维护国家生物安全。

2. 公布人类遗传资源行政处罚信息

为严格监管我国人类遗传资源相关活动，有效保护和合理利用我国人类遗传资源，自 2015 年以来，科技部依据《人类遗传资源管理暂行办法》和《中华人民共和国行政处罚法》的要求，对 6 家单位违法违规开展人类遗传资源活动进行了行政处罚。2018 年 10 月，科技部在其

---

^① 徐明. 实施《生物安全法》保护人类遗传资源［N］. 中国社会科学报，2021-05-19.

网站将6份行政处罚决定书全文进行了公示，这是科技部首次在官网公布人类遗传资源行政处罚信息。

3. 优化人类遗传资源行政审批流程

为贯彻落实《国务院关于规范国务院部门行政审批行为　改进行政审批有关工作的通知》和《中共中央办公厅国务院办公厅印发〈关于深化审评审批制度改革　鼓励药品医疗器械创新的意见〉的通知》精神，科技部研究制定了针对为获得相关药品和医疗器械在我国上市许可，利用我国人类遗传资源开展国际合作临床试验的优化审批流程。新的审批流程中优化的内容主要包括：鼓励多中心临床研究设立组长单位，一次性申报；临床试验成员单位认可组长单位的伦理审查结论，不再重复审查；具有法人资格的合作双方共同申请；调整提交伦理审查批件、国家药品监督管理局出具的临床试验批件的时间，由原来的在线预申报时提交延后至正式受理时提交；取消省级科技行政部门或国务院有关部门科技主管单位盖章环节；等等。优化审批流程旨在进一步加强我国人类遗传资源行政审批管理，提高审批效率，切实保护我国人类遗传资源。

4. 举办人类遗传资源管理培训班

科技部举办全国人类遗传资源管理工作培训班，邀请各地科技部门有关负责人，人类遗传资源管理工作协调小组部门成员单位代表，相关科研院所、高校、企业等单位工作人员参加培训。培训内容覆盖人类遗传资源管理相关工作，课程内容包括：我国人类遗传资源管理现状与趋势、人类遗传资源行政许可申报流程、生物领域技术发展趋势、人类遗传资源在生命科学研究中的价值等。

第二节
生物资源安全管理现状

生物资源在国家保障生态文明、经济发展、人民健康和生物安全等方面具有十分重要的战略价值，拥有和开发利用生物资源的程度已成为衡量一个国家综合国力的重要指标之一。近年来，我国利用信息科技、生物科技等领域的前沿技术，在生物资源的收藏、保藏、分类、鉴定，生物多样性检测、保护以及遗传生物资源的开发和利用等方面取得了多项成果。

一、生物资源安全管理的必要性

生物资源是自然资源的重要组成部分，丰富的生物多样性和良好的生态环境是国家和区域可持续发展的基础。珍惜和保护生物资源，保护生物栖息地，维持生态系统平衡，对于人与自然的协调发展至关重要。生物资源是生命科学与生物技术创新的基础原料，粮食、农业和畜牧业资源的持续稳定供应是保障人民温饱的基本条件；人类遗传资源相关材料和信息是现代生命科学与医学发展的关键资源；收集、保藏和鉴定现有生物资源，探索和发掘野生、珍稀与特殊生物资源，改良和创制新型生物种质资源，将为国民营养与健康、公共卫生与安全提供重要保障。

生物资源是生物经济可持续发展的基石。如今，利用生物体的功能生产有用物质等生物技术驱动的产业已成为国民经济的重要组成部分；基于生物科技的研发与创新，有序开发和合理利用各类生物资源，可为农业、医药、能源等领域提供基础原料保障和绿色解决方案。

生物资源安全与国家安全紧密相关。保护生物遗传资源免受剽窃和掠夺，合理利用遗传资源所产生的惠益，防范外来有害生物物种入侵，防控灾难性生物事件风险与防御生物恐怖威胁，是维护国家安全的现实要求。

目前，全球生物资源保护和可持续利用面临严峻挑战。全球物种种群正以前所未有的速度衰退，物种灭绝速度加快。其原因包括资源过度利用、气候变化、环境污染、外来物种入侵等。地球环境破坏和生态系统退化问题也日益严重。全球气候变化加剧，极端天气事件和自然灾害频发，导致生态系统的稳定性受到威胁；工业废物排放、海洋污染等问题亟待解决，生物栖息地不断遭到破坏，生物生存空间被极度压缩。由于生物资源的研究价值和产业前景，商业竞争与知识产权贸易纠纷数量逐年上升，围绕生物遗传资源及数据资源的生物剽窃和信息窃取事件时有发生。由高致病性病原微生物引发的未知流行性疾病暴发的趋势抬头。近年来，全球范围内暴发了新型冠状病毒肺炎大流行。新型冠状病毒肺炎的大流行对全球经济增长造成了严重的负面影响。同时，现代生物技术的颠覆性发展大大提升了人类改造和利用生物体的能力和水平，但生物技术误用、谬用带来的生物安全风险也不断增加。

进入21世纪，一场以发展生物产业、抢占生物经济制高点、确保国家安全为内容的生物科技革命和产业革命正在世界范围内形成，以现代生物技术为基础的对生物资源的保护和开发成为未来全球生物资源竞争的战略重点之一。在此背景下，生物资源的有效利用成为国民经济可持续发展不可或缺的条件。生物资源无疑已被世界各国视为重要的国家战略资源。

对于一个国家而言，战略生物资源既用于保证其国际竞争力，也用于布局未来的科技制高点。这不仅要求我国对生物资源的种类、储量有明确的认知，还要求我国进一步全面收集每种生物资源的信息。随着生命科学与信息科学的发展，我国战略生物资源收集与保护工作所涵盖的范围，不仅动植物资源、微生物与细胞资源和人类遗传资源相关的实体与标本的保护、存放与评价，还包括与之相关信息的数字化整合。

我国是世界上生物资源最为丰富的国家之一，生物资源利用历史悠久。相对于发达国家，我国战略生物资源布局较晚。当前我国面临的挑战与机遇并存。挑战方面，平衡快速增长的经济发展需求与生物资源的可持续利用，是一项艰巨的任务。随着濒危物种的灭绝，采取行动的时间窗口正在缩小。机遇方面，我国有物种大国优势，这一资源禀赋为战略生物资源的开发和利用创造了有利条件。在大数据时代，我国将以更科学的形式保存生物多样性信息，通过更高效的平台进行交流。

二、生物资源的保护与管理

工业文明带来的经济增长，满足了人们的物质需求，但也给地球上的生物资源带来了巨大压力。如何可持续地利用生物资源成为世界各国共同面对的问题。世界自然保护联盟于1980年起草《世界自然保护纲要》并第一次提出"可持续发展"的理念，此后又陆续发布两个重要文件——《保护地球》和《全球生物多样性战略》。1992年，巴西里约热内卢举行的联合国环境与发展大会通过了《生物多样性公约》，该公约旨在保护生物多样性、可持续利用生物资源、公平公正地分享利用遗传资源所产生的惠益。其后，缔约方大会在《生物多样性公约》框架下又通过了《卡塔赫纳生物安全议定书》和《关于获取遗传资源和公正公平分享其利用所产生惠益的名古屋议定书》（以下简称《名古屋议定书》），以应对安全利用和转移借助现代生物技术获得的活性生物体相关方面的问题，促进各缔约国公正、公平地分享利用生物遗传资源所产生的惠益。

2016年6月，中国签署了《名古屋议定书》，并于当年9月正式成为该公约的缔约方。至此，中国成为《生物多样性公约》《卡塔赫纳生物安全议定书》《名古屋议定书》的缔约国，并成立了国家生物多样性保护委员会，制定了《中国生物多样性保护战略与行动计划（2011—2030年）》《联合国生物多样性十年中国行动方案》等文件，持续开展相关履约工作并取得显著成绩。[①]

《生物多样性公约》明确指出：生物资源是指对人类而言具有实际或潜在用途或价值的遗传资源、生物体或其部分、生物群体或生态系统中任何其他生物组成部分。建议在遗传资源原产国建立和维持异地保护及研究动植物和微生物的设施。此外，《生物多样性公约》对"遗传资源的原产国"和"提供遗传资源的国家"给出了界定，并申明"各国对自己的生物资源拥有主权权利"。[②]

随着《生物多样性公约》《粮食和农业植物遗传资源国际条约》等国际公约的实施，国际上已逐步形成以遗传资源产权保护为核心的资源全方位保护利用法规。许多国家通过专门立法对本国生物遗传资源进行保护。例如，美国等发达国家建立了植物种质资源保存法律法规体系，完善生物种质资源保存。美国颁布了《国家遗传资源保护法》《植物专利法》《植物品种保护法》《濒危物种法》等多部法规，制定了《珍稀物种保护条例》《作物种质资源管理条例》《国外遗传资源搜集指导依据》等管理规范。印度、巴西等生物资源丰富的发展中国家也通过立法为规范生物资源获取和开发利用提供了法律保障。

我国出台了一系列政策以加强战略生物资源的评估与保护。2007

---

① 武建勇. 生物遗传资源获取与惠益分享制度的国际经验 [J]. 环境保护，2016，44（21）：71-74.
② 张丽荣，成文娟，薛达元.《生物多样性公约》国际履约的进展与趋势 [J]. 生态学报，2009，29（10）：5636-5643.

年，环境保护部发布《全国生物物种资源保护与利用规划纲要》，编制了《中国生物多样性保护战略与行动计划（2011—2030）》，印发了《加强生物遗传资源管理国家工作方案（2014—2020）》，确定了生物资源保护的一系列方案。2008年，国家林业局、国家环境保护总局、中国科学院联合对外发布《中国植物保护战略（2010—2020）》，2019年发布《中国植物保护战略（2021—2030）》。2016年，国家发展和改革委员会发布《"十三五"生物产业发展规划》，提出建设生物资源样本库、生物信息数据库和生物资源信息一体化体系。2017年，科学技术部印发《"十三五"生物技术创新专项规划》，确定我国战略性生物资源发展目标和发展举措。2020年，我国颁布《中华人民共和国生物安全法》，明确指出国家对我国生物资源享有主权，并对生物资源的收集、保藏、利用等进行了明确的法律规定。这些法律法规对保障国家生物资源安全具有重大意义。

三、生物资源采集与保藏体系建设

为了更好地保藏和利用生物资源，世界各国在动植物资源、微生物与细胞资源、人类遗传资源等方面开展了一系列保藏体系建设工作。在生物资源的采集和保藏方面，西方发达国家起步较早，具有先发优势。在动植物资源、微生物与细胞资源和人类遗传资源的研究和利用方面，发达国家出台一系列针对生物资源开发的规划政策，保障战略生物资源的可持续发展。这些规划和政策正逐步落实到生物资源相关的产业发展与研发工作中。我国生物资源采集与保藏工作起步较晚，但经过多年发展，生物资源保藏水平持续提高。截至2016年底，我国已建成316家植物保藏机构、96家动物保藏机构、90家微生物保藏机构以及国家级人类遗传资源数据中心，建成了作物、林木、微生物菌种、人类遗传、家养动物、水生生物等8个生物种质资源领域共享服务平台。基于这些平台，我国现已保存农作物种质资源2700种、林木种质资源2300种、野生植物种质资源9500种、活体畜禽动物700余种、水产动物种质资源近1800种、微生物菌种近21万株。

动物资源，尤其是实验动物资源，是生命科学和生物技术发展的重要条件。实验动物是指经人工饲育，不携带不明病原体，遗传背景明确或来源清楚，用于生命科学和生物技术研究、食品和药品等质量检验和安全性评价的动物。美国等发达国家对动物资源的保藏和利用高度重视，已基本完成实验动物资源体系的构建。早在1962年，美国国立卫生研究院设立的国家研究资源中心（National Center for Research Resources，NCRR）就资助建立了啮齿类实验动物资源中心、国家级非人灵长类实验动物中心等实验动物种质资源中心，并且利用现代分子生物学、胚胎工程学及低温生物学等学科的相关技术促进了实验动物种质资源商业化体系的发展。一些欧盟成员国采取多国合作、集中研发的形式，成立了欧洲遗传工程小鼠种子中心（EMMA），并建立了资源使用联盟。日本拥有亚洲最大的生物资源保藏中心——理化所生物资源中心（RIKEN BioResource Center，RIKEN BRC）[①]。

在国家发展规划及各项科研计划的支持下，我国已建成以7个国家实验动物资源库为主体的国家实验动物种质资源保藏机构，包括国家遗传工程小鼠资源库、国家啮齿类实验动物资源库、国家鼠和兔类实验动物资源库、国家非人灵长类实验动物资源库、国家禽类实验动物资源库、国家犬类实验动物资源库、国家斑马鱼资源中心。中国科学院实验动物资源平台和国家人类疾病动物模型资源中心分别以基因编辑动物模型和人类疾病动物模型资源为主要保藏与创制对象，成为国家实验动物资源建设的重要力量。

植物种质资源是可用于选育新品种的遗传原材料，是农业发展的重要支撑。美国早在1990年就批准实施国家遗传资源计划（National Genetic Resources Program，NGRP），负责对重要种质资源的获取、描

---

① 赵心刚，卢凡，程苹，等.我国实验动物资源建设的问题与展望［J］.中国科学院院刊，2019，34（12）：1371-1378.

述、保存、记录和分发及信息化共享。英国拥有全球规模最大的植物研究中心和野生植物种子库——皇家植物园邱园（Royal Botanical Garden，Kew）。日本对农业及食物资源十分重视，拥有农业和食品研究和开发的核心机构——日本国家农业与食品研究组织，所建立的种质资源保存体系不仅包括植物种质资源库，还包括水生生物种质资源库和森林树种收集库。

我国作为农业大国，目前已建成国家农作物种质资源、国家林木种质资源和国家重要野生植物种质资源三大植物种质资源共享服务平台。中国科学院形成了以"三园两所"（即武汉植物园、华南植物园、西双版纳热带植物园以及中科院植物研究所和中科院昆明植物研究所）为代表的植物园和植物科学学科体系。

微生物与细胞资源的应用在解决人类发展面临的重大问题方面发挥了巨大作用。微生物与细胞资源是生物技术创新的突破口，也是我国研发颠覆性生物技术不可或缺的实验材料。其中的病原微生物作为国家重要的生物资源与战略资源，与生物安全、人类健康、环境保护等密切相关。

鉴于微生物与细胞资源对生命科学、生物医学的重要贡献和对生物技术的重要支撑，全球大多数国家均成立了微生物菌种及细胞保藏中心，以保障这类重要生物资源的安全性及共享利用。美国模式培养物集存库（American Type Culture Collection，ATCC）是全球最大的生物资源中心，保藏有细胞系、微生物和生物产品等多种用于研究的生物材料；美国农业研究菌种保藏中心（Agricultural Research Service Culture Collection，NRRL）是世界上最大的微生物公共保藏中心之一，保藏着大约98000个细菌和真菌分离株。欧盟和日本也有多个规模较大的微生物菌种及细胞保藏中心。

1951年，我国建立了新中国第一个微生物菌种保藏管理机构——中国科学院微生物菌种保藏管理委员会。近年来，我国专利微生物保藏量从数量到范畴都经历了巨大的跨越，在全球78个《国际承认用于专利程序的微生物保存布达佩斯公约》签约国中，我国已经超越日本，成为继美国之后微生物保藏量第二大国。2019 年以来，国家菌种资源库、国家病原微生物资源库和国家病毒资源库已成为我国最重要的三大微生物资源保藏中心。在细胞资源领域，我国目前已建立国家干细胞资源库、国家干细胞转化资源库、国家生物医学实验细胞资源库、国家模式与特色实验细胞资源库四大细胞资源保藏中心。①

---

① 杨蕾蕾，李婷，邓菲，等.微生物与细胞资源的保存与发掘利用 ［J］.中国科学院院刊，
　　2019，34（12）：1379-1388.

第三节

对我国人类遗传资源与生物资源
安全管理的建议

　　人类遗传资源和生物资源是国家用以保障和协调生态文明、经济发展、人民健康和国家安全的重要战略资源。为了促进生物多样性保护和可持续发展目标的实现，更好地保藏和利用自身的生物资源，许多国家与地区在人类遗传资源和生物资源等方面开展了多方位的体系建设。我国作为生物多样性大国，建立完善的人类遗传资源和生物资源管理制度，强化对于人类遗传资源和生物资源保藏和利用的监管，对加强战略生物资源的保护、开发和利用意义重大。

一、我国人类遗传资源安全管理存在的问题及相应建议

（一）增强保护意识，推动认知普及

　　目前，公众对遗传资源保护的意识仍需增强。一些人没有认识到人类遗传资源的重大价值，向外方研究机构提供自身样本，造成了我国人类遗传资源的流失。因此，我国须加强对民众及相关研究机构的宣传、教育，提高全社会对人类遗传资源安全重要性的认识，营造人人关心人类遗传资源安全的社会氛围。同时，要加大对违法行为的惩

处力度，防范人类遗传资源流失。

一是充分发挥政府机构的引导职能。人类遗传资源督查单位代表应以高标准将人类遗传资源的安全宣传工作落实到位。二是鼓励企业积极参与人类遗传资源安全宣传。政府在开展人类遗传资源安全宣传时要激励有关企业与研究单位一同参与，使民众切实感受到加强人类遗传资源安全监管的紧迫性和重要性。三是充分调动社会群体的积极性。政府进行人类遗传资源安全宣传时应激励民间团体参与，必要时可为之提供资金与场地支持。

（二）完善法规制度，加大落实力度

人类遗传资源安全监管是一种新兴的监管形式，以保障人类遗传资源提供者的安全、健康、卫生为目的。相关监管机构可参考国外先进的技术和理念，结合国内实际情况，总结出一套体现自身特色的信息监管方案。目前，我国法律体系中与人类遗传资源相关的法规包括1993年发布的《中华人民共和国科学技术进步法》、2011年发布的《关于加强人类遗传资源保护管理工作的通知》、2016年发布的《涉及人的生物医学研究伦理审查办法》，以及2019年发布的《中华人民共和国人类遗传资源管理条例》。为了更合理、科学地利用人类遗传资源为医学科研事业服务，应进一步完善法规制度，加大落实力度。

（三）完善监管系统，加强国际合作

要加快建立人类遗传资源应急督查系统，强化监督体系。第一，建立统一的人类遗传资源妥善救急管理系统；第二，优化人类遗传资源妥善救急管理系统，提高突发性危机事件的处理能力；第三，运用新思路、新手段，完善人类遗传资源妥善救急管理系统。人类遗传资源安全管理探测系统是检查安全隐患的强力助手，而人类遗传资源的安全管理督查是否有效决定了人类遗传资源是否安全。1998年我国发布的《人类遗传资源管理暂行办法》（以下简称《暂行办法》）对有效

保护和合理利用我国人类遗传资源发挥了积极作用。但是，随着形势发展，我国人类遗传资源管理出现了一些新情况、新问题：人类遗传资源非法外流不断发生；人类遗传资源的利用不够规范、缺乏统筹；利用我国人类遗传资源开展国际合作科学研究的有关制度不够完善；《暂行办法》也存在对利用人类遗传资源的规范不够、法律责任不够完备、监管措施需要进一步完善等问题。2019 年 5 月，为解决实践中出现的突出问题，促进我国人类遗传资源的有效保护和合理利用，在总结《暂行办法》施行经验的基础上制定《中华人民共和国人类遗传资源管理条例》（以下简称《条例》）。《条例》基于我国技术实力较弱但遗传资源丰富的状况，明确利用我国人类遗传资源开展国际合作科学研究时，合作双方应当遵循"平等互利、诚实信用、共同参与、共享成果"的原则，并作出以下具体规定：①外国组织、个人利用我国人类遗传资源开展科学研究的，应当与我国相关机构合作；②合作研究应当保证中方全过程、实质性的参与权；③研究记录、数据信息等应向中方开放并向中方提供备份；④专利权归中外合作双方共有，其他科技成果的使用权、转让权和利益分享由合作协议约定；⑤协议未约定的，合作双方均有使用权；⑥向第三方转让须经合作双方同意，所获利益按合作双方贡献大小分享。《条例》不仅对人类遗传资源的开发与保护予以关注，同时重视权责平衡，提高了我国对于涉及我国人类遗传资源的国际合作科学研究项目的管理水平。但由于我国对于涉及人类遗传资源研究的管理经验与发达国家相比仍存在差距，可基于在人类遗传资源管理方面出现的实际问题，借鉴相关经验，进一步完善监管系统。

二、我国生物资源安全管理存在的问题及相应建议

（一）生物资源安全管理存在的问题

1. 无序开发利用导致生物资源浪费严重和资源储量不足

我国人口众多，人均生物资源本就匮乏，加之很多人生物资源保护意识相对薄弱，导致我国在生物遗传资源开发和利用的过程中难以形成养用结合的可持续发展模式。尤其在农业和医药领域，一些人仅考虑一时的经济利益而超量开发某种生物资源，对该资源造成难以恢复的破坏，如过度采挖导致野生植物资源储量迅速下降。除了过度开采，使用中的浪费现象也造成了对生物资源的严重耗损。

我国对生物资源的性状鉴定、功能挖掘和开发利用滞后，尚未面向全领域进行生物资源摸底调查，尚未将生物资源调查数据和农业普查数据有效结合，尚未搭建生物资源保藏与研究结合的集成平台。保藏单位仅注重收集保藏和分类学性状的鉴定，不重视规模化生物功能评价和研发，使得生物资源收集、保藏、共享和利用等环节连接不够紧密，制约了生物资源的利用。此外，由于我国生物资源共享机制尚不完善，生物资源分散在不同机构，生物资源低水平重复开发现象仍然存在，生物资源的开放共享力度有待增强。

2. 监管缺失导致生物资源流失严重

我国已收集保存的生物资源数量仅占世界报道总数的10%。其中作物种质资源虽超过48万份，保藏量居世界第二，但只有20%来自其他国家。而作物种质资源保藏量居世界第一的美国，作物种质资源保藏量超60万份，且80%来自其他国家。我国生物资源种类丰富但地理分布相对失衡。一些国家通过采集标本、学术交流、联合科研等名义从我国取得生物资源，带回本国通过申请专利据为己有。比如，原本

世界上90%的野生大豆资源属于我国，但由于疏于监管，我国多种野生大豆被美国公司窃取回国，而后这些公司通过研发加工将野生大豆改造成为优质品种再进口到中国。仅仅几十年时间，中国从世界上最大的大豆出口国变成了最大的大豆进口国。这不仅是惠益分享上的不公，更是对我国生物资源主权的侵害，对我国造成的经济损失无法估量。此外，我国野生猕猴桃成为新西兰奇异果、北京鸭成为英国杂交樱桃谷鸭等案例都源于我国特有生物资源的流失。据统计，在植物资源领域，近两百年来，我国流出的森林植物资源达168科392属3364种，多种中国特有的物种已流失或被引至国外。美国加利福尼亚州70%以上的园林植物引自中国，可见我国植物资源流失的数量惊人。在动物资源领域，非法走私和掠夺资源在两千多年前就已发生。而微生物资源更是因为便于携带，常被学者、游客非法带离出境。

3. 生物资源政策制度和管理体系仍不完善

生物资源知识产权保护不力、资源过度利用、非法贸易、生物剽窃等问题导致我国生物资源被破坏。2020年颁布的《中华人民共和国生物安全法》将生物资源安全管理纳入法治轨道，但其中对实验动物资源、野生动物资源、植物资源、普通微生物资源、病原微生物资源、细胞资源等具体生物资源的安全管理未列出执行细则。生物资源安全维护和风险防范涉及农业生产、卫生监督、市场监管、出入境管理等领域，我国需对其进行总体布局和统一部署，但我国生物资源的保护与发展现状尚不能满足国家对生物资源的总体需求。

（二）关于生物资源安全管理的建议

1. 加强对生物资源的科学保护和合理利用

要制定并实施国家生物资源保护计划，形成生物资源保护和利用的政策机制，加强本国生物种质资源的保护和利用。建立重要生物种质资源的保护体系和资源信息系统，加大资源保护力度，推动共享利用，加强资源保护和利用的可持续性。加强生物资源知识产权保护，建立公益性、战略性生物资源保护机制，加强生物资源监测，按照生物资源类别布局采集和保藏体系。

由于当前生物资源国际交流与获取活动日益频繁，我国要提高相关人员对生物资源的保护意识，对生物资源出境、涉及生物资源的科学研究等方面加强监管，防止生物资源流失。同时，进一步巩固我国作为《生物多样性公约》缔约国享有的主权地位，确保我国在生物资源保护、利用和开发的国际交流中能够得到公约规定的知情同意、利益共享、来源披露等法律机制的支持，守护我国保护和利用境内生物资源的主权。

2. 建设国际领先的国家级生物资源库

要在现有国家资源库的基础上，推动建设生物资源中心作为全国动植物、微生物、细胞等生物核心资源的国家级生物资源库，以应对生物安全危机。同时，在现有科技资源共享服务平台资源与服务机制的基础上，不断完善生物资源保藏体系，建设国家级生物资源库。重视野生种质资源和特殊生物资源的保护与利用，创建特种资源保藏体系。

要加强生物资源与生物多样性研究的基础设施建设和数据平台建设，利用现代生物技术开展生物资源的功能评价与挖掘，加强生物资源相关技术的研发，加强极端环境和海洋生物资源的可持续开发利用。

要拓展生物资源保藏保护体系的社会服务功能，加大科普宣传力度，加强国际合作，为实现全球生物多样性框架目标和联合国可持续发展目标而努力。

3. 系统布局生物资源普查项目

我国虽然收集保藏了大量生物资源，但目前仍缺少系统的国家级生物资源普查项目。而对生物资源特别是重要的动植物、微生物资源开展全面、持续的普查勘探，对已知具有应用价值的生物资源类群，以及有代表性的生态地区开展系统学、分类学研究，对类群之间亲缘关系和系统演化理论进行探讨，可为筛选有应用价值的生物资源研究提供基础。

我国应进一步加强与重要生物资源的评价、发掘和可持续利用等方面相关的技术研究。发展基因组测序、基因编辑、DNA 条形码、分子育种等前沿技术，进一步提升生物资源的研究及开发能力。通过生物资源的开发利用，在疾病治疗、动植物新品种培育等方面取得突破性进展。

第十二章

防范外来物种入侵与保护生物多样性

外来入侵物种是指从一国进入另外一国或从原自然生态系统进入另一个自然生态系统，在自然、半自然生态系统或生境中建立种群并影响、威胁及破坏本地生物多样性的外来物种。外来物种入侵往往会导致当地生态系统崩溃，生物多样性丧失。我国幅员辽阔，海陆兼备，地貌和气候复杂多样，孕育了丰富而又独特的生态系统，是世界上生物多样性最丰富的国家之一。近年来，我国虽然在生物多样性保护方面取得了积极进展，但生物多样性下降的总体趋势尚未得到有效遏制，维持生物多样性仍然面临挑战。外来物种管理是生物多样性保护工作中的重要环节，一旦缺位，将严重影响我国生物安全和生态安全，威胁我国粮食安全和民众健康。

第一节
外来物种入侵对生物多样性的影响

地球上动物、植物和微生物彼此之间相互作用以及与其所生存的自然环境间相互作用，使得地球具有丰富的生物多样性。生物多样性包括遗传多样性、物种多样性、生态系统多样性和景观多样性。生物多样性是人类社会可持续发展的重要保证，是国家生态安全的基石。

一、生物多样性是人类社会可持续发展的基础

自20世纪50年代以来，人类面临的粮食短缺、能源紧张、环境污染等问题日益严重，生态危机加剧。这就迫使人类重新审视自己在生

态系统中的位置，寻求长期生存和发展的道路。可持续发展是既能满足当代人的需要，又不对后代人满足其需要的能力构成危害的发展方式。世界自然保护联盟与联合国环境规划署（UNEP）、世界野生生物基金会（WFF）共同编写了《保护地球——可持续生存战略》纲领性文件，提出了地球可持续生存的9条原则，其中包括"保护地球的生命力和多样性"的原则，即发展必须以保护自然为基础，包括保护生命支持系统、保护生物多样性、保持地球生态系统的完整性、保证以可持续的方式使用可再生资源等。[①]

（一）生物多样性是生物授粉的基础

全世界将近80%的被子植物是通过动物授粉的（主要是昆虫纲动物）。生物授粉已成为可持续农业发展中不可缺少的环节。通过生物授粉，人们不但可以提高作物产量，还可以改善其品质。例如，利用熊蜂为蔬菜授粉，可使茄子、青椒产量增加15%—40%，番茄产量增加22%—40%，黄瓜产量增加50%；利用蜜蜂授粉可使油菜、向日葵、荞麦、柑橘、苹果、梨、棉花等产量增加5%—60%。在日本、美国、中国，人们常用野生角额壁蜂、兰壁蜂、红壁蜂及凹唇壁蜂为苹果、扁桃、梨、樱桃等果树授粉，大大提高了果品的产量和质量。

授粉是植物生态系统保持服务功能的必要条件，体现了植物和动物之间错综复杂的共生关系，这个过程失去任何一方都会影响双方的共存。可用于生物授粉的动物种类繁多，在形态、习性上差别很大，其选择采粉和授粉的植物也有所不同。生态系统中的物种多样性是保持生物授粉多样性的基础，也是人类社会可持续发展的重要保障。

（二）生物多样性有利于维持土壤生命力

在土壤中，植物根系、根际微生物群和土壤微生物群能够以多种

① Blackburn T M, Pyšek P, Bacher S, et al. A proposed unified framework for biological invasions［J］. Trends in Ecology & Evolution, 2011，26（7）：333–339.

方式相互作用，从而在养分利用、防治病虫害、储存碳、改善土壤结构和蓄水能力等方面发挥重要作用。土壤健康是指土壤在生态系统内作为重要生命系统发挥作用的能力，主要体现在维持植物和动物的生命力，维持或提高水和空气质量等方面。

土壤生物多样性和作物多样化是土壤健康和农业可持续发展的基础。土壤微生物活性与土壤肥力直接相关。如磷细菌可以将土壤中的磷化物转化为可溶性磷化物，钾细菌可以将土壤中含钾的无机矿物转化为可溶性养分，固氮细菌能增加土壤的含氮量。据统计，已有100多种细菌被证实可用于制作细菌肥料。芽孢杆菌、荧光杆菌等细菌数量常被作为森林土壤肥力高低的重要标志。

林地植物多样性能增加森林土壤微生物的多样性和活性。和人工林相比，天然林之所以具有很强的维持土壤肥力的能力，关键在于它有种类丰富的动植物和微生物，而物种的多样性能促进林地的养分循环，改善土壤性质。植物根系呼吸释放出的大量能量能够支持复杂的土壤生物群落生存。研究发现，土壤杆菌属的许多菌种集中在植物的根际，使根际土壤中的土壤杆菌比非根际土壤高1000倍。而且土壤细菌的代谢活性和代谢多样性随着植物数量的对数和植物功能组的数量增加而呈直线上升。此外，植被多样性也会影响土壤微生物对碳源、氮源的利用。单一植物连栽会严重破坏森林的生物多样性，造成生物关系失调，导致土壤生产力下降。研究发现，杉木连栽的三耕土、二耕土与头耕土相比，有机质、速效氮、速效磷和速效钾含量明显下降，多种土壤酶活性也显著降低。对连栽多代的杉木林地进行混交造林后，其生物多样性增加，土壤中营养元素含量显著提高，生化活性增强。此外，通过间伐降低杉木林密度，可促进林下植物发育，提高生物多样性，促进土壤改良。林下植物越多，土壤中细菌、放线菌、真菌的数量也越多，特别是可进行氮转化的芽孢杆菌等细菌数量显著增加，土壤中水解酶、氧化还原酶类活性都明显提高，腐殖质组成改善，水稳性团聚体增加，营养元素含量提高，土壤肥力增强。可见，森林中的生物多样性对土壤的肥力有重要影响。

（三）生物多样性有利于保障木材生产

林业的发展程度取决于当地的自然条件，生物多样性保护和合理利用是实现林业持续发展的关键。随着社会进步，木材消费方式和传统用材方式发生变化，纸浆材、装饰板材和珍贵细木工家具材的需求量增加。所以，樟类、栎类、白蜡类、楝科、胡桃科等阔叶树种的造林量需相应提高，基因型选择和杂交育种的作用将更突出。丰富的物种资源能够为造林绿化和林业生产提供大量机会，满足木材和木质能源的生产需要。

生物多样性保护和利用在非木质林产品生产方面有重要作用。我国许多传统中药材来源于森林，如天麻、贝母、三七、灵芝、人参及许多动物类药材。目前上述药材虽有人工培育，但其功效和经济价值会显著降低。森林中还有大量的含淀粉、蛋白质、油质或纤维的动植物资源，这些资源有待进一步开发和利用。但生物多样性遭到破坏，导致部分物种消失，林业生产的产品只有木材，结构单一，限制了林业的发展。如今，森林生物多样性保护和合理利用在林业发展中的重要性已被人们逐渐认识。例如，天然次生林下的杨桐，过去只能作为薪材，现在成了出口创汇植物，大大提高了次生林价值。

（四）生物多样性有利于防治病虫害

病虫灾害作为最严重的生物灾害之一，受到人们高度重视。人们不断地总结应对病虫害的经验，将"治本"与"治标"的措施紧密结合。利用生物多样性防治病虫害就是一种治本措施。关于利用生物多样性防治病虫害，有四种假说。联合抗性假说——生物多样性增加了植食性害虫在作物系统中的压力，即多种的植物系统表现出对有害生物的群体抗性。天敌假说——在复杂的环境中，捕食性昆虫的猎物丰富，有各种适宜的小环境，因而可以保持稳定的种群。资源集中假说——植物多样性可能干扰害虫赖以寻找寄主的视觉或嗅觉功能，影响害虫对寄主植物的侵染。干扰作物假说——特定作物的间作或套作，能干扰害虫对靶标作物的危害。

在农业生态系统中，利用生物多样性防治病虫害获得了很好的效果。云南农业大学研究人员发现，具有不同遗传背景的多个水稻品种混合间栽对控制稻瘟病有显著效果，尤其是当优质地方水稻品种与杂交稻品种混栽后，地方水稻品种的稻瘟病发病率显著下降。在新疆棉区，苜蓿与棉花中生活着不同种类的昆虫（苜蓿—苜蓿彩斑蚜，棉花—棉蚜），这些昆虫却有着相同的天敌（瓢虫、草蛉、食蚜蝇等）。而苜蓿彩斑蚜的生长周期比棉蚜短10—15天。研究人员利用这些生物的食物链关系，在棉田边缘种植苜蓿带，当棉蚜进入棉田后的数量到达激增阶段时，促使苜蓿带中棉蚜的主要天敌类群总数量达到棉田的13.65倍，并于此时收割苜蓿带驱使其天敌进入棉田。这种方法对控制棉蚜具有很好的效果。

因此，在病虫害防治中必须充分认识保护生物多样性的重要性。提高生物多样性，走生态防治道路，是控制病虫害的有效方式。

（五）生物多样性有利于防治人类疾病

生态系统中的生物多样性会对人类健康产生影响。超过60%的人类病原体由动物病原体变异而来。美国生物学家费莉西亚·基辛及其同事在《自然》期刊上报告，他们通过对学术界发表的研究成果进行分析，发现在多种生态系统中，生物多样性都有助于对抗传染病，生态系统中生物种类减少会使病原体流行速度加快、传染病发病风险增加。这些研究涉及西尼罗河热、莱姆病等12种疾病。研究显示，小型哺乳动物种类减少会导致汉坦病毒在宿主动物中的流行率上升，从而增加人类受感染的风险。人体感染汉坦病毒后，可能发生肺水肿或肾脏损害。研究还发现，在美国的一些地区，鸟类种类减少与人类西尼罗河病毒性脑炎发病率升高有密切关系。这是由于在鸟类种类较少的地区，一旦易感染病毒的鸟类物种占据生态优势，会增加病毒在蚊子中的流行率，进而影响到人。[①]

虽然物种丰富会增加病原体由野生动物传播给人的概率，进而带来一定的新型传染病流行的风险。但是，生物多样性将有利于减小传染病危害及缩小影响范围。因此，设立不受干扰的大型保护区，减少人类对生物多样性的破坏，同时减少人与野生动物接触的机会，可有效减少传染病的发生。

（六）生物多样性有利于抵御外来物种入侵

随着国际贸易和旅游业蓬勃发展，物种在不同国家之间无意或有意传播的机会大大增加。生态系统退化使外来物种更容易在当地快速繁衍。外来物种入侵问题已引起国际社会的广泛关注。

一个入侵物种是否会对本地群落产生影响首先取决于入侵者是否能够在新的生境中生存和繁衍，即生态系统或群落的可入侵性。生态系统的可入侵性与本地物种对入侵的抵抗能力有关，即生态系统阻止入侵物种存活和繁殖的能力可能因群落中的物种组成和多样性的变异而有所差异。现有的证据表明，物种多样性和功能群多样性增加可以在很大程度上提高生态系统对外来物种入侵的抵御能力。

物种丰富度、功能群丰富度的增加会提高生态系统抵御外来物种入侵的能力。其理论依据在于，生物多样性的丧失可能降低本地物种的竞争力，为入侵物种留出更多的空间和资源。尽管跨生境的本地物种丰富度与外来物种丰富度之间存在正相关关系，但是本地物种丰富度高并非外来物种丰富度高的原因。研究表明，促进本地物种多样化和共存的影响因子，如温和的气候、中度水平的干扰和生境异质性，也会促进外来物种的多样化和共存。因此，物种丰富的地区往往比物种贫乏的地区更易受到物种入侵。在既定的栖息地，保护当地物种是

---

① Keesing F., Belden L K., Daszak P,etal. Impacts of biodiversity on the emergence and transmission of infectious diseases [J]. Nature, 2010, 468: 647-652.

提高该地区抵御外来物种入侵的能力的有效方式。

外来物种能否入侵成功还受到天敌和该生态系统抗干扰能力的影响。被入侵的生态系统物种多样性越高，其中与入侵物种相对应的自然天敌多样性也会越高，就有可能对入侵物种进行一定程度的控制或抑制。此外，频繁的干扰和波动会使生态系统趋于不稳定，抵抗入侵能力下降，从而增加外来物种入侵的风险。生物多样性高的生态系统稳定性好，抗干扰能力和自我恢复能力强，一定程度上能够减少外来物种的入侵机会。

当地生物在生物入侵防治方面有重要的选择价值。生物学家通常在外来入侵物种的原产地寻找它们的天敌，将天敌生物引入入侵地，控制外来入侵物种的扩散。例如，无刺仙人掌曾被人们作为篱笆植物从南美引入澳大利亚，但后来其生长失去控制，大面积侵占澳大利亚的牧场。该入侵种的原产地有一种飞蛾（Cactoblastic cactorum），它的幼虫以无刺仙人掌为食。因此，人们将飞蛾引入澳大利亚后，无刺仙人掌的种群数量急剧下降，当地的植被得以恢复。当然，引入天敌是一个存在风险的防控手段，必须非常谨慎，既要让新物种的天敌控制它们的生长，又不能对生态系统造成新的威胁。

二、外来物种入侵的概念

生物入侵也称外来物种入侵，入侵生物学的奠基人查尔斯·埃尔顿（Charles Elton）于 1958 年所著的《动植物入侵生态学》一书中首次提出"生物入侵"（biological invasion）的概念，但此书并未对生物入侵做出明确定义。[①]目前，已有 40 多项涉及外来物种入侵的国际性公约。《生物多样性公约》是《21 世纪议程》框架下的 3 大重要国际环境公约之一，旨在促进生物多样性的保护、可持续利用和惠益分享。《生

① 查尔斯·埃尔顿.动植物入侵生态学［M］.张润志，任立，译.北京：中国环境科学出版社，2003：1-22.

物多样性公约》最早提到外来物种概念，强调缔约国必须重视应对外来物种入侵问题。其第八条要求"防止引进、控制或消除那些威胁到生态系统、生境或物种的外来物种"。该条款中，没有直接使用"外来入侵物种"的术语，而是强调部分外来物种对生态系统、生境或当地物种的威胁。2000 年，《生物多样性公约》第五次缔约方大会首次界定了外来物种和外来入侵物种（invasive alien species），将外来物种定义为"出现在其通常分布区（normal distribution）之外的物种"，将外来入侵物种定义为"威胁生态系统、栖息地和物种的外来物种"。2002 年，《生物多样性公约》第六次缔约方大会对于外来入侵物种（invasive alien species）的定义出现明显变化。外来物种被定义为：被引入其过去或现在的自然分布区（natural past or present distribution）之外的物种、亚种或低级分类群，包括这些物种能生存和繁殖的任何部分、配子或繁殖体。外来入侵物种是指其引进或扩散威胁生物多样性的外来物种。世界自然保护联盟将外来物种定义为出现在其过去或现在的自然分布范围及潜在扩散范围以外的种、亚种或以下的分类单元，包括该物种可能存活并随后繁殖的任何部分，如配子、种子、卵或繁殖体；外来入侵物种是指在本地自然或半自然生态系统中形成了自我再生能力，可能或已经对生态环境、人类生产或生活造成明显损害或不利影响的外来物种。《生物多样性公约》基本采纳了世界自然保护联盟有关外来物种和外来入侵物种的定义，一直沿用至今。

三、外来物种入侵的主要途径

经济贸易、旅行探险、民族迁徙或其他偶然性事件（如自然灾害、疾病流行等）都可能造成物种的迁移，导致某地原不存在的物种入侵该地生态系统。外来物种入侵主要有有意引进、无意引进、自然入侵三种途径。[①]外来物种入侵可能通过单一方式完成，可能借助几种途径相互作用、交叉叠加进行，也可能通过多次传播使外来物种在入侵地区繁殖和扩散。

（一）有意引进

有意引进是指人们以农林牧渔业生产、美化环境、生物实验或消灭另一有害物种等为目的引进某些物种的行为。由于引种不当，事前没有进行有效的风险评估，事后也没有进行有效控制，造成引入的物种繁殖成灾。有意引进是外来物种入侵最主要的途径。

1. 以养殖、观赏或生物防治为目的引种导致外来物种入侵

外来物种因养殖、观赏或生物防治为目的而被引入当地，但是随后因为人们疏于防控，在野外迅速扩散，形成自然种群，对当地物种造成危害，并对当地的农业生产带来负面影响。如20世纪50年代，我国南方曾引入南美植物——水葫芦作为猪、禽饲料，但水葫芦引入不久之后，就成为当地入侵物种，其蔓延速度快，适应能力强，严重威胁其他水生生物的生存。

2. 随进口的盆景、木材或种子入侵当地生态系统

如果入境检验检疫程序不够完善或科技手段不足，体积较小的昆虫、病原体等就容易随进口的盆景、木材或种子进入入侵地。比如，原产于日本的日本松干蚧，在我国从日本引种观赏性松树的过程中进入我国，主要原因就是当时出入境检验检疫程序不够完善，该物种入侵后对我国松树造成危害。

（二）无意引进

无意引进是指人们在建设开发、贸易往来、快递物流等活动中，无意间将某个物种从其原生地转移至其自然分布或扩散范围以外的地

---

① 陈宝雄，孙玉芳，韩智华，等.我国外来入侵生物防控现状、问题和对策［J］.生物安全学报，2020，29（3）：157-163.

方。该物种以"搭便车"的方式进入新的环境，主要通过以下三种途径：

1. 船只携带

随着水路运输业的发展，部分外来物种通过船只入侵别的生态系统。船只里的压舱水主要来自沿途的水域及始发港，而压舱水的异地排放使得一些海洋生物从一个区域被带入另一个区域，从而导致物种的转移。据估计，世界上每年有 100 亿吨以上压舱水异地排放，因此，每年通过压舱水而被转移的生物数量巨大。

2. 依附于海洋垃圾

携带海洋生物的垃圾受洋流、台风等因素的影响侵入其他海域，包括南极洲和某些热带岛屿，对当地的生态系统构成严重威胁。这些海洋垃圾使得向亚热带地区扩散的外来物种数量增加，从而影响亚热带地区原生物种的生存并破坏当地的生态系统。更令人担忧的是，依附于海洋垃圾的外来物种几乎可以漂浮到世界各地，危害巨大。

3. 国际贸易与旅行

在人们进行木材、牲畜等商品贸易时，外来物种会随商品、运输工具进入目的地。一些出入境游客会有意或无意携带外来物种。这些外来物种在当地若没有天敌，一旦有适宜的生境就很容易形成种群并扩散。游客携带的鲜肉、鲜花、木制玩具等都可能成为寄生生物或有害微生物的载体。

（三）自然入侵

自然入侵是指自然界中的生物通过风、水等媒介或自身繁殖、子代传播等方式，进入新的生态系统。某些生物会通过鸟类迁徙、鱼类游动、大风、洪水等外界因素被带到世界各地，入侵当地生态系统。虽然大山、海洋等的阻碍使得自然入侵发生的概率较小，但现实中时有发生。例如，紫茎泽兰和薇甘菊就是通过自然入侵的方式入侵我国的。

四、外来物种入侵的危害

外来物种可通过竞争、捕食和杂交等机制对其侵入的生态系统产生影响。[①] 外来物种入侵的危害包括破坏生态系统平衡、影响生物多样性等方面。

（一）破坏生态系统平衡

外来物种入侵会给入侵地的生态系统造成巨大危害。大部分外来物种入侵新环境后，由于缺少天敌，往往会疯狂地繁殖生长，与本地物种争夺食物和栖息地，导致本地物种难以生存，对当地生态体系造成不可逆转的影响。如20世纪50年代侵入我国的水葫芦、水花生，严重影响了所在地的水域功能，破坏了当地的水生生态系统。小花假泽兰是世界上危害最严重的物种之一，它原产于南美洲，于20世纪70年代被引进我国后，对我国生态系统造成严重影响。例如，小花假泽兰在深圳的内伶仃岛上肆意生长，攀上树冠，使得大量植被因缺少阳光而枯萎，岛上猕猴的生存环境日趋恶劣。

外来入侵物种会改变入侵地的种群结构，打破入侵地区的生态平衡。如原产于大洋洲的桉树，原本作为经济作物和观赏性植物引进，但其分泌的化学物质对其他植物具有一定毒性，导致周围的草本植物难以生存。桉树根系发达，吸水和吸肥能力强，容易造成土壤板结，导致土地的贫瘠和沙化。

（二）影响生物多样性

在自然界长期演化的历程中，生态系统中的各物种相互协调、制约，按各自的生态位生存繁衍，构成一个有机的整体。外来物种进入

---

① 陈洪俊，范晓虹，李尉民. 中国有害生物风险分析（PRA）的历史与现状 [J]. 植物检疫，2002，16（1）：28-32.

新的生态系统后，在适宜的气候、土壤、水分、传播条件和缺少天敌的情况下，它们往往会迅速繁衍，扩散蔓延。外来物种通过与本地物种争夺资源和栖息地等方式，使本地物种数量与种类不断下降，造成生物多样性丧失与食物网络结构崩溃。

一是加快物种灭绝的速度，使物种多样性锐减。能够成功入侵的外来物种，往往具有先天的竞争优势，在入侵地摆脱了原来的天敌制约，形成单一的优势种群，最终导致入侵地物种多样性丧失。20世纪60年代，为保滩护堤，我国引进了大米草，大米草不仅耐盐碱、耐潮汐，而且繁殖力强、根系发达，对海岸、堤坝等广阔的淤泥潮滩具有很强的适应性。后来大米草入侵福建等地的沿海滩涂，导致红树林湿地生态系统遭到破坏，滩涂鱼虾、贝类等生物无法生存。外来物种入侵对生物多样性的危害往往不可逆转，加快了物种灭绝的速度。

二是导致物种基因污染，使物种特定性状丧失。遗传多样性是生物多样性的重要组成部分，也是地球上生物丰富多彩的原因。外来物种入侵导致入侵地部分野生、原始种群消失的同时，也会造成因遗传材料减少而导致的遗传多样性丧失。外来入侵物种可能与本地物种交配并繁殖后代，使自身基因整合进入本地物种的遗传信息中，导致本地物种后代的基因中纯合子减少，杂合子增加，遗传漂变加剧，从而改变本地生物种群的遗传性状，还可能导致本地物种对生态环境的适应性下降，使其逐渐灭绝。本地物种与外来物种杂交还易造成遗传污染，如我国北方自然海区虾夷扇贝的繁殖期是2—4月，土著栉孔扇贝的繁殖期是4—6月，自然生态条件下的外来虾夷扇贝与土著栉孔扇贝杂交，杂交的后代有可能在自然生态环境中再成熟繁殖，若其与土著皱纹盘鲍和栉孔扇贝杂交，这势必会进一步对我国土著贝类的遗传特性产生影响。

三是导致景观破碎化，破坏景观的自然性和完整性。外来物种入侵会导致入侵地生态景观发生消极变化，比如破坏生态系统景观的自然性和完整性，导致原本观赏价值极高的自然景观失去原本的吸引力。例如，明朝末期引入的美洲产仙人掌属的4个种分别在我国华南沿海地区和西南干热河谷地段形成优势群落，在那里，原有的天然植被景观已很难见到。外来物种入侵导致景观破碎化的同时，也影响生物种群的迁入率和灭绝率，加剧了生物多样性的丧失。

（三）给当地造成经济损失

外来物种入侵后，在当地迅速成为优势物种，必然会给当地造成经济损失。例如，凤眼莲原产于巴西，但如今在我国长江、黄河流域及华南各省都有分布。我国每年用于打捞凤眼莲的费用就达数十亿元，而凤眼莲造成的直接经济损失更高。据统计，外来物种入侵每年仅对我国农林业造成的直接经济损失就超过农业总产值的5%。[①]

（四）影响人类及动植物的健康

一些入侵物种是引起人类及动植物疾病的病原体或病原体的传播媒介，一旦它们入侵成功，就会对人类及动植物健康造成威胁。橘小实蝇原产于热带和亚热带地区，入侵我国后，由于缺少天敌以及环境中存在大量寄主等因素，其在我国福建等地大量繁殖，严重影响了当地橘子的产量。又如，来自南美洲巴拉那河流域的红火蚁，在20世纪初入侵美国东南部，给当地民众带来了很大困扰，被评为世界上最危险的100种外来有害物种之一。多数人被红火蚁叮咬后会出现疼痛、发热，有些体质过敏者会出现脸红、恶心、大量出汗、呼吸衰竭的症状甚至死亡。我国部分地区也曾发生红火蚁叮咬人事件。

（五）影响国家安全

根据总体国家安全观，国家安全体系涉及政治、国土、军事、经济、文化、科技、信息、生态等多个领域。外来有害生物既可能成为

---

① 陈兴.外来生物入侵对农业生物多样性的危害及预防［J］.现代农村科技,2017, 11（1）: 30-32.

用于实施生态侵略的重要生物武器，也可能成为恐怖分子发动生物恐怖袭击的工具，甚至还可能成为"隐性杀手"长期潜伏而造成代际性的生态危害。

第二节
中国生物入侵状况分析

　　我国是世界上物种多样性特别丰富的国家之一，已知物种及种下单元数 127950 种。其中，动物界 56000 种，植物界 38394 种，细菌界 463 种，色素界 1970 种，真菌界 15095 种，原生动物界 2487 种，病毒 655 种。列入《国家重点保护野生动物名录》的珍稀濒危陆生野生动物 8 类 980 种，大熊猫、海南长臂猿、普代原羚、褐马鸡、长江江豚、长江鲟、扬子鳄等为中国所特有。列入《国家重点保护野生植物名录》的珍贵濒危植物 40 类 455 种，百山祖冷杉、水杉、霍山石斛、云南沉香等为中国所特有。[①]但同时，我国是世界上受外来入侵物种危害最严重的国家之一。生物入侵给我国生态环境和农业生产带来了巨大危害。

一、我国外来生物入侵的基本状况

　　外来物种入侵现象古已有之。早在 689 年《唐本草》中就有关于蓖麻传入中国的记录。这也是我国目前已知最早的关于外来物种入侵的记载。蓖麻原产于非洲并作为药用植物引入我国，之后很快便不受控制而生长成高大的杂草，对我国本地植物造成威胁。《救荒本草》也有关于外来入侵物种（如野西瓜苗、野胡萝卜）的记载。从 19 世纪鸦片

---

① 中华人民共和国生态环境部. 2021 中国生态环境状况公报［R/OL］.（2020-06-02）［2020-11-29］. www.mee.gov.cn/hjzl/sthjzk/zghjzkgb/202006/P020200602509464172096.pdf

战争时期开始，有记载的外来物种就有香丝草、小白酒草、一年蓬等植物，它们在我国香港、烟台、上海等口岸登陆，并快速向内陆蔓延。但由于当时长期闭关锁国，外来物种入侵现象只在个别地方发生，对生态安全未构成重大威胁。

随着我国对外开放不断深入，对外贸易日益频繁，外来物种入侵的问题日益凸显。为更好地应对外来入侵物种威胁，国家环保总局和中国科学院分别于 2003、2010、2014 和 2016 年联合发布了 4 批中国外来入侵物种名单（见附录 表3），其中包括空心莲子草、加拿大一枝黄花、反枝苋、野燕麦等常见的外来入侵物种。2020 年 6 月，生态环境部发布的 2019 年《中国生态环境状况公报》显示，我国已发现 660 多种外来入侵物种。其中 71 种对自然生态系统已造成威胁或具有潜在威胁。67 个国家级自然保护区外来入侵物种调查结果表明，215 种外来入侵物种已入侵国家级自然保护区，其中 48 种外来入侵物种被列入《中国外来入侵物种名单》。在这 660 多种外来入侵物种当中，最多的是植物，有 370 种；其次是动物，有 220 种；也包括少量的微生物。

二、我国外来物种入侵的特点

（一）涉及地域范围广

我国地域辽阔，从南至北跨越了 50 个纬度和 5 个气候带（热带、亚热带、暖温带、温带和寒温带），这种自然特征使我国生态系统复杂多样，几乎所有来自世界各地的物种都可能在我国找到适合生存的栖息地，这是我国容易遭受外来入侵物种侵害的原因之一。我国各区域外来入侵物种的分布格局存在很大差异，这种分布差异受自然环境和人类活动两方面因素影响。一方面，年均气温及年均降水量作为影响物种生存和分布的主要环境因素，使我国入侵物种丰富度从北至南递增。入侵物种的多样性与纬度相关，低纬度地区比高纬度地区多。热带地区的入侵物种种类比温带地区多，南方地区的入侵物种种类比北方地区多。另一方面，大量研究发现，人类活动对外来物种的影响越来越大。南方地区经济发展较快，交通便利加快了不同地区间物种流动，贸易往来频繁更是增加了外来物种扩散的机会。东南地区人口密度大，人类活动对当地生物影响程度高，因而该地区受外来物种入侵的风险也较高，导致南方地区的外来入侵物种数量较多；而西部地区地广人稀，经济发展水平较低，人类活动对当地生物影响程度较小，故该地区的外来入侵物种数量相比其他地区较少。河北、江苏、广东、海南、云南等省份的入侵物种数量均在200种以上，云南最为严重（288种）；宁夏、西藏、甘肃、内蒙古等省份的入侵物种数量相对较少，宁夏最少（77种）；在沿边沿海地区，天津、山东、福建、广西等12个省份的入侵物种首次发现比例高达74.6%。入侵物种更是扩散到了青藏高原腹地，2009年印加孔雀草在西藏米林县首次被发现，2013年已形成较大规模的种群。随着边境贸易的发展，新疆也面临入侵生物的危害。农林外来入侵生物多达95种，如刺苍耳、豚草等。外来入侵生物已从伊犁河谷、乌鲁木齐等地区，扩散至全疆各绿洲农区，每年给新疆造成的损失超过30亿元。[①]

（二）涉及物种类型多

入侵我国的外来物种类型多样，包括动物、植物、微生物等。截至2018年底，入侵我国的外来物种有近800种，已确认入侵农林生态系统的有638种，其中动物179种、植物381种、病原微生物78种。大面积发生和危害严重的重大入侵生物超过120种。在国际自然保护联盟公布的全球100种最具威胁的外来入侵生物中，有51种已在我国出现。我国的高等植物中，目前已知的外来有害植物就有60多种，这些外来植物对本地环境和生物多样性及农林业生产造成了严重破坏。其

---

① 蒋青，梁忆冰，王乃扬，等.有害生物危险性评价的定量分析方法研究［J］.植物检疫，1995，9（4）：208-211.

中，危害最大的外来植物有：紫茎泽兰、豚草、水葫芦、空心莲子草、大米草、薇甘菊、加拿大一枝黄花、蒺藜草等。严重危害我国的外来动物有：哺乳类中的麝鼠、松鼠、海狸鼠等，鸟类中的小葵花凤头鹦鹉、加拿大雁、爪哇禾雀，两栖类中的牛蛙，昆虫中的美国白蛾、松突圆蚧、湿地松粉蚧、稻水象甲、美洲斑潜蝇、松材线虫、蔗扁蛾、苹果棉蚜、马铃薯甲虫、小楹白蚁、红脂大小蠹、红火蚁等，甲壳类中的大瓶螺、褐云玛瑙螺。我国由外来入侵微生物引发的重要病虫害有：玉米霜霉病、马铃薯癌肿病、大豆疫病、棉花黄萎病、柑橘黄龙病、柑橘溃疡病、木薯细菌性枯萎病、烟草环斑病毒病、番茄溃疡病。

（三）涉及生态系统多

我国各地均有入侵生物出现，涉及农田、森林、湿地、草地、岛屿、城市居民区等几乎所有的自然或人工生态系统，其中低海拔地区及热带岛屿生态系统的受损程度最为严重。全国外来物种入侵面积超过0.25亿公顷，80%以上的入侵物种出现在农田等人为干扰频繁的生态环境中。

（四）入侵速度不断加快

我国是贸易大国，同世界各国和地区的往来日益密切，尤其是海外代购的兴起，导致外来有害生物入侵呈现更加复杂的态势。近10年来，入侵我国的新外来生物至少有55种，且仍在不断增加。

（五）入侵途径日趋复杂

外来入侵物种进入我国的途径主要分为两种。一种是无意引入，比如，随苗木和插条引进的杨树花叶病毒，随入境货物或行李裹挟偶然带入的长芒苋，通过自然扩散从东南亚进入我国的紫茎泽兰，等等。另一种是有意引进，这类外来入侵物种包括作为蔬菜引进的尾穗苋、苋、茼蒿，作为观赏物种引进的加拿大一枝黄花，作为药用植物引进的洋金花，作为养殖品种引入的福寿螺、牛蛙、巴西龟，作为草坪草或牧草引进的地毯草、扁穗雀麦，以及为改善环境而引入的大米草，等等。

受国际交流形式的多样化以及城市宠物热兴起的影响，邮寄包裹、口岸非法携带等已成为外来物种入侵新的风险点。例如，近年来电商平台上风靡的多肉植物，一些为游客携带或通过邮寄途径运输进境。我国检验检疫部门多次从跨境邮件中截获红火蚁、蜘蛛、毒箭蛙等活体动物。

（六）入侵危害日益严重

据统计，外来入侵物种在我国每年造成直接经济损失逾2000亿元，其中农业经济损失占61.5%。外来入侵物种造成农产品产量下降、品质降低、生产成本增加，如稻水象甲、香蕉穿孔线虫和美洲斑潜蝇造成相应农作物减产分别达50%、40%和60%以上，严重时甚至造成绝收；位列世界自然保护联盟公布的全球100种恶性外来入侵物种之中的烟粉虱，是主要侵害大田作物的害虫，能够传播70多种病毒，已经扩散至我国大部分地区，使每年受害作物面积高达几千万亩。有些外来入侵生物会与牧草发生竞争或直接危害牲畜，对畜牧业造成危害。如紫茎泽兰往往形成单优势群落，占据牧草的生长空间，致使草场退化、牧草产量降低、牲畜饲草料缺乏。其茎叶被误食后，会引起食用者出现腹泻、气喘等症状；若其花粉及瘦果进入动物或人类的眼睛和鼻腔，可导致相应部位糜烂流脓，甚至致死。

外来入侵物种会导致生物多样性下降。外来入侵物种通过竞争排斥本地物种，降低了生态系统的生物多样性程度。外来入侵物种还会破坏当地水文环境，威胁其他生物生存，改变当地生态系统结构，严重影响当地生态系统的各项功能。在国际自然保护联盟濒危物种红色名录中，约30%的物种灭绝是由外来物种入侵导致的。加拿大一枝黄花曾导致上海地区30种本地物种消失；云南大理洱海原产鱼类17种，但引入13个外来物种后，17种原产鱼类中已有5种陷入濒危状态。

生物入侵会破坏当地生态系统。例如，20世纪70年代传入中国的水葫芦，繁殖力极强，使得水中其他植物不能进行光合作用正常生长，进而导致水生动物因缺少氧气与食物而死亡，严重破坏水体生态平衡。外来物种巨藻和北美海篷子会与我国东南沿海的土著盐生植物红树林进行生态位竞争，造成红树林资源减少甚至灭绝。此外，有的外来入侵物种还与本土近源种杂交，干扰本土物种的遗传多样性。

三、我国外来物种入侵的主要原因

我国外来物种入侵的原因是多方面的。主观原因是人们对外来物种入侵危害性的认识不够，造成盲目引种，或是在引进外来物种时没有进行合理的风险评估，导致外来物种过度繁殖。客观原因包括自然媒介造成的种子飘移，正常人类活动造成的无意引入，防治物种入侵的科学技术手段不足，等等。①②

（一）对外来物种入侵危害认识不足

对外来物种入侵危害性认识不足是外来物种入侵的主要原因。不当放生、携带外来物种回国、丢弃宠物（入侵物种）的事件屡见报道。一些养殖户从外地引入外来物种，引种前不向当地监管部门申报，引入外来物种进行养殖后，防逃设施设置不到位，导致外来养殖物种逃逸，对当地生态系统造成极大危害。

---

① 鞠瑞亭，李慧，石正人，等.近十年中国生物入侵研究进展［J］.生物多样性，2012，20（5）：581-611.
② 李俊生，赵彩云."主要入侵生物生态危害评估与防治修复技术示范研究"项目介绍［J］.生物多样性，2016，24（10）：1200.

（二）相关监管工作滞后

由于对经济效益的追求，在本地品种开发滞后的情况下，一些养殖户通常会引进其他地区已经养殖成功、经济效益更好的品种。而一些地方职能部门对于外来物种的监管工作相对滞后，造成很多物种被盲目引进。一些养殖户甚至在生态薄弱区域养殖外来物种，对当地生态系统造成危害。

（三）基础研究滞后

物种入侵过程是一系列连续阶段组成的链式反应。围绕物种的生物学特性、传播途径、进化适应、种间相互作用、生境扰动变化和群落成熟度等多个方面进行研究，可揭示外来物种的入侵机制，为制定有效的外来物种管理策略提供科学依据。许多发达国家建立了较为完善的外来入侵物种管理系统，能够起到有效防控物种入侵的作用。我国在这方面的研究起步较晚，目前对已知外来入侵物种危害性的研究较多，但对外来物种的入侵预警与风险管理研究较少；对外来物种入侵后的情况研究较多，但对入侵物种的风险性分析存在局限性，缺乏可操作的外来物种风险分析体系；对检疫、防治技术研究较多，但对外来入侵物种整体防控管理体系研究少。

（四）长效投入机制有待建立

与发达国家相比，我国目前在外来入侵生物防控领域资金投入规模较小，在入侵物种普查、监测预警网络构建、综合防控工程建设、应急物资储备、技术装备研发等方面缺乏长效稳定的投入，难以满足防控需求。

（五）风险管理体系有待完善

目前，我国的外来物种入侵风险管理模式仍是多个部门根据各自职责进行分段分区域管理，尚未成立专门防范外来物种入侵的机构，各部门间尚未建立常态化沟通机制。对于可能携带病原体的物种及可能占据生态优势位的入侵物种，如何做好风险管理并采取后续跟踪、应急处置措施，缺乏系统的研究。虽然我国已经开展针对部分外来入侵生物的监测点建设，但外来入侵物种监测工作基础还相对薄弱，监测点数量和布局有待优化，且预警仪器设备较简陋，疫情信息搜集能力较弱，影响了监测预警和防治决策的准确性与时效性。①②

（六）综合治理与应急控制能力有待提升

我国对外来入侵物种的防治多以单一的化学防治为主，过程费时、费力，以生态调控为主的生物综合治理和无害化防控技术尚处于起步阶段。一些基层部门应急处置能力有待提升，相关技术人员的技能培训有待加强，应急基础设施建设有待加强。

---

① 刘昊，张强，陈正桥.外来物种入侵的风险管理体系研究［J］.农业灾害研究，2016，6（10）：7-9.
② 刘思文.浅析《SPC协定》中的风险评估［J］.合作经济与科技，2011（6）：76-77.

第三节
防范外来物种入侵与保护生物多样性的意见建议

外来物种入侵对生态安全、国家安全、人类健康构成了重大威胁，因此，全社会要高度重视，加大科技投入，研究外来物种入侵的机制，综合运用多种方法，有效防控外来物种入侵。

一、加强物种管理的国际合作

外来物种入侵是全球面临的共同难题。生态环境遭受破坏的机理非常复杂，加之环境要素的整体性和流动性，单个国家往往难以应对生态系统面临的威胁。因此，有效应对跨国界的外来物种入侵，必须加强国家之间的沟通与合作。

目前国际层面有关规范外来物种的引进以及防控、消除其不良影响的法律文件有50多个，包括《生物多样性公约》《全球迁徙物种公约》《国际运输技术准则》《国际卫生规则》《海洋法公约》《国际植物保护公约》等国际公约，以及有关生物多样性的保存与持续利用的文件、水生态系统和渔业的保护和持续利用文件、有关卫生和动植物检疫手段的文件等。国际法律文件的目的和缔结国所制定的法律法规的目的不同，其名称和效力也会有所不同。如何确定各方对外来物种入侵的责任，是目前国际法层面的一个难题。这个问题涉及生物安全、国际贸易等多方面的法律，国际上必须协调这些法律文件的规定，以明确各方关于物种入侵的法律责任。[1]

对外来物种入侵开展防控有赖于生态研究的深入进行和监测机制的保障，各国可以在物种入侵的生态学研究和物种监测方面开展合作，分享生物入侵机制及影响的研究成果，合作共建外来入侵物种监测系统，分享监测数据，加强有针对性的管理。

我国幅员辽阔，与多国接壤，并且与各国贸易往来不断深入，面临的外来物种入侵风险极大。因此，在信息共享、防控技术交流、治理经验借鉴等方面加强与他国的合作非常必要。2020 年 9 月，习近平主席在联合国生物多样性峰会上倡议各国坚持生态文明、坚持多边主义、保持绿色发展、增强责任心，强调中国将秉持人类命运共同体理念，努力建设人与自然和谐共生的现代化，为加强生物多样性保护和推进全球环境治理贡献力量。

二、建立健全外来物种入侵风险评估体系

风险评估的目的是判断外来物种的入侵风险，从而采取适当的应对策略。有害生物风险分析（pest risk analysis，PRA）是外来物种风险评估的一个方面，是外来物种风险管理的基础，不同的国际组织、国家和地区采用了多种分析方法。1951 年，联合国粮食及农业组织通过了《国际植物保护公约》，旨在确保全球农业安全，并采取有效措施防止有害生物随植物及植物产品传播和扩散。联合国粮食及农业组织颁布了《有害生物风险分析准则》和《检疫性有害生物风险分析准则》，标志着有害生物风险分析从只重视研究有害生物建立种群适生性向综合性开展有害生物对社会环境、经济、生态的影响评估的转变。20 世纪 80 年代，美国制定了"通用非本土有害生物风险评估步骤"，开始采

---

① 孙志凡. 外来物种入侵的法律问题［J］. 中国农学通报，2018，34（6）：104-108.

用打分的方式评估与非本土有害生物传入相关的风险；美国农业部通过《杂草风险评价准则》，规范外来物种的引进，防止新的杂草问题出现。

2000年，国家出入境检验检疫局在植物检疫实验所设立了中国第一个有害生物风险分析机构——有害生物风险分析办公室，开展有害生物风险分析工作。2011年，我国发布了HJ 624—2011《外来物种环境风险评估技术导则》。该导则对外来物种的界定采用世界自然保护联盟的定义，在述及外来入侵物种的危害时，主要考虑其对生态环境、人们生产生活的不利影响。我国的有害生物风险分析方法主要有多指标综合评估法、农业气候相似距分析、生态气候模型评价、模糊综合评判法等。在多种评估模型的基础上，我国完成了大豆疫霉菌、红火蚁、加拿大一枝黄花等64种入侵生物的适生性风险分析，确定了这些生物的潜在分布范围；并在风险分析的基础上，制定了小麦矮腥黑穗病、松材线虫、橘小实蝇等64种外来入侵生物的控制预案与管理措施。国内学者从不同的角度出发，建立了多种外来物种风险评估体系，如蒋青等建立了有害生物危险性评价指标体系[1]，范京安等探索了农作物外来有害生物风险评估体系和方法[2]，王雅男构建了评估指标较为全面的外来物种风险评估体系[3]。这些研究建立了区域可行、对特定物种有效的风险评估体系，但目前我国采用的风险评估管理方法存在更新较慢、综合性不够、只适用于特定外来入侵物种、难以大规模应用等局限性。

为有效应对外来物种的威胁，我国要持续加强风险预警和风险评估，借鉴国际先进经验，建立有效的风险评估体系。该评估体系要从

---

[1] 蒋青，梁忆冰，王乃杨.有害生物危险性评价指标体系的初步建立［J］.植物检疫，1994，8（6）：331-334.

[2] 范京安，赵学谦.农作物外来有害生物风险评估体系与方法研究［J］.植物检疫，1997，11（2）：75-81.

[3] 王雅男，万方浩，沈文君.外来入侵物种的风险评估定量模型及应用［J］.昆虫学报，2007，50（5）：512-520.

物种的繁殖与扩散特性、遗传特性、生态适应能力等方面确定物种入侵的评价依据。需启动多部门联合参与的外来入侵物种普查，全面摸清当前我国外来入侵物种的种类、分布区域、扩散规律和危害程度。在生物多样性富集区、生态脆弱区等重点区域，针对可能产生重大危害的入侵物种开展重点调查，完善外来入侵物种数据库。开展基础性、长期性监测，合理布局监测点，探索利用卫星遥感、物联网等信息技术进行监测，构建数据联网综合监测体系，提升对外来入侵物种的动态监测预警能力。一旦发现外来物种带来危害，要及时采取隔离手段或设置缓冲区等防范措施，并建立监测档案。此外，要对外来物种的影响进行评估，研究防控外来物种的方法。

三、加强防控工作法制化管理

20世纪末，我国开始出台一系列与防范生物入侵有关的政策性文件，涉及生物入侵的风险评估、宣传教育、国际合作等内容。在这些政策的基础上，我国形成了一些与防范生物入侵相关的法律制度。涉及生物入侵管理的法律包括《中华人民共和国野生动物保护法》《中华人民共和国环境保护法》《中华人民共和国进出境动植物检疫法》《中华人民共和国动物防疫法》《中华人民共和国海洋环境保护法》《中华人民共和国草原法》《中华人民共和国农业法》《中华人民共和国种子法》《中华人民共和国渔业法》《中华人民共和国畜牧法》《中华人民共和国生物安全法》等。但这些法律并非以防治生物入侵为目标，而只是作为国务院有关部门对外来物种实行监督、控制和管理的法律依据。在行政法规层面，我国制定了一些与外来物种入侵监管相关的行政法规，如《中华人民共和国进出境动植物检疫法实施条例》《森林病虫害防治条例》《植物检疫条例》《野生植物保护条例》《中华人民共和国陆生野生动物保护实施条例》《农业转基因生物安全管理条例》《中华人民共和国货物进出口管理条例》《中华人民共和国濒危野生动植物进出口管理条例》等。这些行政法规主要是通过检疫检验制度对外来入侵物种进行监管。在部门规章和规范性文件层面，我国制定了与防范生物入侵相关的规章及规范性文件，如《外来入侵物种管理办法》《水产苗种管理办法》《引进陆生野生动物外来物种种类及数量审批管理办法》《湿地保护管理规定》《国家湿地公园管理办法》《关于加快推进水产养殖业绿色发展的若干意见》《重点流域水生生物多样性保护方案》《关于加强外来物种入侵防治工作的通知》《关于加强野生动物外来物种管理的通知》《关于加强长江水生生物保护工作的意见》《关于做好自然保护区管理有关工作的通知》等。

从某种程度上讲，生物入侵是人类追求经济利益而忽视生态规律的结果。目前，我国与生物入侵相关的立法对生态利益的关注还不够，法律规范大多以控制外来物种带来的病虫害为目标，需要从生物安全角度针对生物入侵问题加强防控和监管。此外，在实践中，有关防范生物入侵的规定大多只能由农林牧渔业主管部门通过本部门行政执法来落实。

我国现有的生物入侵相关立法大多针对无意引进而制定，而对于有意引种的防控尚未给予足够重视。目前，我国针对有意引进外来物种的立法，只有 2005 年制定的《引进陆生野生动物外来物种种类及数量审批管理办法》（2016 年修改）这一部门规章，除此之外并无其他更高位阶的立法涉及这一问题。从监管制度来看，《中华人民共和国进出境动植物检疫法》及其实施条例、《中华人民共和国动物防疫法》等法律法规确立了较为完善的检疫检验制度，但侧重点在于防范动物传染病、寄生虫病以及其他有害生物传入或者传出国境。即便是针对无意引种的检疫检验，起到基础性作用的名录制度也存在局限性。我国已发布《进境植物检疫禁止进境物名录》《进境植物检疫性有害生物名录》《禁止携带、邮寄进境的动植物及其产品名录》等，但只有《进境植物检疫性有害生物名录》是"为防范外来植物有害生物传入"而制定和发布的，而环境保护部与中国科学院联合发布的《中国外来物种入侵名单》也缺乏强制约束力。针对有意引种的风险评估制度，目前的法律规范更加强调有意引进陆生野生动物外来物种的风险评估，而对于有意引进水生野生动物外来物种和野生植物外来物种的风险评估，则关注不足。从法律责任来看，一旦缺少应有的法律责任约束，法律的实施便难以取得预期效果。迄今只有前述一部部门规章作为相关部门明确的执法依据，而对于陆生野生动物以外的外来物种的有意引种并没有特定的法律法规，使得法律责任机制的建立缺少重要前提。

美国、澳大利亚、日本等发达国家针对外来物种入侵颁布了一系列法律法规。例如，美国颁布了《国家入侵物种法》《外来物种预防和执行法》《外来有害水生生物预防与控制法》《联邦杂草防治法》等，形成了较为完善的外来入侵物种监管制度体系，包括风险评估制度、监测预警制度、控制与管理制度。该制度体系要求对已知的有意或无意引进入侵物种的途径进行风险评估，采取措施弥补安全漏洞。美国基于监测预警制度建立监测系统，对首次有意引进的外来物种进行监测。而美国的控制与管理制度则主要针对引入的水生有害物种进行监管，以将其对环境和公众健康的风险降至最低。澳大利亚颁布了《澳大利亚生物多样性保护国家策略》和《国家杂草策略》，对动植物外来物种入侵提出了应对策略。日本于2000年颁布《外来入侵物种法》，明确了外来物种的引进、储存、运输以及生产的一系列制度。这些法律法规在当地防范外来物种入侵、控制外来入侵物种等方面发挥了重要作用。

美国、日本等发达国家在生物入侵相关法律制度方面主要采用以下模式。一是为防范生物入侵专门立法，颁布了关于外来入侵物种防治的专项法规，应对生物入侵带来的经济损失和生态损害。二是全面的防范措施，不仅重视对无意引种的防治，对有意引种也形成了较为完善的防范体系。三是普遍实行风险评估制度和引种许可制度，并辅以名录制度和风险评估制度。例如，日本建立了外来物种许可制度，对特定外来生物实行禁止，对未判定外来生物实行进口申报与限制；

美国对此也有相应规定。

　　健全的法律制度对于我国防范生物入侵尤为关键。《中华人民共和国生物安全法》将"防范外来物种入侵与保护生物多样性"纳入国家生物安全范畴，首次立法将防范外来物种入侵提高到保护生物多样性及生态保护层面。

四、加大对外来物种入侵研究的投入

　　研究显示，物种入侵过程是一系列连续阶段构成的链式反应。研究人员围绕物种的生物学特性、传播途径、进化适应、种间相互作用、生境扰动变化和群落成熟度等多个方面，揭示外来物种的入侵机制，提出了"天敌缺乏假说""强大的繁殖能力假说""自然平衡假说""生态位空余假说""干扰产生空隙说""生物因子失控说"等多种解释物种入侵的理论。这些关于入侵机制的研究是防控外来物种的理论基础，为制定切实有效的外来物种管理策略提供了科学依据。[1][2]

　　应对外来物种入侵可分为防止、灭除、控制三个阶段。防止阶段：通过各项措施防止外来生物进入一个国家或地区。灭除阶段：当外来生物进入一个新的区域后，要及早发现，并迅速采取行动将其灭除。控制阶段：如果无法灭除外来生物，就应该采取措施将其控制在一个可接受的阈值之下。许多发达国家建立了较为完善的外来入侵物种管理系统。中国在这方面的研究虽然起步较晚，经过近年的发展，已逐渐形成了具有中国特色的入侵生物学研究模式和学科体系，但仍存在薄弱环节。[3][4]

---

① Liu X, Blackburn T M, Song T, et al. Animal invaders threaten protected areas worldwide［J］. Nature Communication, 2020，11（1）：2892.
② Mohren F. Use tropical forests or lose them［J］. Nature Sustainability, 2019（2）：12-13.
③ Pan X B, Zhang J Q, Xu H, et al. Spatial similarity in the distribution of invasive alien plants and animals in China［J］. Nature Hazards, 2015，77（3）：1751-1764.
④ Paul C, Hanley N, Meyer S T, et al. On the functional relationship between biodiversity and economic value［J］. Science Advances, 2020，6（5）：eaax7712.

我国需加大对国内科研机构的投入，加强对于外来物种入侵机制、外来物种生态风险评估、生态补偿、防控技术和常规监测等方面的研究，根据外来物种入侵特点和防控工作需要，设立专项资金，借助国家重点研发计划、国家农业科技创新联盟等科技平台，联合国内外科研机构和公司，全面提升外来物种防控科研水平。同时，加大专业人员培养力度，加强研究队伍建设，加快研究成果转化，构建全国性监测预警网络，建立健全外来物种入侵的数据库和信息采集系统，在重点区域建设外来入侵物种生物阻截带、有害生物天敌繁育基地、可持续综合防控示范区和应急物资基地。

五、普及生物入侵知识，提升全民防范意识

人们对外来物种认识滞后和外来物种入侵危害性认识不足是导致外来物种入侵的主要原因。一些人盲目引进外来物种，一些游客缺乏防范生物入侵的意识，将可能含有外来物种的果蔬等携带到我国境内，这极有可能给我国带来生物灾难。因此，要加大生物入侵知识的普及力度，提高人们防范外来物种入侵的意识。同时，充分调动公众的积极性，使全社会参与到防范生物入侵的行动中。

第十三章

应对微生物耐药

抗生素耐药性（Antimicrobial Resistance，AMR），也称为微生物抗药性，是指微生物（细菌、病毒、真菌、寄生虫等）对此前敏感的抗微生物药物产生的耐受和抵抗能力，是自然界中微生物为了生存而普遍具备的能力。误用和过度使用抗微生物药物是导致微生物耐药的最主要原因。从首个抗生素"青霉素"被应用于临床以来，抗微生物药物被广泛应用在医疗机构、畜牧水产养殖、农业生产、环境治理等各个领域。没有被降解的药物和药物生产过程中产生的垃圾通过粪便、尿液、废料、废水等被排放到水体、土壤和空气中，抑制或杀死了敏感的微生物，促进了耐药微生物的生长，打破了生态平衡，造成了耐药性的产生和传播，"超级细菌""超级真菌"不断涌现。2022 年 1 月，国际医学期刊《柳叶刀》就曾发表一项关于微生物耐药性对全球产生的影响的分析结果，通过对 204 个国家和地区的数据分析显示，微生物耐药已成为全球病患死亡的主要原因，其致死人数已超过艾滋病感染或疟疾。

细菌是引起人畜感染发病的病原微生物中最庞大的群体。用于治疗细菌感染的抗生素是使用时间最长、适用范围最广的抗感染药物，其引起的微生物耐药性问题最广泛，得到的关注和研究也最多，有关的耐药机理也相对明晰。此外，不同微生物产生耐药特性的原因、危害及应对措施较为相似，因此本章主要以细菌耐药为例展开有关微生物耐药的相关论述。

第一节
生物（细菌）耐药的"阻击战"

抗生素的发现彻底扭转了人类在感染性疾病面前束手无策的被动局面，开创了人类感染性疾病治疗的新纪元。但是抗生素的广泛使用也导致耐药菌大量出现，而我们研发新抗生素的速度远远滞后于耐药菌产生的速度，这使得耐药菌相关的临床问题愈发棘手。如何应对微生物耐药已成为人类面临的新挑战。

一、抗生素的发现和使用

19世纪人们就发现某些微生物对另外一些微生物的生长繁殖有抑制作用，并把这种现象称为抗生（antibiosis）。但是抗生素一直到1928年才被发现，当时英国的亚历山大·弗莱明（Alexander Fleming）爵士发现了能杀死致命细菌的青霉素，这是人类历史上发现的第一种抗生素。随后霍华德·弗洛里（Howard Florey）和恩斯特·伯利斯·柴恩（Ernst Boris Chain）提纯了青霉素，多萝西·克劳福特·霍奇金（Dorothy Mary Crowfoot）确定了青霉素的化学结构，将其发展为有效的抗生素。从此人类开始利用抗生素治疗感染性疾病，抗生素时代开始到来。

20世纪40年代以后，人类又相继发现了一批抗生素，如链霉素、氯霉素、四环素，第一代抗生素由此诞生。此后几十年，各类抗菌药物如雨后春笋般涌现，挽救了无数生命。

最初发现的一些抗生素对细菌有杀灭作用，所以抗生素一度被称为"抗菌素"。但是随着抗生素的不断发展，抗病毒、抗衣原体、抗支原体，甚至抗肿瘤的抗生素纷纷被发现并应用于临床，显然再将它们称为抗菌素就不妥了，于是"抗生素"作为这一类物质的统称被最终确定下来。

抗生素的出现开创了感染性疾病治疗新纪元。由于抗生素的发现及其良好的抗菌作用，1969年，美国卫生总监认为"现在是把关于传染病的书收起来的时候了"。然而事实并非如此。目前人类已发现的抗生素有4000多种，其中在医学上有实用价值的有100多种，但是由于耐药菌的不断出现，感染性疾病仍然是人类健康面临的重大问题。特别是抗生素研发在经历了20世纪后半叶的迅猛发展之后，到21世纪第一个十年的中期，研发势头停滞。据统计，从1995年至今，仅有20余种新的抗菌药物获批上市，新结构抗菌药物只有2种（利奈唑胺和达托霉素），新结构抗菌药物的研究进入了瓶颈期。目前，上市的抗生素数量落后于新增的耐药菌数量，如果不积极应对日趋严重的细菌耐药性问题，不久的将来我们将"无药可用"。

二、细菌耐药性的来源

细菌耐药性根据其产生的原因，可分为两类：天然耐药性（intrinsic resistance）和获得耐药性（acquired resistance）。

天然耐药性又称为固有耐药性，是微生物本身对抗菌药物的不敏感性，比如链球菌对氨基糖苷类抗生素天生就不敏感。这种耐药性由细菌染色体上的基因决定，是由细菌结构与化学组成的不同所导致的，可以世代遗传。天然耐药性形成的过程可能是：某种细菌中的绝大多数最开始对某种抗生素敏感，但其中的某一株因为某种原因存在针对该抗生素的天然耐药性基因，当长期处于该抗生素存在的环境时，菌群中占多数的敏感菌株不断被杀死，而耐药菌株因其耐药性得以存活成为优势菌株，大量繁殖，逐渐取代敏感菌株，而使整个菌群对该种抗生素的耐药率不断升高。

获得耐药性不同于天然耐药性，具备该特性的细菌的耐药性基因一般位于质粒上。当细菌与抗菌药物接触后，由质粒介导，细菌通过改变自身的代谢途径，从而逃避抗菌药物的作用。如金黄色葡萄球菌与淋球菌可产生β-内酰胺酶而对β-内酰胺类抗生素耐药。细菌的获得耐药性可转化为固有耐药性，也会自然消失。获得耐药性可转化为固有耐药性是因为细菌可以通过质粒将耐药基因整合至自身基因组中，从而将该性状遗传给后代，自然消失是由于在细菌长期不接触药物的情况下，细菌中编码耐药基因的质粒丢失。

三、细菌耐药性的产生机制

目前常用的抗生素有100多种，根据其作用方式可以分为以下几类：干扰细胞壁合成的β-内酰胺类和糖肽类；抑制蛋白质合成的氨基糖苷类；干扰DNA复制的喹诺酮类；抑制细菌新陈代谢的复方磺胺甲恶唑类；以及破坏细菌细胞膜的多黏菌素和达托霉素类。

抗生素发挥作用离不开两点：第一，能够与微生物表面的靶标结合，进入细胞；第二，能够在细胞内维持一定的作用浓度（不低于抗生素本身的有效作用浓度）。细菌只要防止这两点中的任何一点，抗生素的作用就无法发挥。抗生素获得性耐药的根源就是耐药菌产生了针对上述两点的基因突变，从而降低了药物与其靶标结合的亲和力或者降低了胞内抗生素药物浓度，产生了对相应药物的抵抗性。

耐药菌降低抗生素与靶标亲和力的方式包括产生靶标的基因突变和产生影响抗生素活性的基因突变。

编码抗生素靶标的基因发生突变，降低药物与其靶标结合的亲和力。如大肠埃希菌针对氟喹诺酮药物的耐药产生机制：靶标蛋白DNA

解旋酶亚基 GyrA 的第 84 位丝氨酸（Ser）突变成色氨酸（Trp）等其他氨基酸，降低了氟喹诺酮类药物与 DNA 解旋酶的结合能力，从而导致细菌耐药性产生。①另一个耐药菌药物靶标发生改变导致耐药性出现的典型例子就是利福平耐药性的产生：利福平发挥作用需要与 RNA 聚合酶结合，进一步阻断 RNA 转录，抑制菌体生长。而耐药大肠埃希菌内编码 RNA 聚合酶 β 亚基的 rpoB 基因发生突变，导致合成的 RNA 聚合酶降低了与利福平结合的能力，从而产生针对利福平的耐药性。②金黄色葡萄球菌和松鼠葡萄球菌中的多重耐药基因 Cfr 编码蛋白在细菌形成抗生素耐药性中发挥作用也是通过降低抗生素与靶标的结合能力实现的。在细菌中，核糖体是蛋白质合成的工厂，是维持细菌生命活动最重要的细胞器之一，多种抗生素通过结合到核糖体上破坏其正常功能，从而杀死细菌。研究人员发现，细菌体内的 Cfr 蛋白具有甲基化功能，Cfr 蛋白引起的甲基化修饰阻断了抗生素与核糖体的结合，防止抗生素抑制核糖体功能，导致了耐药性的产生。

　　发生基因突变，从而产生能够使抗生素活性发生改变的蛋白酶，通过降解抗生素或者对抗生素进行化学修饰实现耐药。降解抗生素主要源于耐药菌突变产生降解抗生素的酶，比如细菌突变产生 β-内酰胺酶（β-lactamases），它可以降解 β-内酰胺类抗生素，从而导致针对 β-内酰胺类抗生素耐药性的产生。目前耐药菌中广泛存在着 β-内酰胺酶类（β-lactamases）和碳青霉烯酶类（carbapenemases），这些酶可以水解大部分内酰胺类抗生素。③另一种改变抗生素活性的方式是细菌通过突变产生酶，从而对抗生素进行化学修饰，比如耐药菌通过突变产生 N-乙酰基转移酶、O-磷酸转移酶和 O-核苷酸转移酶等，使抗生素的游

① 姚文晔，曾洁，薛云新，等.细菌耐药性及新型抗菌疗法研究进展［J］.中国抗生素杂志，2017，42：321-327.
② 徐凯悦，强翠欣，赵建宏.细菌对利福平耐药机制研究进展［J］.中国感染控制杂志，2017，16：186-190.
③ Nordmann P, Dortet L, Poirel L. Carbapenem resistance in Enterobacteriaceae: here is the storm!［J］Trends in molecular medicine. 2012，18：263-272.

离氨基乙酰化、游离羟基磷酸化和核苷化，从而降低抗生素的活性，这也是大部分临床分离菌株产生耐药性的原因。

耐药菌通过降低胞内药物浓度从而产生耐药性。突变导致的细菌主动外排泵功能增强和细胞膜上孔蛋白通道突变所导致的药物摄入障碍，这两种突变都能导致多重耐药性（multi-drug resistance）的产生。大肠埃希菌（Escherichiacoli，E. coli）、金黄色葡萄球菌（Staphy lococcus aureus，S. aureus）、铜绿假单胞菌（Pseudomonas Aencginosa，PA）等均有主动外排系统，通过细菌细胞膜上的输出泵将进入细菌内但未到达靶点的抗生素类小分子主动外排到环境。研究表明，三大类抗生素都有相关的外排泵突变导致的耐药性产生。2016 年，北京大学谢晓亮、白凡的研究揭示，在大部分生理活动停滞的耐药性持留菌中，其外排系统却在活跃地工作，不断排出持续涌入的药物分子；在大肠埃希菌中，AcrAD（属于 RND 蛋白家族）是与 TolC 相关的一种氨基糖苷类的外排泵，能够从细胞间质和细胞质中捕获抗生素并输出。[①]事实上，外排泵的过度表达也是真菌耐药性产生的根本原因之一。

革兰氏阴性菌（Gram negative bacillus）细胞外膜上存在的孔蛋白通道，会选择性地使一些营养物质或其他成分（如抗生素等）进入细胞中。如果细菌中原来允许某种抗菌药物通过的孔蛋白通道由于发生突变而关闭或者消失，则该细菌就会对该抗菌药物产生很强的耐药性。亚胺培南是一种非典型的β-内酰胺类抗生素，对铜绿假单胞菌具有非常强的杀伤性。研究表明在铜绿假单胞菌中孔蛋白 OprD 突变会降低铜绿假单胞菌对亚胺培南的渗透性，使铜绿假单胞菌产生针对亚胺培南耐药性。[②]大肠埃希菌中的 OmpF 和 OmpC 孔蛋白家族，肺炎克雷伯菌（*Klebsiella pneumonia*, K. pneumoniae）中的孔蛋白 OmpK35/36 以及鼠伤寒

---

① Rosenberg E, Ma D, Nikaido H. AcrD of Escherichia coli is an aminoglycoside efflux pump ［J］. Journal of bacteriology. 2000，182：1754-1756.

② 王鲁燕，陈代杰. 细菌耐药性机制的研究与新药开发Ⅲ——细菌细胞膜渗透性改变和外泵系统的耐药机制与新药研究 ［J］. 国外医药，2001：266-267.

沙门菌（*Salmonella typhimurium*，STY）中的孔蛋白OmpF，都可通过表达修饰降低细胞膜的渗透性，导致细菌对碳青霉烯类抗生素的耐药性。

除了上述典型的抗生素作用模式外，人们还逐渐认识到细菌可以通过增加代谢拮抗物的产量产生耐药性。比如，磺胺药与金黄色葡萄球菌接触后，可导致金黄色葡萄球菌中对氨基苯甲酸（PABA）的产量增加20—100倍。高浓度的PABA与磺胺药竞争二氢蝶酸合酶时占优势，从而使金黄色葡萄球菌产生抗药性。

综上所述，细菌获得性耐药产生的主要原因是细菌自身基因突变和抗生素压力选择：基因突变产生的耐药基因在抗生素压力下被筛选出来，进而通过耐药基因的水平转移在不同细菌间传播，导致细菌耐药性的快速蔓延和可以耐受多种抗生素的超级细菌的产生。

四、细菌耐药性的危害

抗生素的发现极大提升了人类应对感染性疾病的能力，而细菌耐药性则严重削弱了抗生素的作用，对人类健康造成威胁。细菌耐药性最直接的后果就是感染耐药菌的患者使用抗生素后效果不明显甚至无效，导致病程迁延、治疗难度增加乃至病死率升高。[1]

细菌耐药性不仅对医疗卫生行业产生重大影响，也带来了食品安全等方面的问题。在饲料中添加低剂量的抗菌药物作为生长促进剂在一些国家的养殖业中较常见，但这种做法会给公共安全带来威胁。抗菌药物的不断使用促进了耐药菌的出现，而这些耐药菌及耐药基因一方面可通过食物链等途径传播给人类，成为危害公共安全的隐患，另一方面会随着动物排泄物进入环境，加速耐药基因的传播。[2]

---

[1] Zhu Y G, Johnson T A, Su J Q, et al. Diverse and abundant antibiotic resistance genes in Chinese swine farms [J]. Proceedings of the National Academy of Sciences of the United States of America, 2013, 110: 3435-3440.

[2] 迟小惠，冯友军，郑焙文. 耐药菌在人-动物-环境中的传播和遗传机制 [J]. 微生物学通报. 2019，46：311-318.

2016 年世界银行研究报告显示，如果细菌耐药性问题不能得到有效控制，那么到 2050 年全球畜牧业生产降幅可能达到 7.5%，将给低收入国家造成相当于 GDP 5% 以上的损失，导致约 2800 万人陷入贫困，造成的经济损失可能超过 2008 年的全球金融危机。

五、国际社会应对微生物耐药的举措

从 1960 年耐甲氧西林金黄色葡萄球菌（methicillin- resistant staphylococcus aureus，MRSA）首次被发现，到 21 世纪初耐万古霉素金黄色葡萄球菌首次在美国被报道，抗生素药物的使用一直伴随着细菌耐药的发生和发展。抗生素的广泛使用是耐药菌不断产生和扩散的主要原因。基于国际社会倡导的"同一世界，同一健康"理念，开展"全链条"的细菌耐药性的形成与控制研究迫在眉睫。

（一）国际组织应对微生物耐药的举措

世界卫生组织是抵抗微生物耐药的中坚力量。早在 1998 年，世界卫生组织就开始通过世界卫生大会敦促各成员国采取措施控制微生物耐药的发生：鼓励正确使用价格合适的抗菌药物；改进行为规范以阻止感染的传播，进而阻止耐药菌的扩散；加强立法，禁止假冒伪劣抗菌药物的生产、销售和流通，禁止在非正规市场上销售抗菌药物；减少在食用动物养殖过程中使用抗菌药物；鼓励各国建立有效的体系以监测抗菌药物的使用量与使用模式。

2001 年，世界卫生组织制定了遏制微生物耐药性全球战略，提出"减少疾病带来的负担和感染的传播；完善获取合格抗菌药物的途径；改善抗菌药物的使用；加强卫生系统及其监控能力；完善规章制度和立法；鼓励开发合适的新药和疫苗"。2011 年，世界卫生组织又发出"控制耐药——今天不采取行动，明天就无药可用"的呼吁，并在 2014 年发布《抗生素耐药：全球监测报告》，对世界各国和各地区的耐药情况进行分析。世界卫生组织联合各成员国和联合国粮食及农业组织等政府和国际组织制定并发布《控制细菌耐药全球行动计划（草案）》。该计划于2015年由第68届世界卫生大会通过并正式发布，呼吁各国政府在两年内拟定全国性的行动计划，形成全球统一的细菌耐药防控战线。这反映了全球各国已达成共识，即抗微生物药物耐药性对人类健康构成了严重威胁。该方案的目标是：以负责任的方式使用有效、安全、质量可靠且所有患者均可获取的药物，持续推进感染的治疗及预防。主要策略包括：通过宣传、教育和培训提高人们对细菌耐药的了解；通过检测和研究分析细菌耐药的机制；通过改善卫生条件和预防措施减少感染的发生；优化抗菌药物在人和动物中的使用；针对所有国家的需求制定经济方案，以确保可持续投入，并且增加对新药、技术、疫苗和其他干预措施的投入。①该行动方案为指导世界各国开展微生物耐药防控工作提供了有力支持。

为加强抗生素管理，2017年，世界卫生组织对其基本药物清单中的抗生素类药物进行了重大修订，首次将此类药物细分为三类，并就每类的具体使用场景提出建议。在新版《世卫组织基本药物标准清单》中，根据安全级别将抗生素分为非限制使用、限制使用和特殊使用三级管理。非限制使用级抗生素：从优先性和临床效果考虑，作为至少一种综合征的首选或第二选择的抗生素，该类抗生素具有广谱、经济、对细菌耐药性影响较小的特点，如阿莫西林等用于治疗各类普通感染的药物。限制使用级抗生素：可作为治疗特定的、有限的适应证的第一或第二选择，此类包括大部分重要的抗菌药物和/或抗生素中对细菌耐药性影响较大的最高优先级药物，比如第三代头孢和美罗培南等。特殊使用抗生素：此类抗生素被视为抗生素治疗"最后的手段"，在第四代头孢和多黏菌素等所有替代方案都失败时使用。世界卫生组织认为此次对抗生素类药物的修订，目的在于确保患者在需要使

---

① 喻玮，赵丽娜，李苏娟，等.世界卫生组织控制细菌耐药全球行动计划（草案）编译［J］.中华临床感染病杂志，2015，8：97-101.

用抗生素时有药可用且对症下药，以优化治疗效果，减缓病菌耐药性的发展，维持作为最后治疗手段的"终极药物"的有效性。同年，世界卫生组织公布了一份列有12种"超级细菌"（指临床上出现的多重耐药菌，对几乎全部的抗生素产生耐药性）的名单，按照细菌耐药性、细菌传播难易程度等将它们分为极为重要、十分重要和中等重要三级。其中被列为"极为重要"的3种"超级细菌"——鲍曼不动杆菌、绿脓杆菌、肠杆菌主要见于医院感染，且都对"王牌抗生素"碳青霉烯类抗生素耐药。碳青霉烯类抗生素被称为"抗菌治疗的最后一道防线"，是目前用于治疗多重耐药革兰阴性菌的最重要药物。

2019年，世界卫生组织发布全球健康十大威胁，其中抗微生物药物耐药性排名第五。并指出抗微生物药物耐药性可能使我们回到难以轻易治疗肺炎、肺结核、淋病、沙门氏菌病等感染病的时代，无法预防感染会严重影响有创手术和化疗等治疗常规程序。细菌耐药与抗生素滥用密切相关，来自美国约翰斯·霍普金斯大学和普林斯顿大学的研究人员发现，全球抗生素人均消耗量在2000年至2015年里增加了39%。

除了世界卫生组织之外，联合国大会、G20峰会等组织先后就细菌耐药性问题展开讨论并发出倡议。2016年，在杭州召开的G20峰会上，抗生素耐药性的问题被提上议程，峰会公报明确提出"抗生素耐药性严重威胁公共健康、经济增长和全球经济稳定"，并认为有必要从体现二十国集团自身优势的角度，采取包容的方式应对耐药性问题，呼吁世界卫生组织、联合国粮食及农业组织、世界动物卫生组织、经济合作与发展组织于2017年提交联合报告，就应对这一问题及其经济影响提出政策选项。2016年9月，联合国大会响应G20公报倡议，召开了抗微生物药物耐药性问题高级别会议，对共同抗击微生物耐药做出了承诺。2017年G20汉堡峰会上，各成员国一致决定开展全球抗生素耐药性研究计划，建立合作平台，加强抗生素耐药性的研发，并加强信息沟通。在G20峰会前的成员国卫生部长会议上，各国还就开展微生物耐药性计划和建立全球抗生素研发伙伴关系等重要举措达成一致。

世界卫生组织和各国政府为应对养殖业带来的耐药性问题不断努力。2000年，世界卫生组织制定了《遏制食品动物源抗菌药物耐药性全球指导准则》；2006年，欧盟做出全面禁止抗生素生长促进剂（antibacterial growth promoters，AGPs）在食品动物中使用的决定。世界动物卫生组织于2007年制定了兽医重要抗菌药物清单；2011年，国际食品法典委员会制定了《食源性细菌耐药风险评估指南》，为开展养殖业使用抗菌药物引起细菌耐药性对人类健康影响的风险评估提供了依据；2016年，世界动物卫生组织和联合国粮食及农业组织分别发布了《谨慎使用抗菌药物战略》《抗菌药物耐药性行动计划》；2017年，欧盟启动了抗击抗菌药物耐药性的《One Health行动计划》，旨在加强欧洲动物源细菌耐药性防控，同年，世界卫生组织制定了《食品动物使用重要医用抗菌药物准则》。

2015年，世界卫生大会通过的"抗微生物药物耐药性全球行动计划"的五大战略目标之一是"通过监测和研究强化知识和证据基础"。抗微生物药物耐药性监测是评价抗微生物药物耐药性负担的重要手段，通过监测，能够获取耐药菌的发生、发展及变化趋势等信息，确定需要重点关注的耐药菌，指导临床用药和防控措施的实施和抗生素药物的研发。国际组织和各国政府建立了不同规模的细菌耐药性监测网络。2016年，为了支持"抗微生物药物耐药性全球行动计划"，世界卫生组织建立了全球抗微生物药物耐药性监测系统（Global Antimicrobial Resistance Surveillance System，GLASS）。GLASS的目标是收集、分析并在各国之间共享标准化、可比较、经过确认的抗菌药物耐药数据，以便指导决策制定，为开展相关行动和宣传提供证据。GLASS将患者、实验室和流行病学监测数据相结合，分析人群中抗菌耐药性的流行程度和影响。GLASS的初期实施时间是2015—2019年。在此期间，GLASS根据重点导致人类细菌性感染的微生物和相关临床信息，提供常规监测标准和工具，启动参与国注册，进而产生 GLASS 实施进展和耐药率的全球报告。GLASS 早期重点关注在全球范围内构成最大威胁的抗菌药物耐药菌，尤其是治疗选择受限的多耐药细菌。GLASS 指出各国应将病原菌及抗生素敏感性实验等纳入监测系统。各国区域性监测方案在各自地域实施细菌耐药监测，这些监测不仅可以帮助本国，还可以帮助其他国家确定可能的耐药机制。

（二）欧美等国家和地区应对抗生素耐药的举措

欧洲细菌耐药监测系统（European Antimicrobial Resistance Surveillance System，EARSS）于 1998 年由欧盟健康与消费者事务委员会，荷兰卫生、福利与体育部以及荷兰国家公共卫生和环境研究所共同建立，负责收集 31 个国家的 1300 多家医院的主要耐药菌信息和数据。2001 年建立的欧洲抗菌药物使用情况监测系统（European Surveillance of Antimicrobial Consumption Programe，ESAC）负责对抗菌药物消耗情况进行定期监测。其中，瑞典合理使用抗生素和监测耐药性战略规划（*Swedish Strategic Programme for the Rational Use of Antimicrobial Agents and Surveillance of Resistance*，*Strama*）被公认为是欧洲的成功典范。[1]

美国从 20 世纪末开始展开针对细菌耐药性的治理工作，逐步建立起严格的抗生素使用监管体系，并出台新型抗生素研发激励系列政策。1996 年，美国成立国家抗微生物药耐药监测系统（National Antimicrobial Resistance Monitoring System，NARMS），监测抗生素对人畜肠道细菌的敏感性，并定期向公众报告监测结果；1997 年，美国食品药品监督管理局发布《抗生素使用指南》；2002 年，美国国际开发署的合理用药管理部门和美国食品药品监督管理局制定了医院抗菌药物使用规范；2007 年，美国食品药品监督管理局发布《抗感染药物临床试

---

[1] Mölstad S, Erntell M, Hanberger H, et al. Sustained reduction of antibiotic use and low bacterial resistance: 10-year follow-up of the Swedish Strama programme [J]. The Lancet Infectious diseases, 2008, 8: 125-132.

验指导原则》；2012 年，美国食品药品监督管理局颁布《食品药品管理局（确认添加）安全与创新法案》（*Food and Drug Administration Safety and Innovation Act*，*FDASIA*），鼓励研发合格防治传染病产品；2013 年，美国疾病控制与预防中心发布报告指出美国正面临细菌耐药性威胁；2015 年，白宫发布《遏制耐药菌国家行动计划》，要求所有急诊医院在 2020 年前建立防潜保护系统（Antibiotic Stewardship Programs，ASPs），并建议将抗生素管理行动推广至手术中心、透析中心、养老院及其他长期护理、急救和门诊部门，遏制抗生素不合理使用。同年美国食品药品监督管理局出台法令，要求兽药生产企业提供用于牛、猪、鸡等食用动物的抗菌药物销售数据，以确保医用抗菌药物合理应用。

第二节
遏制细菌耐药的中国行动

抗生素的大量使用导致细菌耐药性不断产生并扩散，耐药物质在"人群—动物—环境"之间循环并不断积累，威胁人类健康。我国是抗生素生产和使用大国，据统计，2020 年中国农用抗生素年产量为 23.14 万吨，销量为 22.92 万吨，医用抗生素市场规模为 3100 亿元。遏制细菌耐药，我们在行动。

一、我国的细菌耐药现状

1. 我国临床细菌耐药现状

多重耐药甚至泛耐药的菌株不断出现，对我国公共卫生和食品安全造成了巨大威胁。面对严峻的细菌耐药形势，我国政府多措并举应对细菌耐药问题。近年来，临床上检出部分细菌耐药率出现一定程度的降低，但总体上细菌耐药问题仍十分严重。

全国细菌耐药监测网检测结果显示，2014—2019 年，除肺炎链球菌对红霉素耐药率和肺炎克雷伯菌对碳青霉烯类药物耐药率略有上升外，其余均有不同程度的下降（见表 13-1），说明我国的耐药菌控制已初见成效。2019 年的检测结果显示，耐药率较高的细菌中：而甲氧西林金黄色葡萄球菌全国平均检出率为 30.2%，较 2018 年下降 0.7 个百分点；甲氧西林耐药凝固酶阴性葡萄球菌（methicillin resistant coagulase negative staphylococcus，MRCNS）全国平均检出率为 75.4%，较 2018 年下降了 0.3 个百分点，总体耐药率仍然处于较高水平；肺炎链球菌对红霉素耐药率处于较高水平，全国平均为 95.6%，较 2018 年上升了 0.2 个百分点，其中江苏省最高，为 98.7%，西藏自治区最低，为 72.4%；大肠埃希菌对第三代头孢菌素（头孢曲松或头孢噻肟任一药物）耐药率全国平均为 51.9%，较 2018 年下降了 1.1 个百分点，但仍然处于相对较高的水平；大肠埃希菌对喹诺酮类药物（左氧氟沙星或环丙沙星任一药物）耐药率全国平均为 50.6%，较 2018 年下降了 0.2 个百分点，总体耐药率仍然维持较高水平；肺炎克雷伯菌对第三代头孢菌素（头孢曲松或头孢噻肟任一药物）耐药率全国平均为 31.9%，较 2018 年下降了 0.5 个百分点，地区间差别较大，其中河南省耐药率最高，为 54.3%；鲍曼不动杆菌对碳青霉烯类药物（亚胺培南或美罗培南任一药物）耐药率全国平均为 56%，较 2018 年下降了 0.1 个百分点。耐药率较低的有：大肠埃希菌对碳青霉烯类药物（亚胺培南、美罗培南或厄他培南任一药物）耐药率全国平均为 1.7%，较 2018 年上升了 0.2 个百分点，地区间有一定差别，其中北京市最高，为 3.2%，总体耐药率仍然处于较低水平；粪肠球菌对万古霉素耐药率全国平均为 0.2%，较 2018 年下降了 0.1 个百分点，总体耐药率仍然维持较低水平；屎肠球菌对万古霉素耐药率全国平均为 1.1%，较 2018 年下降了 0.3 个百分点；肺炎链球菌对青霉素耐药率，按非脑膜炎（静脉）折点统计，青霉素耐药肺炎链球菌（PRSP）全国检出率平均为 1.6%，较 2018 年下降了 0.2 个百分点；肺炎克雷伯菌对碳青霉烯类药物（亚胺培南、美罗培南或厄他培南）耐药率全国平均为 10.9%，较 2018 年上升了 0.8 个百分点，地区间差别显著，其中河南省最高，为 32.8%，总体耐药率仍然呈缓慢上升趋势；铜绿假单胞菌对碳青霉烯类药物（亚胺培南或美罗培南任一药物）耐药率全国平均为 19.1%，较 2018 年下降了 0.2 个百分点，其中上海市最高，为 28.8%。

表13-1　2014—2019年我国细菌耐药率（单位：%）

	耐甲氧西林金黄色葡萄球菌	甲氧西林耐药凝固酶阴性葡萄球菌	粪肠球菌—万古霉素	屎肠球菌—万古霉素	青霉素耐药肺炎链球菌	肺炎链球菌—红霉素	大肠埃希菌—第三代头孢菌素	大肠埃希菌—碳青霉烯	大肠埃希菌—喹诺酮	肺炎克雷伯菌—第三代头孢菌素	肺炎克雷伯菌—碳青霉烯	铜绿假单胞杆菌—碳青霉烯	鲍曼不动杆菌—碳青霉烯
2014年	36	79.8	0.8	2.9	4.3	94	59.7	1.9	54.3	36.9	6.4	25.6	57
2015年	35.8	79.4	0.8	2.9	4.2	91.5	59	1.9	53.5	36.5	7.6	22.4	59
2016年	34.4	77.5	0.6	2	3.9	94.4	56.6	1.5	52.9	34.5	8.7	22.3	60
2017年	32.2	76	0.4	1.4	2.7	95	54.2	1.5	51	33	9	20.7	56.1
2018年	30.9	75.7	0.3	1.4	1.8	95.4	53	1.5	50.8	32.4	10.1	19.3	56.1
2019年	30.2	75.4	0.2	1.1	1.6	95.6	51.9	1.7	50.6	31.9	10.9	19.1	56

2. 我国动物源性细菌耐药现状

抗生素不仅是人类抵抗病原微生物感染的重要手段，也是养殖业中的常用药物。随着我国养殖业快速发展，传统的家庭分散化养殖逐渐被大规模集约化生产取代，有限的空间、密集的个体极易造成动物感染性疾病暴发。低剂量的抗生素作为饲料中的生长促进剂和感染预防剂在养殖业中被广泛使用，而这成为动物源性细菌耐药菌大量出现的原因。

目前的研究表明，产超广谱β-内酰胺酶细菌在养殖业中广泛流行，碳青霉烯耐药大肠杆菌可能在鸡场环境中广泛分布。我国携带黏菌素耐药基因mcr-1阳性菌和耐甲氧西林金黄色葡萄球菌的感染率，在世界上属于较高水平。黏菌素是20世纪50年代就已经上市的抗生素，当时其主要的应用价值是治疗铜绿假单胞菌感染，但是肾毒性和神经毒性较大。后来随着针对铜绿假单胞菌高效且副作用小的β-内酰胺类抗生素的上市，黏菌素在临床上停止使用，其后很长一段时间内仅在畜牧业中使用。[1]2015年，质粒介导的黏菌素耐药菌株首次在我国被发现，这些耐药菌株质粒都携带了一个新基因mcr-1，它编码的磷酸乙醇胺转移酶在细胞质中合成后被转化为周质，可对脂多糖进行共价修饰，被修饰的脂多糖对黏菌素的亲和性降低，导致细菌对黏菌素耐药。[2]有研究收集了2016—2017年我国18个省份的600个动物粪便样本进行多黏菌素抗性基因mcr-1检测，结果显示阳性率高达76.2%。[3]动物源性耐药菌中如此高的mcr-1阳性率会对人体耐药菌的阳性率带来重大影响。研究预计，抗菌药在未来增长的使用量的三分之二将用于动物生产，因此控制动物源性耐药菌的产生是应对微生物耐药的重要方面。

二、针对耐药性的中国行动

针对细菌耐药问题日益突出的严峻形势，国家卫生和计划生育委员会等14个部门在2016年发布《遏制细菌耐药国家行动计划（2016—2020年）》，打响了细菌耐药的"阻击战"。

20世纪末，我国政府就已经认识到应对微生物耐药的重要性，2004年，国家卫生部、国家中医药管理局和总后卫生部发布《抗菌药物临床应用指导原则》，这一文件对规范抗菌药物临床应用起到了积极作用。此后，随着细菌耐药趋势变化和相关学科发展，又形成了《抗菌药物临床应用指导原则（2015版）》。这一指导原则指出，抗菌药物

[1] Tong H, Liu J, Yao X, et al. High carriage rate of mcr-1 and antimicrobial resistance profiles of mcr-1-positive Escherichia coli isolates in swine faecal samples collected from eighteen provinces in China [J]. Veterinary microbiology. 2018，225: 53-57.
[2] Van Boeckel T, Brower C, Gilbert M, et al. Global trends in antimicrobial use in food animals. Proceedings of the National Academy of Sciences of the United States of America, 2015，112:5649-5654.
[3] 孙康泰，张建民，蒋大伟，等.我国动物源细菌耐药性的研究进展及防控策略 [J].中国农业科技导报，2020，22: 1-5.

的应用涉及临床各科，合理应用抗菌药物是提高疗效、降低不良反应发生率以及减少或遏制细菌耐药发生的关键。判断抗菌药物临床应用是否合理，基于以下两方面：一是有无抗菌药物应用指征，二是选用的抗菌药物品种及给药方案是否适宜。该指导原则确认抗菌药物临床应用管理的宗旨是通过科学化、规范化、常态化的管理，促进抗菌药物合理使用，减少和遏制细菌耐药，安全、有效、经济地治疗患者。该原则还明确指出了各类抗生素使用的注意事项。

2005年8月，国家卫生部、国家中医药管理局和总后卫生部联合印发《关于建立抗菌药物临床应用和细菌耐药监测网的通知》，建立了全国"抗菌药物临床应用监测网"和"细菌耐药监测网"（以下简称"两网"）。"两网"的建立为及时掌握全国抗菌药物临床应用和细菌耐药形势，制定抗菌药物临床应用管理政策提供了科学依据。2012年6月，国家卫生和计划生育委员会又发布《关于加强抗菌药物临床应用和细菌耐药监测工作的通知》，确定国家卫生部北京医院等1349家二级以上医院作为国家级"两网"监测单位，按照统一的技术方案，开展监测数据和信息报送工作。"两网"由国家卫生部医政司负责组建与管理，主要职责是确定组建方案并组织实施，指定机构具体负责"两网"日常运行与维护，确定监测内容和信息上报规范等。总后卫生部药品器材局和国家中医药管理局医政司分别在各自职责范围内做好相关工作。国家卫生部医院管理研究所和国家卫生部合理用药专家委员会分别负责"两网"的日常运行，收集、整理、汇总、统计、分析各监测单位上报的信息，对数据库及网络系统进行维护，提出对抗菌药物临床不合理应用和细菌耐药问题的干预措施和政策建议，定期向监测单位反馈相关信息。各省级卫生行政部门负责省级"两网"的组建与管理工作。省级"两网"使用国家级"两网"提供的公共网络信息平台及数据上报软件，实现与国家级"两网"信息的资源共享。2008年，卫生部组建卫生部合理用药专家委员会，2014年，该委员会改名为"国家卫生计生委合理用药专家委员会"。其主要负责组织相关专家拟定全国合理用药管理的工作目标和工作方案，对全国合理用药管理工作提出建议，拟订我国临床合理用药的相关管理措施和管理规范，组织教育培训。2012 年，国家卫生部医政司和合理用药专家委员会两部门联合撰写《国家抗微生物治疗指南》，该指南成为我国临床医生进行感染性疾病治疗的重要依据，也是卫生行政部门开展抗菌药物合理使用管理的重要参考。2017 年，该指南第 2 版问世。该指南编写时参考大量研究成果，注重细菌耐药监测结果与临床用药实践相结合，兼顾不同医疗机构用药习惯、药物遴选品种、细菌耐药与感染构成等方面的差异。

2012 年，国家卫生部颁布《抗菌药物临床应用管理办法》，进一步加强医疗机构抗菌药物临床应用管理，提高抗菌药物临床应用水平。该办法规定，抗菌药物临床应用应当遵循安全、有效、经济的原则，实行分级管理。

2016 年印发的《遏制细菌耐药国家行动计划（2016—2020 年）》表明应对细菌耐药已上升到国家行动层面。该行动计划提出，我国将从国家层面落实综合治理措施，对抗菌药物的研发、生产、流通、应用等各个环节加强监管，加强宣传教育和国际交流合作，应对细菌耐药的挑战；到 2020 年，完成新药研发、凭处方售药、监测和评价、临床应用、兽药使用和培训教育 6 个方面的指标。为实现这些目标，该行动计划明确了发挥联防联控优势，加大抗菌药物研发力度，加强抗菌药物供应保障管理、抗菌药物应用、耐药控制体系建设等 9 项行动措施。该行动计划的实施推动我国在抗菌药物的研制、生产、使用、宣传教育、国际合作等方面取得了重要进展。近年来，我国抗菌药物的临床应用水平不断提高，住院患者的抗菌药物使用率、使用强度和门诊患者抗菌药物使用率明显降低；大部分临床常见耐药菌的检出率呈下降趋势或保持平稳；医院感染防控水平逐渐提高。

近年来，我国在细菌耐药基因的传播与进化规律研究方面处于国际领先地位。[1]2009 年，第一个携带 NDM-1 的超级耐药菌被报道后，我国科学家迅速、全面阐明了该耐药菌在我国农业养殖、环境和临床中的传播与进化规律。[2]2013 年，朱宝利等人通过研究人体肠道微生物组内耐药基因发现，中国人的肠道微生物耐药基因不同于丹麦和西班牙人，但是三个国家人群的肠道微生物出现四环素耐药基因型的概率都很高，而欧洲临床上很少使用四环素。科研人员据此推测，这种情况的产生很可能与养殖业中抗生素的使用相关。携带耐药基因的微生物可能通过食物链等多种途径最终传递到人体中，而肠道这种细菌密度极高的环境又极大增加了基因横向转移的风险。一旦某些耐药基因转移到人体病原菌中，将使临床抗感染治疗面临新的挑战。2016 年，研究人员首次发现了质粒介导的黏菌素耐药基因 mcr-1，突破了以往认为黏菌素不存在可转移耐药机制的观点，带动了国际上细菌耐药性相关研究，并直接影响到世界卫生组织对抗菌药物管理政策的调整，为控制细菌耐药性发展、保护黏菌素这一"最后一道防线"药物的有效性作出了重要贡献。[3]2018 年，国际上首次揭示了城市污水系统细菌耐药基因状态，提供了一种全新的微生物组耐药基因的分析方法。此外，研究人员在生物被膜耐药机制研究方面取得突破，首次鉴定了细胞内绿脓菌素的受体蛋白 BrlR，并针对细菌生物被膜的形成过程与耐药基因表达上调总是同时出现的生理现象，根据实验结果提出在开放水体环境中可能同时存在抗生素生产者和抗生素耐药微生物的假说。该假说认为：在这种情况下，微生物分泌的抗生素会被迅速稀释，很难达到有效的抑菌/杀菌浓度；形成生物被膜后，微生物聚集在一起并被高度结构化的胞外基质包裹，使抗生素在局部达到较高的浓度威胁

[1] Wang Y, Wu C, Zhang Q, et al. Identification of New Delhi metallo-β-lactamase 1 in *Acinetobacter lwoffii* of food animal origin [J]. PloS One. 2012, 7: e37152.

[2] Hu Y, Yang X Y, Qin J, , et al. Metagenome-wide analysis of antibiotic resistance genes in a large cohort of human gut microbiota [J]. Nature Communications, 2013, 4: DOI: 10. 1038.

[3] Wang Y, Wu C, Zhang Q, et al. Identification of New Delhi metallo-β-lactamase 1 in *Acinetobacter lwoffii* of food animal origin [J]. PloS One, 2012, 7: e37152.

其他微生物；具备抗生素生产能力的微生物可以通过分泌抗生素来获得竞争优势，从而倾向于上调抗生素合成基因的表达；同时，其他微生物则必须高效获取/启动相关耐药基因的表达才可以生存。该假说的提出对于发现新型抗生素以及开发针对耐药菌株的新型药物和治疗方法具有重要的理论指导意义。[①]

在临床方面，我国抗菌药物耐药防控制度逐步健全，先后出台了《中华人民共和国药品管理法》《抗菌药物临床应用管理办法》《处方管理办法》《医院处方点评管理规范（试行）》《抗菌药物临床应用指导原则（2015年版）》等法规，并发布了《国家抗微生物治疗指南》《产NDM-1泛耐药肠杆菌科细菌感染诊疗指南（试行）》《多重耐药菌医院感染预防与控制技术指南（试行）》《医院感染监测规范》等技术性文件。在动物源细菌耐药性防控方面，农业部于2002年发布了《禁止在饲料和动物饮用水中使用的药物品种目录》，对抗菌促生长剂的使用品种进行限制；2008年建立了动物源细菌耐药性监测系统，开始进行年度监测；2013年发布了《兽用处方药和非处方药管理办法》和《兽用处方药品种目录》，将绝大多数抗菌药物列入兽用处方药目录；2015年启动了《全国兽药（抗菌药）综合治理五年行动方案》；2016年，国家卫生计生委、农业部等14个国家部委发布了《遏制细菌耐药国家行动计划（2016—2020年）》；2017年，农业部发布《全国遏制动物源细菌耐药行动计划（2017—2020年）》，采取多项措施加强兽用抗菌药监管；2018年，出台《农业农村部办公厅关于开展兽用抗菌药使用减量化行动试点工作的通知》等多个文件，遏制细菌耐药性的蔓延势头；2019年，出台第194号公告，规定自2020年1月1日起，除中药外的所有促生长类药物饲料添加剂品种退出养殖业。2021年4月开始施行的《中华人民共和国生物安全法》明确提出：国家加强对抗生素药物等抗微生物药物使用和残留的管理，支持应对微生物耐药的基础研究和科

---

① Wang F, He Q, Yin J, et al. BrIR from *Pseudomonas aeruginosa is* a receptor for both cyclic di-GMP and pyocyanin ［J］. Nature Communications, 2018, 9：2563.

技攻关。结合《遏制微生物耐药国家行动计划（2016—2020 年）》实施以来我国取得的成果和当前面临的耐药防控形势，为进一步加强遏制微生物耐药工作，落实《中华人民共和国生物安全法》关于应对微生物耐药的要求，国家卫生健康委牵头研究并起草了《遏制微生物耐药国家行动计划（2022—2025 年）》。该文件广泛征求了各地卫生行政部门等有关方面的意见，于 2022 年 10 月正式发布，内容包括总体要求、主要目标、主要任务、保障措施等方面。

三、我国的细菌耐药监测工作

细菌耐药监测是遏制细菌耐药工作的重要环节，合理应用抗菌药物是延缓细菌耐药性产生的重要手段，而细菌耐药监测可为合理应用抗菌药物提供依据。中国细菌耐药监测研究始于 1998 年，当时北京大学临床药理研究所成立了中国细菌耐药监测研究组（CBRSSG）。2004年，由复旦大学附属华山医院抗生素研究所联合国内已开展细菌耐药性监测工作多年的 8 所医院，共同组建中国细菌耐药监测网（China Antimicrobial Surveillance Network）。目前监测网内 54 家成员单位来自全国 22 个省、3 个直辖市及 3 个自治区，包括 46 家综合性医院和 8 家儿童医院，其中三级医院 41 家，二级医院 13 家。[①]2005 年，国家卫生部、国家中医药管理局和总后卫生部联合建立了全国抗菌药物临床应用监测网和细菌耐药监测网。2012 年，国家卫生和计划生育委员会发布了《关于加强抗菌药物临床应用和细菌耐药监测工作的通知》，进一步明确了管理机制，扩大了监测范围，并正式委托国家卫生部合理用药专家委员会负责全国细菌耐药监测网的日常运行和管理。该监测网设有技术分中心和质量管理中心，同时设有全国细菌耐药监测学术委员会。监测方式主要为被动监测，不定期开展主动监测和目标监测。医

---

① CHINET 中国细菌耐药监测网成员单位［EB/OL］. http：//www. chinets. com/Data/Map.（2021-10-28）.

疗机构的常规微生物药敏实验数据按季度定期经细菌耐药监测信息系统上报至主管部门，信息系统每年度统计出临床常见致病菌对各类抗菌药物的敏感率和耐药率，并持续监测细菌耐药性变化情况。此外，上海、广州等地还建立了当地的细菌耐药监测网。

近年来，科技部等部门立项并资助多个细菌耐药性相关科研项目，旨在加强我国细菌耐药性研究。在此背景下，我国初步构建了涉及动物、食品、临床等多个种类的全国细菌耐药性监测体系，阐明了多种重要病原菌特定耐药表型的产生机制与传播规律，提出了针对耐药病原菌防控的策略。虽然我国在细菌耐药性研究方面取得了一系列成果，但在细菌耐药的形成机制、危害性、传播规律等方面的研究仍有待加强。

第三节
应对微生物耐药的建议

我国是抗生素生产和使用大国，抗生素滥用现象长期存在，这也导致我国细菌耐药现象十分普遍。多重耐药菌、超级耐药菌甚至泛耐药菌不断出现，成为威胁人民群众身体健康的重大问题。鉴于微生物耐药的严峻形势，我国政府采取措施积极应对，目前已初见成效，部分抗生素药物的耐药率开始下降，但总体而言，我国面临微生物耐药的形势仍十分严峻。

一、应对微生物耐药方面存在的问题

一是监管主体尚未统一。抗生素监管涉及卫生、食药、环保等多个部门，难免出现政策模糊或政策缺位的情况，难以形成有效的自上而下的监管体系。我国虽然明确由国家卫生健康委负责医疗机构内的合理用药促进工作，但其管理职能被割裂为城市医院、社区中心医院、乡镇卫生院等若干块。具体承担促进合理用药工作的各类机构基本为自收自支或部分拨款性质单位，没有完全由政府财政支持的专职机构。各类指南的制定和各项合理用药促进活动由上述机构多头承担，没有专门的委员会进行指导和协调。用药干预策略局限于行政命令和检查，缺乏综合改革措施和正向激励机制。由于缺乏部门间的有效协调，各部门出台的政策无法充分发挥协同作用。

二是监管机制不完善。我国允许零售药店"凭执业医师处方销售抗菌药物"，但一些农村和偏远地区监管机制尚不够完善，一些药店存在"自造"处方等现象。虽然我国开始执行医药分离，遏制"以药养医"现象，但是一些医疗与门诊药房尚未分开，医院药房仍然是药品流通的重要终端，市场趋利机制导致针对医院的监管措施难以奏效，存在滥用抗菌药物的风险。

三是抗菌药物临床应用及耐药监测体系有待完善。2004 年，我国开展了抗菌药物临床应用及耐药监测工作。检测结果从最开始的仅需向卫生主管部门报告发展到需向卫生行政部门报告。同时，医生通过网络可及时获取相关信息。但目前国家层面监测抗菌药物使用与细菌耐药情况的监测系统尚未实现全覆盖，有待进一步完善。

四是对抗生素厂商的监管有待加强。我国生产抗生素的药厂众多，生产的抗菌药物种类繁杂，存在无序竞争的情况，目前主要依靠卫生行政部门管理。相关管理虽取得了一定成效，但行政管理成本高。

五是宣传教育仍显不足。我国人口基数大，各地经济发展水平和教育水平不均衡，目前针对微生物耐药问题的宣传教育对象仍以医学生和从业人员为主，面向大众的宣传教育仍需加强。

二、遏制微生物耐药的建议

第一，进一步健全法律法规和政策体系，做到耐药性治理工作有法可依、有规可循。实现安全用药的前提是建立完善的法律法规体系，规范药品的审批、检验、使用、监测等环节，进而使抗菌药物的研发、生产和使用有章可循、有法可依。

第二，加强组织体系和执法体系建设，完善监督管理体制。目前，我国耐药性治理工作由国家卫健委、科技部、农业农村部等多部门共同负责，容易导致职能交叉、衔接不畅等问题。因此，应明确监管主体，成立专门的领导机构或将各机构职能进行必要整合，厘清抗生素管理体系中各部门的权责分工，强化抗生素的研发、使用等环节的管理，搭建国家层面应对微生物耐药问题治理框架。

第三，科学合理使用抗生素。科学合理的抗生素使用应涵盖医疗卫生领域的抗生素用药和养殖业的抗生素应用。医疗卫生机构要依据《抗菌药物临床应用管理办法》和《抗菌药物临床应用指导原则（2015年版）》，加强对抗菌药物临床应用的管理，提高抗菌药物临床应用水平。在养殖业领域，要积极落实《全国遏制动物源细菌耐药行动计划（2017—2020年）》，推进兽用抗菌药物减量化使用，优化兽用抗菌药物品种结构，完善兽用抗菌药物监测体系，提升养殖环节科学用药水平。在此基础上，加强动物源性细菌耐药的监测，制定并实施更加合理的用药策略。

第四，减少耐药菌的产生和传播，预防和控制感染。要将预防和控制感染（特别是院内感染）纳入针对医疗卫生人员的宣传教育内容，提高其预防感染的意识，加强医源性传播因素的监测与管理，规范临床抗菌药物的使用管理、医护人员的清洁与消毒、医疗用具与环境的消毒灭菌等，加强对重点环节的检查监督，及时分析临床上分离的病原体及其对抗菌药物的敏感性，合理用药，预防感染。

第五，加强合理使用抗生素的宣传教育，提高公众对抗生素耐药的认识。目前抗生素的使用已成为常见的治疗手段，但是很多人对抗生素的毒副作用并不了解，以致滥用抗生素。要减少抗生素滥用的情况，就要通过学校、社区等多种途径加强针对抗生素使用的宣传教育，改变公众对抗菌药物的不正确认识。公众在抗生素使用方面主要存在如下六方面误区。

误区一：抗生素等同于消炎药。很多人误以为抗生素可以治疗一切炎症，实际上抗生素仅对特定微生物引起的炎症有作用，而对无菌性炎症无效。把抗生素当成应对一切炎症的"灵丹妙药"，不仅起不到效果，而且会杀灭人体内有益的菌群，引起菌群失调，造成抵抗力下降。

误区二：优选广谱抗生素。抗生素使用的原则是能用窄谱的就不用广谱的，能用低级的就不用高级的，能用一种解决问题的就不用两种，轻度或中度感染一般不联合使用抗生素。在没有明确病原微生物时可以使用广谱抗生素，如果明确了致病的微生物，最好使用窄谱抗生素，否则细菌易对抗生素产生耐药性。

误区三：优先使用新的、价格高的抗生素。不同种类的抗生素各有优缺点，要因病、因人选择抗生素。例如，虽然红霉素价格便宜，但它对于军团菌和支原体感染的肺炎具有很好的疗效，而价格较高的碳青霉烯类的抗生素和三代头孢菌素针对此病原体的感染治疗效果就不如红霉素。

误区四：抗生素联用效果更好。一般来说，轻症感染不提倡联合使用抗生素。因为联合用药容易产生毒副作用或增加细菌对药物的耐药性。合并用药的种类越多，由此引起的不良反应发生率就越高。

误区五：一感冒、发烧就用抗生素。其实，大多数感冒都是因病毒感染引起的，而病毒性感冒目前尚无特效药物，因此感冒后只需对症治疗，并不需要使用抗生素。抗生素仅适用于由细菌和部分其他微生物引起的炎症及发热，对病毒性感冒、麻疹、腮腺炎、伤风、流感等疾病的患者给予抗生素治疗有害无益。细菌感染引起的发热也分不同的类型，患者不能盲目使用头孢菌素等抗生素。例如，对于结核分枝杆菌引起的发热，患者需要在医生指导下根据病情合理用药，盲目使用抗生素会耽误正规抗结核治疗而贻误病情。

误区六：频繁更换抗生素，一旦用药有效就擅自停药。抗生素的使用有一个周期，不可能立竿见影，如果用药时间不足，抗生素的疗效就不佳。此外，给药途径、免疫功能状态等因素也会影响抗生素的疗效。频繁换药容易使细菌产生对多种药物的耐药性。如果一旦见效就擅自停药，病情就可能反复，而再次用药会增加药物对细菌的自然选择时间，易使细菌产生耐药性。

第六，加强细菌耐药监测和科学研究，提高感染性疾病诊断能力。通过抗生素药物耐药水平、规律研究和细菌耐药监测研究，研究人员可以获知全球不同范围致病菌感染发生率和耐药动态，明确需要重点关注的致病菌，了解细菌耐药性产生与抗菌药物应用的关系，判断细菌耐药发展趋势，明确耐药机制，从而指导临床医生采用适宜的治疗方法，并评估所采取措施的有效性。目前的细菌耐药性监测网的监测范围仅限于不同病原菌中细菌耐药性的发生率及大概的地理分布情况，但不包含该地区、单位的抗菌药物使用情况，所以研究人员无法对抗菌药物使用量与细菌耐药性变化之间的规律性进行研究。此外，我国各医疗卫生机构的数据大多缺乏联通。要打破医院、部门间的数据共享壁垒，建立统一、可靠的数据收集和录入系统，实现抗生素使用情况实时动态监测。

第七，加大对抗菌药物研发的投入。虽然细菌耐药性问题已成为世界性问题，但抗生素研发速度却远低于耐药菌产生速度。我们必须认识到目前抗菌药物仍然是应对感染性疾病的最重要手段，必须加大对抗菌药物研发的投入。但由于抗生素研发困难且收益率低，制药企业投入抗生素研发的意愿通常不高。在这种情况下，国家应支持抗菌药物研发，鼓励开展细菌耐药分子流行病和耐药机制研究，加快推进新型抗感染药物及替代品、疫苗、临床耐药菌感染诊断等关键技术的突破和重大产品研发。

第十四章
防范生物恐怖与生物武器威胁

随着全球化进程加快和生物技术发展，生物安全问题日益凸显。"9·11"恐怖袭击事件后，生物恐怖已成为现实威胁。生物恐怖袭击对民众生命健康、医疗卫生、生态环境、民众心理、经济发展等方面造成严重负面影响，给国家安全稳定和正常生产活动带来极大危害，防范生物恐怖袭击已成为各国政府面临的重大现实问题。

第一节
生物恐怖概述

生物恐怖是指故意使用致病性微生物、生物毒素等实施袭击，损害人类或动植物健康，引起社会恐慌，企图达到特定政治目的的行为。

一、生物恐怖剂与生物恐怖袭击方式

（一）生物恐怖剂

生物恐怖剂指可能用于生物恐怖袭击活动的特定生物物质或天然的或经过修饰、改造的致病性微生物等。从理论上讲，任何致病性微生物都可以用于恐怖袭击。为了达到目的，恐怖分子往往会选择致病性强、传播速度快的病原体实施恐怖袭击。随着制造生物恐怖剂的技术门槛不断降低，以及国际政治环境因素的影响，恐怖分子通过合成和施放新病原体发动生物恐怖袭击的风险大大增加，变得更加难以防范。

（二）生物恐怖袭击方式

生物恐怖袭击方式因生物剂的释放方式而异，分为直接方式和间接方式。直接方式：一是利用小型飞机、汽车等布洒生物剂气溶胶。这种方式可以使病原体感染下风向一定范围内的人群，危害严重，是恐怖组织发动生物恐怖袭击的主要方式之一。二是投放生物剂污染水源或食物。这种方式简单易行，隐蔽性强，危害范围广。三是利用媒介物传播病原体。这种方式实施隐蔽，传播范围广，防范难度大。利用媒介物传播有多种形式，如通过蚊子、老鼠、跳蚤等生物媒介传播病原体；利用邮件媒介传播，如通过邮寄夹带病原体的包裹，实施远距离、多方位的恐怖袭击。四是利用通风系统释放生物剂。例如，恐怖组织可能利用通风管道使生物剂在建筑物内迅速扩散。间接方式：主要采取爆炸、纵火等手段，袭击生物医学科研设施，破坏生物医药企业的生产设施，或者袭击运输生物危险源的车辆，造成生物危害大面积蔓延。

二、生物恐怖袭击的特点

（一）现实性

由于用于恐怖袭击的生物剂的生产条件要求不高，恐怖分子用普通的培养方法就可以获得发动恐怖袭击所需的足够数量的生物剂。制造危险生物剂所需的物质和设备广泛存在于医药、生物技术等产业。从理论上讲，掌握一定生物学知识的恐怖分子，只要拥有病原微生物菌毒种，具备一定的实验室条件，就可能制造出用于生物恐怖袭击的生物剂。此外，发动生物恐怖袭击一般无需复杂的操作、特殊的容器和专用的释放设备。

（二）隐蔽性

生物恐怖剂引起人体损伤所需的剂量通常很小，释放后一般不会立即出现可见的生物恐怖事件特征，只选择性地产生生物效应。并且受到袭击的人从受感染到发病有潜伏期。一些生物剂可以通过皮肤、消化道或呼吸道使暴露者感染发病。一些感染者还处在潜伏期时，就已具有传染性。此外，生物恐怖剂不像枪支等常规武器可被常规仪器侦测查出。

（三）破坏性

恐怖分子为了达到目的，会通过各种手段发动恐怖袭击。如果恐怖分子将多种生物剂混用，或将生物剂与化学毒剂混用，造成的破坏将更为严重。如果民众对生物恐怖袭击没有充分的心理准备，就容易产生巨大的心理恐慌。

三、生物恐怖袭击的危害

（一）对民众生命健康的危害

不同的生物剂、不同的释放方式造成的损伤不同。致死性生物剂能引起受攻击人员迅速发病，甚至死亡。大多数用于恐怖袭击的病原体具有传染性，使得感染人群不仅仅局限于第一时间受到攻击的人员，还包括被他们传染的医护人员。失能性生物剂虽短期内不会导致大量人员死亡，但会使受攻击人员患病，令其丧失活动能力。而针对大部分病毒类的生物剂，目前还没有疗效较好的药物，在受到此类攻击后，病人往往饱受病痛折磨。此外，生物恐怖袭击会对民众心理造成负面影响，即软毁伤。遭受生物袭击后，很多人会出现紧张和惧怕等负面情绪，引起各种急、慢性心理损伤。

（二）对社会稳定和经济发展的影响

生物恐怖袭击对社会稳定和经济发展的影响随生物剂种类的不同而不同。例如，2001年美国"炭疽邮件事件"是国际上影响较大的生物恐怖袭击事件。在该事件中共有22人被感染，其中5人死亡，造成的经济损失高达1000亿美元。

（三）对生态环境的破坏

生物恐怖袭击所使用的生物剂经过常规消毒、自然界的净化作用以及微生物分解后，基本就会失去活性。但是，彻底消除传染性病原体比较困难。绝大多数病原体都能够在自然环境下生长繁殖，甚至以指数级速度繁殖，在极短的时间内扩散。而且部分病菌在环境条件不适合生长时，还能够形成休眠孢子，大大增强自身对环境的抵抗力。由于病原体会污染土地及地表植被等，彻底消毒工作难度较大。一旦这些病原体污染了河流、土壤，在相当长的一段时间内都无法被彻底清除。

四、生物恐怖的发展趋势

（一）生物恐怖威胁加剧

随着生物技术的扩散，恐怖组织可能借助生物手段制造恐怖事件。虽然联合国通过了《禁止生物武器公约》，并成立专门针对国际恐怖主义的委员会，但这些措施未能有效阻止生物恐怖主义的发展。生物技术可能被恐怖分子用于制造新型微生物或毒素以报复社会，这进一步增加了生物恐怖的威胁。随着网络技术的普及，可用于研制生物武器的技术信息甚至可以通过互联网等方式得到，这大大增加了生物恐怖的风险。

（二）生物恐怖实施方式多样

恐怖组织制造生物恐怖的方法多样，不仅可通过投放生物剂等的直接方式，也可通过破坏生物设施等间接方式制造生物恐怖；不仅可以利用微生物对民众造成直接伤害，也可以通过破坏农业和畜牧业，对民众健康构成威胁。

第二节
生物恐怖防御

生物恐怖防御，是指政府和各专业机构为应对生物恐怖袭击所开展的全过程防御活动，涵盖监测预警、应急处置、恢复重建等环节。

一、监测预警

预警是生物恐怖防御中的重要环节，可在生物恐怖发生之前消除产生恐怖的根源，避免生物恐怖事件发生。

（一）疾病监测

疾病监测是指长期、连续、系统地收集疾病及其影响因素的资料，经过分析将信息及时上报和反馈，并在此基础上，及时采取干预措施并评价其效果的过程。疾病监测在生物恐怖袭击识别方面起着重要作用。生物恐怖袭击时，相关疾病会大量聚集发生。通过常规的疾病监测和报告系统能够发现疾病暴发的迹象，将其与以往的发病资料相比较，结合环境监测、实验室监测资料，可分析确定疾病是自然暴发还是异常暴发，是否有生物恐怖袭击发生。但这种常规监测仍存在缺陷：一是不能覆盖未到医疗机构就诊的病人，容易漏掉部分轻症病例；二是报告是在病例确诊后才反馈至卫生防疫机构，时效性稍差；此外，生物恐怖袭击导致的疾病少见，这些疾病症状与常规传染病症状很难区分，这给医疗机构做出准确诊断造成困难。因此，只有疾病监测系统是远远不够的，还应结合其他监测系统，实现对生物恐怖袭击的预警。

（二）症状监测

早期症状监测系统的特点是数据来源广、类型多，能更精确地识别疾病暴发的迹象，时效性强。卫生防疫机构通过多种监测手段从医院、诊所、社区等机构收集数据，对这些数据进行整理分析，发现异常情况，立即报告。医院早期症状资料的收集是早期症状监测的重点，在发现发热、腹泻病例大量增多时，医生须考虑生物恐怖袭击的可能，并尽早报告。早期症状监测在生物恐怖预警方面起着哨兵的作用。早期症状监测系统可在患者出现特殊症状或监测到症状聚发现象时就开始报告，因此，其时效性优于传染病的常规监测。

（三）环境监测

针对生物恐怖袭击的环境监测指对环境的本底和各种可能用于生物恐怖的生物因子污染情况进行定期或不定期、间断性或连续性的卫生调查和采样测定，观察其在环境中的存在状况。生物恐怖袭击常采用气溶胶的形式释放生物剂，会使生物剂在短期内感染人群。生物剂气溶胶从释放到感染人群需要一段时间，时间的长短与生物因子种类有关。如能在生物剂释放后立即发现，可减少或避免生物恐怖袭击导致的危害。环境监测的目的就在于此。环境监测按内容不同分为大气、水质、土壤和物体表面监测，不同监测所用的仪器设备不同，采样和监测方法也不同，其中最主要的是大气监测。在疑似发生生物恐怖袭击时，监测人员会采集标本，送到专业实验室进行检验，通过环境标本验证是否为生物恐怖袭击。环境监测时效性强，但需要耗费大量的人力、物力，效果也不是非常明显，因此，一般在其他监测系统发现可疑迹象后，才进行环境监测。

（四）检验与鉴定

检验与鉴定通常分为三个步骤：一是初步判定是否存在生物威胁，或提示可能使用的生物剂种类；二是初步鉴定生物剂性质和种类，用于判定危害程度，指导防治；三是对生物剂进行全面、权威的生物学鉴定。前两个步骤由现场专业人员完成，当初步判定存在生物威胁时，要尽量采用快速检验的方法对病原体进行检验，同时还要将检验鉴定用的空气、水、土壤等标本安全地送到能进行系统生物学检验鉴定的专业实验室。专业实验室则采用系统方法进行生物学特性检测，排除相关病原体，查明生物恐怖剂的生物学特性，为调查生物恐怖来源提供线索。

（五）本底资料的调查和积累

可靠的风险源本底资料和防御资源本底资料，可为判断生物恐怖袭击事件、提高应对处置能力提供信息依据。应有组织地调查、收集、整理、记录国土范围内的疾病种类、分布与流行特征，媒介动物种类、分布、密度，以及重要致病性微生物菌毒种信息，这有助于判定生物恐怖袭击所造成的疾病和使用的生物剂、病媒昆虫和宿主。调查结果应由专门机构鉴定和保藏，并用于建立可供检索的数据库供决策使用。应加强生物防御基础情况的收集、整理，持续收集记录相关信息。

二、应急处置

恐怖活动发生后，反恐怖应急机制的中枢指挥系统应迅速启动，支援与保障系统高效协调，调集专业反恐力量，启动应对预案，并以最快速度付诸行动。[①]

（一）快速启动应急反应系统

一是反恐怖的决策中枢机构。这一机构必须运转高效，能够在很短的时间内制定处置恐怖活动的措施，控制恐怖活动的蔓延。二是处置恐怖活动的智库。智库由具有专业知识和丰富经验的专家组成，帮助决策者及时准确做出判断。三是反恐怖的支援与保障系统。该系统包括国家安全、卫生、消防等部门，负责调配各方面资源处置恐怖活动。四是反恐怖信息管理系统。该系统主要由安全部门、教育部门、新闻媒体等责任单位组成，及时为决策者提供情报，向公众发布权威信息。

（二）准确判断和识别生物恐怖

在生物恐怖事件发生后，各方面会不同程度地反映一些重要信息，如情报显示的恐怖分子活动动向、医疗机构报告的疾病发生情况等。有关部门必须密切关注，在这一时期控制事态发展，将恐怖活动消灭在萌芽状态。要通过预警监测系统和情报信息监测处理系统判断和识别危机潜伏期的各种征兆。

在遭受生物恐怖袭击后，应根据袭击的方式、病原体的性质及疾病的传播途径，评估危害程度，预测影响因素、波及范围、持续时间，这是防止疾病蔓延的重要举措，也是相关部门进行决策和调配医疗资源的重要依据。

（三）快速救援

生物恐怖袭击事件发生后，专业应急救援力量应在有关部门统一部署下，按照预案及时做出反应，立即到事发地进行现场调查、采样

---

① 魏晓青，王玉民.生物恐怖的现实威胁与医学对策［J］.军事医学科学院院刊，2008（3）：85-87.

检测、核实诊断，判断危害性质，评估危害程度，确定处置对策。一旦确认发生生物恐怖事件，就要根据事件原因、影响因素和危害性，对暴露和可能暴露的人群迅速采取防护措施，对病人进行隔离救治，并开展检疫工作。

生物恐怖袭击事件可能造成大量人员伤亡，因此，要设立检伤分类组（点、站），实施分类诊断和救治。有条件时，要根据症状等实验室检验结果明确诊断，进行病因学治疗。但如果袭击涉及的病原体不在准备的检验技术和试剂范围内，则应一方面继续进行病原检测，另一方面根据患者症状体征、流行病学信息等判断主要损害器官、感染和传播途径等，对症治疗，维护患者生命指征。救护人员要按照感染预防控制的要求，做好防护。

（四）尽早洗消

生物恐怖病原的洗消是指采用物理或化学方法消除环境中的生物恐怖病原，以达到无害化的目的。在进行洗消时应严密组织，迅速行动，注意防护。生物恐怖病原的洗消具有情况紧迫、范围广泛、条件复杂等特点，尤其是全面洗消，投入的人力、物力、财力都相当大。裸露的生物恐怖病原在自然界中较脆弱，因此可以采取封锁某个区域，从而使生物恐怖病原自净的措施。在进行洗消时，应综合考虑气象条件、污染情况等，控制洗消范围，着重对人员、动物、食物和饮用水进行彻底消毒，同时注意对昆虫、老鼠等媒介生物的捕杀，加强环境卫生监控。

（五）污染区与疫区处理

污染区是指致病的微生物气溶胶在地面通过空气流动扩散而造成的可能对人有害的区域，或是携带致病微生物的媒介生物的分布及活动范围。疫区则是指发生生物恐怖病原所致疫情的区域。在发生生物恐怖袭击后，应准确划定污染区和疫区，针对性地开展专业处置，控制恶性传染病蔓延，并利用有限医疗资源将损失降到最小。

（六）调查取证

调查取证对于生物恐怖袭击的处置有着重要意义。一是查明生物恐怖剂，指导流行病学调查；二是追溯生物恐怖剂来源，为案件取证提供线索。进行生物恐怖袭击现场的采样取证时，既要遵循生物学原则，也要遵循证据保全的原则，以查明事件性质。

（七）信息发布

生物恐怖事件发生后，政府发布的信息对引导舆论、指导救援起着至关重要的作用。一是要建立政府监管的信息发布平台，一旦遭受生物恐怖袭击，就及时准确地发布信息，有针对性地加强宣传教育。一方面，宣传应对生物恐怖的知识和技能；另一方面，将政府和专业机构的行动计划告知民众，消除恐慌情绪。二是确定信息发布机构和人员，保证信息发布的权威性，确保指挥和现场应急力量的信息畅通。三是规范媒体对生物恐怖事件的报道，坚持客观、真实、科学原则，避免新闻报道失实。

三、恢复重建

恐怖事件发生后，政府应积极采取措施减少损失，总结经验教训，完善生物恐怖应对机制，尽快恢复到危机前的状态。

（一）综合评估危机影响

对生物恐怖的影响进行综合评估，是恢复和重建的前提。在应急处置阶段准确评估恐怖事件危害程度、集中医疗资源、确定救治次序的基础上，深入评估各方面受损程度、各种资源的消耗情况，以及政府化解危机所采取的措施及成效，从而有针对性地采取恢复和重建措施，优化配置资源，完善应对策略。

（二）心理救治

生物恐怖袭击会使民众出现急、慢性心理创伤。对感染的恐惧是生物袭击后民众恐慌的主要原因，民众在接受治疗的过程中也会产生心理压力。政府应及时组织专业人员对他们实施心理干预。

（三）调查与问责

在生物恐怖危机结束后，应及时启动调查机制，分析生物恐怖事件发生的原因，公布调查报告，使公众了解事件真相。通过严格的司法程序，惩处对生物恐怖扩散负有重大责任的人员。

（四）完善应对机制

生物恐怖袭击造成人员伤亡，会对医疗体系和医疗资源造成冲击。政府启动损害程度分析、医疗服务和准备重建等工作后，应全面分析技术、管理等方面的不足，进而提出改进措施。同时，总结生物恐怖危机处置经验，根据新形势下生物威胁的特点，完善生物恐怖危机应对机制，提高危机应对能力。

第三节
新时代生物反恐体系建设

2021年4月开始施行的《中华人民共和国生物安全法》第七章对防范生物恐怖袭击与生物武器威胁进行了规范，这标志着我国反生物恐怖活动进入法制化轨道。我国政府始终高度重视生物反恐工作，全面加强了规划预案、应急机制、科学研究、专业力量建设等工作。如今，应急管理和处置体系进一步完善，专业技术装备与物资储备初具规模，应急科学研究取得重要进展，国家和军队应对生物恐怖等突发事件的能力明显增强。但是与发达国家相比，我国在生物反恐应急管理方面还存在明显差距，迫切需要总结经验，补短板、强弱项，提高应对生物安全事件的能力。

一、组织指挥体系建设

生物反恐工作是一项复杂而艰巨的任务，涉及领域多、专业要求高，组织指挥至关重要。

一是将生物反恐纳入国家安全战略。要将生物反恐置于国家安全战略的高度，发挥政府和媒体的作用，必要时可借助国际组织的力量，开展国际生物反恐合作，组织研究机构对生物恐怖遏制手段开展研究，为科学决策提供智力支持。

二是建立决策指挥体制。生物恐怖防御与应急处置是一个系统工程。应急处置生物恐怖袭击的参战力量来自公安、卫生、民政等多个部门，这些部门要在统一指挥下按各自的任务分工，协同完成相关工作。应建立"中央决策、国家统筹、军民一体"的生物安全防御体系和高效的决策指挥体系，以国家整体实力支持生物安全体系建设，提升生物安全防御能力。

三是健全应急响应机制。健全国家生物安全管理协调机制、联防联控机制、协同联动机制、决策咨询机制，规范工作流程，增强协作效能。明确相关部门职责、指挥协同关系和运行机制，建立健全疫情会商、情况通报、重大行动协调等工作制度，形成生物安全联防、联管、联控工作常态化机制，有效应对生物突发事件。

四是强化专业咨询机制。在事发地、省、中央三级处置指挥体系中，应建立由流行病学、微生物学、临床医学等领域专家组成的专家组，从技术角度参与疾病监测，进行信息统计分析、疫情性质调查和病原体检验鉴定，并参与生物反恐应对处置工作的计划制定、结果评估和改进，协助指挥部进行决策。

二、法律法规体系建设

法律法规体系是各国参与反恐怖工作、打击恐怖活动的依据。建设生物防御体系，保障国家生物安全，必须有完善的法律法规保障。

我国生物安全立法主要集中在菌种毒种保藏管理、生物技术安全、生物设施安全、农林畜业与食品生物安全、流行性疾病与公共健康管理、生物武器管制与生物战的预防等领域。就防御和应对生物恐怖袭击而言，我国已经制定了一些应对生物恐怖的预案和办法。《中华人民共和国生物安全法》也作出了总体性和原则性规定，但尚未有实施细则和专门法规。要研究制定落实《中华人民共和国生物安全法》的具体实施细则，特别要重视现行法规中存在的法律空白以及与其他法律的冲突或脱节问题。

三、监测预警体系建设

生物恐怖袭击的生物安全风险评估与预警以情报追踪、快速侦检、病原溯源、生物信息学分析等为基础，是生物恐怖防御能力体系的重要组成部分，对于生物恐怖剂的早发现、早预警和早反应具有重要意义。

一是完善病原体检测、鉴定系统。病原体检测和鉴定是确认遭受生物恐怖袭击、追踪传染来源、指导病人治疗的基础。应在全国范围内建立地域互补、能力衔接的实验室检验系统。在地县级基层防疫机构建设初级实验室，负责采样和初级检验；在各省、自治区、直辖市疾控机构设立中心实验室，承担初步检验结果的验证、实验室检测、病原体分离和初级鉴定等任务；国家高等级专业实验室承担病原体分离和最终鉴定、确认的任务。以医疗、科研和教学机构的实验室为基础，形成从现场快速检验到实验室鉴定相配套的能力衔接、功能配套的检验系统，承担不明病原体的检验和鉴定任务。

二是完善疾病和症状报告系统。要在国家法定传染病监测系统的基础上，建立以医疗保健接诊机构为基础的疾病和症状监测预警系统，完善疾病上报机制，通过对就诊病种、数量的统计分析跟踪疫情动态，发现异常疫情的苗头，利用仪器设备进行气溶胶监测，提高对生物恐怖袭击的侦查预警能力，加强对生物事件后果征兆的预警监测，以便尽早采取措施。

三是完善信息监测和预警系统。基础信息支持系统，尤其是基础信息数据库在生物恐怖事件应对过程中发挥着极其重要的作用。应通过病原微生物数据库等系统网络将信息及时地传递给决策者。应对监测到的信息进行实时汇总分析，及时报告异常情况，发出预警信息。

四、应急力量体系建设

应对恐怖袭击仅靠现有的国家应急救护和减灾系统是不够的，要成立覆盖全国的应急处置专业队伍。袭击一旦发生，应急处置专业队伍就应快速抵达现场进行调查、取样，快速判断生物剂种类，开展有效处置。

一是健全专业力量体系。加强疾控、医疗、科研力量体系化建设，明确各级疾控机构功能定位，稳定公共卫生服务体系队伍。加强地方专科医院建设，加强疾控体系与优势科研院所的合作。以爱国卫生运动组织和人防系统为基础，建立全社会应对生物安全威胁的群防群控机制。

二是打造战略机动力量。整合优势力量，建设由多部门共同参与的国家级生物应急救援队伍。按照交通和地理位置划分反应区，成体系配备机动便携的装备，完善救援技术链条，提升救援技术水平和支援保障能力。

三是健全风险防控体系。建立专门机构，24小时接受广大民众和基层医疗卫生人员关于生物恐怖袭击的线索报告，形成由民众与监测设备相结合的预警网络。

四是抓好针对性训练。加强生物安全应急防控基地化培训，完善训练方案，制度化开展军地联演联训，坚持从难从严，确保一旦有事能快速反应、高效处置。

五、行业管理体系建设

由于制造危险生物剂需使用的生物技术和生产设备广泛存在于生物技术产业，安全管理存在薄弱环节，生物技术产业较易面临生物安全风险。同时，战争中生物设施遭袭仍然存在，加强生物领域行业管理迫在眉睫。

一是加强科研人员管理。从事生命科学及相关科研工作的人员应遵循基本行为守则，科研工作应以造福人类、造福社会为根本出发点。相关人员应熟知《禁止生物武器公约》等有关要求，确保公约精神在各环节得到落实。如发现违反公约的行为，相关人员应立即向主管部门报告，对有功人员予以奖励，对违法行为予以惩罚。

二是加强生物设施管理。要在生物设施项目审批、场址选择、人员选用等环节建立相应的技术、控制标准，最大限度降低潜在风险。在项目审批和场址选择方面，要避开人口集中的大型城市和江河湖海地区，严格做好环境与生态评估，降低安全风险。在人员选用方面，要优选政治素质过硬、业务水平高的员工，并加强教育培训，防止操作事故发生，杜绝内部人员盗窃生物材料、技术资料等事件发生。要在生物设施所在单位建立全天候的监控预警机制。生物设施所在单位应在核心区域建立必要的实时监控和预警系统；设置液压路障、曲线道路等预防性障碍，以应对生物设施实体遭袭的风险。

三是加强生物两用品安全管理。要对微生物实验室及菌毒种保藏设施实行登记和准入制，实施规范化管理，提高实验室管理水平。加强微生物及其产品研学产用全链条管理，加强生物原料、试剂及消耗材料管理，从源头上控制微生物菌毒种扩散，防止生物技术滥用和微生物产物泄漏。有关部门要及时制定、修订、公布可能被用于生物恐怖活动的生物体、生物毒素、设备和技术清单，并予以严格监管。加强对生物剂使用全程的管理。要对生物剂的生产、储存、转运、回收进行全程管控，防止丢失、被盗、挪用等事件发生。在主要进出口岸配备监控系统，加强对生物剂的检查，完善情报侦察手段，加大对非法交易生物剂活动的打击力度。

六、教育培训体系建设

要有针对性地对政府部门、专业应急队伍和普通民众进行培训，将专业培训与普及教育相结合，提高责任部门和民众的防范意识，提高应急专业队伍的反应能力。

一是加强公众教育培训。对公众进行生物恐怖知识的普及十分必要。可借助各种媒体，宣传生物恐怖的危害及主要防护手段，使公众掌握应对生物恐怖袭击的基本知识，提高防范意识。

二是加强专业处置力量培训。生物恐怖事件处置需要多种专业力量通力协作。医护人员等是民众在紧急情况下的第一求助对象，需要接受更多专业的生物恐怖防护训练。要依托研究机构建设专业化的培训基地，定期组织应急演练，加强应急处置力量。加强以生物剂采样、检验和疾病特征识别为主要内容的专业培训，提升相关人员的处置能力。医护人员在日常工作中一般不会遇到生物恐怖病原相关疾病，因此，在培训过程中应着重熟悉这些疾病的症状，从而能够在最短时间内作出准确判断。要根据生物恐怖袭击应对预案制定应急演练管理办法，建设应急演练设施，探索生物恐怖预防和处置规律，演练后要针对问题完善现有预案。

三是加强生物反恐人员培训。防范生物恐怖袭击是一项长期而艰巨的任务，由于涉及领域较广，反恐专业人才要掌握的知识涉及政治、历史、社会、军事学等诸多学科。除了学习范围广泛的理论知识外，反恐专业人才，特别是反恐行动战术类型的人才还需要掌握一些技能。这些技能包括野外生存、情报搜集、反侦讯等，而这些技能一般都通过培训的形式获得。与此同时，应加强生物反恐人员培训基地建设，为打造一支有战斗力的专业队伍提供保障。

七、生物安全科技支撑体系建设

科学技术已成为国家生物恐怖防御能力建设的基础。

一是加强生物反恐研究基地建设。要坚持统筹规划、突出重点、技术集成、系统配套的原则，从生物恐怖防御的整体需求出发，建设生物反恐研究基地，加强系统配套实用技术、装备、疫苗和药物的研发，全面提升我国应对生物恐怖袭击的综合实力。要整合国内研究力量，联合攻关，解决关键问题。要加强基础研究，提高发现新问题的能力；加强应用研究，提升生物安全现场处置能力；加强对候选药物和疫苗的研究，筛选化学药物和疫苗、生物药物。

二是加强生物反恐检测和医疗设施建设。要以实力雄厚的科研单位为依托，统筹安排，合理布局，建设适当数量的高等级生物安全实验室。按照"科学分布、合理布局、全面覆盖"的原则，建设全国分级实验室工作网，配齐检测装备，组建专业队伍，培训检测技术，确保能够对生物恐怖事件开展有效、迅速的检测。生物恐怖袭击造成的疾病大多数是呼吸道传染病，如果没有用于治疗呼吸道传染病的负压病房，没有受过培训的医护人员，那么就很难有效收治遭受生物恐怖袭击的病人。因此，每个省份相关医院可设立若干个负压病房，以应对可能发生的生物恐怖袭击。

八、应急储备体系建设

早发现、早处置、早防治是减少生物恐怖危害的关键举措。应急物资的有效保障是开展医学防护的基础。应急物资包括药品和检测试剂、医疗器械和装备、防护用品、消杀用品等。应建立国家和省、市层面联合储备、分别管理、统筹调用的生防产品储备管理协调机制，做到用之有备、备之能用。

一是明确储备重点。非常见病原体的诊断试剂、生物恐怖剂疫苗等是判明生物恐怖袭击、开展医学防护的物质基础，但由于其用途的特殊性，缺乏市场效益，因而实验室研究成果很难为生产企业所接受。国家应组织生产相关检测试剂、预防疫苗与治疗药物作为战略应急储备；同时要加强非常见病原体的诊断试剂、预防和治疗性疫苗以及生物反恐特需装备的研发、生产和储备。针对可能发生生物安全事件的重点区域，适度扩大检测试剂、疫苗抗体、防护装备等的储备规模，以确保满足应急需求。

二是建设储备基地。国家要统筹规划生物防御物资储备，制定储备标准，完善储备清单，建设国家生物防御的特殊药品、疫苗、制剂和器材的生产和储备基地，形成良性循环的一体化管理，以资源最优化满足和平时期必要的战略储备和特殊时期大规模的应急调度。针对大规模保障需求，采取定点生产、预定生产线的方式，保障专用药品的应急生产能力。

三是提升储备效能。坚持统一储备与分类储备相结合的原则，以组织指挥系统、应急处置系统、技术与装备保障系统、危害与处置效果评估系统、培训与演练模拟系统为主体，创新应急保障机制与模式，加强生物危害防护所需药品、试剂和装备储备，提升生物危害的侦察预警、检验鉴定、人员防护、污染消除和医疗救护等能力。

［1］中华人民共和国科学技术部. 国际科学技术发展报告. 2018
［M］. 北京：科学技术文献出版社，2018.

［2］查尔斯·埃尔顿. 动植物入侵生态学［M］. 张润志，任立，译. 北京：中国环境科学出版社，2003.

［3］黄培堂，沈倍奋，郑涛，等. 生物恐怖防御［M］. 北京：科学出版社，2005.

［4］高福，武桂珍. 中国实验室生物安全能力发展报告：科技发展与产出分析［M］. 北京：人民卫生出版社，2016.

［5］许钟麟，王清勤. 生物安全实验室与生物安全柜［M］. 北京：中国建筑工业出版社，2004.

［6］陆兵，赵四清，吴东来，等. 中外生物安全实验室发展历程［M］. 北京：科学出版社，2004.

［7］张雁灵. 生物军控与履约：发展、挑战及应对［M］. 北京：人民军医出版社，2011.

［8］郑涛. 生物安全学［M］. 北京：科学出版社，2014.

［9］李尉民. 国门生物安全［M］. 北京：科学出版社，2020.

［10］薛达元. 转基因生物安全与管理［M］. 北京：科学出版社，2009.

［11］王子灿. 生物安全法——对生物技术风险与微生物风险的法

律控制［M］.北京：法律出版社，2015.

　　［12］吴能表.生命科学与伦理［M］.北京：科学出版社，2015.

　　［13］沈秀芹.人体基因科技医学运用立法规制研究［M］.济南：山东大学出版社，2015.

　　［14］黄小茹.生命科学领域前沿伦理问题及治理［M］.北京：北京大学出版社，2020.

　　［15］王明远.转基因生物安全法研究［M］.北京：北京大学出版社，2010.

　　［16］徐丰果.国际法对生物武器的管制［M］.北京：中国法制出版社，2007.

　　［17］中国合格评定国家认可委员会.法律法规对合格评定认可的采信［M］.北京：中国标准出版社，2019.

　　［18］田德桥，陆兵.中国生物安全相关法律法规标准选编［M］.北京：法律出版社，2017.

　　［19］乔纳森·B.塔克.创新、两用性与生物安全——管理新兴生物和化学技术风险［M］.田德桥，译.北京：科学技术文献出版社，2020.

　　［20］宋思扬，楼士林.生物技术概论（第四版）［M］.北京：科学出版社，2014.

　　［21］吕虎，华萍.现代生物技术导论［M］.北京：科学出版社，2011.

　　［22］李尉民.国门生物安全［M］.北京：科学出版社，2020.

　　［23］沈秀芹.人体基因科技医学运用立法规制研究［M］.济南：山东大学出版社，2015.

　　［24］吴能表.生命科学与伦理［M］.北京：科学出版社，2015.

　　［25］袁婺洲.基因工程［M］.北京：化学工业出版社，2010.

　　［26］中国科学院武汉文献情报中心.生物安全发展报告.2020［M］.北京：科学出版社，2020.

［27］马越，廖俊杰.现代生物技术概论［M］.北京：中国轻工业出版社，2011.

［28］丘祥兴.小小鼠和多利羊的神话——干细胞和克隆伦理［M］.上海：上海科技教育出版社，2012.

［29］陈枢青.精准医疗［M］.天津：天津科学技术出版社，2016.

［30］李凯，沈钧康，卢光明.基因编辑［M］.北京：人民卫生出版社，2016.

［31］王立铭.上帝的手术刀——基因编辑简史［M］.杭州：浙江人民出版社，2017.

［32］史蕾.人类基因组计划引发的伦理问题及其对策［D］.石家庄：河北师范大学，2005.

［33］明扬.基因可专利性问题比较研究［D］.济南：山东大学，2020.

［34］习近平.全面提高依法防控依法治理能力　健全国家公共卫生应急管理体系［J］.中国民政，2020（5）.

［35］关武祥，陈新文.新发和烈性传染病的防控与生物安全［J］.中国科学院院刊，2016，31（4）.

［36］李明.国家生物安全应急体系和能力现代化路径研究［J］.行政管理改革，2020（4）.

［37］刘晓，王小理，阮梅花，等.新兴技术对未来生物安全的影响［J］.中国科学院院刊，2016，31（4）.

［38］张鑫，王莹，刘静，等.典型两用性生物技术的潜在生物安全风险分析［J］.中国新药杂志，2020，29（13）.

［39］郭秀清.总体国家安全观指导下的生物安全治理［J］.社科纵横，2020，35（7）.

［40］吴晓燕，陈方.英国国家生物安全体系建设分析与思考［J］.世界科技研究与发展，2020，42（3）.

［41］陈方，张志强，丁陈君，等.国际生物安全战略态势分析及

对我国的建议［J］.中国科学院院刊，2020，35（2）.

［42］陈方，张志强.日本生物安全战略规划与法律法规体系简析［J］.世界科技研究与发展，2020，42（3）.

［43］翟欢.澳大利亚生物安全体系及其启示［J］.世界农业，2020（10）.

［44］郑颖，陈方.巴西生物安全法和监管体系建设及对我国的启示［J］.世界科技研究与发展，2020，42（3）.

［45］丛晓男，景春梅.高度重视国家生物安全防御体系建设——新型冠状病毒肺炎疫情引发的思考［J］.科技中国，2020（3）.

［46］辛本健.美国提出抗击大规模杀伤性武器的国家战略［J］.现代军事，2003（3）.

［47］刘术，舒东，刘胡波.美国《生物监测国家战略》简述及分析［J］.人民军医，2013，56（5）.

［48］丁陈君，陈方，张志强.美国生物安全战略与计划体系及其启示与建议［J］.世界科技研究与发展，2020，42（3）.

［49］吴晓燕，陈方.英国国家生物安全体系建设分析与思考［J］.世界科技研究与发展，2020，42（3）.

［50］宋琪，丁陈君，陈方.俄罗斯生物安全法律法规体系建设简析［J］.世界科技研究与发展，2020，42（3）.

［51］金宁一.病毒病发生与综合防控［J］.兽医导刊，2016，4（15）.

［52］王磊，张雪燕，王仲霞.美国政府加强部署生物盾牌计划［J］.军事医学，2019，43（8）.

［53］田德桥，王华.基于词频分析的美英生物安全战略比较［J］.军事医学，2019，43（7）.

［54］何彪，涂长春.病毒宏基因组学的研究现状及应用［J］.畜牧兽医学报，2012，43（12）.

［55］杨瑞馥.防生物危害学：保障生物安全的新学科［J］.分析

测试学报，2021，40（4）.

[56] 郑涛，叶玲玲，李晓倩，等.美国等发达国家生物监测预警能力的发展现状及启示［J］.中国工程科学，2017，19（2）.

[57] 张珂，高波.外军"三防"卫生装备发展现状及其对我军的启示［J］.医疗卫生装备，2012，33（12）.

[58] 陆兵，李京京，程洪亮，等.我国生物安全实验室建设和管理现状［J］.实验室研究与探索，2012，31（1）.

[59] 陈薇.加快疫苗抗体产业发展提升生物安全保障能力［J］.生物产业技术，2017，4（2）.

[60] 贺福初.开疆拓土　引领未来［J］.军事医学，2011，35（1）.

[61] 夏咸柱，钱军，杨松涛，等.严把国门，联防联控外来人兽共患病［J］.灾害医学与救援，2014，3（4）.

[62] 栗战书.在生物安全法实施座谈会上的讲话［J］.中国人大，2021，4（7）.

[63] 蒋丽勇，阳沛湘，徐雷，等.生物剂相关的两用性生物技术风险评估与防控策略［J］.军事医学，2020，44（10）.

[64] 蒋丽勇，王敏，刘术.从"全球卫生安全议程"看美国卫生外交特点［J］.人民军医，2020，63（6）.

[65] 郑涛，黄培堂，沈倍奋.当前国际生物安全形势与展望［J］.军事医学，2012，36（10）.

[66] 杨益隆，徐俊杰.新型疫苗研发与下一代技术［J］.生物产业技术，2017，4（2）.

[67] 陈洁君.高等级病原微生物实验室建设科技进展［J］.生物安全学报，2018，27（2）.

[68] 魏晓青，王玉民.生物恐怖的现实威胁与医学对策［J］.军事医学科学院院刊，2008（3）.

[69] 魏晓青，王玉民.美国CBRN恐怖事件应急机制建设及其启示

［J］.解放军预防医学杂志，2008，26（5）.

［70］王华，魏晓青，徐天昊.突发公共卫生事件应急医学科研机制研究［J］.解放军医院管理杂志，2010，17（9）.

［71］魏晓青，王玉民，孙军红.生物恐怖危机管理［J］.东南国防医药，2008，10（4）.

［72］蒋青，梁忆冰，王乃扬，等.有害生物危险性评价的定量分析方法研究［J］.植物检疫，1995，9（4）.

［73］鞠瑞亭，李慧，石正人，等.近十年中国生物入侵研究进展［J］.生物多样性，2012，20（5）.

［74］李俊生，赵彩云."主要入侵生物生态危害评估与防制修复技术示范研究"项目介绍［J］.生物多样性，2016，24（10）.

［75］刘昊，张强，陈正桥.外来物种入侵的风险管理体系研究［J］.农业灾害研究，2016，6（10）.

［76］刘思文.浅析《SPC协定》中的风险评估［J］.合作经济与科技，2011（6）.

［77］孙志凡.外来物种入侵的法律问题［J］.中国农学通报，2018，34（6）.

［78］张艳，马敏.我国生物安全立法的反思与完善［J］.工程研究——跨学科视野中的工程，2020，12（1）.

［79］刘跃进.当代国家安全体系中的生物安全与生物威胁［J］.人民论坛·学术前沿，2020（20）.

［80］武建勇.生物遗传资源获取与惠益分享制度的国际经验［J］.环境保护，2016，44（21）.

［81］张丽荣，成文娟，薛达元.《生物多样性公约》国际履约的进展与趋势［J］.生态学报，2009，29（10）.

［82］曾艳，周桔.加强我国战略生物资源有效保护与可持续利用［J］.中国科学院院刊，2019，34（12）.

［83］赵心刚，卢凡，程苹，等.我国实验动物资源建设的问题与

展望［J］.中国科学院院刊，2019，34（12）.

［84］程苹，卢凡，张鹏，等.我国生物种质资源保护和共享利用的现状与发展思考［J］.中国科技资源导刊，2018，50（5）.

［85］杨蕾蕾，李婷，邓菲，等.微生物与细胞资源的保存与发掘利用［J］.中国科学院院刊，2019，34（12）.

［86］陈宝雄，孙玉芳，韩智华，等.我国外来入侵生物防控现状、问题和对策［J］.生物安全学报，2020，29（3）.

［87］陈洪俊，范晓虹，李尉民.中国有害生物风险分析（PRA）的历史与现状［J］.植物检疫，2002，16（1）.

［88］陈兴.外来生物入侵对农业生物多样性的危害及预防［J］.现代农村科技，2017，11（1）.

［89］胡志宇.英国人类遗传资源的管理与利用［J］.全球科技经济瞭望，2013，28（2）.

［90］朱雪忠，杨远斌.基于遗传资源所产生的知识产权利益分享机制与中国的选择［J］.科技与法律，2003（3）.

［91］王玥.新技术条件下我国人类遗传资源安全的法律保障研究——兼论我国生物安全立法中应注意的问题［J］.上海政法学院学报（法治论丛），2021，36（2）.

［92］张秋菊，蒋辉.我国人类遗传资源保护与利用中涉及的伦理问题［J］.中国医学伦理学，2020，33（12）.

［93］韩缨.人类基因资源的国外立法和政策实践［J］.安徽工业大学学报（社会科学版），2006（5）.

［94］黄世安，衣颖，刘志国.国内移动生物安全实验室建设和管理现状［J］.医疗卫生装备，2016，37（6）.

［95］刘静，孙燕荣.我国实验室生物安全防护装备发展现状及展望［J］.中国公共卫生，2018，34（12）.

［96］魏健馨，熊文钊.人类遗传资源的公法保护［J］.法学论坛，2020，35（6）.

［97］刘海龙.人类遗传资源的法律保护问题探讨［J］.河北法学，2008，26（7）.

［98］黄静，孙双艳，马菲.新西兰《生物安全法》及相关法规和要求［J］.植物检疫，2020，34（4）.

［99］郑颖，陈方.巴西生物安全法和监管体系建设及对我国的启示［J］.世界科技研究与发展，2020，42（3）.

［100］侯宇，梁增然，邓利强，等.传染病防治法律之比较研究：兼谈我国《传染病防治法》修改［J］.中国医院，2021，25（1）.

［101］梁慧刚，黄翠，张吉，等.主要国家生物技术安全管理体制简析［J］.世界科技研究与发展，2020，42（3）.

［102］吴晓燕，陈方.英国国家生物安全体系建设分析与思考［J］.世界科技研究与发展，2020，42（3）.

［103］秦天宝.遗传资源获取与惠益分享的立法典范——印度2002年《生物多样性法》评介［J］.生态经济（学术版），2007，（2）.

［104］胡加祥.我国《生物安全法》的立法定位与法律适用——以转基因食品规制为视角［J］.人民论坛·学术前沿，2020，（20）.

［105］顾俊.加快推进生物安全战略防控建设，完善一体化国家战略体系和能力［J］.领导科学论坛，2020（9）.

［106］眭纪刚.科技自立自强能力怎样提高［J］.瞭望，2020（44）.

［107］曹晓阳，张科，刘安蓉.构建新型举国体制形成联合技术攻关机制的思考与建议［J］.科技中国，2020（10）.

［108］石敏杰，何颖.强化科技创新支撑　提升国家生物安全治理能力［J］.科技中国，2020（10）.

［109］姜江.生物经济发展新趋势及我国应对之策［J］.经济纵横，2020（3）.

［110］李明.抓住生物安全产业发展的机会窗［J］.中国社会科学报，2020（3）.

［111］张平，张晔.我国生物技术产业发展与产业政策路线图构想［J］.华中农业大学学报（社会科学版），2013（1）.

［112］黄翠，梁慧刚，童骁，等.我国生物安全实验室设施设备应用现状及发展对策［J］.科技管理研究，2018（23）.

［113］权桂芝，赵淑津.生物防治技术的应用现状［J］.天津农业科学，2007，13（3）.

［114］熊燕，陈大明，杨琛，等.合成生物学发展现状与前景［J］.生命科学，2011，23（9）.

［115］钱万强，墨宏山，闫金定，等.合成生物学安全伦理研究现状［J］.中国基础科学，2013，15（4）.

［116］乔中东，王莲芸.克隆技术引发的伦理之争［J］.生命科学，2012，24（11）.

［117］秦彤，苗向阳.iPS细胞研究的新进展及应用［J］.遗传，2010，32（12）.

［118］杨焕明.科学与科普——从人类基因组计划谈起［J］.科普研究，2017，12（3）.

［119］姚文晔，曾洁，薛云新，等.细菌耐药性及新型抗菌疗法研究进展［J］.中国抗生素杂志，2017（42）.

［120］徐凯悦，强翠欣，赵建宏.细菌对利福平耐药机制研究进展［J］.中国感染控制杂志，2017（34）.

［121］迟小惠，冯友军，郑焙文.耐药菌在人—动物—环境中的传播和遗传机制［J］.微生物学通报，2019（46）.

［122］喻玮，赵丽娜，李苏娟，等.世界卫生组织控制细菌耐药全球行动计划（草案）编译［J］.中华临床感染病杂志，2015（8）.

［123］孙康泰，张建民，蒋大伟，等.我国动物源细菌耐药性的研究进展及防控策略［J］.中国农业科技导报，2020（5）.

［124］徐明.实施《生物安全法》　保护人类遗传资源［N］.中国社会科学报，2021-05-19.

[125] 王小理，周冬生.面向2035年的国际生物安全形势 [N].科学时报，2019-12-20.

[126] 协同推进新冠肺炎防控科研攻关　为打赢疫情防控阻击战提供科技支撑 [N].人民日报，2020-03-03.

[127] 王小理，田德桥，李劲松.加快探索完善国家生物安全体系 [N].学习时报，2020-08-19.

[128] 武桂珍.全面贯彻生物安全法，筑牢国家生物安全防线 [N].人民日报，2021-04-14.

[129] 杨丰全.新发展格局下科技创新赋能产业链 [N].学习时报，2020-10-28.

[130] 国务院.中华人民共和国国民经济和社会发展第十三个五年规划纲要 [EB/OL]．（2016-03-17）[2019-10-20].http：//www.gov.cn/xinwen/2016-03/17/content_5054992.htm.

[131] 发展改革委.全国农村经济发展"十三五"规划 [EB/OL]．（2016-11-17）[2019-10-20].http：//www.gov.cn/xinwen/2016-11/17/content_5133806.htm.

[132] 国务院.国务院关于印发"十三五"推进基本公共服务均等化规划的通知 [EB/OL]．（2017-03-01）[2020-10-22].http：//www.gov.cn/zhengce/content/2017-03/01/content_5172013.htm.

[133] 国务院.国务院办公厅关于印发国家突发事件应急体系建设"十三五"规划的通知 [EB/OL]．（2017-07-19）[2020-10-24].http：//www.gov.cn/zhengce/content/2017-07/19/content_5211752.htm.

[134] 国务院.国务院关于印发"十三五"卫生与健康规划的通知 [EB/OL]．（2017-01-10）[2020-10-26].http：//www.gov.cn/zhengce/content/2017-01/10/content_5158488.htm.

[135] 卫生计生委.国家卫生计生委关于印发突发急性传染病防治"十三五"规划（2016-2020年）的通知 [EB/OL]．（2016-07-15）[2020-10-28].https：//www.ciyew.com/wp-content/uploads/2018/10/

5d04e6827cb23ed53b12. pdf.

　［136］国务院.“健康中国 2030”规划纲要［EB/OL］.（2016-10-25）［2020-10-28］. http：//www. gov. cn/zhengce/2016-10/25/content_5124174. htm.

　［137］农业农村部.农业农村部关于印发《全国兽医卫生事业发展规划（2016—2020 年）》的通知［EB/OL］.（2016-10-27）［2020-11-05］. http：//jiuban. moa. gov. cn/zwllm/ghjh/201610/t20161027_5323267. htm.

　［138］人民网.中共中央关于制定国民经济和社会发展第十四个五年规划和二〇三五年远景目标的建议［EB/OL］.（2020-11-04）［2020- 11- 10］. http：//cpc. people. com. cn/n1/2020/1104/c64094-31917783. html.

　［139］中国科技网.“十三五”生物技术创新专项规划［EB/OL］.（2017-04-24）［2020-11-14］.https：//yiliao.usst.edu.cn/_upload/article/files/9d/21/2aa8097d402e88a41bc5499cf173/5e765362-　0bb2-　441f-b669-a2a3ec326c97. pdf.

　［140］发展改革委.发展改革委印发《“十三五”生物产业发展规划》的通知［EB/OL］.（2017-01-12）［2020-11-16］. http：//www. gov. cn/xinwen/2017-01/12/content_5159179. htm.

　［141］科技部和财政部.关于加强国家重点实验室建设发展的若干意见［EB/OL］.（2018-12-31）［2020-11-18］. http：//www. gov. cn/zhengce/zhengceku/2018-12/31/content_5442073. htm.

　［142］国家发展改革委和科技部.关于印发《高级别生物安全实验室体系建设规划》（2016—2025 年）的通知［EB/OL］.（2016-11-28）［2020-11-18］. http：//www. gov. cn/xinwen/2016-11/28/content_5138847. htm.

　［143］环境保护部.关于印发《全国生态保护“十三五”规划纲要》的通知［EB/OL］.（2016-10-28）［2020-11-18］. http：//www.

mee. gov. cn/gkml/hbb/bwj/201611/t20161102_366739. htm.

［144］环境保护部和科学技术部. 关于印发《国家环境保护"十三五"科技发展规划纲要》的通知［EB/OL］.（2016-11-14）［2020-11-20］. http：//www. mee. gov. cn/gkml/hbb/bwj/201611/t20161121_367896.htm.

［145］环境保护部. 关于印发《中国生物多样性保护战略与行动计划》（2011—2030 年）的通知［EB/OL］.（2010-09-17）［2020-11-29］. http：//www. mee. gov. cn/gkml/hbb/bwj/201009/t20100921_194841.htm.

［146］卫生计生委. 关于印发遏制细菌耐药国家行动计划（2016—2020 年）的通知［EB/OL］.（2016-08-25）［2020-11-29］. http：//www.gov. cn/xinwen/2016-08-25/content_5102348. htm.

［147］Jonathan B T, Richard D. Innovation, Dual Use, and Security: Managing the Risks of Emerging Biological and Chemical Technologies［M］. Massachusetts: MIT Press, 2012.

［148］National Research Council. Seeking security: pathogens, open access and genome databases［M］. Washington DC: The National Academies Press, 2004.

［149］U.S. Departments of Defense, Health and Human Services, Homeland Security, and Agriculture. National Biodefense Strategy［M］. Washington DC: The White House, 2018.

［150］U.S. Department of Health and Human Services. United States Health Security National Action Plan: Strengthening implementation of the International Health Regulations based on the 2016 Joint External Evaluation［M］. Washington DC: HHS, 2018.

［151］U.S. Department of Health and Human Services. National Health Security Strategy Implementation Plan 2019—2022［M］. Washington DC: HHS, 2019.

［152］U.K. Department for Environment, Food & Rural Affairs, Department of Health and Social Care, and Home Office. UK Biological

Security Strategy ［M］. London: The Home Office, 2018.

［153］ U.K. Department of Health and Social Care. Tackling Antimicrobial Resistance 2019—2024: The UK's Five-year National Action Plan ［M］. London: DHSC, 2019.

［154］ Kolja B, Sibylle B, Vincent B. Bio Plus X: Arms Control and the Convergence of Biology and Emerging Technologies ［M］. Stockholm: The Stockholm International Peace Research Institute, 2019.

［155］ Government accountability office. Biological Select Agents and Toxins: Actions Needed to Improve Management of DOD's Biosafety and Biosecurity Program: GAO-18-422 ［R］. Government Accountability Office, 2018.

［156］ Lowrie H, Tait J. Presidential Commission for the Study of Bioethical Issues ［J］. Biomedical Market Newsletter, 2010, 379（9813）.

［157］ Blackburn T M, Essl F, Thomas Evans T, et al. A unified classification of alien species based on the magnitude of their environmental impacts ［J］. PLoS Biology, 12（5）.

［158］ Frischknecht F. The history of biological warfare ［J］.EMBO Reports, 2003（4）.

［159］ Tumpey T, Basler C, Aguilar P, et al. Characterization of the reconstructed 1918 Spanish influenza pandemic virus ［J］. Science, 2005, 310（5745）.

［160］ Tian D Q, Zheng T. Comparison and Analysis of Biological Agent Category Lists Based On Biosafety and Biodefense ［J］. PLoS One, 2014, 9（6）.

［161］ Atlas R, Campbell P, Cozzarelli NR, et al. Statement on scientific publication and security ［J］. Science, 2003, 299（5610）.

［162］ Tang G, Hu Y, Yin SA, et al. β-Carotene in Golden Rice is as good as β-carotene in oil at providing vitamin A to children ［J］. American journal of clinical nutrition,2012, 96（3）.

［163］ Jackson R J, Ramsay A J, Christensen C D, et al. Expression of Mouse Interleukin-4 by a Recombinant Ectromelia Virus Suppresses Cytolytic Lymphocyte Responses and Overcomes Genetic Resistance to Mousepox［J］. Journal of Virology, 2001, 75（3）.

［164］ Cello J, Paul AV, Wimmer E. Chemical synthesis of poliovirus cDNA: Generation of infectious virus in the absence of natural template［J］. Science, 2002, 297（5583）.

［165］ Gibbs M J, Armstrong J S, Gibbs A J. Recombination in the hemagglutinin gene of the 1918 "Spanish flu"［J］. Science, 2001, 293（5536）.

［166］ Jakhmola S, Indari O, Kashyap D, et al. Recent updates on COVID-19: A holistic review［J］. Heliyon, 2020, 6（12）.

［167］ Chan K K, Tan T, Narayanan K K, et al. An engineered decoy receptor for SARS-CoV-2 broadly binds protein S sequence variants［J］. Cold Spring Harbor Laboratory, 2020（8）.

［168］ Sdta B, Nma B, Dmc D, et al. Chikungunya fever: Epidemiology, clinical syndrome, pathogenesis and therapy［J］. Antiviral Research, 2013, 99（3）.

［169］ Hallam H J, Hallam S, Rodriguez S E, et al. Baseline mapping of Lassa fever virology, epidemiology and vaccine research and development［J］. NPJ Vaccines, 2018, 3（11）.

［170］ Jones R. Disease Pandemics and Major Epidemics Arising from New Encounters between Indigenous Viruses and Introduced Crops［J］. Viruses, 2020（12）.

［171］ Ghimire B, Sapkota S, Bahri B A, et al. Fusarium Head Blight and Rust Diseases in Soft Red Winter Wheat in the Southeast United States: State of the Art, Challenges and Future Perspective for Breeding［J］. Frontiers in

Plant Science，2020（11）.

［172］ Wimmer E, Paul A V. Synthetic poliovirus and other designer viruses: what have we learned from them ［J］.Annual Review of Microbiology, 2011, 65（1）.

［173］ Galindo I, Alonso C. African Swine Fever Virus: A Review ［J］. Viruses, 2017（9）.

［174］ Couzin J B. A call for restraint on biological data ［J］. Science, 2002, 297（5582）.

［175］ Kaiser J. The catalyst ［J］. Science, 2014, 345（6201）.

［176］ Afjal, Hossain, Khan, et al. Complete nucleotide sequence of chikungunya virus and evidence for an internal polyadenylation site ［J］. Journal of General Virology, 2002（83）.

［177］ Silva L A, Dermody T S. Chikungunya virus: Epidemiology, replication, disease mechanisms, and prospective intervention strategies ［J］. Journal of Clinical Investigation, 2017, 127（3）.

［178］ Sdta B, Nma B, Dmc D, et al. Chikungunya fever: Epidemiology, clinical syndrome, pathogenesis and therapy ［J］. Antiviral Research, 2013, 99（3）.

［179］ Hallam H J, Hallam S, Rodriguez S E, et al. Baseline mapping of Lassa fever virology, epidemiology and vaccine research and development ［J］. Npj Vaccines, 2018, 3（1）.

［180］ Holly J, Bravata D, Liu H, et al. Systematic review: a century of inhalational anthrax cases from 1900 to 2005 ［J］. Annals of internal medicine, 2006, 144（4）.

［181］ Jones R . Disease Pandemics and Major Epidemics Arising from New Encounters between Indigenous Viruses and Introduced Crops ［J］. Viruses, 2020（12）.

［182］ Galindo I, Alonso C. African Swine Fever Virus: A Review ［J］.

Viruses, 2017 （9）.

［183］ Gibson D, Benders G, Andrews‑Pfannkoch C, et al. Complete Chemical Synthesis, Assembly, and Cloning of a Mycoplasma genitalium Genome ［J］. Science, 2008, 319 （5867）.

［184］ Gibson D G, Glass J I, Lartigue C, et al. Creation of a Bacterial Cell Controlled by a Chemically Synthesized Genome ［J］. Science, 2010 （329）.

［185］ Tong H, Liu J, Yao X, et al. High carriage rate of mcr‑1 and antimicrobial resistance profiles of mcr‑1‑positive Escherichia coli isolates in swine faecal samples collected from eighteen provinces in China ［J］. Veterinary microbiology, 2018 （225）.

［186］ Van Boeckel T, Brower C, Gilbert M, et al. Global trends in antimicrobial use in food animals ［J］.PNAS, 2015 （112）.

［187］ Zhu Y G, Johnson T A, Su J Q, et al. Diverse and abundant antibiotic resistance genes in Chinese swine farms ［J］. National Academy of Sciences, 2013,110 （9）.

［188］ Theriault S, Groseth A, Neumann G, et al. Rescue of Ebola virus from cDNA using heterologous support proteins ［J］. Virus Research, 2004, 106 （1）.

［189］ Tumpey T, Basler C, Aguilar P, et al. Characterization of the reconstructed 1918 Spanish influenza pandemic virus ［J］. Science, 2005, 310 （5745）.

［190］ Lartigue C, Glass J I, Alperovich N, et al. Genome Transplantation in Bacteria: Changing One Species to Another ［J］. Science, 2007 （317）.

［191］ Aires J, Nikaido H. Aminoglycosides are captured from both periplasm and cytoplasm by the AcrD multidrug efflux transporter of Escherichia coli ［J］. Journal of bacteriology, 2005 （187）.

［192］ Yang W, Wu C, Zhang Q, et al. Identification of New Delhi Metallo-β-lactamase 1 in Acinetobacter lwoffii of Food Animal Origin[J]. PLOS One, 2012, 7（5）.

［193］ Hu Y, Yang X Y, Qin J, et al. Metagenome-wide analysis of antibiotic resistance genes in a large cohort of human gut microbiota ［J］. Nature Communications, 2013（4）.

［194］ Liu Y, Wang Y, Walsh T R, et al. Emergence of plasmid-mediated colistin resistance mechanism MCR-1 in animals and human beings in China: A microbiological and molecular biological study ［J］. Lancet Infectious Disease, 2016, 16（2）.

［195］ Barbeito M S, Kruse R H. A History of the American Biological Safety Association Part I: The First Ten Biological Safety Conferences 1955—1965 ［J］. J American Biological Safety Association, 1997, 2（3）.

［196］ Kruse R H, Barbeito M S. A History of the American Biological Safety Association Part II: Safety Conferences 1966—1977 ［J］. J American Biological Safety Association, 1997, 2（4）.

［197］ Kruse R H, Barbeito M S. A History of the American Biological Safety Association. Part III: Safety Conferences 1978—1987 ［J］. J American Biological Safety Association, 1998, 3（1）.

［198］ Keesing F, Belden L K, Daszak P, et al. Impacts of biodiversity on the emergence and transmission of infectious diseases ［J］. Nature, 2010（468）.

［199］ Liu X, Blackburn T M, Song T, et al. Animal invaders threaten protected areas worldwide ［J］. Nature Communication, 2020（1）.

［200］ Mohren F. Use tropical forests or lose them ［J］.Nature Sustainability, 2019（2）.

［201］ Paul C, Hanley N, Meyer S T, et al. On the functional relationship between biodiversity and economic value ［J］. Science Advances, 2020, 6（5）.

［202］ Yoshida H, Bogaki M, Nakamura M, et al. Quinolone resistance-

determining region in the DNA gyrase gyra gene of Escherichia coli ［J］.
Antimicrobial agents and chemotherapy, 1990（34）.

［203］ Nordmann P, Dortet L, Poirel L. Carbapenem resistance in
Enterobacteriaceae: Here is the storm ［J］. Trends in molecular medicine,
2012（18）.

［204］ Li L, Yin X, Zhang T. Tracking antibiotic resistance gene pollution
from different sources using machine-learning classification ［J］. Microbiome,
2018, 6（1）.

表1　国外生物安全相关法规（部分）

序列	英文名称	中文名称 （主要内容）①	来源	发布 年度
1	*Protocol: For the Prohibition of the Use in War of Asphyxiating, Poisonous or Other Gases, and of Bacteriological Methods of Warfare*	日内瓦议定书	国际公约	1925
2	*Convention on the Prohibition of the Development, Production and Stockpiling of Bacteriological （Biological） and Toxin Weapons and on their Destruction*	禁止生物武器公约	国际公约	1972
3	*Convention on the Prohibition of the Development, Production, Stockpiling and Use of Chemical Weapons and on Their Destruction*	禁止化学武器公约	国际公约	1993
4	*Convention on Biological Diversity*	生物多样性公约	国际公约	1992
5	*Cartagena Protocol on Biosafety to the Convention on Biological Diversity*	卡塔赫纳生物安全议定书	国际公约	2000
6	*International Convention for the Protection of New Varieties of Plants*	国际植物新品种保护公约	国际公约	1991
7	*International Plant Protection Convention*	国际植物保护公约	国际公约	1999

① 部分法规的中文名称由本书作者根据文件英文名称和主要内容翻译而来。——编者著

续表

序列	英文名称	中文名称 （主要内容）①	来源	发布 年度
8	*International Treaty on Plant Genetic Resources for Food and Agriculture*	粮食和农业植物遗传资源国际条约	国际公约	2001
9	*United Nations Security Council Resolution 1540（2004）*	联合国安理会第1540号决议（2004）	联合国	2004
10	*IUCN Guidelines for the Prevention of Biodiversity Loss Caused by Alien Invasive Species*	世界自然保护联盟防止因生物入侵而造成的生物多样性损失指南	世界自然保护联盟	2000
11	*International Health Regulations（2005）*	国际卫生条例（2005）	世界卫生组织	2005
12	*Laboratory biosafety manual（Fourth Edition）*	世界卫生组织实验室生物安全手册（第4版）	世界卫生组织	2020
13	*Biorisk management: Laboratory biosecurity guidance*	生物风险管理：实验室生物安保指南	世界卫生组织	2006
14	*Public health response to biological and chemical weapons: WHO guidance*	生物和化学武器公共卫生对策（世界卫生组织指南）	世界卫生组织	2004
15	*United Nations Declaration on Human Cloning*	联合国关于人的克隆的宣言	联合国	2005
16	*Convention for the protection of Human Rights and Dignity of the Human Being with Regard to the Application of Biology and Medicine: Convention on Human Rights and Biomedicine*	欧洲人权与生物医学公约	欧盟	1997
17	*Universal Declaration on the Human Genome and Human Rights*	世界人类基因组与人权宣言	联合国	1998
18	*International Declaration on Human Genetic Data*	国际人类基因数据宣言	联合国教科文组织	2003
19	*Universal Declaration on Bioethics and Human Rights*	世界生物伦理与人权宣言	联合国教科文组织	2005

续表

序列	英文名称	中文名称 （主要内容）①	来源	发布 年度
20	*UNEP International Technical Guidelines for Safety in Biotechnology*	国际生物技术安全技术准则	联合国环境规划署	1995
21	*ISSCR Guidelines for the Clinical Translation of Stem Cells*	国际干细胞研究学会干细胞临床转化指南	国际干细胞研究协会	2008
22	*The Nuremberg Code*	纽伦堡法典	纽伦堡国际军事法庭	1947
23	*World Medical Association Declaration of Helsinki: Ethical Principles for Medical Research Involving Human Subjects*	世界医学协会赫尔辛基宣言：人体医学研究伦理准则	世界医学协会	2000
24	*Chemical and Biological Weapons Control and Warfare Elimination Act of 1991*	化学和生物武器控制与战争消除法（1991）	美国	1991
25	*Public Health Security and Bioterrorism Preparedness and Response Act of 2002*	公共卫生安全与生物恐怖防范应对法（2002）	美国	2002
26	*Project BioShield Act of 2004*	生物盾牌计划法案（2004）	美国	2004
27	*Agricultural Bioterrorism Protection Act of 2002*	农业生物恐怖主义保护法案（2002）	美国	2002
28	*Select Agent Regulations*	危险生物剂条例	美国	2005
29	*Public Health Threats and Emergencies Act*	公共卫生威胁和紧急情况法	美国	2000
30	*Pandemic and All-Hazards Preparedness and Advancing Innovation Act*	大流行与全风险防范与推进创新法案	美国	2019
31	*Biosafety in Microbiological and Biomedical Laboratories*	微生物与生物医学实验室生物安全	美国	1984

序列	英文名称	中文名称（主要内容）①	来源	发布年度
32	*NIH Guidelines for Research Involving Recombinant DNA Molecules*	美国国立卫生研究院重组DNA分子研究指南	美国	1976
33	*Modernizing the Regulatory System for Biotechnology Products*	生物技术协调框架修改版	美国	2017
34	*United States Government Policy for Oversight of Life Sciences Dual Use Research of Concern*	美国政府生命科学两用性研究监管政策	美国	2012
35	*United States Government Policy for Institutional Oversight of Life Sciences Dual Use Research of Concern*	美国政府生命科学两用性研究机构监管政策	美国	2014
36	*A Framework for Guiding U.S. Department of Health and Human Services Funding Decisions about Research Proposals with the Potential for Generating Highly Pathogenic Avian Influenza H5N1 Viruses that are Transmissible among Mammals by Respiratory Droplets*	美国卫生与公众服务部高致病性H5N1禽流感潜在哺乳动物传播研究资助框架	美国	2013
37	*Framework for Guiding Funding Decisions about Proposed Research Involving Enhanced Potential Pandemic Pathogens*	关于涉及增强潜在大流行病原体的拟议研究的经费资助指导框架	美国	2017
38	*Screening Framework Guidance for Providers of Synthetic Double-Stranded DNA*	合成双链DNA供应商筛选框架指南	美国	2010
39	*The Genetic Information Nondiscrimination Act of 2008*	禁止基因信息歧视法（2008）	美国	2008
40	*National Institutes of Health Guidelines for Research Using Human Stem Cells*	美国国立卫生研究院人类干细胞研究指南	美国	2009
41	*Plant Quarantine Act*	植物检疫法	美国	1912

续表

序列	英文名称	中文名称 （主要内容）①	来源	发布 年度
42	*Federal Plant Pest Act of 1957*	联邦植物有害生物法	美国	1957
43	*Introduction of Organisms and Products Altered or Produced Through Genetic Engineering*	通过遗传工程生产或改变的有机体或产品的引入规定	美国	1987
44	*Public Health Service Act*	公共卫生服务法	美国	1944
45	*The Federal Food, Drug, and Cosmetic Act*	联邦食品、药品及化妆品法	美国	1938
46	*Occupational Safety and Health Act*	职业安全和健康法	美国	1970
47	*National Invasive Species Act of 1996*	国家入侵物种法（1996）	美国	1996
48	*Council Directive 90/219/EEC of 23 April 1990 on the contained use of genetically modified micro-organisms*	封闭使用转基因微生物指令	欧盟	1990
49	*Council Directive 90/679/EEC- on the protection of workers from risks related to exposure to biological agents at work*	保护工人免受在工作中接触生物剂所导致的风险指令	欧盟	1990
50	*Council Regulation （EEC） No.2309/93 of 22 July 1993 laying down Community procedures for the authorization and supervision of medicinal products for human and veterinary use and estab-lishing a European Agency for the Evaluation of Medicinal Products*	制定用于人类和兽医的药品授权和监督的程序，并建立一个欧洲药品评估机构	欧盟	1993
51	*Council Directive 93/88/EEC of 12 October 1993 amending Directive 90/679/EEC on the protection of workers from risks related to exposure to biological agents at work*	保护工人免受与工作中接触生物剂相关风险的指令补充	欧盟	1993
52	*Regulation （EC） NO.258/97 of The European Parliament and of The Council-concerning novel foods and novel food ingredients*	新食品和新食品成分条例	欧盟	1997

序列	英文名称	中文名称 （主要内容）①	来源	发布 年度
53	*Council Regulation（EC）No.1139/98-concerning the compulsory indication of the labelling of certain foodstuffs produced from genetically modified organisms of particulars other than those provided for in Directive 79/112/EEC*	关于转基因生物生产的食品标识的强制性指示的条例	欧盟	1998
54	*Council Directive 98/81/EC-amending Directive 90/219/EEC on the contained use of genetically modified micro-organisms*	封闭使用转基因微生物的指令补充	欧盟	1998
55	*Council Regulation（EC）NO.1334/2000-setting up a Community regime for the control of exports of dual-use items and technology*	管制两用物品和技术出口条例	欧盟	2000
56	*Directive 2000/54/EC of the European Parliament and of the Council of 18 September 2000 on the protection of workers from risks related to exposure to biological agents at work*	关于保护工作人员免受工作中生物因子暴露造成的危害的指令	欧盟	2000
57	*Directive 2001/18/EC of the European Parliament and of the Council of 12 March 2001 on the deliberate release into the environment of genetically modified organisms and repealing Council Directive 90/220/EEC*	转基因生物的环境释放指令	欧盟	2001
58	*Regulation（EC）No.1829/2003 of The European Parliament and of The Council-on genetically modified food and feed*	转基因食品和饲料条例	欧盟	2003
59	*Regulation（EC）No.1830/2003 of The European Parliament and of The Council-concerning the traceability and labelling of genetically modified organisms and the traceability of food and feed products produced from genetically modified organisms and amending Directive 2001/18/EC*	转基因生物可追溯性和标识以及转基因食品和饲料可追溯性条例	欧盟	2003

序列	英文名称	中文名称 （主要内容）①	来源	发布 年度
60	*Regulation （EC） No.1946/2003 of The European Parliament and of The Council- on transboundary movements of genetically modified organisms*	转基因生物越境转移条例	欧盟	2003
61	*Regulation （EC） No.1394/2007 of The european Parliament and of The Council- on advanced therapy medicinal products and amending Directive 2001/83/EC and Regulation （EC） No.726/2004*	先进技术治疗医学产品条例	欧盟	2007
62	*Council Regulation （EC） No.428/ 2009- setting up a Community regime for the control of exports, transfer, brokering and transit of dual-use items*	两用物品出口、转让、交易和过境条例	欧盟	2009
63	*Directive 2009/41/EC of The European Parliament and of The Council - on the contained use of genetically modified mi-cro-organisms*	转基因微生物的封闭使用指令	欧盟	2009
64	*Regulation （EU） 2016/2031 of The European Parliament of The Council- on protective measures against pests of plants, amending Regulations （EU） No.228/ 2013, （EU） No.652/2014 and （EU） No.1143/2014 of the European Parliament and of the Council and repeal-ing Council Directives 69/464/EEC, 74/ 647/EEC, 93/85/EEC, 98/57/EC, 2000/29/ EC, 2006/91/EC and 2007/33/EC*	植物病虫害防治措施条例	欧盟	2016
65	*Commission Implementing Directive （EU） 2017/1279- amending Annexes I to V to Council Directive 2000/29/EC on protective measures against the introduc-tion into the Community of organisms harmful to plants or plant products and against their spread within the Community*	防止有害于植物或植物产品的有机体进入及其传播的保护措施指令	欧盟	2017

续表

序列	英文名称	中文名称 （主要内容）①	来源	发布 年度
66	*Biological Weapons Act 1974*	生物武器法 （1974）	英国	1974
67	*The Approved List of biological agents*	生物剂批准清单	英国	2000
68	*The Control of Substances Hazardous to Health Regulations 2002*	危害健康物质管制条例（2002）	英国	2002
69	*The Specified Animal Pathogens Order 2008*	特定动物病原体法令（2008）	英国	2008
70	*Human Fertilisation and Embryology Act 1990*	人类受精和胚胎学法案（1990）	英国	1990
71	*The Genetically Modified Organisms (Contained Use) Regulations 2000*	转基因生物（封闭使用）条例（2000）	英国	2000
72	*Human Reproductive Cloning Act 2001*	人类生殖性克隆法（2001）	英国	2001
73	*The Human Fertilisation and Embryology (Research Purposes) Regulations 2001*	人类受精和胚胎学（研究目的）法案（2001）	英国	2001
74	*Human Fertilisation and Embryology Act 2008*	人类受精和胚胎学法案（2008）	英国	2008
75	*The Genetically Modified Organisms (Contained Use) Regulations 2014*	转基因生物（封闭使用）条例（2014）	英国	2014
76	*The Human Fertilisation and Embryology (Mitochondrial Donation) Regulations 2015*	人类受精和胚胎学（线粒体捐献）法案（2015）	英国	2015
77	*German Genetic Engineering Act*	基因工程法	德国	1990
78	*Embryo protection act*	胚胎保护法	德国	1990
79	*Genetic Diagnosis Act*	遗传诊断法	德国	2009
80	*Assisted Human Reproduction Act*	辅助人类生殖法	加拿大	2004

序列	英文名称	中文名称 （主要内容）①	来源	发布 年度
81	*Human Pathogens and Toxins Act*	人类病原体和毒素法	加拿大	2009
82	*Ethical Conduct for Research Involving Humans*	涉及人类研究的伦理行为	加拿大	2014
83	*The Laboratory Biosafety Guidelines*	实验室生物安全指南	加拿大	1990
84	*Canadian Biosafety Standards and Guidelines*	加拿大生物安全标准和指南	加拿大	2013
85	*Gene Technology Act 2000*	基因技术法（2000）	澳大利亚	2000
86	*Prohibition of Human Cloning for Reproduction Act 2002*	禁止克隆人法（2002）	澳大利亚	2002
87	*Research Involving Human Embryos and Prohibition of Human Cloning for Reproduction Act 2003*	人类胚胎研究和禁止克隆人生殖法（2003）	澳大利亚	2003
88	*Biosecurity Act*	生物安全法	澳大利亚	2015
89	*Weapons of Mass Destruction Prevention Act*	大规模杀伤性武器法	澳大利亚	1995
90	*Rules for The Manufacture, Use, Import, Export And Storage of Hazardous Micro-Organisms/genetically Engineered organisms or Cells, 1989*	关于生产、使用、进口、出口和储存危险微生物、基因工程生物体或细胞的法规（1989）	印度	1989
91	*Pre-Conception & Pre-Natal Diagnostic Techniques Act 1994*	孕前和产前诊断技术法（1994）	印度	1994
92	*Regulations and Guidelines for Recombinant DNA Research and Biocontainment*	重组DNA研究和生物防控的法规和指南	印度	2017
93	*The Biological Diversity Act 2002*	生物多样性法（2002）	印度	2002
94	*Biosecurity Act 1993*	生物安全法（1993）	新西兰	1993

序列	英文名称	中文名称（主要内容）①	来源	发布年度
95	*Hazardous Substances and New Organisms Act 1996*	有害物质和新生物法（1996）	新西兰	1996
96	*Law No.11105 ruling on Genetically Modified Organisms （GMO） use and other provisions*	第 11105 号法律：关于使用转基因生物等的规定	巴西	2005
97	*Bioethics and Biosafety Act*	生物伦理学和生物安全法	韩国	2005

表2　我国生物安全相关法律法规及部门规章（部分）

序号	名称	制定/发布部门	发布时间
1	中华人民共和国生物安全法	全国人大	2020
2	中华人民共和国传染病防治法	全国人大	1989
3	中华人民共和国食品安全法	全国人大	2009
4	中华人民共和国动物防疫法	全国人大	1998
5	中华人民共和国进出境动植物检疫法	全国人大	1992
6	中华人民共和国国境卫生检疫法	全国人大	1987
7	中华人民共和国疫苗管理法	全国人大	2019
8	病原微生物实验室生物安全管理条例	国务院	2004
9	血液制品管理条例	国务院	1996
10	医疗废物管理条例	国务院	2003
11	突发公共卫生事件应急条例	国务院	2003
12	艾滋病防治条例	国务院	2006
13	农业转基因生物安全管理条例	国务院	2001
14	疫苗流通和预防接种管理条例	国务院	2005
15	国内交通卫生检疫条例	国务院	1998
16	重大动物疫情应急条例	国务院	2005

序号	名称	制定/发布部门	发布时间
17	植物检疫条例	国务院	1983
18	中华人民共和国进出境动植物检疫法实施条例	国务院	1996
19	中华人民共和国国境卫生检疫法实施细则	国务院	1989
20	中华人民共和国国境口岸卫生监督办法	国务院	1982
21	中华人民共和国畜禽遗传资源进出境和对外合作研究利用审批办法	国务院	2008
22	中华人民共和国生物两用品及相关设备和技术出口管制条例	国务院	2002
23	人类遗传资源管理暂行办法	国务院办公厅	1998
24	中华人民共和国人类遗传资源管理条例	国务院	2019
25	国务院办公厅关于加强生物物种资源保护和管理的通知	国务院办公厅	2004
26	实验动物管理条例	国务院	1998
27	可感染人类的高致病性病原微生物菌（毒）种或样本运输管理规定	卫生部	2005
28	人间传染的病原微生物名录	卫生部	2006
29	人间传染的病原微生物菌（毒）种保藏机构管理办法	卫生部	2009
30	人间传染的高致病性病原微生物实验室和实验活动生物安全审批管理办法	国家卫生和计划生育委员会	2006
31	中华人民共和国传染病防治法实施办法	卫生部	1991
32	突发公共卫生事件与传染病疫情监测信息报告管理办法	卫生部	2003
33	传染性非典型肺炎防治管理办法	卫生部	2003
34	医疗机构传染病预检分诊管理办法	卫生部	2005
35	传染病病人或疑似传染病病人尸体解剖查验规定	卫生部	2005
36	医院感染管理办法	卫生部	2006
37	医疗废物分类目录	卫生部、国家环境保护总局	2003
38	医疗卫生机构医疗废物管理办法	卫生部	2003

序号	名称	制定/发布部门	发布时间
39	医疗废物管理行政处罚办法	卫生部、国家环境保护总局	2010
40	新食品原料安全性审查管理办法	国家卫生和计划生育委员会	2013
41	国内交通卫生检疫条例实施方案	卫生部	1999
42	突发公共卫生事件交通应急规定	卫生部、交通部	2004
43	人类辅助生殖技术管理办法	卫生部	2001
44	人类辅助生殖技术规范	卫生部	2003
45	人类辅助生殖技术应用规划指导原则（2021版）	国家卫生健康委员会	2021
46	干细胞临床研究管理办法（试行）	国家卫生和计划生育委员会、国家食品药品监督管理总局	2015
47	涉及人的生物医学研究伦理审查办法	国家卫生和计划生育委员会	2016
48	医疗技术临床应用管理办法	国家卫生健康委员会	2018
49	中国微生物菌种保藏管理条例	国家科学技术委员会	1986
50	基因工程安全管理办法	国家科学技术委员会	1993
51	高等级病原微生物实验室建设审查办法	科技部	2011
52	生物技术研究开发安全管理办法	科技部	2017
53	人胚胎干细胞研究伦理指导原则	科技部、卫生部	2003
54	实验动物许可证管理办法（试行）	科技部	2001
55	关于善待实验动物的指导性意见	科技部	2006
56	动物病原微生物分类名录	农业部	2005
57	高致病性动物病原微生物菌（毒）种或者样本运输包装规范	农业部	2005

序号	名称	制定/发布部门	发布时间
58	动物病原微生物菌（毒）种保藏管理办法	农业部	2008
59	兽医实验室生物安全技术管理规范	农业部	2003
60	高致病性动物病原微生物实验室生物安全管理审批办法	农业部	2005
61	农业转基因生物标识管理办法	农业部	2002
62	农业转基因生物进口安全管理办法	农业部	2002
63	农业转基因生物加工审批办法	农业部	2006
64	农业转基因生物安全评价管理办法	农业部	2002
65	无规定动物疫病区评估管理办法	农业部	2007
66	动物检疫管理办法	农业部	2010
67	动物防疫条件审查办法	农业部	2010
68	植物检疫条例实施细则（农业部分）	农业部	1995
69	农业植物疫情报告与发布管理办法	农业部	2010
70	中华人民共和国进出境动植物检疫行政处罚实施办法	农业部	1997
71	中华人民共和国进出境动植物检疫封识、标志管理办法	农业部	1998
72	新生物制品审批办法	国家食品药品监督管理局	1999
73	生物制品批签发管理办法	国家食品药品监督管理局	2004
74	进出口环保用微生物菌剂环境安全管理办法	生态环境部、国家质量监督检验检疫总局	2010
75	病原微生物实验室生物安全环境管理办法	国家环境保护总局	2006
76	医疗废物专用包装物、容器标准和警示标识规定	国家环境保护总局	2003
77	医疗废物集中处置技术规范	国家环境保护总局	2003
78	国境口岸突发公共卫生事件出入境检验检疫应急处理规定	国家质量监督检验检疫总局	2003

续表

序号	名称	制定/发布部门	发布时间
79	进境动物和动物产品风险分析管理规定	国家质量监督检验检疫总局	2002
80	进境动物遗传物质检疫管理办法	国家质量监督检验检疫总局	2003
81	进出境转基因产品检验检疫管理办法	国家质量监督检验检疫总局	2004
82	进境动物隔离检疫场使用监督管理办法	国家质量监督检验检疫总局	2009
83	出入境人员携带物检疫管理办法	国家质量监督检验检疫总局	2012
84	进出境非食用动物产品检验检疫监督管理办法	国家质量监督检验检疫总局	2014
85	出入境特殊物品卫生检疫管理规定	国家质量监督检验检疫总局	2015
86	进境动植物检疫审批管理办法	国家质量监督检验检疫总局	2015
87	进出境粮食检验检疫监督管理办法	国家质量监督检验检疫总局	2016
88	开展林木转基因工程活动审批管理办法	国家林业局	2006
89	野生动植物进出口证书管理办法	国家林业局/海关总署	2014
90	突发林业有害生物事件处置办法	国家林业局	2005
91	引进陆生野生动物外来物种种类及数量审批管理办法	国家林业局	2015
92	两用物项和技术进出口许可证管理办法	商务部/海关总署	2005
93	两用物项和技术出口通用许可管理办法	商务部	2009

表3　中国外来入侵物种名单①②③④（汇总）

名称	学名	别名	分类地位	原产地和现地理分布情况	入侵我国历史和现国内分布情况
松材线虫	*Bursaphelen-chus xylophilus* (Steiner et Buhrer) Nickle	无	滑刃目，滑刃科	原产于北美洲。现主要分布于美国、加拿大、墨西哥、日本、韩国、葡萄牙和中国	1982年首次发现于南京中山陵。现主要分布于江苏、浙江、安徽、福建、江西、山东、湖北、湖南、广东、重庆、贵州、云南等地
非洲大蜗牛	*Achating fulica*	褐云玛瑙螺、东风螺、菜螺、花螺、法国螺	柄眼目，玛瑙螺科	原产于非洲东部沿岸坦桑尼亚的桑给巴尔、奔巴岛，马达加斯加岛一带。现广泛分布于美洲、大洋洲、非洲、亚洲	20世纪20年代末30年代初，发现于福建厦门。现已扩散到广东、香港、海南、广西、云南、福建、台湾等地
藿香蓟	*Ageratum conyzoides L.*	胜红蓟	菊科	原产于美洲。现广泛分布于非洲全境以及印度、印度尼西亚、老挝、柬埔寨、越南等地	19世纪发现于香港。现主要分布于北京、天津、河北、辽宁、吉林、黑龙江、上海、江苏、浙江、安徽、福建、江西、山东、河南、湖北、湖南、广东、广西、海南、重庆、四川、贵州、云南、西藏、陕西、台湾、香港、澳门等地

---

① 国家环保总局，中国科学院.中国第一批外来入侵物种名单［Z］.中华人民共和国国务院公报，2003，（23）：40-46.

② 环境保护部，中国科学院.关于发布中国第二批外来入侵物种名单的通知［EB/DL］，2010. (2010-01-07). Http://www.mep.gov.cn/gkml/bbb/bwj/201001/t20100126_184831.htm.

③ 环境保护部，中国科学院.关于发布中国外来入侵物种名单（第三批）的公告［EB/DL］，2014. (2014-08-20). Http://www.mep.gov.cn/gkml/bbb/bgg/201408/t20140828_288367.htm.

④ 环境保护部，中国科学院.关于发布中国外来入侵物种名单（第四批）的公告［EB/DL］，2016. (2016-12-12). Http://www.zhb.gov.cn/gkml/bbb/bgg/201612/t20161226_373636.htm.

名称	学名	别名	分类地位	原产地和现地理分布情况	入侵我国历史和现国内分布情况
空心莲子草	*Alternanthera philoxeroides* (*Mart.*) *Griseb*	水花生、喜旱莲子草	苋科	原产于南美洲。现广泛分布于世界温带及亚热带地区	1892年发现于上海附近岛屿，20世纪50年代被作为猪饲料推广栽培，此后逸生导致草灾。现几乎遍及我国黄河流域以南地区
长芒苋	*Amaranthus palmeri* S.Watson	绿苋、野苋	苋科	原产于美国西南部。现广泛分布于北美洲、欧洲和亚洲	1985年首次发现于北京。现主要分布于北京、天津、河北、辽宁、江苏、山东等地
反枝苋	*Amaranthus retroflexus* L.	野苋菜	苋科	原产于美洲。现广泛传播并归化于东半球	19世纪中叶发现于河北和山东。现主要分布于安徽、北京、甘肃、广东、广西、贵州、河北、河南、黑龙江、湖北、湖南、吉林、江苏、江西、辽宁、内蒙古、宁夏、青海、山东、山西、陕西、上海、四川、台湾、天津、西藏、新疆、云南、浙江、重庆等地
刺苋	*Amaranthus spinosus* L.	野苋菜、土苋菜、刺刺菜、野勒苋	苋科	原产于美洲。目前中国、日本、印度、马来西亚、菲律宾等地皆有分布	19世纪30年代发现于澳门。现已成为我国热带、亚热带和暖温带地区的常见杂草，广泛分布于陕西、河北、北京、山东、河南、安徽、江苏、浙江、江西、湖南、湖北、四川、重庆、云南、贵州、广西、广东、海南、福建、香港、台湾等地

续表

名称	学名	别名	分类地位	原产地和现地理分布情况	入侵我国历史和现国内分布情况
豚草	*Ambrosia artemisiifolia L.*	艾叶破布草、美洲艾	菊科	原产于北美洲。后归化于世界各地区	1935 年发现于杭州。现主要分布于东北、华北、华中和华东等地区
三裂叶豚草	*Ambrosia trifida L.*	大破布草	菊科	原产于北美洲。现广泛分布于世界大部分地区	20 世纪 30 年代发现于辽宁铁岭地区，首先在辽宁蔓延，随后向河北、北京扩散。目前分布于吉林、辽宁、河北、北京、天津等地
落葵薯	*Anredera cordifolia*（*Tenore*）*Steenis*	藤三七、藤子三七、川七、洋落葵	落葵科	原产于南美热带和亚热带地区。现广泛分布于世界温暖地区	20 世纪 70 年代从东南亚引种。目前已在重庆、四川、贵州、湖南、广西、广东、云南、香港、福建等地逸为野生
钻形紫菀	*Aster subulatus Michx.*	钻叶紫菀	菊科	原产于北美洲。现广泛分布于世界温带至热带地区	1827 年发现于澳门。现分布于安徽、澳门、北京、福建、广东、广西、贵州、河北、河南、湖北、湖南、江苏、江西、辽宁、山东、上海、四川、台湾、天津、香港、云南、浙江、重庆等地

续表

名称	学名	别名	分类地位	原产地和现地理分布情况	入侵我国历史和现国内分布情况
野燕麦	*Avena fatua L.*	燕麦草、乌麦、香麦、铃铛麦	禾本科	原产于欧洲南部及地中海沿岸。现分布于欧、亚、非三洲的温寒地带和北美地区	19 世纪中叶曾发现于香港和福州。现主要分布于北京、天津、河北、山西、内蒙古、辽宁、吉林、黑龙江、上海、江苏、浙江、安徽、福建、江西、山东、河南、湖北、湖南、广东、广西、海南、重庆、四川、贵州、云南、西藏、陕西、青海、宁夏、新疆、台湾、香港、澳门等地
大狼杷草	*Bidens frondosa L.*	接力草、外国脱力草、大花咸丰草、大狼把草	菊科	原产于北美洲。现广泛分布于世界各地	1926 年发现于江苏。现主要分布于北京、河北、辽宁、吉林、黑龙江、上海、江苏、浙江、安徽、福建、江西、山东、河南、湖北、湖南、广东、广西、海南、重庆、四川、云南、台湾等地
三叶鬼针草	*Bidens pilosa L.*	黏人草、蟹钳草、对叉草、豆渣草、鬼针草、引线草	菊科	原产于热带美洲。现广泛分布于亚洲和美洲的热带及亚热带地区	1857 年在香港被报道，本种随农作物和蔬菜进入内地。现主要分布于安徽、澳门、北京、福建、广东、广西、贵州、海南、河北、河南、湖北、湖南、江苏、江西、山东、山西、四川、台湾、天津、西藏、香港、云南、浙江、重庆等地

名称	学名	别名	分类地位	原产地和现地理分布情况	入侵我国历史和现国内分布情况
德国小蠊	*Blattella germanica* (*L.*)	德国蟑螂、德国姬蠊	蜚蠊目，姬蠊科	原产于南亚，也有学者认为起源于非洲。目前在热带、亚热带、温带、寒带地区均有分布	20 世纪 80 年代初入侵我国。现主要分布于北京、辽宁、黑龙江、上海、福建、广东、广西、四川、贵州、云南、西藏、陕西、新疆等地
椰心叶甲	*Brontispa longissima* (*Gestro*)	红胸叶甲、椰长叶甲、椰棕扁叶甲	鞘翅目，铁甲科	原产于印度尼西亚、巴布亚新几内亚。主要分布于越南、缅甸、泰国、印度尼西亚、马来西亚、新加坡等国家和地区	2002 年首次发现于海南。目前主要分布于海南、广东、广西、香港、澳门和台湾等地
水盾草	*Cabomba caroliniana Gray*	绿菊花草、水松、华盛顿草	莼菜科	原产于美国和巴西。现分布于加拿大、日本、澳大利亚、东南亚、南亚等地	1993 年首次发现于浙江。现主要分布于上海、江苏、浙江
枣实蝇	*Carpomya vesuviana Costa*	无	双翅目，实蝇科	原产于印度。现广泛分布于南亚、中亚、东南亚、欧洲东部等地区	2007 年发现于新疆吐鲁番地区的鄯善县、托克逊县、吐鲁番市。现主要分布在新疆

名称	学名	别名	分类地位	原产地和现地理分布情况	入侵我国历史和现国内分布情况
蒺藜草	*Cenchrus echinatus L.*	野巴夫草	禾本科	原产于美洲的热带和亚热带地区。现分布于中国、日本、印度、缅甸、巴基斯坦等地	1934 年在台湾兰屿采到标本。现分布于福建、台湾、广东、香港、广西、云南南部等地
长刺蒺藜草	*Cenchrus pauciflorus Benth.*	草蒺藜	禾本科	原产于美洲。现广泛分布于东半球	20 世纪 70 年代发现于辽宁和北京。现分布于北京、山东、河北、辽宁、吉林、内蒙古等地
无花果蜡蚧	*Ceroplastesrusci* (*L.*)	榕龟蜡蚧、拟叶红蜡蚧、锈红蜡蚧、蔷薇蜡蚧	半翅目，蚧科	原产于非洲，最早发现于地中海沿岸地区。现已传播至热带、亚热带和暖温带地区	2012 年首次发现于广东省茂名市和四川省攀枝花市。现主要分布在广东、四川
土荆芥	*Chenopodium ambrosioides L.*	臭草、杀虫芥、鸭脚草	藜科	原产于中、南美洲。现广泛分布于全世界温带至热带地区	1864 年首次发现于台湾。现广泛分布于北京、山东、陕西、上海、浙江、江西、福建、台湾、广东、海南、香港、广西、湖南、湖北、重庆、贵州、云南等地
苏门白酒草	*Conyza bonariensis var. leiotheca* (*S.F. Blake*) *Cuatrec.*	苏门白酒菊	菊科	原产于南美洲。现广泛分布于热带、亚热带地区	19 世纪中期引入我国。现分布于湖北、湖南、江苏、浙江、江西、福建、台湾、广东、广西、海南、香港、澳门、四川、重庆、贵州、云南、西藏等地

名称	学名	别名	分类地位	原产地和现地理分布情况	入侵我国历史和现国内分布情况
小蓬草	*Conyza canadensis* (*L.*) *Cronquist*	加拿大飞蓬、飞蓬、小飞蓬、小白酒菊	菊科	原产于北美洲。现广泛分布于世界各地	1860年首次发现于山东烟台。现分布于我国各地，是我国分布最广的入侵物种之一
悬铃木方翅网蝽	*Corythucha ciliata Say*	无	半翅目，网蝽科•	原产于北美中东部。现主要分布于美国、加拿大、法国、匈牙利、西班牙、奥地利、瑞士、捷克、保加利亚、希腊、俄罗斯、智利、韩国、日本等国	2006年首次发现于湖北武汉。现分布于上海、浙江、江苏、重庆、四川、湖北、贵阳、河南、山东等地，呈暴发态势
苹果蠹蛾	*Cydia pomonella* (*L.*)	苹果小卷蛾、苹果食心虫	鳞翅目，卷蛾科	原产于欧洲东南部。现遍布于世界各大洲	20世纪50年代前后经中亚地区进入我国新疆。现主要分布于新疆全境、甘肃省的中西部、内蒙古西部以及黑龙江南部等地
强大小蠹	*Dendroctonus valens LeConte*	红脂大小蠹	鞘翅目，小蠹科	原产于美国、加拿大、墨西哥、危地马拉和洪都拉斯等美洲地区现分布于中国和北美洲地区	1998年首次发现于山西省阳城、沁水。现主要分布于山西、陕西、河北、河南等地

续表

名称	学名	别名	分类地位	原产地和现地理分布情况	入侵我国历史和现国内分布情况
凤眼莲	*Eichhornia crassipes* (*Mart.*) *Solms*	凤眼蓝、水葫芦	雨久花科	原产于巴西东北部。现分布于全世界温暖地区	1901年从日本被引入台湾作花卉，20世纪50年代作为猪饲料推广后大量逸生。现于辽宁南部、华北、华东、华中和华南的19个省（自治区、直辖市）有栽培，在长江流域及其以南地区逸生为杂草
一年蓬	*Erigeron annuus Pers.*	白顶飞蓬、千层塔、治疟草、野蒿	菊科	原产于北美洲。现广泛分布于北半球温带和亚热带地区	1827年首次发现于澳门。现除内蒙古、宁夏、海南外，各地均有采集记录
紫茎泽兰	*Eupatorium adenophorum Spreng.*	解放草、破坏草	菊科	原产于中美洲。现广泛分布于热带地区	1935年首次发现于云南南部，可能经缅甸传入。现主要分布于云南、广西、贵州、四川（西南部）、台湾
飞机草	*Eupatorium odoratum L.*	香泽兰	菊科	原产于中美洲。现广泛分布于南美洲、亚洲、非洲热带地区	1934年发现于云南南部。现分布在台湾、广东、香港、澳门、海南、广西、云南、贵州
黄顶菊	*Flaveria bidentis* (*L.*) *Kuntze*	南美黄顶菊、野菊花	菊科	原产于南美。后分布于北美	2000年发现于天津南开大学校园。现主要分布于天津、河北等地

名称	学名	别名	分类地位	原产地和现地理分布情况	入侵我国历史和现国内分布情况
食蚊鱼	*Gambusia affinis*（*Baird et Girard*）	柳条鱼、大肚鱼、小坑鱼	鳉形目，胎鳉科	原产于美国南方、中美洲和西印度群岛。现世界许多国家和地区均有分布	于1911年和1927年被引入我国。20世纪中后期，为提高渔业产量，云南省众多高原湖泊大量引种外来鱼类，食蚊鱼随着其他鱼类引种被无意引入。目前，食蚊鱼在中国长江以南的各地小水体中均有分布，同时在云南高原湖泊中也有分布
松突圆蚧	*Hemiberlesia pitysophila Takagi*	松栉盾蚧、松栉圆盾蚧	同翅目，盾蚧科	原产于日本和中国台湾。现主要分布于中国和日本	1965年发现于我国台湾，20世纪70年代末在广东出现。现已扩散到香港、澳门、广东、广西、福建和江西等地
美国白蛾	*Hyphantria cunea*（*Drury*）	秋幕毛虫、秋幕蛾	鳞翅目，灯蛾科	原产于北美洲。现已广泛分布于欧亚地区	1979年传入我国辽宁丹东一带。现分布于辽宁、河北、山东、天津、陕西等地
五爪金龙	*Ipomoea cairica*（*L.*）*Sweet*	假土瓜藤、黑牵牛、牵牛藤、上竹龙、五爪龙	旋花科	原产于亚洲或非洲（也有学者认为原产于美洲）。现已广泛分布于泛热带地区	1912年，该种当时已在香港归化，攀于乔木和灌丛上，通常作观赏植物栽培。现主要分布于江苏、福建、广东、广西、海南、贵州、云南、台湾、香港、澳门

名称	学名	别名	分类地位	原产地和现地理分布情况	入侵我国历史和现国内分布情况
圆叶牵牛	*Ipomoea pur-purea* (*L.*) *Roth*	牵牛花、喇叭花、紫花牵牛	旋花科	原产于南美洲。现广泛分布于世界各地	1890 年我国已有栽培。现分布于安徽、北京、福建、甘肃、广东、广西、贵州、海南、河北、河南、湖北、湖南、吉林、江苏、江西、辽宁、内蒙古、宁夏、青海、山东、山西、陕西、上海、四川、台湾、天津、西藏、香港、新疆、黑龙江、云南、浙江、重庆等地
马缨丹	*Lantana cama-ra L.*	五色梅、如意草	马鞭草科	原产于热带美洲。现已成为全球泛热带有害植物	明末由西班牙人引入台湾，由于花比较美丽而被广泛栽培引种。现在主要分布于台湾、福建、广东、海南、香港、广西、云南、四川等地
桉树枝瘿姬小蜂	*Leptocybe inva-sa Fisher et La Salle*	姬小蜂	膜翅目，姬小蜂科	原产于澳大利亚。现除北美洲外，其他各大洲均有分布	2007 年首次发现于我国广西与越南交界处。现分布于广西、海南及广东部分地区
三叶草斑潜蝇	*Liriomyza trifo-lii* (*Burgess*)	三叶斑潜蝇	双翅目，潜蝇科	原产于北美洲。现已扩散到美洲、欧洲、非洲、亚洲、大洋洲和太平洋岛屿的 80 多个国家和地区	2005 年发现于广东省中山市。现主要分布于台湾、广东、海南、云南、浙江、江苏、上海、福建等地

名称	学名	别名	分类地位	原产地和现地理分布情况	入侵我国历史和现国内分布情况
稻水象甲	*Lissorhoptrus oryzophilus Kuschel*	稻水象	鞘翅目，象甲科	原产于北美洲。现主要分布在美国、日本、韩国、朝鲜等国家	1988 年发现于河北唐海。现主要分布于河北、辽宁、吉林、山东、山西、陕西、浙江、安徽、福建、湖南、云南、台湾等地
毒麦	*Lolium temulentum L.*	黑麦子、小尾巴麦、闹心麦	禾本科	原产于欧洲地中海地区。现分布于世界各地	1954 年在从保加利亚进口的小麦中发现。除西藏和台湾外，各省（区）都曾有过关于毒麦的报道
薇甘菊	*Mikaina micrantha H. B. K.*	小花蔓泽兰、小花假泽兰	菊科	原产于中美洲。现广泛分布于亚洲和大洋洲的热带地区	1919 年在香港出现。现广泛分布于香港、澳门和广东珠江三角洲地区
光荚含羞草	*Mimosa bimucronata*（*DC.*）*Kuntze*	簕仔树、光叶含羞草	豆科/蝶形花科	原产于热带美洲。现主要分布于热带美洲和中国广东南部沿海地区	20 世纪 50 年代引入我国。现主要分布于福建、江西、湖南、广东、广西、海南、云南、香港、澳门等地
椰子木蛾	*Opisina arenosella Walker*	黑头履带虫、椰蛀蛾、椰子织蛾	鳞翅目，木蛾科	原产于南亚。现主要分布在印度、斯里兰卡、孟加拉国、巴基斯坦、缅甸、印度尼西亚、泰国和马来西亚等地	2013 年，在中国海南省万宁市的棕榈科植物上首次发现该虫。现主要分布于广东、广西、海南等地

名称	学名	别名	分类地位	原产地和现地理分布情况	入侵我国历史和现国内分布情况
蔗扁蛾	*Opogona sacchari*（Bojer）	香蕉蛾	鳞翅目，辉蛾科	原产于非洲热带、亚热带地区。现已在欧洲、南美洲、西印度群岛等地区发现	1987年，蔗扁蛾随进口的巴西木进入广州。现已传播到广东、北京、海南、新疆、四川、上海、江苏、浙江等地
湿地松粉蚧	*Oracella acuta*（Lobdell）	火炬松粉蚧	同翅目，粉蚧科	原产于美国。现主要分布于北美洲	1988年随湿地松无性系繁殖材料进入广东台山。现已扩散至广东、广西、福建等地
尼罗罗非鱼	*Oreochromis niloticus*（L.）	罗非鱼、吴郭鱼、非鲫	鲈形目，丽鱼科	原产于尼罗河流域。现分布于塞内加尔、冈比亚、尼日尔、乍得等国	1978年由长江水产研究所首次从尼罗河引进我国大陆后，尼罗罗非鱼迅速在全国各地推广养殖，成为罗非鱼养殖的主要品种。广东、广西、海南、福建、台湾等地已经形成能够越冬的自然群体。全国养殖范围甚广，除上海、青海、宁夏无罗非鱼产量记录外，其他地区均有发现
银胶菊	*Parthenium hysterophorus L.*	西南银胶菊、野银胶菊、野益母艾	菊科	原产于美国得克萨斯州及墨西哥北部。现广泛分布于全球热带地区	1926年发现于我国云南。现已入侵云南、贵州、广西、广东、海南、香港和福建等地

名称	学名	别名	分类地位	原产地和现地理分布情况	入侵我国历史和现国内分布情况
美洲大蠊	*Periplaneta Americana*（*L.*）	蟑螂、蜚蠊、偷油婆、香娘子、石姜、负盘、滑虫、茶婆虫	蜚蠊目，蜚蠊科	原产于非洲北部。现广泛分布于世界温热带地区	有学者认为，约为第一次鸦片战争后被带入我国。现主要分布在北京、河北、辽宁、黑龙江、上海、江苏、浙江、福建、江西、山东、湖北、广东、广西、海南、四川、贵州、云南、台湾等地
扶桑绵粉蚧	*Phenacoccus solenopsis Tinsley*	棉花粉蚧	半翅目，粉蚧科	原产于北美洲。目前分布于墨西哥、美国、古巴、牙买加、危地马拉、多米尼加、厄瓜多尔、巴拿马、巴西、智利、阿根廷、尼日利亚、贝宁、喀麦隆、新喀里多尼亚、巴基斯坦、印度、泰国等国	2008 年在广东首次发现。目前分布于浙江、福建、江西、湖南、广东、广西、海南、四川、云南等地

名称	学名	别名	分类地位	原产地和现地理分布情况	入侵我国历史和现国内分布情况
垂序商陆	*Phytolacca americana L.*	十蕊商陆、美商陆、美洲商陆、美国商陆、洋商陆、见肿消	商陆科	原产于北美。现广泛分布于世界各地	1935 年在杭州采到标本，后在我国各地广泛逸生。现主要分布于北京、天津、河北、山西、辽宁、上海、江苏、浙江、安徽、福建、江西、山东、河南、湖北、湖南、广东、广西、重庆、四川、贵州、云南、陕西、甘肃、新疆、台湾、香港等地
大薸	*Pistia stratiotes L.*	水浮莲	天南星科	原产于巴西。现广布于全球热带和亚热带地区	大约明末被引入我国。20 世纪 50 年代作为猪饲料推广栽培。目前黄河以南均有分布
假臭草	*Praxelis clematidea* (*Grisebach.*) *King et Robinson*	猫腥菊	菊科	原产于南美洲。现广泛分布于东半球热带地区	20 世纪 80 年代发现于香港。现分布于澳门、福建、广东、广西、海南、台湾、香港、云南等地
克氏原螯虾	*Procambarus clarkii*	小龙虾、淡水小龙虾、蝲蛄、红色螯虾	十足目，螯虾科	原产于北美洲。现广泛分布于除南极洲以外的世界各地	20 世纪 30 年代进入我国，60 年代食用价值被发掘，养殖热度不断上升，各地引种无序，八九十年代大规模扩散。现广泛分布于全国各地，南起海南岛，北到黑龙江，西至新疆，东达台湾岛，均可见其踪影，华东、华南地区尤为密集

名称	学名	别名	分类地位	原产地和现地理分布情况	入侵我国历史和现国内分布情况
豹纹脂身鲇	*Pterygoplichthys pardalis*（*Castelnau*）	清道夫、琵琶鼠、垃圾鱼	鲇形目，骨甲鲇科	原产于南美洲。现广泛分布于亚马孙河流域	1980年作为观赏鱼引入我国。现广泛分布于广东、湖北、台湾、广西、陕西、四川、重庆、江苏、江西、海南、安徽、上海、浙江、福建、云南、吉林等地
红腹锯鲑脂鲤	*Pygocentrus nattereri Kner 1858*	食人鲳、食人鱼	鲤形目，脂鲤科	原产于南美洲亚马孙河流域。目前分布于巴西、阿根廷、玻利维亚、哥伦比亚、巴拉圭、秘鲁、美国、孟加拉国	20世纪80年代初作为观赏鱼引入我国。目前分布于广东、广西、浙江、四川、湖南、江西、北京、天津、辽宁、吉林、福建、海南、台湾等地
刺桐姬小蜂	*Quadrastichus erythrinae Kim*	刺桐釉小蜂	膜翅目，姬小蜂科	原产于非洲东南部地区。目前分布于毛里求斯、新加坡、美国	2005年7月首次在深圳发现，随后在福建省厦门市和海南省三亚市、万宁市也相继发现。现分布于台湾、广东、广西、福建、海南等地
牛蛙	*Rana catesbeiana Shaw*	美国青蛙	无层目，蛙科	原产于北美洲落基山脉以东地区，北到加拿大，南到美国佛罗里达州北部。目前广泛分布于全世界	1959年引入我国。现几乎遍布北京以南地区，除西藏、海南、香港和澳门外，均有分布

名称	学名	别名	分类地位	原产地和现地理分布情况	入侵我国历史和现国内分布情况
红棕象甲	*Rhynchophorus ferrugineus* (*Oliver*)	棕榈象	鞘翅目，竹象科	原产于亚洲南部及西太平洋美拉尼西亚群岛。目前分布于印度、伊拉克、沙特、阿联酋、阿曼、伊朗、埃及、巴基斯坦、巴林、印度尼西亚、马来西亚、菲律宾、泰国、缅甸、越南、柬埔寨、斯里兰卡、所罗门群岛、日本、约旦、塞浦路斯、法国、希腊、以色列、意大利、西班牙、土耳其等国	1998年在海南文昌市最早发现红棕象甲严重危害椰子树。现分布于海南、广东、广西、台湾、云南、西藏、江西、上海、福建、四川、贵州、江苏、浙江等地
刺果瓜	*Sicyos angulatus L.*	刺果藤、棘瓜、单子刺黄瓜、星刺黄瓜	葫芦科	原产于北美洲，后作为观赏植物引入欧洲，后逸生为杂草。现分布于欧洲、亚洲和大洋洲的多个国家	2003年首次发现于大连。现主要分布于北京、辽宁、山东、四川、云南、台湾等地

续表

名称	学名	别名	分类地位	原产地和现地理分布情况	入侵我国历史和现国内分布情况
松树蜂	*Sirex noctilio Fabricius*	云杉树蜂、辐射松树蜂	膜翅目，树蜂科	原产于欧亚大陆和北非。现广泛分布于欧洲、大洋洲、南美、北美、非洲	2013 年，在黑龙江省杜尔伯特蒙古族自治县首次发现。现主要分布于内蒙古、吉林、黑龙江等地
喀西茄	*Solanum aculeatissimum Jacquin*	苦颠茄、苦天茄和刺天茄	茄科	原产于南美洲热带地区。现分布于中国和印度	19 世纪末发现于贵州南部。现主要分布于上海、江苏、浙江、福建、江西、湖北、湖南、广东、广西、海南、重庆、四川、贵州、云南、西藏、台湾、香港等地
黄花刺茄	*Solanum rostratum Dunal*	刺萼龙葵、刺茄、尖嘴茄	茄科	原产于墨西哥北部和美国西南部。现除佛罗里达州外已经遍布美国，且已入侵到加拿大、俄罗斯、韩国、南非、澳大利亚等国家或地区	1982 年发现于辽宁省朝阳县。现主要分布于北京、河北、山西、内蒙古、辽宁、吉林、江苏、云南、新疆、香港等地
红火蚁	*Solenopsis invicta Buren*	外引红火蚁、泊来红火蚁	膜翅目，蚁科	原产于南美洲多国。现主要分布于美国、澳大利亚、马来西亚、中国以及南美洲多国	2003 年 10 月发现于台湾桃园。现分布在台湾、广东、香港、澳门、广西、福建、湖南等地

续表

名称	学名	别名	分类地位	原产地和现地理分布情况	入侵我国历史和现国内分布情况
加拿大一枝黄花	*Solidago Canadensis L.*	黄莺、米兰、幸福花	菊科	原产于北美。后广泛分布于北半球温带	1935年作为观赏植物引进，20世纪80年代蔓延成为杂草。目前分布于浙江、上海、安徽、湖北、湖南、江苏、江西等地
假高粱	*Sorghum halepense (L.) Pers.*	石茅、阿拉伯高粱	禾本科	原产于地中海地区。现广泛分布于世界热带和亚热带地区，以及加拿大、阿根廷等高纬度国家	20世纪初被引入我国台湾南部栽培，同一时期在香港和广东北部发现归化。现分布在台湾、广东、广西、海南、香港、福建、湖南、安徽、江苏、上海、辽宁、北京、河北、四川、重庆、云南等地
互花米草	*Spartina alterniflora Loisel.*	无	禾本科	原产于美国东南部海岸。现分布于美国西部和欧洲海岸	1979年引入我国。现主要分布于上海（崇明岛）、浙江、福建、广东、香港等地
巴西龟	*Trachemys cripta elegans (Wied.)*	红耳龟、密西西比红耳龟、翠龟	龟鳖目，龟科	原产于美国中南部，沿密西西比河至墨西哥湾周围地区分布。目前广泛分布于除南极洲以外的所有大洲	20世纪80年代引入广东，继而迅速流向全国。目前分布范围以人口较为集中的城市周边水域为主，河北、河南、陕西、辽宁、四川、湖北、湖南、江西、安徽、山东、山西、江苏、浙江、福建、海南、广东、广西、上海等地均有巴西龟养殖场分布

名称	学名	别名	分类地位	原产地和现地理分布情况	入侵我国历史和现国内分布情况
刺苍耳	*Xanthium spinosum L.*	无	菊科	原产于南美洲。现在欧洲中部、南部，以及亚洲和北美归化	1974年在北京丰台区发现。现分布于安徽、北京、河北、河南、辽宁、内蒙古、宁夏、新疆等地
福寿螺	*Pomacea canaliculata Spix*	大瓶螺、苹果螺、雪螺	中腹足目，瓶螺科	原产于亚马孙河流域。现广泛分布于南美洲、中北美洲和我国南部	1981年引入广东，在该省作为特种经济动物广为养殖，后又被引入其他省份养殖。现广泛分布于广东、广西、云南、福建、浙江等地

注：本表"分类地位"列中针对入侵动物列其所属目、科信息，针对入侵植物仅列其所属科的信息。